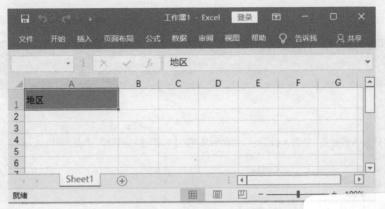

图 5-24　设置单元格的背景色

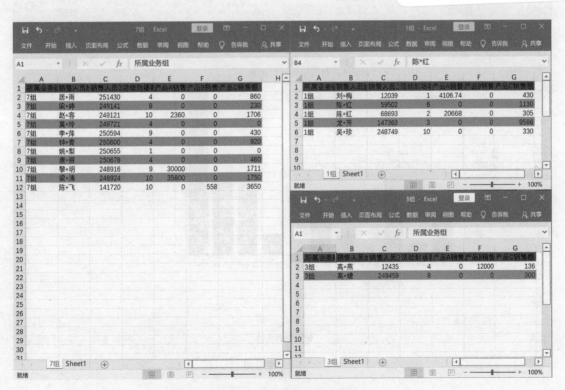

图 8-1　批量设置单元格颜色

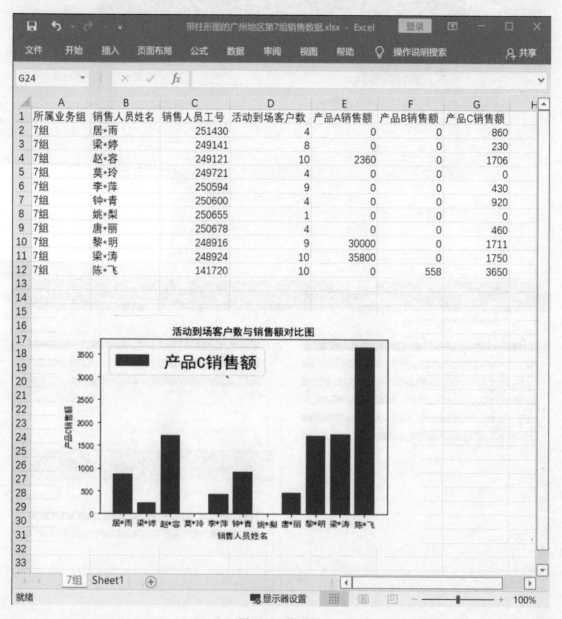

图 10-1　柱形图

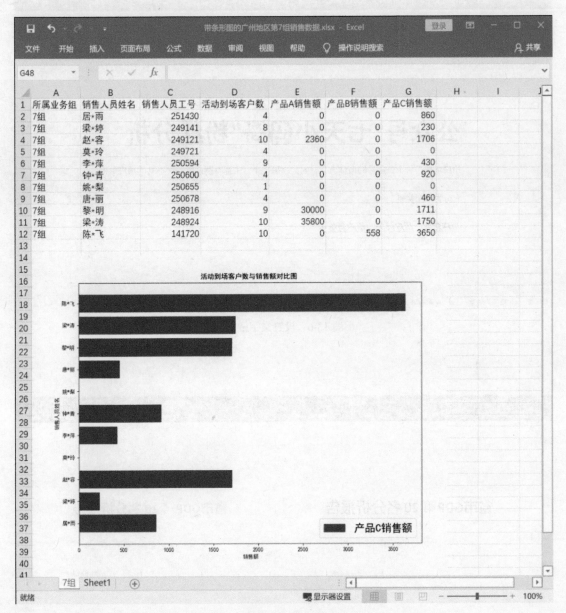

图 10-2　条形图

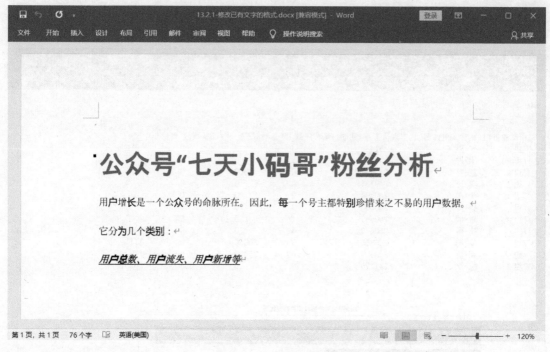

图 13-6　设置文字格式

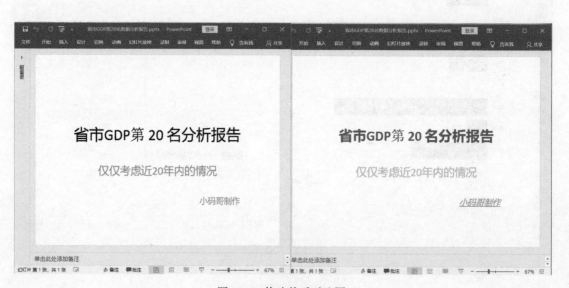

图 16-4　修改前后对比图

马文豪（@小码哥）——— 著

Python +
Excel
Word 本
PPT 通

人民邮电出版社

北　京

图书在版编目（CIP）数据

Python+Excel/Word/PPT一本通 / 马文豪著. -- 北京 : 人民邮电出版社, 2022.10
（图灵原创）
ISBN 978-7-115-59952-0

Ⅰ. ①P… Ⅱ. ①马… Ⅲ. ①办公自动化－应用软件 Ⅳ. ①TP317.1

中国版本图书馆CIP数据核字(2022)第158004号

内 容 提 要

工欲善其事，必先利其器。面对庞杂且与日俱增的文档、报表，传统的办公技能已难以应对，是时候换一种新的办公方式了——利用 Python 实现自动化办公，消除枯燥、耗时的重复性劳动，大幅提高工作效率。本书是为零基础读者打造的 Python 办公自动化教程。全书一共 6 篇，首先简单介绍 Python 基础知识，然后讲解如何用 Python 代码操作计算机文件，接着依次详述如何将 Python 与 Excel、Word、PPT 以及 PDF 办公软件相结合，轻松解决日常工作中的实际问题。通俗易懂的内容＋丰富的示例＋逐行解析代码，助你切实掌握自动化办公，解放生产力。

本书适合零基础读者阅读，包括数据分析人员、自动化运维人员、运营人员等。

◆ 著　　　　马文豪（@小码哥）

责任编辑　王军花

责任印制　彭志环

◆ 人民邮电出版社出版发行　　北京市丰台区成寿寺路11号

邮编　100164　电子邮件　315@ptpress.com.cn

网址　https://www.ptpress.com.cn

三河市君旺印务有限公司印刷

◆ 开本：800×1000　1/16　　　　彩插：2

印张：29.5　　　　　　　　　2022年10月第1版

字数：658千字　　　　　　　2025年1月河北第9次印刷

定价：99.80元

读者服务热线：(010)84084456-6009　印装质量热线：(010)81055316

反盗版热线：(010)81055315

广告经营许可证：京东市监广登字 20170147 号

推　荐　语

　　人生苦短，如何从繁杂重复的劳动中解放出来，困扰着很多职场人士。市面上的编程类图书大多厚重枯燥，让人望而生畏。本书作者基于多年实践和教学经验，以工作中常见的问题为驱动，深入浅出，细致解析，让办公自动化的梦想不再遥远。

——陈哲，首都经济贸易大学副教授，《数据分析：企业的贤内助》与

《活用数据：驱动业务的数据分析实战》作者

　　今天，数据处理和分析已经成为每一个职场人必须掌握的生存技能，而 Python 是处理数据的不二之选。小码哥的这本书融合了 Python 和办公软件三件套（Excel、Word 和 PPT），进一步降低了学习门槛，适合每一个希望快速提高数据能力的职场人阅读。

——王彦平，"蓝鲸的商业分析笔记"博主，《从 Excel 到 Python：数据分析进阶指南》

《从 Excel 到 R：数据分析进阶指南》《从 Excel 到 SQL：数据分析进阶指南》作者

　　工作中使用最多的办公软件就是 Excel、Word 和 PPT 了，有了 Python 的加持，一些数据分析工作会变得更加便捷。本书结合实际案例，由浅入深、循序渐进地讲述 Python 基础及其与"Office 三件套"的配合，堪称实用宝典。

——张建军，数据分析师，ExcelHome 作者成员

　　工欲善其事，必先利其器。一些办公场景如果有 Python 的加持，很多事情就会变得简单起来。本书详细介绍了如何利用 Python 实现 Excel/Word/PPT/PDF 相关办公场景的各种自动化操作，内容通俗易懂，非常值得一看。

——崔庆才，微软（中国）工程师，《Python 3 网络爬虫开发实战》作者

成为超级个体，一人胜过十人甚至百人，工具用得好就有可能。跟着小码哥学《Python + Excel/Word/PPT 一本通》，赢在变幻莫测的时代中。

——刘容，知识星球运营官

Excel/Word/PPT 是经典的职场工具三件套，而 Python 语言功能极其强大，强强联合，让职场人收集、处理、分析数据及制作报告这些工作得以轻松完成。本书有两大特点：一是场景化，日常工作能够对号入座；二是接地气，深入浅出，上手可用。本书还可作为案头手册，时常翻翻，有问题解决问题，没问题找找灵感。

——梁勇，Python 爱好者社区创始人

掌握 Excel/Word/PPT 三件套是新时代打工人必备的技能。如果你留心观察的话，会发现我们平常用这些工具做的事情有很多是重复的——只要是重复的，就可以通过自动化来提高效率。Python 作为好学又好用的编程语言，非常适合初次接触编程的同学。如果你想通过学习 Python 将自己的工作自动化，解放双手，推荐看看这本书。

——张俊红，《对比 Excel，轻松学习 Python 数据分析》作者

Python 作为一门语法简单、功能强大的编程语言，近年来得到广泛应用，特别适合零基础的新手。小码哥的这本书介绍了 Python 的基础语法和自动化办公的相关内容，通俗易懂。有别于其他 Python 入门类图书，这本书强调实用性，着重介绍 Python 与 Excel、Word、PPT 以及 PDF 办公软件的配合应用，解决实际的自动化办公问题。

——李云鹏，上海恩毕可施科技有限公司创始人

职场人都希望拥有"金手指"，从繁多又重复的工作中解脱出来。小码哥的这本书能帮我们实现这个愿望。通过学习本书，即使是零编程基础，也能轻松入门 Python，进而循序渐进至熟练运用，让 Python 变身为服务于工作的好帮手，真正实现高效办公。

——办公室小明，《工作型图表设计》作者

很高兴看到介绍用 Python 实现办公自动化的实用内容。借助 Python 可以大大提升办公效率，助你更上一级台阶。本书言简意赅，实用性很强。通过本书你可以感受到 Python 办公的强大能力，推荐所有想提升办公技能的职场人士和学生阅读。

——彭涛，字码网络创始人，"涛哥聊 Python"博主

随着大数据时代的到来，Python 的应用也越来越广。很多人只听闻 Python 的强大，却鲜知其具体的应用场景。本书从办公自动化的实用角度出发，结合实例讲解 Python 编程的原理和技巧，让"小白"也能轻松掌握编程技能，提升工作效率。

——Crossin（袁昕），"Crossin 的编程教室"作者

这些年越来越多的企业关注数据智能。数据从业人员在落地实践的过程中，经常会面对很多重复性的数据整理工作，很多人在苦恼如何实现"自动化"。究竟如何才能从烦琐的工作中解脱出来，在这本书中你能找到答案。

——叶志峰，百丽时尚集团大数据研发经理

我是一名大三艺术生，未来想成为复合型人才，而 Python 编程是必备技能之一，但是我没有任何编程基础。加入小码哥的"Python 实战圈"后，在"实战+理论+随时解答疑惑"的帮助下，我终于写出了可运行的代码。该书是我的第一本 Python 编程书，它非常适合入门，并且学习成本极低。

——冯彬彬，"Python 实战圈"学员，某高校大三学生

如果你觉得编程很难学，小码哥的这本书将改变你的认识。它从零开始，注重实践，一步步教授如何实现办公自动化，从全新维度提升办公效率，让你从烦琐重复的工作中解脱出来。

——胡占利，璞石 PPT 创始人

数据分析已经成为 IT 领域"行走江湖"的必备技能，而如何才能高效地掌握此项本领是前行路上的一道难关。此书通俗易懂，用接地气的方式带领读者开启数据分析之旅，相信大家一定会收获满满。

——唐宇迪，人工智能人气讲师

在办公领域，Excel、Word、PPT 是常用的三个软件。而越来越多的人开始学习 Python，因为可以通过代码直接操作 Office 办公软件。通过学习本书，我们能够构建自动化程序，轻松完成重复性工作，大幅提升办公效率，省力省心。人生苦短，快学 Python！

——朱小五，《快学 Python：自动化办公轻松实战》作者

市面上有很多讲解 Python 的书，也有很多教授办公软件使用的书。编程语言也好，应用软件也罢，本身只是工具，只有在解决问题的时候才有价值。本书作者立意颇高，从实际问题出发，把两者巧妙地结合起来，产生了 1+1 > 2 的效果；同时考虑到受众的技术水平，内容通俗易懂，几乎是手把手指导。相当实用，强烈推荐！

——王斌，IT 东方会联合发起人

与小码哥认识有十多年了，他一直在大厂做程序员，学习热情和正能量一直不减。这本书是他三年磨一剑之作，汇聚了自己对 Python 学习和实践的心得。书中精心挑选了 Office 套件的实用场景作为内容主线，教大家高效工作"留一手"。靠谱的作者+落地的场景+简明的指导=Python 入门首选！

——高伟，数字钠创始团队创始人

前　言

你好，我是小码哥，感谢你阅读本书！

相信你入手本书不是为了装饰书架，而是为了享受作者提供的服务，进而解决自己的实际问题。因此，请允许我再说一遍：感谢你阅读本书，让我为你真诚服务。请快速浏览一遍专门为你准备的服务指南，以便更好地使用本书。

我的第一项服务是，当你感觉每天深陷重复且枯燥的复制粘贴式工作时，我会高举本书给你提一个醒——不妨换一种自动化的工作方式，从眼下的困顿中抽身。

传统的办公方式靠熟练掌握办公软件就可以应对工作场景。但是在大数据时代，数据量越来越大，我们需要处理的文件越来越多，工作量随之大增。之前解决一个需求可能只需处理几个文件即可，现在可能需要处理几十个甚至上百个文件。这导致工作负荷增大，每天不得不加班加点，致使身心疲惫。因此，面对新的挑战，传统的工作方式已经难以胜任，是时候换一种自动化的工作方式了。这种方式就是学会编程，通过代码操作办公软件，结合各种工具，进而自由控制成百上千的文档，实现真正的自动化、批量化办公，大幅提升办公效率，让老板和同事对你刮目相看。

我的第二项服务是，当你觉得编程很难时，我会拿出本书给你打气——有很多方法让你成为编程高手。

"如果我会编程就好了。"

这句话是很多人的梦想，也曾经是我的梦想。很多人感觉编程实在太难了，总是陷入"从入门到放弃"。然而，在错误的方向上努力会让事情变得更糟。结合我自己学习编程的经历，以及带领"Python实战圈"中几千人学习编程的经验，我发现存在三种可怕的"旧思想"。第一种是很多人认为编程是理科生的事情，只有数学好的人才能学会编程，这一点阻碍了绝大多数人走上编程之路。对此我想说，请首先坚定信心：自己可以学会编程，无论之前是否接触过它。第二种是大多数人感觉编程很复杂，需要掌握庞杂的语法和复杂的算法。对此我想说，请摒弃只有掌握一门语言的全部语法或者算法才能学会编程的思想。编程是为了解决实际问题，而不是为了掌握语法，而且一般的程序也用不到太多语法。第三种是英语很差，可能学不会编程。这一点误导了很多想学编程的人。编程确实需要一点点英语基础，但是不需要能够写文章。你只需要会简单的单词即可，比如 if、for、while 等，就连基本的英语语法都不需要掌握。

因此，思想不解放，编程跟不上。在阅读本书之前，请首先剔除"旧思想"，跟着我从零开始进入编程世界。本书是真正适合零基础读者的 Python 办公自动化教程，它已经在"Python 实战圈"得到验证，成功带领几千人走上编程之路。

我的第三项服务是，当你想加入 Python 编程队伍时，我会递上这本书，并在你耳边轻轻说一句："加油，你可以的！"

近些年来，"Python"这个词越来越频繁地出现在我们的工作环境中。作为一门编程语言，它语法简单，极其适合零基础的人学习，加之功能强大，因此学习它的人越来越多。但是，如何才能学会 Python 编程呢？本书内容浅显易懂，讲解循序渐进，真正做到授人以渔。

众所周知，学习宜由浅入深，循序渐进。本书每一章都以大家熟悉的内容作为引子，继而介绍新的知识点，最后投入实践。因此，对于零基础的读者，建议从本书的第一页开始阅读。阅读过程中，一定要动手写代码，最好把每一个案例的代码都写一遍。

我的第四项服务是，当你想用 Python 进行自动化办公时，我会递给你一个神秘的盒子。盒子里有这本书，还有很多实用的工具任你选用。

掌握 Python 与 Excel、Word、PPT 以及 PDF 软件的配合应用，是一项面向未来的办公技能，能帮助你真正从大批量、重复的工作中解脱。无论有多少页的文档需要处理，无论需要将文件转换成什么格式，只要敲几行代码，就能瞬间搞定。这本书首先讲解 Python 基础知识，然后介绍如何用 Python 代码处理文件，最后讲解如何将 Python 与办公软件相结合解决实际问题。同时，将 Python 编程的思路、方法和技巧融入其中，让读者不但掌握自动化办公，还学会用编程思维分析和解决问题。

在阅读本书的过程中，无论你遇到什么问题，我都乐于解答，欢迎大家与我交流（联系方式见文末）。

本书内容与特色

本书内容一共分为 6 篇。每一篇既相互独立，又彼此依赖，读者可以根据自己的需要选择阅读。下面简单介绍本书主要内容。

第一篇是基础篇，分为 2 章。第 1 章介绍 Python 是什么，以及如何搭建 Python 编程环境。第 2 章介绍 Python 的基础语法。这些语法是常用的语法，包括变量、数据类型、数据结构、控制结构、函数与模块、类与对象，以及错误与异常。每一个语法点都通过有趣的例子加以讲解，通俗易懂。最后给出了一个案例。

第二篇是文件篇，分为 2 章，讲解如何用 Python 实现文件操作自动化。第 3 章介绍什么是计算机文件，以及如何用 Python 读写文件。第 4 章引入 os 模块，介绍其基本用法，以及如何批量管理文件夹、批量处理嵌套目录等，最后通过一个案例展示如何实现简单的文件管理器。

第三篇是 Excel 篇，分为 6 章，深入讲解如何用 Python 实现 Excel 办公自动化。第 5 章引入 xlwings 库，并且介绍 Excel 的基本操作，比如读写工作表。第 6 章介绍如何自动化管理 Excel 工作簿和工作表，包括批量创建、批量删除和批量重命名等。第 7 章介绍如何读写和删除工作表中不同区域的数据，以及将 Excel 转换为 PPT 或者 Word，最后通过两个案例介绍如何复制以及合并工作表。第 8 章介绍如何批量设置工作表格式，包括设置单元格颜色、行高和列宽、边界、对齐方式以及文字格式。第 9 章介绍如何结合 pandas 库实现更强大的数据分析能力，首先介绍 pandas 库中的常用运算，然后讲解如何求最值，最后介绍如何拆分工作表和制作数据透视表。第 10 章介绍如何结合 matplotlib 库实现数据可视化，具体讲解如何绘制柱形图、条形图、折线图。

第四篇是 Word 篇，分为 3 章，重点讲解如何用 Python 实现 Word 办公自动化。第 11 章引入 python-docx 库，并且讲解 Word 的基本操作。第 12 章介绍如何利用 Python 读取 Word 中的文字、表格和图片，以及将 Word 文档转换为 PPT 文件。第 13 章介绍如何实现 Word 自动化排版，包括设置段落格式、文字格式以及样式和页面等。

第五篇是 PPT 篇，分为 3 章，重点讲解如何用 Python 实现 PPT 办公自动化。第 14 章引入 python-pptx 库，并且讲解幻灯片的基本操作，包括创建幻灯片以及添加文字、图片和表格等。第 15 章介绍如何用 Python 读取 PPT 中的文字、图片和图表，以及将 PPT 转换为 Word、Excel 或者保存到本地文件夹。第 16 章介绍如何用 Python 批量设置常见的 PPT 元素，包括文字、图表和表格，最后通过案例介绍如何用模板将 Excel 批量转换为 PPT。

第六篇是 PDF 篇，只有 1 章，在这一章中，首先介绍如何用 PyPDF2 库自动化操作 PDF 页面，包括提取、加密、添加水印、插入、合并以及旋转，然后介绍如何用 pdfplumber 库读取 PDF 中的文字，进而转换为 Word 文件。

除了丰富的内容和详细的讲解外，本书的编排还具有如下特点。

- ❑ **强调练习与实践**。本书的所有练习包含在正文中，读者稍微修改书中代码即可实现，从而在工作中能够做到举一反三。
- ❑ **在对比中学习**。本书不是死板地教授大家如何写代码，而是针对需求先展开分析，引导读者自己实现代码，最后给出实现代码，让读者在对比中实现提升。
- ❑ **逐行解析代码**。本书不单单介绍代码实现细节，还介绍如此设计的原因，真正做到授人以渔，让读者切实掌握编程思路和方法。

最后，我想再强调一句：坚持动手写代码，而不只是看代码。

读者对象

本书是为零基础读者打造的 Python 办公自动化入门书，不仅适合所有想提升工作技能的职场人士阅读，也非常适合院校学生阅读，还可以作为培训教材使用。

配套资源

本书提供了 5 大配套资源，为你的 Python 学习提供帮助。

- ❑ 本书所有配套 PPT 已分享至"七天小码哥"微信公众号，扫描如下左图二维码，回复"一本通"即可获取。
- ❑ 本书所有代码已分享至"七天小码哥"微信公众号，回复"一本通"即可获取[①]。
- ❑ 扫描如下右图二维码，即可免费观看本书配套重点视频。
- ❑ 本书专门设置了读书交流群，在"七天小码哥"微信公众号回复"进读者群"即可加入。
- ❑ 请添加小码哥微信 data_circle_yoni，享受一对一解答服务。

由于本人水平有限，书中难免存在一些错误和不足之处，恳请广大读者批评指正。请将勘误提交到图灵社区本书主页或者发送到我的个人邮箱 724698621@qq.com，我会及时处理，非常感谢！

致谢

感谢人民邮电出版社图灵公司，尤其感谢王军花编辑对本书提出的宝贵意见，使得本书顺利出版。

感谢"Python 实战圈"的数千名圈友，没有他们的学习与反馈，我不可能完成本书。

感谢 Python 第三方库的作者，他们使得 Python 越来越强大。

---

① 也可以访问图灵社区本书主页获取随书代码。——编者注

目　录

第一篇

夯实 Python 基础，编程也很酷

为什么 Python 如此流行？

Python 难学吗？

用什么软件学 Python 容易上手？

……

这些都是 Python 初学者非常关心的问题，本篇就来为你解答这些困惑，为之后的学习打好基础。

本篇分为 2 章：第 1 章简单介绍 Python 语言以及如何搭建易用的编程环境，第 2 章结合代码示例介绍 Python 中重要的基础语法。

第 1 章

Python 语言与办公自动化

1.1 初识 Python

Python 是一门简单易学的计算机编程语言，而且越来越流行。零基础学 Python 也能超过科班出身的程序员，并且不用担心无用武之地，因为市场需求越来越大。

1989 年圣诞节期间，荷兰人 Guido van Rossum 为打发时间决心开发一门新的编程语言，因喜欢 BBC 喜剧《飞行马戏团》（*Monty Python's Flying Circus*）而将其命名为 Python。1991 年，Python 的第一个公开版本发布。它是一种面向对象的解释型编程语言，不需要预先编译成字节码，而是由 Python 虚拟机直接执行。但是，为了提高装载速度，它也可以预先编译成字节码。总之，Python 是一种接近人类语言的高级编程语言。

目前，Python 有两个版本，分别是 Python 2 和 Python 3。对于初学者，建议学习 Python 3，原因有三点：第一，Python 3 是主流版本，也是 Python 语言未来发展的趋势；第二，Python 官网建议学习 Python 3；第三，Python 核心团队在 2020 年宣布停止维护 Python 2。在 Python 3.*x* 的各种版本中，目前比较流行的是 Python 3.6 和 Python 3.7 等。本书的例子和实战练习采用的版本都是 Python 3.8。建议读者采用 Python 3.6 以上的版本学习。

编程最重要的是对编程思想的理解以及经验累积，无论是 Python 3 的哪个版本，它们都是相通的。甚至不同的编程语言，比如 Java、C++ 等，它们的编程思想也是相通的。当我们熟悉了 Python 3 的某一个版本之后，其他版本在短时间内也可以掌握，甚至其他编程语言也可以很快掌握。因此，本书不仅介绍 Python 办公自动化，还会阐述编程思维，真正做到"授人以鱼，不如授人以渔"。

1.2 为什么 Python 流行

现如今，Python 越来越流行，并且是非常热门的编程语言之一。大家可以放心大胆地学习，利用它提高工作效率，从而提升自己的核心竞争力。那么，为什么 Python 如此流行呢？主要有如下几个原因。

- ❑ 真正的简单易学。它没有复杂的语法和结构，更没有惯用语和习惯用法，比英语还简单。
- ❑ 强大的第三方库。第三方库是由第三方机构发布的 Python 代码，使用前需要安装，这也正是 Python 的强大之处。这些库可以在 Python 软件包索引（PyPI 网站）中找到。无论你需要实现什么业务功能，Python 都提供了现成的库，无须从零开始编码，真正让我们站在巨人的肩膀上做事情。比如 Python 实现办公自动化就有十多个第三方库可以选择，具体内容稍后会介绍。
- ❑ 广泛的应用领域。目前 Python 几乎无处不在，从网站开发、大数据分析、爬虫、人工智能、自动化到网络教育，各个领域均在使用。
- ❑ 庞大的学习社群。学习任何一门技术时，如果无人指点，很容易出现"从入门到放弃"。学 Python 则无须担心这一点，因为 Python 语言的学习者从小学生到退休人员都有。网络上的资料非常多，学习社群也非常多，这就形成了非常活跃的学习氛围。

1.3　Python 语言的缺点

俗语说"金无足赤，人无完人"，近乎完美的 Python 语言也有自己的缺点，这也是面试 Python 相关工作时的常考题目。Python 最主要的缺点概括如下。

- ❑ Python 大版本之间不兼容。Python 2 与 Python 3 不完全兼容，这给 Python 学习者带来了很大的烦恼：无法决定学哪个版本。另外，因为不兼容的问题，一个系统或者第三方库可能无法同时在两个大版本上运行。这是 Python 的一大缺点。
- ❑ Python 的执行速度相对较慢。这是 Python 的主要缺点，但并不是严重的问题，因为一般情况下我们不会直接拿 Python 与 C/C++语言做比较。此外，这个缺点可以通过其他技术手段弥补。
- ❑ Python 不能完美支持多线程。Python 不能很好地处理多核系统，因为存在**全局解释器锁**（global interpreter lock，GIL），无论系统中存在多少个线程，每次只允许一个线程执行。这导致系统运行较慢。当然，这也可以通过其他技术手段规避。
- ❑ Python 代码的加密性不佳。Python 是开源的，安全性不够高，不像编译型语言的源代码会被编译成可执行程序，Python 直接运行源代码，因此对源代码加密比较困难。

1.4　为什么选择 Python 进行办公自动化

如今，办公自动化软件已经非常强大了，比如 Excel、Word 和 PPT。但是，这些软件在进行批处理时不是很完美，经常需要做重复性的事情。这就导致工作烦琐且耗时。而 Python 语言没有这些限制，它可以根据需要完美地解决重复且烦琐的工作，真正提高工作效率。另外，Python

拥有非常强大的内置库和第三方库，功能扩展非常方便和灵活。

对于零基础且非科班出身的读者来讲，Python 语言非常适合学习，真正的简单、易学易用，并且学完之后不用担心被淘汰，因为 Python 越来越流行。

因此，本书介绍如何使用 Python 进行办公自动化。

1.5 搭建 Python 编程环境

Anaconda 是一个免费的 Python 集成开发环境，它集成了很多开发套件，有 Spyder 和 Jupyter Notebook 等。Spyder（scientific Python development environment）是一个强大的交互式 Python 开发环境，提供了很多高级特性，比如高级的代码编辑、交互测试、调试等。本书选择它作为主要的开发环境。Jupyter Notebook 是著名的基于网页的 Python 交互控制程序，用于开发、文档编写、运行代码和展示结果等，主要用于数据分析等领域。

Anaconda 目前支持 Windows、macOS 等操作系统，主要用于大规模数据分析、科学计算、办公自动化等。安装好了该软件，也就安装好了 Python，并且它自带大量常用的第三方模块，比如 NumPy、pandas 等。它的优点总结起来就是：方便好用、省时省心。

1.5.1 安装 Anaconda

登录 Anaconda 官网下载软件，如图 1-1 所示。

图 1-1 下载页面

单击"Download"按钮，跳转到选择系统页面，如图 1-2 所示。

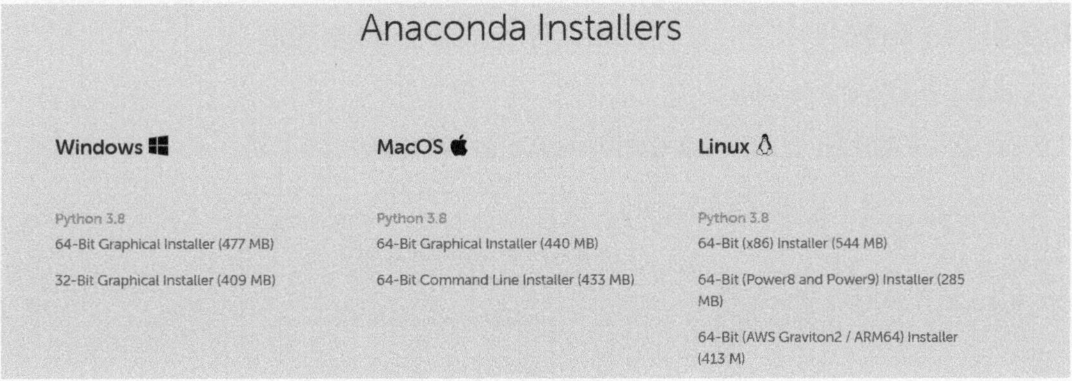

图 1-2　选择系统页面

下载之前，首先明确电脑系统（注意：Anaconda 不支持 Windows XP）是 64 位的还是 32 位的，然后选择合适的软件版本下载。

这里以 Windows 系统为例，查询系统的方法是：(1) 点击界面左下角的"开始"按钮；(2) 在打开的"开始"菜单中点击"设置"选项；(3) 在打开的"系统"界面中选择"关于"选项，查看系统类型，如图 1-3 所示。

图 1-3　查询电脑系统

图 1-3 显示，笔者使用的是 64 位 Windows 系统，所以在图 1-2 中选择 Windows 图标下面的 "64-Bit Graphical Installer (477 MB)" 链接。**注意：如果系统是 32 位的，但是安装了 64 位的软件，你会遇到很多奇怪的错误，所以在下载软件之前，一定要查询电脑系统。**

接着，开始安装 Anaconda。

(1) 双击下载的 exe 文件，会出现如图 1-4 所示的安装界面。

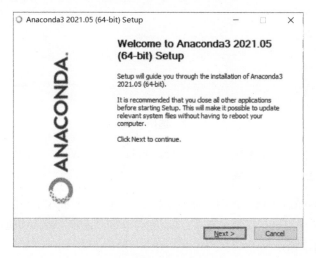

图 1-4　安装界面

(2) 点击 "Next" 按钮，在出现的许可协议界面点击 "I Agree" 按钮，此时会进入用户选择界面，如图 1-5 所示。这里选择默认值即可。

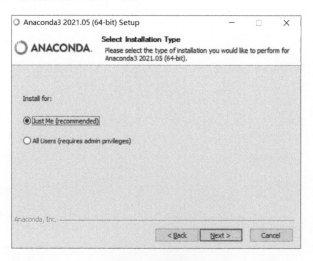

图 1-5　选择用户

(3) 点击"Next"按钮，此时出现如图 1-6 所示的选择安装路径界面。如果选择默认的安装路径，直接点击"Next"按钮即可；否则，点击"Browse"按钮更改安装路径。本书建议以默认路径安装。

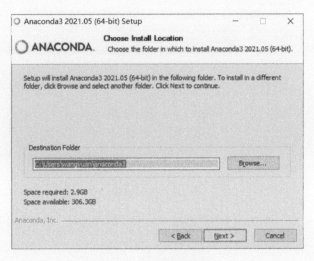

图 1-6   选择安装路径

(4) 此时进入 Advanced Options 界面，选中两个复选框，也就是把 Anaconda 的软件路径加入 PATH 变量，方便以后调用相关命令，如图 1-7 所示。

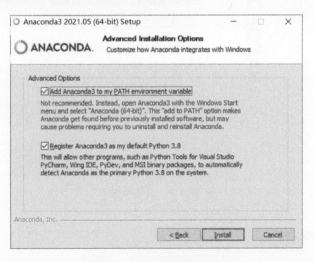

图 1-7   Advanced Options

(5) 点击"Install"按钮开始安装。耐心等待一段时间后，窗口中会出现"Installation Complete"字样，表示 Anaconda 安装成功，如图 1-8 所示。

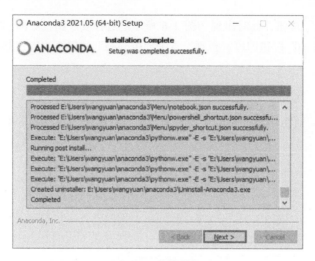

图 1-8　安装过程

(6) 一直点击"Next"按钮，当出现如图 1-9 所示的界面时，取消选中两个复选框，然后点击"Finish"按钮，完成 Anaconda 的安装。

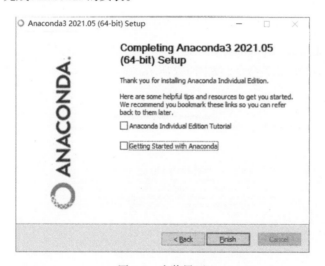

图 1-9　安装界面

1.5.2　使用 Anaconda

安装完成后，在 Windows 操作系统的"开始"菜单中找到 Anaconda 文件夹，如图 1-10 所示。在展开的列表中，我们会看到 Anaconda 自带的编辑器 Spyder 和 Jupyter Notebook。

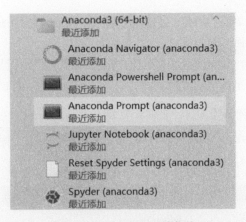

图 1-10 Anaconda 开始菜单

单击"Spyder"选项，打开如图 1-11 所示的界面，主要有菜单栏、项目管理窗口、代码编辑窗口、变量浏览窗口和 IPython 交互控制台。

图 1-11 Spyder 软件界面

☐ 菜单栏位于界面顶端，主要用于执行不同的功能。

☐ 项目管理窗口位于界面左侧，主要包含用于项目管理的文件夹和文件，比如图 1-11 中的项目 test 以及文件 test.py。一个 Spyder 界面仅允许管理一个项目。双击文件名，比如test.py，即可打开代码编辑窗口进行代码编写。

☐ 代码编辑窗口位于界面中间，主要用于编写代码。这里可以同时打开多个文件，但是只能同时编辑一个文件。可以通过单击文件名切换不同的文件。

❑ 变量浏览窗口位于界面右上角，主要用于显示 Python 内存中的变量信息，比如名字、大小、类型等，例如图 1-11 中的 test。

❑ IPython 交互控制台。所有的代码执行结构显示在该窗口。但是，一般不建议直接在这里写代码，因为不便于编写和维护。

接下来，我们看看如何新建项目，具体步骤如下。

(1) 在界面的菜单栏中单击"Projects"，在弹出的下拉菜单中选择"New Projects"选项，创建一个工程，并将其命名为"Python"，如图 1-12 所示。

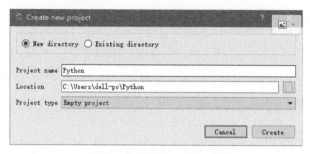

图 1-12　创建 Python 工程

(2) 在项目管理窗口右击工程名"Python"，从弹出的快捷菜单中选择"New"→"File"菜单项，如图 1-13 所示。

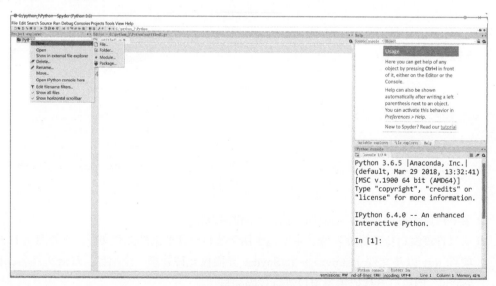

图 1-13　创建新文件

(3) 创建一个名为 Temp.py 的文件，如图 1-14 所示。注意，创建的文件扩展名必须是.py，因为这才是 Python 代码文件。很多初学者用.text 作为扩展名导致代码无法运行，这是常见错误之一。

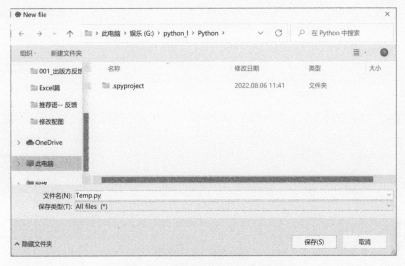

图 1-14 创建扩展名是.py 的文件

(4) 在项目管理窗口中双击 Temp.py 文件，进入代码编辑窗口开始写代码，比如简单的 print 函数，如图 1-15 所示。第一行代码是版本文件的内容，无须修改。

图 1-15 开始写代码

(5) 写完代码后，一定记得保存。然后选中需要运行的代码，单击工具栏中的运行按钮开始运行，结果如图 1-16 右下角所示。

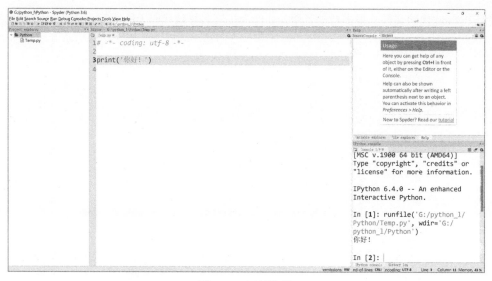

图 1-16　运行代码

1.5.3　Spyder 常用功能

Spyder 软件自带代码提示功能，能在编写代码的过程中提示开发人员接下来的输入，这样程序员就不用死记硬背代码，提高了编程效率。

该功能的使用方法是输入点（.）或者按下 Tab 键，即可得到后续代码的备选提示，如图 1-17所示。

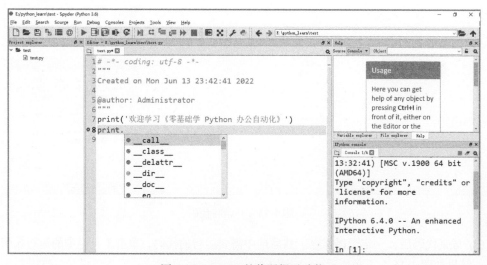

图 1-17　Spyder 的代码提示功能

另外一个能够减少死记硬背的方法是使用 Spyder 自带的帮助文档功能，默认显示在界面右上角。如果未显示，可以通过菜单栏中的"View"→"Panes"→"Help"菜单项打开。

在线帮助文档的使用方法是在搜索框中搜要查找的内容，比如搜 print，结果如图 1-18 所示。

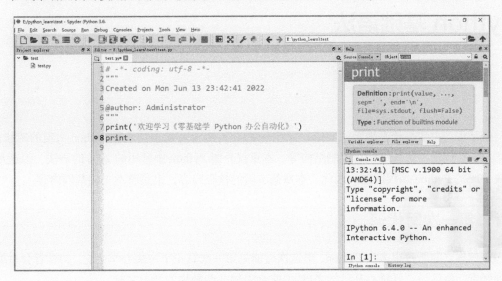

图 1-18　Spyder 帮助文档

第 2 章

Python 基础语法

俗话说"万丈高楼平地起，一砖一瓦皆根基"，Python 基础语法就是 Python 大厦的砖和瓦。它主要包括变量、数据结构、控制结构等。本章仅介绍 Python 中常用的 20% 的语法，但这足以解决 80% 的 Python 编程问题。因此，本章是本篇的核心内容，也是整本书的基础内容。

2.1 第一次写代码

虽然你之前听过很多次 Python，但这次可能是第一次真正下定决心学会它。初学者会对编程感到好奇。俗话说"好奇心是科学之母"，它会引领并激励你的学习之旅。

2.1.1 学习方法

下面我们正式进入敲代码的世界，用 Python 解决烦琐的重复工作，提高工作效率。

首先，不要害怕。敲代码虽然听上去很厉害，但其实和写作文一样。首先需要有一个题目，也就是代码的需求；然后拆解题目，相当于代码的设计分析；最后下笔写文章，相当于开始写代码。至于文采，也就是代码写得漂亮，那就是另一回事了，需要长期的实践与积累才能达到。

很多读者看过很多 Python 基础书，或者购买了许多 Python 视频课，但还是不明白如何写 Python 代码。原因只有一个：没有建立编程思维。转变 Python 编程思维的唯一方法就是实战。只有在实战中才能发现问题，比如代码中因为少了或者多了一个字母而出错，又或者代码中使用了中文字符而不是英文字符导致程序无法运行；更令人头痛的情况是代码可以运行，也没有发现任何语法错误，但运行结果不是自己想要的，等等。

实战时，首先要模仿他人优秀的代码，然后才是独立写代码，最后甚至可能教别人写代码。捷径只有一条——动手写代码。

总之，本书的目标不仅仅是讲解 Python 办公自动化，还教授编程思维的转变。让我们一起开启 Python 办公自动化之旅吧！

2.1.2 代码注释

注释就是在代码里面添加解释说明，相当于电影中的旁白。代码是告诉阅读它的人做什么事情，而注释是告诉阅读代码的人为什么这么做。这在学习编程的时候特别重要。尤其是刚开始的时候一定要养成写注释的习惯，不要嫌麻烦，因为注释真的方便阅读代码的人理解。

在实际工作中，项目一般非常大，需要协作完成。如果某一个程序员未写注释，那么阅读这段代码的人会特别痛苦，因为代码逻辑理解起来特别费劲。不过目前的普遍状况是，很多程序员，即使是工作多年的老程序员，也不喜欢写注释，因为他们认为这是麻烦的事情，是多干活。这个观点是错误的，因为即使是自己写的代码，多年以后都很难记得写的是什么。另外，据了解，一些大公司的代码注释写得都非常全面，比如 Google、Oracle 等。

因此，写好代码注释有两点好处。

❑ 方便阅读者更快地读懂代码。
❑ 当调试代码的时候，可以注释掉代码使其暂时不运行，只关注未注释的代码，从而提高效率。

在 Python 中，代码注释分为两种：单行注释和多行注释。

❑ **单行注释**：就是只注释一行代码，用井号（#）标识，也就是 # 后面的内容都是被注释掉的。
❑ **多行注释**：就是对大段文字进行注释，用一对三引号（''' '''）或者一对三个双引号（""" """）表示。

单行注释一般用于某一行的解释说明，而多行注释一般用于整个文档或者某一个代码区域的解释说明，其中三个双引号表示对整个文档的说明。对于这些注释，Python 解释器不会执行具体的内容。比如在下面所示的例子中，Python 解释器会忽略注释，只输出 Hello World。

注意：并不是每一行代码都要添加注释，只有关键的地方需要，比如新的语法点、代码重点解决的问题、重要的细节或者结论等。

代码文件：**2.1.2_code_annotation.py**

```
01    # -*- coding: utf-8 -*-
02    """
03        本章内容：Python 基础语法
04        主要包括：
05            数据类型
06            控制结构
07            变量等
08    """
```

```
09    '''
10        此处是多行注释：
11        可以写很多行
12    '''
13
14
15    # 打印输出 Hello World!
16    print('Hello World!')
```

第 1 行代码是单行注释，它解释的是编码方式。这是为编译器进行编译而标识的。编译器在将代码编译为二进制时，会从头部开始编译，识别到声明的编码方式是 UTF-8 时，会对下文的中文字节码自动进行转换，如果没有在头部声明注释，则编译器在编译过程中会因识别不了中文字节码而抛出转码异常。这种注释一般写在代码的第 1 行。

第 2~8 行代码是多行注释，用来说明整段代码的作用。第 9~12 行代码也是多行注释，可以写更多的说明文字。一定要注意，多行注释的引号是成对出现的，否则会出错。这是初学者经常犯的错误之一。

这些注释无须修改，我们直接从第 13 行开始写代码即可。这里第 13~14 行留空是为了与下面的代码隔开。

第 15 行代码是单行注释，用于说明下面代码的作用。第 16 行代码是真正的执行代码，表示用 Python 的 print 函数（函数相关的内容详见 2.6 节）输出内容到控制台，结果如下所示：

```
Hello World!
```

2.2　与计算机对话——变量

如何用 Python 代码保存不同的文件名呢？比如保存"北京地区销售汇总表.xlsx"和"上海地区销售汇总表.xlsx"，答案是利用 Python 中的变量。

变量，顾名思义，就是一直在变化的量，它有固定的名字，称为标识符或变量名。用等号（=）把变量名和值关联起来就是给变量赋值，具体的语法是：

```
变量名 = 值
```

回到题目：用 Python 保存不同的文件名。首先需要设计一个变量名，比如 workbook；然后通过赋值语法解决该题目。整合分析后，得到如下代码。

代码文件：2.2_variable.py

```
01    # -*- coding: utf-8 -*-
02    '''
03    定义变量，并更改变量的值
04    '''
```

```
05      # 定义变量 workbook
06      workbook = "北京地区销售汇总表.xlsx"
07      print(workbook)
08      # 更改变量的值
09      workbook = "上海地区销售汇总表.xlsx"
10      print(workbook)
```

第 2~4 行代码是多行注释，说明本段代码的作用。第 5 行代码是单行注释。从第 6 行开始才是我们写的代码。

第 6 行代码给变量赋值，也可以看作定义变量 workbook，使其代表"北京地区销售汇总表.xlsx"。定义完成之后，在计算机内存中，我们就用 workbook 变量代表"北京地区销售汇总表.xlsx"。其中引号在 Python 中的作用将在 2.3 节中详细介绍。

第 7 行代码用 print 函数输出变量名 workbook 所代表的具体值。

第 9 行代码修改变量 workbook 的值，使其代表"上海地区销售汇总表.xlsx"。从这里开始，变量 workbook 就表示另外一个文件，而不再是"北京地区销售汇总表.xlsx"。也就是说，计算机内存中的变量值是"上海地区销售汇总表.xlsx"，如图 2-1 右上角所示。

图 2-1　变量的值

第 10 行代码同第 7 行代码，输出 workbook 变量所代表的值。

运行上述代码，结果如下：

```
北京地区销售汇总表.xlsx
上海地区销售汇总表.xlsx
```

可以发现，变量 workbook 可以修改为任意需要的值。

注意，变量的命名是有一定规则的，不能随意命名，否则会出错。具体的命名规则如下。

❑ 变量名由字母、数字和下划线（_）组成，并且只能以字母和下划线开头，不能以数字开
头，示例如下。

代码文件：2.2_log.py

```
3_log = 'This is a log file'
log_3 = 'This is a log file'
```

第 1 行代码定义变量 3_log 代表一句话。该变量以数字 3 开头，违背了命名规则，因此运
行程序会报错：

```
3_log = 'This is a log file'
       ^
SyntaxError: invalid token
```

第 2 行代码定义变量 log_3 代表同样的一句话。由于该名字符合命名规则，因此单独运行
不会报出上述错误。

❑ 不能包含空格，否则是语法错误，比如 log 3 是错误的。解决方法是使用下划线连接，变
成 log_3。

❑ 千万不能使用 Python 中预定义的关键字作为变量名，比如 print、if 等。

预定义的关键字是指 Python 中用于编程语法的英文单词，它们在 Python 中具有特殊作
用，不能再作为变量名。Python 关键字如表 2-1 所示。

表 2-1   Python 关键字

关 键 字	含 义	关 键 字	含 义	关 键 字	含 义
class	类定义	from	导入包	import	导入包
return	返回函数值	lambda	简化函数	def	定义函数
finally	执行异常	except	处理异常	try	捕获异常
assert	断言	with	上下文管理器	global	全局变量
raise	抛出异常	for	循环	while	循环
else	其他选择	elif	选择判断	if	选择判断
continue	继续执行	or	或者	and	并且
not	取反	pass	继续执行	break	终止循环
is	类型判断	in	集合包含判断	del	删除变量
print	在控制台输出	yield	迭代生成器	exec	从字符串中执行

❑ Python 区分大小写，即 log_3 与 LOG_3 是不同的变量。

规则虽然比较多，但是无须死记硬背，因为多写代码自然就记住了。在符合变量命名规则的前提下，变量的名字宜简短易懂，也就是能够顾名思义，从变量名就能看出其代表的意思。比如 my_name 肯定比 a 好懂（千万不要使用 a、b、c 表示变量名）。

当变量需要用两个及以上英文单词表示的时候，常用的命名方法有两种。

☐ 驼峰式大小写。第一个单词以小写字母开始，第二个单词的首字母大写，例如 firstName、lastName。或者每一个单词的首字母都采用大写，例如 FirstName、LastName、CamelCase，这也称为 Pascal 命名法。

☐ 两个单词之间不能使用连接号（-）或者空格连接，可以使用下划线，比如 first_name、last_name。

2.3　让计算机运算——数据类型

Python 可以处理不同类型的数据，比如数值型、字符型、逻辑型。这些类型之间可以互相转换。

2.3.1　数值型

数值型是数学中的实数，比如正数、0 和负数。在 Python 中，可以直接对整数进行算数运算。这些运算除了数学中的加减乘除外，还有取整除、取模和幂运算。具体如表 2-2 所示。

表 2-2　数值型运算

操　作	操 作 符	操　作	操 作 符
加	+	取整除	//
减	-	取模	%
乘	*	幂运算	**
除	/		

示例如下。

代码文件：2.3.1_numeric.py

```
01   # -*- coding: utf-8 -*-
02   '''
03   整数运算
04   '''
05   # 加法
06   add = 3 + 4
07   # 在 Python 中，format 方法是格式化输出，也就是用变量的值替换{}中的内容。后面的项目实战中会
     经常用到
```

```
08    print('3 + 4 的值是{}'.format(add))
09
10    # 减法
11    sub = 10 - 8
12    print('10 - 8 的值是{}'.format(sub))
13
14    # 乘法
15    multi = 23 * 3
16    print('23 * 3 的值是{}'.format(multi))
17
18    # 除法
19    div = 10 / 2
20    print('10 / 2 的值是{}'.format(div))
21
22    # 取模，返回除法的余数
23    delivery = 7 % 3
24    print('7 % 3 的值是{}'.format(delivery))
25
26    # 取整除，返回商的整数
27    round_number = 7 // 3
28    print('7 // 3 的值是{}'.format(round_number))
29
30    # 幂运算 —— 求 X 的几次方
31    power = 7 ** 3
32    print('7 ** 3 的值是{}'.format(power))
```

第 5~20 行代码是数学中的加减乘除运算。其中 format 表示格式化输出，也就是用变量替换 {}中的内容，比如第 8 行代码表示把 add 变量代表的值插入{}中，从而格式化输出使其更容易理解，运行后得到 "3 + 4 的值是 7"。更加详细的介绍见 2.3.2 节。

第 23 行代码是取模运算，也称求余。它和除法类似，但仅仅保留余数部分，不进行小数运算。第 27 行代码是取整除运算。它也和除法类似，但仅仅保留整数部分。第 31 行代码是幂运算，类似于数学中的乘方。

运行上述代码，结果如下：

```
3 + 4 的值是 7
10 - 8 的值是 2
23 * 3 的值是 69
10 / 2 的值是 5.0
7 % 3 的值是 1
7 // 3 的值是 2
7 ** 3 的值是 343
```

2.3.2 字符型

字符型数据就是所有可以定义的字符，也称字符串。简而言之，字符串就是一系列字符。在 Python 中，定义字符串时，只需要将一系列字符放在引号（单引号、双引号或者三引号）中即可。

但是，如果字符串中已经包含单引号或者双引号，Python 使用反斜杠（\）对字符串中的字符进行转义，示例如下。

代码文件：2.3.2.1_character.py

```
01    # -*- coding: utf-8 -*-
02    # 单引号里面的文本就是字符串
03    'I am a boy'
04
05    # 双引号其实和单引号的作用一样，一般推荐使用单引号
06    "欢迎您加入 Python 实战圈"
07
08    # 三引号表示的字符串一般是很长的文字，只要引号没有结束就可以一直写
09    # 一般用来写文本注释
10    '''
11    实战圈的第一个项目是"如何七天入门 Python"，
12    每一天都安排了学习内容，只需要 40 分钟就可以搞定，
13    学完以后，记得写作业并且提交到知识星球。
14    刚开始，咱们节奏放慢一些，计划三天更新一次内容。
15    希望大家都能参与进来。
16    '''
17
18    # 对字符进行转义
19    command = 'Let\'s go!'
20    print('\n 输出转义后的字符串： ', command)
```

第 3 行代码是用单引号表示的字符串，第 6 行代码是用双引号表示的字符串，第 10~16 行代码是用三引号表示的字符串。在第 19 行代码中，字符串中包含单引号，因此需要使用 Python 的转义字符（\）将其转义来输出单引号。Python 中有很多类似的用法，比如第 20 行代码中的 \n 代表换行。

运行上述代码，结果如下：

```
输出转义后的字符串：   Let's go!
```

字符型与数值型类似，也可以进行运算，它的运算分为基本运算和切片。接下来分别介绍这两种运算。

1. 基本运算

字符串常见的运算包括连接字符串以及修改字符串大小写等。

● **连接字符串**

连接字符串相当于加法运算，就是把两个或两个以上字符串合并在一起。该操作在项目中经常用到，比如进行爬虫的时候，网页的正则表达式太长，可以用拼接的方法连接起来；也可以把两个变量的字符串拼接为一个字符串等。Python 使用加号（+）来连接字符串，示例如下。

代码文件：2.3.2.1_add_character.py

```
01  # -*- coding: utf-8 -*-
02  # 使用加号连接字符串
03  log_1_str = 'The error is a bug.'
04  log_2_str = ' We should fix it.'
05  log_str = log_1_str + log_2_str
06  print('\n 拼接后的字符串是: ', log_str)
```

第 3~4 行代码表示两个不同的字符串，第 5 行代码将两个字符串拼接为一个新的字符串，第 6 行代码输出拼接后的新字符串。

运行上述代码，结果输出如下：

```
拼接后的字符串是: The error is a bug. We should fix it.
```

● 修改字符串的大小写

如果字符串的内容是英文单词，工作中经常需要对其进行大小写转换，示例如下。

代码文件：2.3.2.1_change_character.py

```
01  # -*- coding: utf-8 -*-
02  # 字符串大小写转换
03  welcome = 'Hello, welcome to python practical circle'
04  # 每个单词的首字母大写, 此时使用的函数是 title
05  print('\n 每个单词的首字母大写: ', welcome.title())
06  # 段落的首字母大写, 此时使用的函数是 capitalize
07  print('\n 段落的首字母大写: ', welcome.capitalize())
08  # 所有字母小写, 此时使用的函数是 lower
09  print('\n 所有字母小写: ', welcome.lower())
10  # 所有字母大写, 此时使用的函数是 upper
11  print('\n 所有字母大写: ', welcome.upper())
12  # 大写转小写, 小写转大写, 此时使用的函数是 swapcase
13  print('\n 大写转小写, 小写转大写: ', welcome.swapcase())
14  # isalnum 用于判断字符串中是否全部为数字或者字母, 符合就返回 True, 不符合就返回 False
15  # 如果里面包含符号或者空格之类的特殊字符, 也会返回 False
16  print('\n 判断字符串中是否全部为数字或者字母', welcome.isalnum())
17  # isdigit 用于判断字符串中是否全部为数字
18  print('\n 判断字符串中是否全部为数字', welcome.isdigit())
```

第 3 行代码用于定义英文字符串，第 4~18 行代码用不同的方法对字符串进行转换或判断。

运行上述代码，结果如下：

```
每个单词的首字母大写: Hello, Welcome To Python Practical Circle
段落的首字母大写: Hello, welcome to python practical circle
所有字母小写: hello, welcome to python practical circle
所有字母大写: HELLO, WELCOME TO PYTHON PRACTICAL CIRCLE
大写转小写, 小写转大写: hELLO, WELCOME TO PYTHON PRACTICAL CIRCLE
判断字符串中是否全部为数字或者字母 False
判断字符串中是否全部为数字 False
```

● **判断字符串后缀**

工作中经常需要判断给定字符串是否代表某一类型的文件，比如是否是 Excel 文件。其做法是判断字符串是否以指定后缀结尾，如果是则返回 True，否则返回 False，比如以 ".xlsx" 结尾，表示是 Excel 文件，否则不是。示例如下。

代码文件：**2.3.2.1_with_character.py**

```
01  # -*- coding: utf-8 -*-
02  '''
03  判断字符串是否以指定后缀结尾
04  '''
05  # 定义字符串变量
06  file_name = '北京地区销售统计表.xlsx'
07  file_name_2 = '北京地区销售统计'
08  # 判断该字符串是否代表 Excel 文件
09  fileNameExcel = file_name.endswith('.xlsx')
10  print(fileNameExcel)
11  fileNameExcel2 = file_name_2.endswith('.xlsx')
12  print(fileNameExcel2)
```

第 6~7 行代码表示给定两个不同的字符串，并用两个变量表示。第 9 行代码调用字符串的 endswith 方法判断是否以 ".xlsx" 结尾，如果是则输出 True，否则输出 False。第 10 行代码输出判断结果。第 11~12 行代码与之类似。

运行上述代码，结果如下：

```
True
False
```

2. 切片

切片是 Python 中常用的操作。字符串的切片操作指从一个字符串中获取子字符串（字符串的一部分），比如获取身份证号码中的生日信息等。

在 Python 中，字符串是有位置信息的，比如字符串 python 中第 0 个位置的字符是 p，第 1 个位置的字符是 y，依次递增。为什么这些位置信息从 0 开始而不是从 1 开始呢？因为计算机的二进制计数是从 0 开始的，几乎所有编程语言都是如此。

这些位置信息在 Python 中被称为**索引**（index），因此字符串的索引是从 0 开始的。当然，索引也可以从最后一个字符开始倒序。最后一个位置的索引一般用 –1 表示，由此递减至字符所在位置，这就是反向索引，如表 2-3 所示的部分身份证号码。

表 2-3 字符串索引

类 型	4	x	x	x	1	9	8	7	0	2
正向索引	0	1	2	3	4	5	6	7	8	9
反向索引	–10	–9	–8	–7	–6	–5	–4	–3	–2	–1

在切片的语法中，利用了索引的位置信息。在 Python 中，用一对方括号、起始偏移量 start、终止偏移量 end 以及可选的步长 step 来定义一个切片。

语法: [start:end:step]
- [:] 提取从开头（默认位置为 0）到结尾（默认位置为-1）的整个字符串
- [start:] 从 start 提取到结尾
- [:end] 从开头提取到 end - 1
- [start:end] 从 start 提取到 end - 1
- [start:end:step] 从 start 提取到 end - 1，每 step 个字符提取一个
- 左侧第一个字符的位置/偏移量为 0，右侧最后一个字符的位置/偏移量为-1

示例如下。

代码文件: 2.3.2.2_slice_char.py

```
01    # -*- coding: utf-8 -*-
02    # 字符串切片
03    # 部分身份证号码
04    word = '4xxx198702'
05    # 正向索引
06    print('正向获取生日信息: ', word[4:10])
07    # 反向索引
08    print('反向获取生日信息: ', word[-6:])
09    # 获取偶数位置的信息
10    print(word[::2])
11    # 反转字符串
12    print(word[::-1])
```

第 4 行代码定义了一个字符串，表示身份证的某些号码。第 6 行代码通过正向索引获取生日信息。第 8 行代码通过反向索引获取生日信息，但是切片的结束位置不写数字，表示一直到结尾的字符串。第 10 行代码用于获取偶数位置的字符串，其中开始和结尾都没给出具体数字，表示从头到末尾所有的字符。步长设置为 2 表示每两个字符取一个字符。第 12 行代码反转字符串，通过步长为-1 的反向索引实现。

运行上述代码，结果如下:

```
正向获取生日信息:  198702
反向获取生日信息:  198702
4x180
207891xxx4
```

3. 格式化字符串

在 Python 中，format 方法用于格式化输出字符串，也就是将变量的值替换到{}中。比如 2.3.1 节中使用的 print('3 + 4 的值是 {}'.format(add))就表示把 add 变量代表的值插入{}中，从而实现格式化输出。

除此之外，还有其他格式化输出，比如指定位置、指定具体的关键字，示例如下。

代码文件：2.3.2.3_format.py

```
01   # -*- coding: utf-8 -*-
02   '''
03   格式化输出
04   '''
05   add = 3 + 4
06   # 未指定位置
07   print('3 + 4 的值是{}'.format(add))
08   # 指定位置
09   print('{1} + {2}的值是{0}'.format(add, 3, 4))
10   # 指定关键字
11   print('3 + 4 的值是{sum}'.format(sum=add))
12   # Python 3.6 以上的版本可以直接使用 f'{}'代替'{}'.format()
13   print(f'3 + 4 的值是{add}')
```

第 5 行代码用于计算 3 + 4，并将结果赋值给变量 add。第 7 行代码表示未指定位置的格式化输出，直接用{}代替 add 的值。第 9 行代码表示指定位置的格式化输出。第 0 个位置表示 add，第 1 个位置表示 3，第 2 个位置表示 4。第 11 行代码指定关键字 sum 的格式化输出，然后用 add 的值替换 sum。第 13 行代码表示 Python 3.6 以上版本支持的一种更加简单的格式化输出：直接用 f'{}'结构代替'{}'.format()。

运行上述代码，结果如下：

```
3 + 4 的值是 7
3 + 4 的值是 7
3 + 4 的值是 7
3 + 4 的值是 7
```

不同的格式化输出都可以输出"3 + 4 的值是 7"。在实际工作中，可以根据需要用不同的格式化方式。

数值型数据也可以被格式化，只是返回的结果是字符串类型的数字。比如保留 3.141 592 6 的前 3 位小数或者将其设置为百分比的形式，代码如下。

代码文件：2.3.2.3_format.py

```
14   '''
15   数字格式化
16   '''
17   pai = 3.1415926
18   # 返回前 3 位小数
19   print('{:.3f}'.format(pai))
20   # 设置为百分比形式
21   print('{:.2%}'.format(pai))
```

第 17 行代码用 pai 表示 3.1415926。第 19 行代码将 pai 格式化为保留 3 位小数。其中冒号 ":" 表示要设置的值；冒号后面的 ".3" 表示保留小数点后 3 位；"f" 表示返回浮点数，也就是小数。第 21 行代码将 pai 格式化为百分比的形式，用的是%。

运行上述代码，结果如下：

```
3.142
314.16%
```

字符串对齐也是经常使用的一种格式化方式。在 format 方法中，小于号（<）表示左对齐，大于号（>）表示右对齐，下三角（^）表示居中对齐，示例如下。

代码文件：2.3.2.3_format.py

```
22
23
24    '''
25    对齐设置
26    '''
27    # 右对齐，占 20 个字符的空间
28    print('{:>20}'.format(pai))
29    # 右对齐，占 20 个字符的空间，如果不够，用*表示
30    print('{:*>20}'.format(pai))
31
32    # 左对齐，占 20 个字符的空间
33    print('{:<20}'.format(pai))
34    # 左对齐，占 20 个字符的空间，如果不够，用#表示
35    print('{:#<20}'.format(pai))
36
37    # 居中，占 20 个字符的空间
38    print('{:^20}'.format(pai))
39    # 居中，占 20 个字符的空间，如果不够，用&表示
40    print('{:&^20}'.format(pai))
```

第 27~30 行代码表示右对齐，占 20 个字符的空间，如果不够，用 * 表示。第 32~35 行代码表示左对齐，占 20 个字符的空间，如果不够，用 # 表示。第 37~40 行代码表示居中，占 20 个字符的空间，如果不够，用 & 表示。

运行上述代码，结果如下：

```
           3.1415926
***********3.1415926
3.1415926
3.1415926##########
      3.1415926
&&&&&3.1415926&&&&&
```

注意，这些格式化输出的写法无须死记硬背，用的时候查一下，用多了自然就记住了。

2.3.3　逻辑型

逻辑型只有两种取值，0 和 1 或者真与假。在 Python 中直接输入 True 或 False 就表示一个逻辑型数据，如表 2-4 所示。需要注意的是，首字母必须大写，其他字母小写。

表2-4　逻辑值

值	意　思
True	真
False	假

逻辑型又称布尔类型。因为它实际在 Python 源代码中是一个 bool 类，并且继承 int 类，因此逻辑型数据可以直接进行运算，比如 True+2 等，示例如下。

代码文件：2.3.3_bool.py

```
01   # -*- coding: utf-8 -*-
02   '''
03   逻辑类型
04   '''
05   # 定义逻辑类型变量
06   boolTest = True
07   # 判断类型
08   print(type(boolTest))
09   # 查看 bool, 它其实是 int 类的一个子类
10   print(bool.__bases__)
11   # 因为 True/False 是数值 1 和 0 的另一种表示方式，所以它们可以直接参与数值运算
12   print('直接参与数值运算')
13   addBool = True + 2
14   print(addBool)
15   addFalse = 2 + False
16   print(addFalse)
17   # 可以通过 bool 函数来测试数据对象、表达式是 True 还是 False
18   print('可以通过 bool 函数来测试数据对象、表达式是 True 还是 False')
19   print(bool(0))
20   print(bool('北京地区销售统计表.xlsx'))
21   print(bool(''))
22
23   # 逻辑判断
24   print('逻辑判断')
25   sum1 = 10
26   sum2 = 12
27   sumFalse = sum1 > sum2
28   print(sumFalse)
```

第 6 行代码用于定义逻辑型数据 boolTest，并将其赋值为 True。第 8 行代码判断逻辑型数据的数据类型。如下面的输出结果所示，其类型是<class 'bool'>。第 10 行代码通过 bool 类的属性__bases__查看其基类为<class 'int'>。因此，逻辑型数据是 int 类的一个子类，可以直接进行运算。第 12~16 行代码用 True、Fasle 和 2 直接进行运算。第 17~21 行代码用 bool 函数判断给定的数据是真还是假。第 19 行代码判断 0 是真还是假。第 20 行代码判断文件名字符串是真。第 21 行代码判断空字符串是假。

逻辑型数据还可以进行真假判断，比如第 23~28 行代码用于判断数字 10 与 12 的大小关系。

显然，结果是 False。

运行上述代码，结果如下：

```
<class 'bool'>
(<class 'int'>,)
直接参与数值运算
3
2
可以通过 bool 函数来测试数据对象、表达式是 True 还是 False
False
True
False
逻辑判断
False
```

逻辑型与数值型一样，也可以进行运算。它的运算规则分为 3 种：与、或、非，具体解释如下。

与运算：只有两个布尔值都为 True 时，计算结果才为 True，示例如下。

代码文件：2.3.3_bool.py

```
29
30    # 3 种运算
31    print(' & 运算')
32    print(True & True)    # ==> True
33    print(True & False)   # ==> False
34    print(False & True)   # ==> False
35    print(False & False)  # ==> False
```

运行上述代码，结果如下：

```
& 运算
True
False
False
False
```

或运算：只要有一个布尔值为 True，计算结果就是 True，示例如下。

代码文件：2.3.3_bool.py

```
36
37    print(' | 运算')
38    print(True | True)    # ==> True
39    print(True | False)   # ==> True
40    print(False | True)   # ==> True
41    print(False | False)  # ==> False
```

运行上述代码，结果如下：

```
| 运算
True
True
True
False
```

非运算：把 True 变为 False，或者把 False 变为 True，示例如下。

代码文件：2.3.3_bool.py

```
42
43    print(' not 运算')
44    print(not True)   # ==> False
45    print(not False)  # ==> True
```

运行上述代码，结果如下：

```
not 运算
False
True
```

2.3.4 类型转换

在 Python 中，各个数据类型可以互相转换，并且可以使用 type 函数查看某个变量的数据类型，其语法是：

```
type(变量名)
```

type 在实际项目中经常用到，因为只有知道了变量的类型，才可以进行相应的运算。类型转换在项目实战中也经常用到，比如一个超市的月销售额是一个字符类型，需要转换为数字类型才可以进行统计，又比如计算平均数等。具体语法如下：

```
float(a) # 将变量 a 转换为浮点数
int(b) # 将变量 b 转换为整数
str(c) # 将变量 c 转换为字符串
# 其中 a、b、c 为任意变量类型
```

示例如下。

代码文件：2.3.4_change_type.py

```
01    # -*- coding: utf-8 -*-
02    '''
03    各个数据类型转换
04    '''
05
06    print('\n 各个数据类型的转换')
07    number = 100
08
09    # number 的数据类型是整型，用 int 表示
```

```
10    print(number, '的数据类型是：')
11    print(type(number))
12
13    # 将整数转换为浮点数
14    float_number = float(number)
15    print(float_number, '的数据类型是：')
16    print(type(float_number))
17
18    # 将整数转换为字符串
19    print('\nnumber 转换为字符串类型')
20    str_number = str(number)
21    print(str_number, '的数据类型是：')
22    print(type(str_number))
23
24    # 将字符串转换为整数或者浮点数
25    print('\nstr_number 转换为数字类型')
26    int_str_number = int(str_number)
27    float_str_number = float(str_number)
28    print(int_str_number, '的数据类型是：')
29    print(type(int_str_number))
30    print(float_str_number, '的数据类型是：')
31    print(type(float_str_number))
```

第 7 行代码定义数值 100，并用变量 number 表示。第 9~11 行代码用于判断 100 的数据类型。第 13~16 行代码用 float 函数把 100 转换为浮点数。第 18~22 行代码用 str 函数将 100 转换为字符串。第 24~31 行代码用于将字符串转换为整数或者浮点数。

运行上述代码，结果如下：

```
各个数据类型的转换
100 的数据类型是：
<class 'int'>
100.0 的数据类型是：
<class 'float'>

number 转换为字符串类型
100 的数据类型是：
<class 'str'>

str_number 转换为数字类型
100 的数据类型是：
<class 'int'>
100.0 的数据类型是：
<class 'float'>
```

2.4　数据的载体——数据结构

2.3 节中的数据类型都是独立存在的。但是工作中，这些数据是以集合的形式存在的，比如常见的工资表等。这种相互之间存在一种或多种特定关系的集合称为**数据结构**。

数据结构就是将 2.3 节中的数据按照某种方式组合在一起。在 Python 中，常见的内置（自带的）数据结构是列表、字典、元组等。在 Python 的第三方库中还有其他数据结构，比如 pandas 模块中的数据框（Dataframe）和序列（Series）。

2.4.1 列表

1. 定义

列表由一系列按特定顺序排列的元素组成。也就是说，列表是有序集合。在 Python 中，用方括号（[]）来表示列表，并用逗号来分隔其中的元素。可以给列表起一个名字，并且使用等号（=）把列表名字和列表关联起来，这就叫作列表赋值。语法如下：

```
列名名字  = [元素 1, 元素 2, 元素 3, …]
```

示例如下。

代码文件：2.4.1.1_define_list.py

```
01  # -*- coding: utf-8 -*-
02  # 定义一个列表
03  # Python 实战圈成员列表
04  namesPc = ['张三', '李四', '王五', '小码']
05  print('Python 实战圈的成员有: ', namesPc)
```

第 4 行代码定义列表 namesPc，列表的内容是人名。这些人名是字符串的集合，按照一定顺序组合在一起。第 5 行代码输出人名，也就是成员都有谁。

运行上述代码，结果如下：

```
Python 实战圈的成员有: ['张三', '李四', '王五', '小码']
```

注意：列表中的元素个数是动态的，即可以随意添加和删除。这是它与字符串的本质区别：字符串不能修改，而列表是可变的。

2. 基本运算

● **访问列表元素**

列表是有序的，每一个元素都自动带有一个位置信息，也就是索引。Python 以及很多其他编程语言，索引是从 0 开始的，而不是从 1 开始。第 0 个索引对应第 1 个元素，以此类推。比如在列表 namesPc 中，第 0 个索引对应的列表元素就是"张三"；第 3 个索引，也就是最后一个元素，对应的是"小码"，具体如图 2-2 所示。

图 2-2 列表示例

访问列表元素的方法是利用索引，只需要指出索引号即可。语法如下：

```
列表名[索引号]
```

示例如下。

代码文件：2.4.1.2_basic_op_list.py

```
01    # -*- coding: utf-8 -*-
02    # 定义一个列表
03    # Python 实战圈成员列表
04    namesPc = ['张三', '李四', '王五', '小码']
05    print('Python 实战圈的成员有: ', namesPc)
06
07    # 根据索引访问列表元素，并且赋值给变量 three_str
08    three_str = namesPc[2]
09    # 直接打印 (print) 列表元素或根据变量打印，项目中经常用到
10    print(namesPc[2])
11    print('列表中第 3 个元素是: {}'.format(three_str))
```

运行上述代码，结果如下：

```
王五
列表中第 3 个元素是: 王五
```

访问列表中最后一个元素的方法有两种。一是通过索引号[-1]来获取。这个特殊的语法特别有用，尤其在项目中，不知道一个 Excel 文件具体有多少列，但是我们记得最后一列是想要获取的信息，此时就可以使用该方法。二是明确知道列表有多少列，使用最后一列的索引即可。示例如下。

代码文件：2.4.1.2_basic_op_list.py

```
12    # 两种方法访问最后一个元素
13    namesPc[-1]
14    print('使用第一种方法，获得列表最后一个元素是{}'.format(namesPc[-1]))
```

```
15    namesPc[3]
16    print('使用第二种方法，获得列表最后一个元素是{}'.format(namesPc[3]))
```

运行上述代码，结果如下：

```
使用第一种方法，获得列表最后一个元素是小码
使用第二种方法，获得列表最后一个元素是小码
```

● **添加列表元素**

列表是可变的。在列表中添加元素分为两种情况。

第一种：在指定位置插入一个元素，方法如下。

```
# insert 方法根据索引位置插入元素
insert(index,x)
```

其中，index 是位置信息，x 为待插入的元素。

示例如下。

代码文件：2.4.1.2_basic_op_list.py

```
17    # 添加元素
18    print('原来的成员列表：{}'.format(namesPc))
19    namesPc.insert(0, '魏璎珞')
20    print('插入新成员以后的列表：{}'.format(namesPc))
```

运行上述代码，结果如下：

```
原来的成员列表：['张三', '李四', '王五', '小码']
插入新成员以后的列表：['魏璎珞', '张三', '李四', '王五', '小码']
```

第二种：在列表的末位添加元素，方法如下。

```
# append(x)，x 为需要插入的元素，并且是插入到列表的最后
```

示例如下。

代码文件：2.4.1.2_basic_op_list.py

```
21    # append(x)
22    print('原来的成员列表：{}'.format(namesPc))
23    namesPc.append('傅恒')
24    print('插入新成员以后的列表：{}'.format(namesPc))
```

运行上述代码，结果如下：

```
原来的成员列表：['魏璎珞', '张三', '李四', '王五', '小码']
插入新成员以后的列表：['魏璎珞', '张三', '李四', '王五', '小码', '傅恒']
```

这两种方法相比，第一种的计算代价更大，因为插入位置不确定，之后的所有元素不得不在内部自己移动位置。而第二种方法是在末尾插入，相对较快。示例如下。

提示：在项目开发中，第二种方法经常用来构建一个新的列表：首先创建一个空列表，然后在
程序运行过程中使用 append 方法添加元素。

代码文件：2.4.1.2_basic_op_list.py

```
25    # 构建新的列表
26    yan_xi_gong_lue = []
27    yan_xi_gong_lue.append('皇上')
28    yan_xi_gong_lue.append('富察皇后')
29    yan_xi_gong_lue.append('高贵妃')
30    yan_xi_gong_lue.append('纯妃')
31    print('使用 append 方法构建列表：{}'.format(yan_xi_gong_lue))
```

运行上述代码，结果如下：

```
使用 append 方法构建列表：['皇上', '富察皇后', '高贵妃', '纯妃']
```

● **修改列表元素**

与访问列表元素一样，根据索引即可修改列表元素的值。语法如下：

```
列表名[index] = '新的值'
```

示例如下。

代码文件：2.4.1.2_basic_op_list.py

```
32    # 修改第 3 个元素的值
33    namesPc[2] = '扶摇'
34    print('修改后的成员列表：{}'.format(namesPc))
```

运行上述代码，结果如下：

```
修改后的成员列表：['魏璎珞', '张三', '扶摇', '王五', '小码', '傅恒']
```

● **删除列表元素**

在项目中，经常需要删除列表中的元素。Python 中可以根据索引值删除元素，也可以根据元
素值删除元素。如果记得待删除元素的位置，可以根据索引值删除，用到的是语句 del 或者方法
pop。语句 del(index)根据索引值删除元素，并且删除后不可以赋值给任何变量；方法 pop 删除
列表尾部的元素，pop(index)根据索引值删除，但是使用 pop 方法删除后的元素可以赋值给变量。
这就是两者的最大区别。语法如下：

```
del 列表名[indx]
列表名.pop()或者列表名.pop(index)
```

示例如下。

代码文件：2.4.1.2_basic_op_list.py

```
35    # 删除列表中的魏璎珞
36    del namesPc[0]
37    print('使用 del 语句删除列表中的魏璎珞后的列表是{}'.format(namesPc))
38
39    # pop 方法删除列表中的傅恒
40    delete_name = namesPc .pop()
41    print(f'pop 方法删除的元素是{delete_name}')
42
43    # 根据位置删除扶摇
44    delete_name_index = namesPc.pop(1)
45    print(f'pop 根据索引删除的元素值是{delete_name_index}')
```

运行上述代码，结果如下：

```
使用 del 语句删除列表中的魏璎珞后的列表是['张三', '扶摇', '王五', '小码', '傅恒']
pop 方法删除的元素是傅恒
pop 根据索引删除的元素值是扶摇
```

如果我们不记得待删除元素的位置，只记得值，可以采用 remove 方法。如果列表中有多个类似的值，则 remove 方法一次只能删除一个。语法如下：

```
列表名.remove('值')
```

代码文件：2.4.1.2_basic_op_list.py

```
46    print("原来的列表是",namesPc )
47    # 删除列表中的小码
48    namesPc.remove('小码')
49    print(f'删除元素后的列表是{namesPc}')
```

运行上述代码，结果如下：

```
原来的列表是['张三', '王五', '小码']
删除元素后的列表是['张三', '王五']
```

3. 嵌套列表

嵌套列表就是列表中的元素还是列表，比如姓名和年龄组成的嵌套列表。示例如下。

代码文件：2.4.1.3_nested_list.py

```
01    # -*- coding: utf-8 -*-
02    '''
03    嵌套列表
04    '''
05    nestedList = [['小码哥', 25], ['张三', 30], ['李四', 35], ['王五', 40]]
06    print(nestedList)
```

第 5 行代码定义一个嵌套列表，列表的每一个元素都是一个列表，比如小码哥的姓名和 25 组成一个小列表，其他的类似。第 6 行代码输出该列表。

运行上述代码，结果如下：

```
[['小码哥', 25], ['张三', 30], ['李四', 35], ['王五', 40]]
```

4. 列表切片

列表切片就是把整个列表切开，是为了处理列表的部分元素。它是列表中的重点内容，在以后的 Python 项目中经常用到。另外需要注意，Python 中很多对象支持切片（slice），例如列表、字符串、元组。切片语法如下：

```
[start:end:step]
```

start：起始索引，从 0 开始。

end：结束索引，但是 end-1 为实际的索引值。

step：步长，步长为正时，从左向右取值；步长为负时，反向取值。

注意，切片的结果不包含结束索引，即不包含最后一位，-1 代表列表的最后一个位置索引。

示例如下。

代码文件：2.4.1.4_slices_list.py

```
01    '''
02    列表切片
03    '''
04    name_fuyao = ['扶摇', '周叔', '国公', '无极太子', '医圣', '非烟殿主', '穹苍']
05    # 指定开始位置和结束位置，注意不包括最后的位置元素
06    print('扶摇电视剧列表中第 3 个到第 5 个人物的名字：', name_fuyao[2:5])
07    # 不指定开始位置，则默认从头开始
08    print('扶摇电视剧列表中前 5 个人物的名字：', name_fuyao[:5])
09    # 不指定结束位置，则从开始位置到结束
10    print('扶摇电视剧列表从 6 个人物开始的人物名字：', name_fuyao[5:])
11    # 开始位置和结束位置都不指定
12    print('扶摇电视剧列表中人物的名字：', name_fuyao[:])
13    # 负数索引表示返回距离列表末尾相应距离的元素，也就是取列表中后半部分的元素
14    print('扶摇电视剧列表中最后 3 个人物的名字：', name_fuyao[-3:])
15    # 取偶数位置的元素
16    print('扶摇电视剧列表中奇数位置的人物是：', name_fuyao[::2])
17    # 取奇数位置的元素
18    print('扶摇电视剧列表中偶数位置的人物是：', name_fuyao[1::2])
19    # 逆序列表，相当于 reversed(list)
20    print('扶摇电视剧列表中人物颠倒顺序：', name_fuyao[::-1])
21    # 在某个位置插入多个元素
22    # 也可以用同样的方法插入或者删除多个元素
23    name_fuyao[3:3] = ['玄机', '太渊', '天然']
24    print('扶摇电视剧列表中人物变为：', name_fuyao)
25    # 复制列表，相当于 copy，复制以后的列表是新的，可以对其进行操作
26    # 注意，如果 new_name_fuyao = name_fuyao 是变量赋值，也就是同一个值给了两个变量，一个改变了值，另外两个随之改变
27    new_name_fuyao = name_fuyao[:]
28    print('新的列表元素：{}'.format(new_name_fuyao))
```

运行上述代码，结果如下：

```
扶摇电视剧列表中第 3 个到第 5 个人物的名字: ['国公', '无极太子', '医圣']
扶摇电视剧列表中前 5 个人物的名字: ['扶摇', '周叔', '国公', '无极太子', '医圣']
扶摇电视剧列表从 6 个人物开始的人物名字: ['非烟殿主', '穹苍']
扶摇电视剧列表中人物的名字: ['扶摇', '周叔', '国公', '无极太子', '医圣', '非烟殿主', '穹苍']
扶摇电视剧列表中最后 3 个人物的名字: ['医圣', '非烟殿主', '穹苍']
扶摇电视剧列表中奇数位置的人物是: ['扶摇', '国公', '医圣', '穹苍']
扶摇电视剧列表中偶数位置的人物是: ['周叔', '无极太子', '非烟殿主']
扶摇电视剧列表中人物颠倒顺序: ['穹苍', '非烟殿主', '医圣', '无极太子', '国公', '周叔', '扶摇']
扶摇电视剧列表中人物变为: ['扶摇', '周叔', '国公', '玄机', '太渊', '天煞', '无极太子', '医圣', '非
烟殿主', '穹苍']
新的列表元素: ['扶摇', '周叔', '国公', '玄机', '太渊', '天煞', '无极太子', '医圣', '非烟殿主', '穹苍']
```

2.4.2　字典

1. 定义

字典是另外一个可变的数据结构，且可存储任意类型的对象，比如数字、字符串、列表等。字典由键和值两部分组成，也就是 key 和 value，中间用冒号分隔。这种结构类似于新华字典，字典中每个字都有对应的解释，具体语法如下：

```
字典名 = { 键 1: 值，键 2: 值，键 3: 值}
```

每个键与值都用冒号（:）隔开，每个键值对用逗号（,）分隔，整体放在花括号（{}）中。

键必须独一无二，但值则不必。可以有任意多个键值对。

值可以是任何数据类型，但键必须是不可变的，如数字、字符串或元组。

示例如下。

代码文件：2.4.2.1_define_dict.py

```
01  # -*- coding: utf-8 -*-
02  # 构建一个字典，记录各宫嫔妃的月银
03  name_dictionary = {'魏璎珞': 300, '皇后': 1000, '皇贵妃': 800, '贵妃': 600, '嫔': 200}
04  print(name_dictionary)
05  print('字典的数据类型表示是: ', type(name_dictionary))
```

运行上述代码，结果如下：

```
{'魏璎珞': 300, '皇后': 1000, '皇贵妃': 800, '贵妃': 600, '嫔': 200}
字典的数据类型表示是: <class 'dict'>
```

2. 基本运算

在 Python 中，字典的类型表示是<class 'dict'>。当知道变量的类型是 dict 时，则可以对其进行字典的操作，比如访问字典、遍历字典等。这些操作在实际项目中经常使用，比如将 Excel 文件读入内存后，按照字典的方法存放，然后对其增加或删除值。

- **访问字典**

访问字典就是获取键对应的值，方法是指定字典名和方括号内的键，具体如下。获取的值可以赋值给变量。

```
变量名 = 字典名[键]
```

示例如下。

代码文件：2.4.2.2_basic_op_dic.py

```
01    # -*- coding: utf-8 -*-
02    # 构建一个字典，记录各宫嫔妃的月银
03    name_dictionary = {'魏璎珞': 300, '皇后': 1000, '皇贵妃': 800, '贵妃': 600, '嫔': 200}
04    print(name_dictionary)
05    print('字典的数据类型表示是: ', type(name_dictionary))
06
07    # 访问字典
08    weiyingluo = name_dictionary['魏璎珞']
09    print(f'魏璎珞的月银是: {weiyingluo}两')
10
```

运行上述代码，结果如下：

```
{'魏璎珞': 300, '皇后': 1000, '皇贵妃': 800, '贵妃': 600, '嫔': 200}
字典的数据类型表示是:  <class 'dict'>
魏璎珞的月银是: 300 两
```

- **添加键值对**

字典是一种可变的数据结构，可以随时添加或者删除其中的键值对。添加键值对的方法是，指定字典名、用方括号括起来的键和相关的值，具体如下。

```
字典名[键名] = 值
```

示例如下。

代码文件：2.4.2.2_basic_op_dic.py

```
11    # 增加贵人和常在的月银
12    print(f'原来的后宫月银字典是: {name_dictionary}')
13    name_dictionary['贵人'] = 100
14    name_dictionary['常在'] = 50
15    print(F'增加键值后的后宫月银字典变成: {name_dictionary}')
16
```

运行上述代码，结果如下：

```
原来的后宫月银字典是: {'魏璎珞': 300, '皇后': 1000, '皇贵妃': 800, '贵妃': 600, '嫔': 200}
增加键值后的后宫月银字典变成: {'魏璎珞': 300, '皇后': 1000, '皇贵妃': 800, '贵妃': 600, '嫔': 200,
'贵人': 100, '常在': 50}
```

● **删除键值对**

　　如果不再需要字典中的键值对，可以将其彻底删除。Python 中使用 del 语句实现该操作，必须指定要删除的字典名和键，语法如下：

```
del 字典名[键]
```

示例如下。

代码文件：2.4.2.2_basic_op_dic.py

```
23    # 删除字典中的键值对，比如删除常在
24    del name_dictionary['常在']
25    print(f'删除常在后的后宫嫔妃月银字典变成：{name_dictionary}')
26
```

运行上述代码，结果如下：

```
删除常在后的后宫嫔妃月银字典变成：{'魏璎珞': 300, '皇后': 1000, '皇贵妃': 800, '贵妃': 600, '嫔': 200,
'贵人': 100}
```

　　如果还需要用到被删除的键值对，可以使用 pop('键的名字')方法。该方法会删除字典给定键所对应的值，并且返回该值。示例如下。

代码文件：2.4.2.2_basic_op_dic.py

```
27    print('原来的字典是：', name_dictionary)
28    # 使用 pop 方法删除魏璎珞
29    name_pop = name_dictionary.pop('魏璎珞')
30    # 使用删除后的值
31    print('魏璎珞的月银是：', name_pop)
32    print('使用 pop 方法删除元素后的字典是：', name_dictionary)
33
```

运行上述代码，结果如下：

```
原来的字典是：{'魏璎珞': 300, '皇后': 1000, '皇贵妃': 800, '贵妃': 600, '嫔': 200, '贵人': 100}
魏璎珞的月银是：300
使用 pop 方法删除元素后的字典是：{'皇后': 1000, '皇贵妃': 800, '贵妃': 600, '嫔': 200, '贵人': 100}
```

2.4.3　元组

1. 定义

　　列表是可以修改的数据结构，而元组是固定长度的、不能修改元素值的数据结构。元组一般使用圆括号（()）表示，而列表使用方括号（[]）。请注意两者的区别。

```
元组名 = (元素 1, 元素 2, ...)
```

创建元组最简单的方法是用逗号分隔一些值，元组自动创建完成。元组大部分时候是用圆括

号括起来的。空元组可以用不包含内容的圆括号来表示。只含一个值的元组，必须加个逗号（,）。

示例如下。

代码文件：2.4.3.1_define_tuple.py

```
01    # -*- coding: utf-8 -*-
02    tup1 = 1, 2, 3
03    tup2 = "Python", "Java"
04    # 创建元组
05    tup3 = (1, 2, 3, 4)
06    # 创建空元组
07    tup4 = ()
08    # 只有一个元素的元组
09    tup5 = (1,)
10    # 不是元组，是一个整型数字
11    tup6 = (1)
12
13    print(tup1)
14    print(tup2)
15    print(tup3)
16    print(tup4)
17    print(tup5)
18    print(tup6)
19    print(type(tup6))
20
```

运行上述代码，结果如下：

```
(1, 2, 3)
('Python', 'Java')
(1, 2, 3, 4)
()
(1,)
1
<class 'int'>
```

Python 中的 tuple 函数也可以创建元组，将任意序列或迭代器放在该函数内即可。注意，该函数只接收一个任意序列或迭代器，不能是数字的组合，例如 tuple(1, 2, 3)。在 Python 编程中，我们经常使用 tuple 把列表变成元组。另外，我们还可以通过双层圆括号创建元组的元组，示例如下。

代码文件：2.4.3.1_define_tuple.py

```
21    # 使用 tuple 函数创建元组
22    tup2_tuple = tuple('Python')
23    print(tup2_tuple)
24
25    # 把列表变成元组
26    tup3_tuple = tuple(['Python', 'Java', 'C++'])
27    print(tup3_tuple)
```

```
28
29    # 创建元组的元组
30    tup7 = (1, 2, 3, 4), ('Python', 'Java')
31    print('创建元组的元组: ', tup7)
32
33    # 创建元组的元组
34    tup_tuple = ((1, 2, 3, 4), ('Python', 'Java'))
35    print('创建元组的元组: ', tup_tuple)
36
```

运行上述代码，结果如下：

```
('P', 'y', 't', 'h', 'o', 'n')
('Python', 'Java', 'C++')
创建元组的元组: ((1, 2, 3, 4), ('Python', 'Java'))
创建元组的元组: ((1, 2, 3, 4), ('Python', 'Java'))
```

2. 基本运算

我们还可以通过加号（+）把多个元组拼接在一起，也可以使用乘号（*）复制元组元素。示例如下。

代码文件：2.4.3.2_basic_op_tuple.py

```
01    # 通过 + 拼接元组
02    tup8 = (1, 2, 3, 4) + ('Python', 'Java', 5) + ('C++',)
03    print('通过+拼接元组', tup8)
04
05    # 通过 * 复制元组元素
06    tup9 = ('Python', 'Java') * 3
07    print('通过*复制元组元素', tup9)
```

运行上述代码，结果如下：

```
通过+拼接元组 (1, 2, 3, 4, 'Python', 'Java', 5, 'C++')
通过*复制元组元素 ('Python', 'Java', 'Python', 'Java', 'Python', 'Java')
```

3. 元组与列表的区别

元组与列表之间有很多相似之处，也有很多不同之处。

元组与列表都是序列类型的容器对象，可以存放任何类型的数据，并且都支持切片、迭代等操作。

元组与列表的定义方法不同，前者用括号，后者用方括号。二者最重要的差别是元组不可变，而列表可变。这个差别决定了两者所提供的方法、应用场景以及性能都有很大区别。只有列表才有 append 方法来添加更多元素，而元组没有。同样大小的数据，元组相比列表占用的内存空间更少，操作速度更快。如果需要一个常量集合，并且唯一需要做的是不断遍历它的元素值，请选择元组而不是列表。

元组和列表之间可以互相转换。列表转换为元组的方法是用内置的 **tuple** 函数接收一个列表，并且返回一个有着相同元素的元组。元组转换为列表的方法是使用内置的 **list** 函数，示例如下。

代码文件：2.4.3.3_list_tuple.py

```
01   # -*- coding: utf-8 -*-
02   tup1 = (1, 2, 3)
03   print('元组的元素有', tup1)
04   # 将元组转换为列表
05   listedTup = list(tup1)
06   print('将元组变成列表', listedTup)
07   print('查看转换后的类型是: ', type(listedTup))
08   tupedList = tuple(listedTup)
09   print('将列表转换为元组', tupedList)
10   print('查看转换后的类型是: ', type(tupedList))
```

运行上述代码，结果如下：

```
元组的元素有 (1, 2, 3)
将元组变成列表 [1, 2, 3]
查看转换后的类型是: <class 'list'>
将列表转换为元组 (1, 2, 3)
查看转换后的类型是: <class 'tuple'>
```

2.5　计算机真的很聪明——控制结构

控制结构就是控制程序执行顺序的结构。Python 有三大控制结构，分别是顺序结构、选择结构（分支结构）以及循环结构。任何项目或者算法都可以使用这三种结构来设计，因此 Python 真的很聪明，可以通过控制结构实现各种各样的逻辑代码。

这三种控制结构也是结构化程序设计的核心，与之相对的是面向对象程序设计，将在 2.7 节介绍。C 语言就是结构化语言，而 C++、Java 和 Python 等都是面向对象的编程语言。下面的一则笑话解释了区别。

情人节，有人看到 C 一个人喝酒，便问：你的好哥们 C++、Java、Python 他们呢？

C 说：都过情人节去了。

问：你为什么不过呢？

C 说：因为我没有对象（对象是面向对象编程的重要概念）。

2.5.1　选择结构

选择结构又称分支结构，意思是程序代码根据判断条件，选择执行特定分支的代码。如果条件为真，程序执行一部分代码，否则执行另一部分代码。也可以理解为判断条件把程序分为两部分，根据条件结果只能执行其中一部分。比如以高考为条件，考上了就去上大学；否则另谋发展，条条大道通罗马，只要努力都可以成功。具体的执行流程如图 2-3 所示，条件为真时执行语句 1，否则执行语句 2。

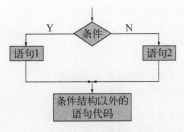

图 2-3　分支结构图

在 Python 语言中，选择结构的语法使用关键字 if、elif、else 来表示，具体语法如下。

语法 1：if 语句，判断条件为真，执行语句组。

```
if 判断条件:
    语句组
```

(1) 判断条件就是前述各种运算符表达式的一种，或者几种的组合，比如 age >= 18；

(2) 判断条件以冒号（:）结尾；

(3) 如判断条件为真，执行语句组（一行或多行代码）；

(4) 语句组为一个代码块，使用缩进表示。

示例如下。

代码文件：2.5.1_if_else_structure.py

```
01  # -*- coding: utf-8 -*-
02  '''
03  选择结构
04  '''
05  married = True
06  if married:
07      print("选择我们的夫妇套餐，可以享受 8 折优惠")
08      print("还请帮忙宣传我们的餐馆，多谢! \n")
09
```

运行上述代码，结果如下：

```
选择我们的夫妇套餐，可以享受 8 折优惠
还请帮忙宣传我们的餐馆，多谢!
```

语法 2：if-else 语句，判断条件为真，执行语句组 1，否则执行语句组 2。

```
if 判断条件:
    语句组 1
```

```
else:
    语句组 2
```

示例如下。

代码文件：2.5.1_if_else_structure.py

```
10    # if-else 语句
11    married = False
12    if married:
13        print("选择我们的夫妇套餐，可以享受 8 折优惠")
14        print("还请帮忙宣传我们的餐馆，多谢！\n")
15    else:
16        print("选择我们的单身套餐，可以享受 9 折优惠")
17        print("还请帮忙宣传我们的餐馆，多谢！\n")
18
```

运行上述代码，结果如下：

```
选择我们的单身套餐，可以享受 9 折优惠
还请帮忙宣传我们的餐馆，多谢！
```

语法 3：if-elif-else，有 3 个判断条件，符合其中的一个时，执行相应的代码，然后跳出所有判断语句。

```
if 判断条件 1:
    语句组 1
elif 判断条件 2:
    语句组 2
else:
    语句组 3
```

示例如下。

代码文件：2.5.1_if_else_structure.py

```
19    # if-elif-else 语句
20    married = False
21    couple = True
22    if married:
23        print("选择我们的夫妇套餐，可以享受 8 折优惠")
24        print("还请帮忙宣传我们的餐馆，多谢！\n")
25    elif couple:
26        print("选择我们的情侣套餐，可以享受 7.5 折优惠")
27        print("还请帮忙宣传我们的餐馆，多谢！\n")
28    else:
29        print("选择我们的单身套餐，可以享受 9 折优惠")
30        print("还请帮忙宣传我们的餐馆，多谢！\n")
31
```

运行上述代码，结果如下：

```
选择我们的情侣套餐，可以享受 7.5 折优惠
还请帮忙宣传我们的餐馆，多谢！
```

语法 4：if-elif-elif-....-else，有多个判断条件，符合其中的一个时，执行相应的代码。

```
if 判断条件 1:
    语句组 1
elif 判断条件 2:
    语句组 2
elif 判断条件 3:
    语句组 3
else:
    语句组 4
```

示例如下。

代码文件：2.5.1_if_else_structure.py

```
32  # if-elif-elif-else 语句
33  married = False
34  couple = False
35  break_up = True
36  if married:
37      print("选择我们的夫妇套餐，可以享受 8 折优惠")
38      print("还请帮忙宣传我们的餐馆，多谢! \n")
39  elif couple:
40      print("选择我们的情侣套餐，可以享受 7.5 折优惠")
41      print("还请帮忙宣传我们的餐馆，多谢! \n")
42  elif break_up:
43      print("选择我们的安慰套餐，可以享受 7 折优惠\n")
44  else:
45      print("选择我们的单身套餐，可以享受 9 折优惠")
46      print("还请帮忙宣传我们的餐馆，多谢! \n")
47
```

运行上述代码，结果如下：

```
选择我们的安慰套餐，可以享受 7 折优惠
```

语法 5：嵌套代码块，if 语句里嵌套 if 语句，嵌套的 if 语句是上面 4 种语法中的一种。

```
if 判断条件 1:
    if 判断条件 2:
        语句组 1
    else:
        语句组 2
else:
    语句组 3
```

示例如下。

代码文件：2.5.1_if_else_structure.py

```
48  # 嵌套语句
49  married = False
50  couple = False
51  break_up = True
```

```
52    if not married:
53        if couple:
54            print("选择我们的情侣套餐,可以享受 7.5 折优惠")
55            print("还请帮忙宣传我们的餐馆,多谢! \n")
56        elif break_up:
57            print("选择我们的安慰套餐,可以享受 7 折优惠\n")
58        else:
59            print("选择我们的单身套餐,可以享受 9 折优惠")
60            print("还请帮忙宣传我们的餐馆,多谢! \n")
61    else:
62        print("选择我们的夫妇套餐,可以享受 8 折优惠")
63        print("还请帮忙宣传我们的餐馆,多谢! \n")
```

运行上述代码,结果如下:

```
选择我们的安慰套餐,可以享受 7 折优惠
```

2.5.2　循环结构

不断的重复即为循环。循环结构用于在一定条件下反复执行某部分代码,是 Python 中使用率最高的结构之一。在 Python 语言中,常用的循环结构有 for 循环和 while 循环。循环的具体执行流程如图 2-4 所示,当条件为真时,执行语句组,否则执行循环外的语句。

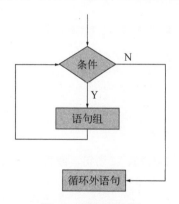

图 2-4　循环结构图

1. for 循环

在 Python 中,for 循环是一种迭代循环,也就是重复相同的操作,每次操作都基于上一次的结果而进行。for 循环常用于遍历字符串、列表、字典等数据结构。具体语法如下:

```
for 变量名 in 序列:
    语句组
```

(1) for 循环也称 for-in 结构,变量名为序列中的一个元素,遍历完所有元素则循环结束。在每一次循环中,执行语句组。

(2) 以冒号（:）结尾。

(3) 语句组为一个语句块，具有相同的缩进。

(4) 易错点：如果忘记缩进，会得到不同的结果。

for 循环的缺点：

(1) 程序开始时必须指定循环次数；

(2) 大规模数字求平均值需要用户先数清楚数字个数。

示例如下。

代码文件：2.5.2.1_for_define.py

```
01  # -*- coding: utf-8 -*-
02  # 遍历字符串
03
04  str_data = 'Now is better than never'
05  count = 0
06  for str_d in str_data:
07      # print("遍历字符串: ",str_d)
08      # 统计字符串中 e 出现的次数
09      if str_d == 'e':
10          count += 1
11  # 练习：如果把此句 print 缩进，结果会是什么呢？
12  print(f"在字符串{str_data}中，字母 e 出现的次数是{count}\n")
13
```

运行上述代码，结果如下：

```
遍历字符串: Now is better than never
在字符串 Now is better than never 中，字母 e 出现的次数是 4
```

2. 嵌套 for 循环

嵌套 for 循环是在 for 循环中嵌入另外一个 for 循环。语法如下：

```
for 变量名 1 in 序列 1:
    for 变量名 2 in 序列 2:
        语句组 1
    语句组 2
```

利用嵌套 for 循环输出 4 行*图，每一行有 7 个*。只要需求中出现大于 1 次的重复事项，就要想到 for 循环。比如 4 行*图，肯定是一层循环，并且循环 4 次，每一行有 7 个，说明内层循环需要循环 7 次。代码如下所示。

代码文件：2.5.2.2_nested_for.py

```
01  # -*- coding: utf-8 -*-
02  '''
03  嵌套 for 循环
04  '''
```

```
05    for i in range(0, 4):
06        for j in range(0, 7):
07            print("*", end="")
08        print(' ')
09
```

运行上述代码，结果如下：

```
*******
*******
*******
*******
```

3. while 循环

Python 提供了另一种循环模式——无限循环，不需要提前指定循环次数，那就是 while 循环。while 循环会一直执行，直到条件不再满足为止。语法如下：

```
while 条件:
    语句组 1
```

(1) 循环也以冒号（:）结尾。

(2) 条件为各种算术表达式。

    a) 当条件为真时，语句组 1 重复执行。

    b) 当条件为假时，停止执行语句组 1。

(3) 如果循环体忘记累计，条件判断一直为真，则为死循环：循环体会一直执行。

    a) 死循环经常用来构建无限循环。

    b) 可以使用 Ctrl+C 快捷键终止程序，或者停止 IDE。

示例如下。

代码文件：2.5.2.3_define_while.py

```
# 构造计数器，记录 5 次
print('使用 while 循环构造计数器，并且记录 5 次')
count_number = 0
while count_number < 5:
    print(f'\t 当前数字是{count_number}')
    count_number += 1
```

运行上述代码，结果如下：

```
使用 while 循环构造计数器，并且记录 5 次
    当前数字是 0
    当前数字是 1
    当前数字是 2
    当前数字是 3
    当前数字是 4
```

2.6 想要一劳永逸？——函数与模块

2.6.1 什么是函数

函数是一个独立且封闭的、用于实现特定功能的代码块，可以在任何地方调用。比如 print() 函数，无论你在程序中的任何地方调用，都是输出()中的内容。这种独立的封闭代码块又称封装。可以把函数理解为一个盒子，里面的代码就是封装好的，能够实现特定功能，外面的代码不属于函数。

在 Python 中，函数分为用户自定义函数和内建函数。前者就是自己根据需要实现的功能设计代码块，后者是 Python 语言已经为我们创建好的，直接可以使用。这类函数很多，我们不需要每一个都记住名字，记住常用的即可。Python 官方文档列出了很多内建函数，如表 2-5 所示。

表 2-5 Python 内建函数

abs	delattr	hash	memoryview	set
all	dict	help	min	setattr
any	dir	hex	next	slice
ascii	divmod	id	object	sorted
bin	enumerate	input	oct	staticmethod
bool	eval	int	open	str
breakpoint	exec	isinstance	ord	sum
bytearray	filter	issubclass	pow	super
bytes	float	iter	print	tuple
callable	format	len	property	type
chr	frozenset	list	range	vars
classmethod	getattr	locals	repr	zip
compile	globals	map	reversed	__import__
complex	hasattr	max	round	

函数的主要作用如下。

1. 解决代码重复问题

在实际项目中，我们经常会遇到代码的功能一样，但是参数不同的情况，也就是给定不同的参数，得出不同的结果，比如 print('你好')与 print('吃饭了吗？')，功能都是打印信息。我们不需要为"你好""吃饭了吗？"编写同样的打印功能代码，也就是实现 print 函数。只需要用同一个函数（print），就可以完成同样的任务。在代码中多次执行同一项任务时，无须反复编写该任务的代码，只需要调用该任务名称的代码块，也就是函数，即可完成任务。

2. 代码结构与思维结构一致

在实际生活中，我们解决问题一般会分步骤，比如目标是考大学，先从小学开始读，然后上初中、高中。但是每个阶段学的内容不同。我们只需要把每一个阶段编写为一个函数，然后按照思考的步骤组织在一起。在编程中，实现步骤可能并不唯一，能组合在一起完成功能即可。

示例如下。

```
'''
使用函数描述：考上大学之前，我们需要经历的阶段有
'''
# 小学
primary_school()
# 初中
junior_middle_school()
# 高中
senior_middle_school()
```

3. 有利于分工合作

在实际项目中，要实现的功能往往比较复杂，我们只需要按照功能拆解的方法思考问题。首先把一个大问题拆解为几个小问题，每一个小问题就是一个函数，然后把所有函数按照思考的过程组织在一起即可。拆解问题一般由架构师解决，他会定义好每一个函数的功能以及接口，然后分配给不同的程序员去完成。这就是多人协作完成一个大的功能的过程。

4. 代码清晰、易读、易修改

代码被函数组织起来以后，整个程序文件变得有条理、有章法。我们只需要按照函数的结构阅读代码即可，非常清晰明了。

每一个函数完成特定的功能。如果某个函数出错了，我们只需要调整该函数即可，方便快捷。尤其是在代码行数比较多的时候，这样做能快速定位错误。

2.6.2 如何定义函数

在 Python 语言中，函数的定义语法如下：

```
# 定义函数语法
def function_name(parameter1, parameter2, xxxxx):
    语句 1
    语句 2
    return xxxx
```

上述定义中的各个成分说明如下。

(1) 开头的 def 是 Python 关键字，告诉 Python 编译器这是一个函数。

(2) 函数名用 function_name 表示。函数是用于完成特定功能的代码块，给这个代码块取一

个名字就是函数名，通常用具有描述性的单词，比如 check_events 检查事件。函数名命名规则与变量的一样。

(3) 参数列表是 parameter1、parameter2、xxxx 等一系列变量的组合。这些是函数可以处理的数据。参数可以有 0 到多个，但是名字不能重复。所有参数用圆括号 "()" 括起来，即使 0 个参数也需要。

(4) 函数定义需要以冒号结尾，此为 Python 语法要求。

(5) 语句 1、语句 2、return xxxx 为函数体，用于说明函数具体需要做什么事情，也就是需要实现什么功能。

这些不同的成分可以分为两大类：第 1 类是函数定义头部，也就是 def 所在行的代码；第 2 类是函数体，也就是其余所有代码。

(1) 函数体，也称函数代码块，必须缩进（使用 4 个空格）。这是 Python 语法要求。具有同样缩进的代码块才是一个完整的代码块。

(2) 如果没有合理缩进，就会引发函数异常。这是常见错误之一，示例如下。

```
# 定义函数语法
def function_name(parameter1,parameter):

语句 1
    语句 2

    return xxxx
 File "/Users/yoni.ma/PycharmProjects/seven_days_python/Sixth_day/define_fun.py", line 18
    语句 1
    ^
IndentationError: expected an indented block
```

(3) 语句 1、语句 2 为函数具体执行的内容，可以有 1 到多个语句，但是不能没有任何语句。

(4) return：函数返回值，可有可无，根据自己设计的函数功能而决定。

　　1) 函数运行完成以后，如果需要返回值给调用方，则使用 return，否则不需要。

　　2) return 还表示函数结束。

举个例子，创建自定义函数 welcome_python，实现"欢迎加入"的功能，代码如下所示。

代码文件：2.6.2_define_fun.py

```
01   # -*- coding: utf-8 -*-
02   """
03
04       函数的例子：
05       知识点：
06           1. 定义函数
07
08
```

```
09      """
10
11
12      # 定义函数
13      def welcome_python():
14          print('欢迎加入 Python 实战圈！')
```

第 2~9 行代码解释代码的功能。第 12~14 行代码定义函数 welcome_python。该函数只有一个代码块，也就是 print 函数的内容——输出欢迎语句："欢迎加入 Python 实战圈！"

运行上述代码，结果如下：

运行这些代码并没有任何结果，也就是没有实现欢迎的功能。那么，是因为定义函数错误了吗？答案不是定义错误，而是函数定义完之后，需要调用才可以运行。接下来介绍如何调用函数。

2.6.3　如何调用函数

调用函数就是让 Python 执行函数的代码，也就是喊出（call）函数的名字。只有当函数被调用时，其内部的代码段才会执行。新手容易犯的错误之一是：忘记调用函数就运行程序，因而得不到结果。调试此类错误需要耐心。函数调用结束时，这个函数内部生成的所有数据都会被销毁。根据程序设计的要求，同一个函数可以被调用 1 次或多次。调用函数也可以用来测试函数功能是否正确，比如每次写完一个函数的功能，就调用并运行以查看是否出错或得到期望的结果。如果出错，则调试代码（查找哪里出错了）；否则编写下一个函数。此方法虽然有一点儿烦琐，但是可以大大缩减代码调试的时间，因为我们把错误提前解决了。

调用函数语法如下：

```
function_name()
```

注意：function_name 前面没有缩进，否则不能正确调用函数。

示例如下。

代码文件：2.6.3.1_call_fun.py

```
01      # -*- coding: utf-8 -*-
02      """
03
04          函数的例子：
05          知识点：
06              1. 定义函数
07              2. 函数调用
```

```
08
09      """
10
11
12      # 定义函数
13      def welcome_python():
14          print('欢迎加入 Python 实战圈！')
15
16
17      # 调用函数。为了方便阅读代码，与定义函数之间最好空两行
18      welcome_python()
19      welcome_python()
20
```

第12~14行代码是自定义函数 welcome_python，用于实现一个欢迎语句。第17~19行代码调用该函数，实现欢迎语句。

运行上述代码，结果如下：

```
欢迎加入 Python 实战圈！
欢迎加入 Python 实战圈！
```

无论是定义还是调用函数，常见错误有以下几种。

(1) 函数定义中缺少冒号或者使用了全角冒号。

(2) 函数体没有缩进。

(3) 调用函数的时候缩进了，示例如下。

代码文件：2.6.3.1_call_fun.py

```
21      def welcome_python():
22          print('欢迎加入 Python 实战圈！')
23
24      # 错误地缩进了函数调用，则无法实现欢迎语句
25          welcome_python()
```

第25行代码由于 welcome_python 缩进了，因此尽管运行函数没有错误，但是运行结果是空。

运行上述代码，结果如下：

运行结果为空，因为缩进了函数调用。这个是函数运行逻辑错误，把调用函数 welcome_python 当作了函数定义的一部分。这是编程中经常犯的错误之一。

2.6.4　如何传递参数

1. 什么是参数传递

函数有时候需要参数，才能更好地处理事情，比如前面的例子，如果想欢迎某一个人加入

Python 实战圈，则需要为该函数添加一个参数，因为我们不知道欢迎的是谁。否则可以直接写在 print("欢迎 xxx 加入 Python 实战圈")函数内。

通过函数的定义可以了解到参数列表是一系列变量，可以将其替换为具体的信息，然后在函数体内处理。但是，参数的具体值是在函数调用时才指定的，我们可以指定多个不同的值。整个过程称为参数传递，也就是把函数调用的具体值传给定义函数的参数列表。

代码文件：2.6.4.1_parameters.py

```
01    # -*- coding: utf-8 -*-
02    '''
03    参数传递
04    '''
05
06
07    def welcome_python(member_name, hope):
08        # 定义带有参数的函数
09        print(f'你好，{member_name}，欢迎加入 Python 实战圈')
10        print(f'\t{hope}')
11
12
13    # 函数调用的时候给出具体的值
14    welcome_python('Kim', '希望你能坚持下去。')
15    welcome_python('Grace', '希望你可以找到想要的。')
```

第 7~10 行代码定义函数 welcome_python，它带有两个参数，分别是表示姓名的 member_name 和表示祝福的 hope。第 9~10 行代码是函数体，用 print 函数实现祝福语句。第 13~15 行代码是函数调用。第 14 行代码是带有两个具体值的函数调用，分别是姓名 Kim 以及祝福语句"希望你能坚持下去。"。参数传递的过程是把姓名 Kim 传给定义中的形式参数（形式参数的内容将在后面讲到）member_name，再把祝福语"希望你能坚持下去。"传给函数定义中的形式参数 hope。同理，第 15 行代码也是带有两个实际参数的函数调用。

运行上述代码，结果如下：

```
你好，Kim，欢迎加入 Python 实战圈
    希望你能坚持下去。
你好，Grace，欢迎加入 Python 实战圈
    希望你可以找到想要的。
```

2. 形参与实参

在上个例子的参数传递过程中，函数定义中的参数为形式参数，简称**形参**，又称函数接口，比如 member_name、hope；调用函数中的具体值为实际参数，简称**实参**，比如"Kim""希望你能坚持下去。"。形参的定义规范与变量定义一样。另外，形参定义完以后，最好不要修改，否则函数内部都需要修改。实参的值可以是任意值。

形参也可以有多个，称为形参列表。相应地，调用中实参也必须有多个（实参列表）。在 Python

中，函数把实参列表传递给形参列表的方法有以下几个。

- **位置实参**

位置实参基于参数的位置，实参与形参的顺序必须相同，每一个实参都关联到函数定义中的一个形参，比如上面的例子。如果位置顺序不对，则结果可能大不一样。位置实参的"位置"很重要，如果实参的位置和形参的相反，虽然代码可以运行，但意思肯定是错的，也就是语法正确，语义有问题，示例如下。该传递方式也是最常用的方式。

代码文件：2.6.4.2_pass_parameters.py

```
01  # -*- coding: utf-8 -*-
02  '''
03  参数传递
04  '''
05
06
07  def welcome_python(member_name, hope):
08      # 定义带有参数的函数
09      print(f'你好，{member_name}，欢迎加入 Python 实战圈')
10      print(f'\t{hope}')
11
12
13  # 函数调用的时候给出具体的值
14  welcome_python('Kim', '希望你能坚持下去')
15  welcome_python('Grace', '希望你可以找到想要的')
16
17  # 颠倒实参顺序
18  print('颠倒实参顺序，结果完全不同')
19  welcome_python('希望你能坚持下去', 'Kim')
20  welcome_python('希望你可以找到想要的', 'Grace')
21
```

第1~16行代码如前所述。第17~20行代码颠倒实参的顺序，把祝福语传递给了形参member_name，把姓名传递给了hope。

运行上述代码，结果如下：

```
颠倒实参顺序，结果完全不同
你好，希望你能坚持下去，欢迎加入 Python 实战圈
    Kim
你好，希望你可以找到想要的，欢迎加入 Python 实战圈
    Grace
```

这并不是我们希望的结果。因此函数调用的时候一定要注意实参与形参的对应关系，位置不能出错。

- **关键字实参**

如果不想考虑参数的位置信息，可以给每一个实际参数添加对应的形参名字。也就是每一个

实参都由变量名与值组成，并且不用考虑函数形参的顺序。具体的调用形式是形参名字='值'。

优点：无须考虑实参的顺序。易错点：形参的名字一定要正确。

示例如下。

代码文件：2.6.4.2_pass_parameters.py

```
22    # 关键字实参
23    print('关键字实参的例子')
24    welcome_python(hope='希望你能坚持下去。', member_name='Kim')
25    welcome_python(member_name='Grace', hope='希望你可以找到想要的。')
26
```

第 24 行代码是带有关键字的实参，用 hope 表示祝福语句，用 member_name 表示姓名。这些变量名与函数定义中的一样。第 25 行代码颠倒了两者顺序，也不影响实际的意思。

运行上述代码，结果如下：

```
关键字实参的例子
你好，Kim，欢迎加入 Python 实战圈
    希望你能坚持下去。
你好，Grace，欢迎加入 Python 实战圈
    希望你可以找到想要的。
```

3. 默认值

根据项目需要，如果希望形参的值固定，我们可以在定义函数的时候为其指定默认值。在上个例子中，我们希望每一个加入 Python 实战圈的人都可以坚持下去，则可以为形参 hope 指定默认值。这样在调用函数的时候，我们可以忽略该形式参数。如果希望修改该默认值，调用函数的时候直接给出新的具体值即可，比如修改祝福语句为 "希望你可以找到想要的。"，代码如下所示。

代码文件：2.6.4.2_pass_parameters.py

```
27    print('带有默认值的例子')
28
29
30    def welcome_python(member_name, hope='希望你能坚持下去'):
31        # 定义带有默认值参数的函数
32        print(f'你好，{member_name}，欢迎加入 Python 实战圈')
33        print(f'\t{hope}')
34
35
36    # 修改默认值
37    welcome_python('Kim', '希望你能坚持下去。')
38    # 使用默认值
39    welcome_python('Kim')
40    welcome_python('Grace', '希望你可以找到想要的。')
41
```

第 27 行代码提示接下来的代码是 "带有默认值的例子"。第 30~33 行代码定义函数 welcome_

python 实现对不同的学员送出相同的祝福：希望每一个学员都可以坚持下去。第 37 行代码调用该函数，但是给出了两个具体的实际参数，分别是姓名 Kim 和与默认值一样的祝福语。这样调用也是可以的，只是多此一举。第 39 行代码仅仅给出姓名 Kim 的函数调用，省略了祝福语。这就是带有默认形参的目的。第 40 行代码是带有两个实参的函数调用，并且修改了祝福语。对 Grace 的祝福是希望她可以找到想要的。默认值可以通过这样的方式修改。

运行上述代码，结果如下：

```
带有默认值的例子
你好，Kim，欢迎加入 Python 实战圈
        希望你能坚持下去。
你好，Kim，欢迎加入 Python 实战圈
        希望你能坚持下去。
你好，Grace，欢迎加入 Python 实战圈
        希望你可以找到想要的。
```

2.6.5　模块介绍

在前面的介绍中，函数的定义和函数调用放在了同一个文件中。实际项目中，函数定义经常单独存放在一个文件中，称为**模块**。这样就可以隐藏其逻辑，让我们把主要精力放在主程序设计上，也就是函数调用上。主程序一般是代码的主要逻辑文件。

比如定义员工信息的函数 employee 单独存放在文件 employee_model.py 中，主程序文件 call_employee.py 直接调用该文件输出员工信息，比如输出"我的第二个员工是{'first_name': '码哥', 'last_name': '小', 'infor': '北京'}"。这样设计的优点是函数调用和函数定义分离，使得代码简洁、易于维护。整合分析后，得到如下代码。

代码文件：2.6.5_employee_model.py

```
01  # -*- coding: utf-8 -*-
02  """
03  Created on Sun May 30 23:45:23 2021
04
05  @author: 小码哥
06
07  定义员工函数
08  """
09
10
11  def employee(first_name, last_name, employee_infor):
12      """
13          将员工函数定义在一个单独的文件中
14      :param first_name:
15      :param last_name:
16      :param employee_infor:
17      :return: 员工信息
```

```
18          """
19
20          employee = {}
21          employee["first_name"] = first_name
22          employee["last_name"] = last_name
23          employee['infor'] = employee_infor
24
25          return employee
```

第 2~8 行是注释，表明此文件的创建时间、创建人以及实现功能。第 11~25 行代码是函数 employee 的具体定义。该函数具有 3 个形式参数，分别是 first_name、last_name 和 employee_infor。第 12~18 行是对函数功能和参数的解释说明。第 20 行代码定义空字典 employee 用来存放员工信息。第 21~23 行代码给员工字典添加 3 个信息，分别是 first_name、last_name、employee_infor。第 25 行代码用 return 将员工字典 employee 返回给调用员工函数 employee 的地方。同理，运行该程序没有任何输出，因为没有调用函数。

接下来，在主程序 call_employee.py 中调用该函数。

在 Python 中，我们使用"import xxx"把整个模块导入到主程序中，或者使用"from xxx import xxx"把需要的内容导入到主程序中。在员工信息的例子中，我们使用"from employee_model import *"的方法把员工信息定义函数导入到主程序中，然后在主程序中直接调用该函数即可，代码如下所示。

代码文件：2.6.5_call_employee.py

```
01    # -*- coding: utf-8 -*-
02    """
03        调用函数
04    """
05    # 导入自定义的函数 employee
06    from employee_model import *
07
08    # 调用函数
09    myEmployee1 = employee("华哥", "小", '香港')
10    myEmployee2 = employee("码哥", "小", '北京')
11    print('员工信息如下：')
12    print(f'我的第一个员工是{myEmployee1}')
13    print(f'我的第二个员工是{myEmployee2}')
```

第 6 行代码将模块 employee_model 导入到主程序文件中。

运行上述代码，结果如下：

```
员工信息如下：
我的第一个员工是{'first_name': '华哥', 'last_name': '小', 'infor': '香港'}
我的第二个员工是{'first_name': '码哥', 'last_name': '小', 'infor': '北京'}
```

一般而言，下面几种方法都可以把模块导入到主体文件中。

代码文件：2.6.5_more_import_Exmple.py

```
01  # -*- coding: utf-8 -*-
02  # 导入整个模块文件的函数，必须使用 module_name.function_name()调用
03  import employee_model
04  my_employee = employee_model.employee("华哥", "小", '香港')
05
06  # 导入模块中特定的函数，调用时可以不用模块名字
07  from employee_model import employee
08  my_employee = employee("华哥", "小", '香港')
09
10  # 使用 as 指定函数的别名
11  from employee_model import employee as em
12  my_employee = em("华哥", "小", '香港')
13
14  # 使用 as 指定函数的别名
15  import employee_model as em
16  my_employee = em.employee("华哥", "小", '香港')
17
18  # 使用 * 导入模块中所有的函数，但是加载比较慢
19  from employee_model import *
20  my_employee = employee("华哥", "小", '香港')
```

2.7 一切皆对象——类与对象

2.7.1 定义

在 Python 中，一切皆对象，比如前面介绍的字符串、列表、元组等。用户可以直接使用这些对象，也可以创建自己的对象。

具体什么是对象呢？在介绍对象的概念之前，先介绍什么是**类**（class）。

在新华字典中，类的意思有两个。第一个是种类：许多相似或相同事物的综合，如类型、分类、类别、分门别类；是具有共同特征的事物所形成的种类，例如树木有好多种类型，杨树、柳树、松树、柏树等。第二个是相似、相像：类同、类似，例句"这几道数学题的题型类似，解法也大体相同"。

在 Python 语言中，类也是一些相似事物的综合，比如，人具有两个胳膊、两条腿等特征，并且能做出走路、说话等行为。在 Python 语言中，这些描述事物的特征称为**属性**，而表示事物的行为称为**方法**（也就是函数，在面向对象编程中，一切行为都是方法，没有函数），把两者合并在一起就是 Python 语言中的类。类就是用来描述具有相同属性和方法的事物集合。也就是说，类具有相同的属性和方法。

相对于类的概念，在词典中，对象指行动或思考时作为目标的事物或特指恋爱的对方等。在 Python 语言中，对象就是类的一个具体事物，比如人是一个类，那么"小码哥"就是一个具

体的事物，也就是人的一个对象。"小码哥"具备人的属性，两个胳膊、两条腿以及能够做出走路、说话等行为。

　　类和对象都是名词。两者的区别是：每一个对象自动具备类的属性和方法，但是具体的数据可能不同，比如"小码哥"的胳膊可能比别人的长一点儿；而类是一个模板，可以创建多个对象，且个数没有限制。根据类创建对象的过程称为**实例化**。实例化以后对象就具备了类的属性和功能（方法）。

2.7.2　创建类

　　在 Python 语言中，类的定义语法如下：

```
class ClassName():
    """类定义"""
    def __init__(self,var1,var2):
        # 属性
        self.var1 = var1
        self.var2 = var2
        self.var3 = 0

    def function1 (self, var3):
        # 方法
        print(self.var1 + var3)

    def function2(self):
        # 方法
        print(self.var2)
```

　　class 表示类的定义，为 Python 的关键字。关键字是 Python 预先保留的标识符，每一个都有特殊的意思。

　　如何判断一个单词是不是关键字，可以使用 keyword 模块，如果是则返回 True：

```
import keyword
print ("class 是不是关键字",keyword.iskeyword('class'))

class 是不是关键字 True
```

　　ClassName 为类的名字，需要与关键字 class 中间空一格。类名必须首字母大写，定义中的()是空的，表示从空白创建这个类。"""类定义"""为类的注释，表明这个类的功能。

　　以关键字 def 开始的表示函数，但是在类里面称为**方法**。方法与函数的调用方式不同。函数直接使用，方法必须使用点（.）调用。注意：所有以 def 开头的方法必须空一个 Tab 才表示类的代码块，否则不是类的一部分。

　　__init__是类中的特殊方法，init 前后都有两个下划线（记住是两个下划线，不是一个，并

且是半角的）。该方法的作用是创建类的属性，比如人的姓名、出生地、两个胳膊、两条腿等。

　　形参列表 self、var1、var2 中，self 是必须要有的，并且放在最前面。当类实例化对象时，自动传入实参 self，它的作用是让对象能访问类中的属性和方法，本质上它是一个指向对象本身的引用。**类里面的其他方法也必须有一个 self 参数，才可以访问类中的属性。**

　　self.var1、self.var2、self.var3 定义的变量表示该类的属性，可以被类中的所有方法访问，也可以被实例化的对象访问。此类有 3 个属性：var1、var2 以及 var3，其中 var1 与 var2 需要在实例化对象的时候传入参数，var3 采用默认的值，当然也可以修改。

　　方法 function1 与 function2 表示类中的两个方法，也就是该类所具有的行为，可以被对象访问。**这些方法也必须有一个 self 参数，才可以访问类中的属性。**这也可以用来区分函数与方法。方法的名字最好是具有描述意义的单词，比如 describe_user，看到名字就知道它的功能。

　　为了解释上面的定义，我们定义一个 People 类，具有 4 个属性：姓名、地址、职业以及年龄（默认值 18 岁）和一个方法自我介绍。4 个属性放在 __init__ 方法里面，创建一个新的方法，命名为 introduce_you 表示自我介绍，具体代码如下。

代码文件：define_class.py

```
01    # -*- coding: utf-8 -*-
02
03
04    class People():
05        """定义 People 类"""
06        def __init__(self, name, location, career):
07            self.name = name
08            self.location = location
09            self.career = career
10            self.age = 18    # 默认属性值, 不需要在 init 方法列表体现
11
12        def introduce_you(self):
13            # format 方法的另外一个用法, 构造消息。也可以把消息写在一个函数里面, 有兴趣的圈友
    可以试一下
14            introduce = ' Python 实战圈的圈友们好, 我是{n}, 今年{a}岁, 来自{l}, 我的工作是{c}, 很
    高兴认识大家! '
15            mess = introduce.format(n=self.name, l = self.location,
16                                        a = self.age,
17                                        c = self.career)
18            print(mess)
19
```

　　第 4~18 行代码定义一个类，名字是 People。第 6~10 行代码用 __init__ 方法定义 4 个属性，分别是 name、location、career 以及默认的 age。第 12~18 行代码定义类的行为，也就是方法 introduce_you，它必须包含一个 self 参数，表示这是一个方法而不是自定义的函数。第 14 行代码定义自我介绍的字符串。第 15~17 行代码用格式化方法定义具体的自我介绍信息，分别用 name

属性替换字符串中的 n、用 location 属性替换字符串中的 l、用 age 属性替换字符串中的 a、用 career 属性替换字符串中的 c。第 18 行代码输出具体的自我介绍。

2.7.3   创建对象

根据类模板创建对象的过程也称**实例化**。实例化可以任意多个，没有限制。具体语法如下：

```
对象名 = 类名(属性参数列表)
```

对象名就是变量名，命名规则与变量相同，但是必须采用小写，因为首字母大写的表示类。属性参数列表就是类方法 __init__ 里面的，其中 self 自动传递，不需要指定。对象创建成功以后就可以访问类中的属性和方法，使用的是句点（.）表示法。具体语法如下：

```
对象名.属性
对象名.方法名字
```

代码文件：define_class.py

```
20
21    print('实例化对象小码哥')
22    little_ma = People('小码哥','北京','软件工程师')
23    print('对象调用属性采用句点表示法')
24    print(f'Python 实战圈的圈友们好，我是{little_ma.name}，来自{little_ma.location}，我的工作是
      {little_ma.career}，很高兴认识大家! ')
25    print('')
26    print('对象调用方法，也是采用句点表示法')
27    little_ma.introduce_you()
28
29    print('\n 实例化另外一个对象 kim')
30    kim = People('Kim','上海','数据分析师')
31    kim.introduce_you()
```

第 21 行代码提示下面的代码是实例化对象。第 22 行代码实例化小码哥对象。第 23~24 行代码是对象调用属性。第 27 行代码直接用对象调用类的方法 introduce_you 实现小码哥的自我介绍。第 29~31 行代码实例化另外一个对象 kim，并实现自我介绍。

运行上述代码，结果如下：

```
实例化对象小码哥
对象调用属性采用句点表示法
Python 实战圈的圈友们好，我是小码哥，来自北京，我的工作是软件工程师，很高兴认识大家!

对象调用方法，也是采用句点表示法
Python 实战圈的圈友们好，我是小码哥，今年 18 岁，来自北京，我的工作是软件工程师，很高兴认识大家!

实例化另外一个对象 kim
Python 实战圈的圈友们好，我是 Kim，今年 18 岁，来自上海，我的工作是数据分析师，很高兴认识大家!
```

2.8 错误与异常

2.8.1 句法错误

句法错误又称语法错误,是学习 Python 时最常见的错误,示例如下。

代码文件:2.8.1-句法错误.py

```
01  # -*- coding: utf-8 -*-
02  """
03  Created on Sun Feb 13 21:26:53 2022
04
05  @author: 小码哥
06  """
07  print('你好')
```

运行上述代码,结果输出如下:

```
runfile('F:/零基础学 Python 办公自动化/python_do_base/第 2 章/2.8/2.8.1-句法错误.py',
wdir='F:/零基础学 Python 办公自动化/python_do_base/第 2 章/2.8')
  File "F:\零基础学 Python 办公自动化\python_do_base\第 2 章\2.8\2.8.1-句法错误.py", line 7
    print('你好')
            ^
SyntaxError: invalid character in identifier
```

在输出结果[1]中我们看到,Spyder 软件会重复语句错误的代码行,并用小箭头(^)指向检测到的第一个错误。错误是由小箭头上方的代码导致的,这里是由"你好"导致的,并且以 File 开头的那行指出了错误的代码行,line 7 表示第 7 行代码出错。我们回到这一行,发现"你好"的引号是全角的,这与小箭头指示的一样。另外,这也是初学者经常犯的错误之一。

因此,我们按照这样的方法即可定位语法错误。

2.8.2 异常

有时候即使没有上面介绍的语法错误,代码运行也会出错。这类错误称为**异常**,示例如下。

代码文件:2.8.2-异常.py

```
01  # -*- coding: utf-8 -*-
02  """
03  Created on Sun Feb 13 21:34:48 2022
04
05  @author: 小码哥
06  """
07  print(4/0)
```

---

① 《零基础学 Python 办公自动化》为本书初稿书名。——编者注

第 7 行代码符合语法要求，但是运行的时候还是出错了。

运行上述代码，结果如下：

```
runfile('F:/零基础学 Python 办公自动化/python_do_base/第 2 章/2.8/2.8.2-异常.py',
wdir='F:/零基础学 Python 办公自动化/python_do_base/第 2 章/2.8')
Traceback (most recent call last):

  File "F:\零基础学 Python 办公自动化\python_do_base\第 2 章\2.8\2.8.2-异常.py", line 7, in <module>
    print(4/0)

ZeroDivisionError: division by zero
```

结果输出中没有小箭头指出运行错误。提示信息（ZeroDivisionError: division by zero）指出 0 不能为分母。对于这类异常，我们可以用下面的方法处理。

2.8.3　处理异常

对于可能出现的异常代码，我们可以使用 try-except 结构处理，具体语法如下：

```
try:
    这里写可能出现异常的代码
except:
    异常处理代码
```

我们把可能出现异常的代码写在 try 下面，然后用 except 捕获在 try 代码中可能出现的错误。如果代码出现异常，则执行 except 部分的异常处理代码，或者跳过 except 语句指定的异常。

我们修改上一节的代码，把有异常的代码放在 try 下面，具体如下。

代码文件：2.8.3-处理异常.py

```
01   # -*- coding: utf-8 -*-
02   """
03   Created on Sun Feb 13 21:44:31 2022
04
05   @author: 小码哥
06   """
07   try:
08       print(4/0)
09   except:
10       print('这里被执行说明 try 中的代码有异常，请检查代码！')
```

第 7~10 行代码是一个 try-except 结构。第 8 行代码是可能出现异常的代码。第 10 行是出现异常时执行的语句。

运行上述代码，结果如下：

```
runfile('F:/零基础学 Python 办公自动化/python_do_base/第 2 章/2.8/2.8.3-处理异常.py',
wdir='F:/零基础学 Python 办公自动化/python_do_base/第 2 章/2.8')
这里被执行说明 try 里面的代码有异常，请检查代码！
```

还有另外一种常见的异常处理结构，try-except-finally。语法如下：

```
try:
    这里写可能出现异常的代码
except:
    异常处理代码
finally:
    无论是否有异常都会执行的代码
```

该结构下无论 try 中的代码块是否有异常，最后 finally 中的代码都会执行。

我们接着修改上面的代码，具体如下。

代码文件：2.8.3-处理异常.py

```
11
12    print('\n 带有 finally 语句的异常处理')
13    try:
14        print(4/0)
15    except:
16        print('这里被执行说明 try 中的代码有异常，请检查代码！')
17    finally:
18        print('无论是否有异常都会执行')
19
20    print('\n 带有 finally 语句的正常处理')
21    try:
22        print(4/1)
23    except:
24        print('这里被执行说明 try 中的代码有异常，请检查代码！')
25    finally:
26        print('无论是否有异常都会执行')
```

第 12 行代码输出提示信息，接下来要执行"带有 finally 语句的异常处理"，其中\n 表示换行，与之前的输出隔一个空行。因此，print 经常用来输出提示信息，后面的章节会经常用到。

第 13~18 行代码是一个异常处理结构 try-except-finally。第 14 行是可能出现异常的代码。第 16 行是遇到异常时执行的代码，第 18 行是 finally 中的代码，表示无论是否有异常都会执行。

第 20~26 行是同样的意思，不过第 22 行是没有异常的代码，第 26 行代码无论如何都会执行。

运行上述代码，结果如下：

```
带有 finally 语句的异常处理
这里被执行说明 try 中的代码有异常，请检查代码！
无论是否有异常都会执行
```

```
带有 finally 语句的正常处理
4.0
无论是否有异常都会执行
```

输出证实了无论是否有异常 finally 语句都会执行。

2.9　案例：实现九九乘法表

根据九九乘法表的规律，该表一共有 9 行数据，每一行包含多个数据。因此，需要用嵌套的 for 循环实现。

由于一共 9 行数据，因此外层 for 循环的次数是 9，使用内置函数 range(1, 10) 可以生成 9 个数字。通过观察发现，每一行的数据个数刚好是所在行数，比如第 1 行只有 1 个数据 1*1 = 1、第 8 行有 8 个数据。因此，我们确定内层循环的次数是外层的行数，并且使用 range(1, 行数+1) 表示。该表的数据显示使用 print 函数。整合分析后，得到如下代码。

代码文件：2.9_chengfabiao.py

```
01    # -*- coding: utf-8 -*-
02    '''
03    九九乘法表
04    '''
05    for i in range(1, 10):
06        for j in range(1, i+1):
07            # end=' ' 表示 print 末尾以空格结束，而不是换行
08            print(f'{j}*{i} = {i*j} ', end=' ')
09        # print 函数自动换行
10        print('')
```

第 5 行代码是外层 for 循环，输出 9 行数据。其中 range 是 Python 的内置函数，作用是创建一个整数列表。其语法如下：

range(start, stop[,step])

(1) 参数 start 表示从 start 开始，默认是 0，比如 range(10) 等价于 range(0, 10)。

(2) 参数 stop 表示计数到 stop 结束，但是不包括 stop，比如 range(0, 3) 是 [0, 1, 2]，没有 3。

(3) 参数 step 表示步长，默认为 1，比如 range(0, 3) 等价于 range(0, 3, 1)。

因此，range(1, 10) 表示 [1, 2, 3, 4, 5, 6, 7, 8, 9]，没有 10，共 9 个数字，实现循环 9 次。

第 6 行代码是内层 for 循环，用于实现每一行都有不同数据，并且每一行的数据个数等于所在行数，比如第 3 行一共有 3 个乘法，range(1, 3+1) 表示 [1, 2, 3]，共 3 个数字，实现循环 3 次。因此 range(1, i+1) 表示循环 i 次。第 8 行代码用 print 函数实现具体的乘法口诀，其中 end 表示 print 末尾以空格结束，而不是默认的换行。第 10 行代码是外层循环的 print 函数，用于实现换行，也就是每输出一行数据就换行。

运行上述代码，结果如下：

```
1*1 = 1
1*2 = 2   2*2 = 4
1*3 = 3   2*3 = 6   3*3 = 9
1*4 = 4   2*4 = 8   3*4 = 12   4*4 = 16
1*5 = 5   2*5 = 10  3*5 = 15   4*5 = 20   5*5 = 25
1*6 = 6   2*6 = 12  3*6 = 18   4*6 = 24   5*6 = 30   6*6 = 36
1*7 = 7   2*7 = 14  3*7 = 21   4*7 = 28   5*7 = 35   6*7 = 42   7*7 = 49
1*8 = 8   2*8 = 16  3*8 = 24   4*8 = 32   5*8 = 40   6*8 = 48   7*8 = 56   8*8 = 64
1*9 = 9   2*9 = 18  3*9 = 27   4*9 = 36   5*9 = 45   6*9 = 54   7*9 = 63   8*9 = 72   9*9 = 81
```

第二篇

文件自动化，多乱都不怕

假如你需要重命名多个文件夹或文件，

假如你需要搜索某个文件，

假如你需要整理杂乱的文件夹，

……

实现这些需求最直接的方法是手动处理。但是手动处理特别容易出错，存在重复劳动且浪费时间。此时，你可以考虑一个工具——Python。它可以帮助你处理成百上千个文件，既快速又不容易出错。

本篇教你如何利用 Python 实现文件操作自动化，彻底消除重复劳动，大幅度提升工作效率，让老板和同事对你刮目相看。**本篇与其他篇相对独立，读者可以根据工作需要选择阅读。**

本篇分为 2 章：第 3 章介绍如何自动化操作文件，包括如何用计算机读/写文件，等等；第 4 章介绍文件与文件夹的自动化管理，主要内容是如何执行查找、批量删除、批量重命名，等等。

第 3 章

自动化操作文件，既简单又快速

文件读写是常见的操作。它分为几个步骤：(1) 打开文件；(2) 开始读或者写文件；(3) 关闭打开的文件。这些内容是后续章节的基础，下面展开介绍。

3.1　什么是计算机文件

计算机文件是可以长期存储、多次使用，并且不会因为断电而消失的相关信息的集合。每一个文件都具有不同的属性，比如创建时间、修改时间、文件大小、操作权限，等等。文件类型一般可分为文本文件与二进制文件。文本文件由一些字符串组成，一般用 ".text" 表示，比如 data.text 文件，而二进制文件一般指除文本文件以外的文件。

文件为计算机的一种资源，存放在磁盘的不同地方。计算机的操作系统会把它们组织成文件系统，每一个文件放在特定的文件夹（目录）中，比如 Windows 系统中的 C 盘、D 盘等。本章主要讲解如何读/写文件。下一章将介绍如何用 Python 自动化处理不同目录或文件夹中的文件。

在 Python 中，我们使用内置的 open 函数读写文件，具体语法如下：

```
open(filename, mode, encoding)
```

该函数有 8 个参数，但是最常用的参数是上面 3 个，具体含义如下。

(1) 参数 filename 是指要打开的文件名。

一般而言，文件名中需要包含文件路径，比如 open('F:\零基础学 Python 办公自动化\python_do_file\第 3 章\data.text')表示该路径下的 data.text 文件。这条很长的路径被称为**绝对路径**，也就是文件或者目录的真正路径。绝对路径一般是一个文件到根目录的完整路径，比如 data.text 到根目录 F 盘的完整路径。

如果参数 filename 未给出绝对路径，表示 filename 使用的是相对路径，比如 open('data.text')。相对路径一般是需要打开的文件相对于当前所在目录的路径，比如 data.text 放在 F 盘的 "第 3 章" 文件夹下，那么当前路径就是 "第 3 章" 所在路径，如图 3-1 所示。

图 3-1　相对路径

代码示例如下。

代码文件：3.1-文件.py

```
01    # 以绝对路径打开
02    file_path = open(r'F:\零基础学 Python 办公自动化\python_do_file\第 3 章\data.text')
03
04    # 调用文件对象的 close 方法关闭文件
05    file_path.close()
06
07    # 以相对路径打开
08    file_data = open('data.text')
09
10    # 调用文件对象 file_data 的 close 方法关闭文件
11    file_data.close()
```

第 1 行代码是注释。

第 2 行代码以绝对路径打开文件 data.text。打开文件表示把文件加载到计算机内存，以便代码对该文件进行操作。也就是说，只有内存中的文件才能被操作。

这条绝对路径前面有一个字符"r"，目的是防止转义。这是因为在 Windows 系统中，使用"\"分隔路径，而"\"是 Python 中的转义字符。在路径前面添加"r"就是为了防止转义，比如"r\n"表示输出"\n"字符，而"\n"表示换行。因此，路径前面添加"r"是为了防止其中的"\"被认作转义字符。

内置函数 open 返回一个文件对象。我们用文件对象来操作文件，比如读文件或者写文件，例如第 2 行代码中 file_path 表示 open 函数返回的文件对象，我们对 file_path 变量的操作就是对 data.text 文件的操作。当读/写完成之后，我们需要调用文件对象的 close 方法关闭文件。这也就是第 5 行代码，调用 close 方法关闭内存中的文件 data.text。

第 8 行代码以相对路径打开文件 data.text，也就是把 data.text 文件加载到内存。如果把文件放在图 3-1 中的 data 文件夹下，同样会报错，因为相对路径表示文件 data.text 所在文件夹下的文件，也就是"第 3 章"文件夹下的文件。对于 data 文件夹下的 data.text，我们必须用 open('data/data.text')方法才可以打开。

第 11 行代码调用文件对象 file_data 的 close 方法关闭文件。

(2) 参数 mode 指打开文件的模式。

打开文件的模式包含读（r）、写（w）、追加写（a）、读写模式（+）、二进制模式（b）。前三种是常见的模式，后两种需要和前三种组合使用，比如 rb 表示以二进制只读模式打开文件。各种模式的具体含义如表 3-1 所示。

表 3-1   文件打开模式

模　式	含　义
r	以只读模式打开文件。如果文件不存在，抛出 FileNotFoundError 异常。它是默认的打开模式
w	以写模式打开文件。如果文件非空，则文件已有内容会被清空；如果文件不存在，则创建文件
a	在文件末尾追加文件
x	创建一个新文件。如果文件存在，抛出 FileExistsError 异常
r+	打开一个文件用于读写
a+	以追加模式打开一个文件用于读写。如果文件已存在，新内容将被写在已有内容之后；如果文件不存在，则创建新文件进行写入
rb	以二进制方式打开文件并读取
w+	打开文件，既可以读取数据，也可以写入数据。如果文件存在，则覆盖原有数据重新写入；如果不存在，则创建文件并写入
wb	以二进制方式打开文件并写入。如果文件存在，则覆盖重新写入；如果不存在，则新创建文件再写入
ab	以二进制方式打开文件，并对文件进行追加写。如果文件已存在，则把数据追加在原有数据后面；如果文件不存在，则新创建文件再写入

代码示例如下。

代码文件：3.1-文件打开模式.py

```
01    # 默认以 r 模式打开文件
02    f = open('data.text')
03    f.close()
04
05    # 以 r 模式打开文件
06    f = open('data.text', 'r')
07    f.close()
08
09    # 以 w 模式打开文件
10    f = open('data.text', 'w')
11    f.close()
12
13    # 以 w+ 模式打开文件
14    f = open('data.text', 'w+')
15    f.close()
16
17    # 以 a 模式打开文件
18    f = open('data.text', 'a')
```

```
19   f.close()
20
21   # 以 a+ 模式打开文件
22   f = open('data.text', 'a+')
23   f.close()
24
25   # 以 x 模式打开文件
26   f = open('data1.text', 'x')
27   f.close()
```

第 1 行代码是注释。

第 2 行代码用 open 函数以默认的 r 模式打开文件 data.text，并用变量 f 表示该函数返回的文件对象。第 3 行代码调用文件对象 f 的 close 方法关闭在内存中打开的文件 data.text。

第 6 行代码用 open 函数以默认的 r 模式打开文件 data.text，并用变量 f 表示该函数返回的文件对象。

第 10 行代码用 open 函数以 w 模式打文件 data.text，并用变量 f 表示该函数返回的文件对象。

同理，其他行的代码使用 open 函数的不同模式打开文件 data.text，并用 close 方法将其关闭。

(3) 参数 encoding 用于指定文件的编码方式。

常用的编码方式有：GBK、UTF-8 等，默认采用 UTF-8，示例如下。如果打开的文件乱码，说明打开文件所用的编码方式与创建文件时采用的编码方式不同。

代码文件：3.1-编码方式.py

```
01   # 以 UTF-8 编码方式打开文件
02   f = open('data.text', 'r', encoding='UTF-8')
03   f.close()
```

第 1 行代码是注释，说明第 2 行代码的作用。

第 2 行代码用 open 函数以 UTF-8 编码方式打开文件 data.text，并用变量 f 表示返回的文件对象。

3.2　上下文管理器

文件是计算机的一种资源，每次打开一个文件，就会返回一个文件对象。该文件对象需要占用一个文件句柄，而一个程序拥有的文件句柄数是有限的。因此，当处理文件时，一定要记得关闭文件，否则容易造成文件句柄泄漏，这是日常工作中容易犯的错误。为了避免该错误，在 Python 中，我们用 try-finally 结构保证文件在任何情况下都会被关闭。示例如下。

代码文件：3.2-with 语句.py

```
01    # 用 try-finally 结构管理文件
02    try:
03        f = open('data.text', encoding='utf-8')
04        print(f.read())
05    finally:
06        # 关闭文件
07        f.close()
```

第 2 行代码是关键字 try。

第 3 行代码使用 open 函数打开文件 data.text。

第 4 行代码用于处理文件，也就是根据自己的业务需求处理文件，此处使用 read 方法读取文件内容。读写文件将在下面介绍。

第 5 行代码是关键字 finally。

为了使代码更加简洁优美，我们很少用这个结构，而一般用 with 语句块，也称上下文管理器。它的使用场景是需要打开某种资源并对其进行处理，最后关闭资源。具体语法如下：

```
with 表达式 as 变量名
    with-block
```

代码示例如下。

代码文件：3.2-with 语句.py

```
08
09    # 用 with 表示的上下文管理器处理文件
10    with open('data.text', encoding='utf-8') as f:
11        # 处理文件——读文件内容
12        print(f.read())
```

第 10~12 行代码使用 with 语句块管理文件。

第 10 行代码以关键字 with 开头；然后是 with 语句块中的表达式 open('data.text', encoding='utf-8')，也就是用 open 函数打开文件 data.text；最后是 as f，表示用变量 f 表示。变量可以任意命名。此处，变量 f 就表示打开的文件 data.text。注意，with 语句块只能处理需要打开且一定要关闭的资源，因此表达式不能随便写。

第 12 行代码使用 print 函数输出文件内容。读取文件内容用文件的 read 方法。根据自己的业务需求，这里可以写不同的代码。但是，这里没有文件的 close 方法，因为上下文管理器会自动帮我们关闭文件。

对比上面的两段代码，下面的代码行数明显更少。因此，在 Python 中，对于文件的处理，建议用 with 语句块，这样写的代码才是 Python 风格的。在后面的 Word 篇、PPT 篇中，我们会经常用这样的语法处理文件。

3.3 写文件

在 Python 中，我们用两个内置方法写文件，分别是 write 和 writelines，它们的区别如下：

❏ write 是对文件写入字符串；
❏ writelines 是对文件写入一个字符串列表。

示例如下。

代码文件：3.3-写文件.py

```
01    # 用 with 语句块处理文件
02    with open('generated_text/3.3-写文件.text', 'w', encoding='utf-8') as f_write:
03        # 用 write 方法写入数据
04        f_write.write('这是《零基础学 Python 办公自动化》的文件内容。')
```

第 2 行代码使用 with 语句块处理文件：用 open 函数以写模式打开 generated_text 文件夹下的 "3.3-写文件.text"。如果该文件夹下没有文件 "3.3-写文件.text"，Python 会自动创建该文件。最后用变量 f_write 表示打开的该文件。

第 4 行代码用文件对象 f_write 的 write 方法写入内容。写入的是它的参数，也就是 "这是《零基础学 Python 办公自动化》的文件内容。" 这里可以将参数修改为任意内容。

运行上述代码并打开文件 "3.3-写文件.text"，效果如图 3-2 所示。

图 3-2 用 write 写入文件

代码文件：3.3-写文件.py

```
05    # 定义需要写入文件的字符串列表
06    data_list= ["这是《零基础学 Python 办公自动化》的文件内容。\n",
07              "它是全书的第二篇内容。\n",
08              "主要包括了读写文件以及管理文件夹等内容。\n"]
09    # 用 with 语句块处理文件
10    with open('generated_text/3.3-用 writelines 写文件.text', 'w') as f_write:
11        # 用 write 方法写入数据
12        f_write.writelines(data_list)
```

第 6 行代码定义一个列表 data_list，它存储需要写入文件的内容。这里写入的是 3 句话，每句话的最后都有一个 "\n" 用于换行。读者可以任意添加需要写入的内容。

第 10 行代码用 with 语句块处理文件。它用 open 函数以写模式打开 generated_text 文件夹下的 "3.3-用 writelines 写文件.text"，并用 f_write 表示返回的文件句柄。

第 12 行代码用文件句柄的 writelines(data_list)方法写文件。它的参数 data_list 就是需要写入的内容。它与 write 的区别是参数类型。

运行上述代码，就可以打开 generated_text 文件夹下的"3.3-用 writelines 写文件.text"文件，发现 data_list 中的内容被写入，效果如图 3-3 所示。

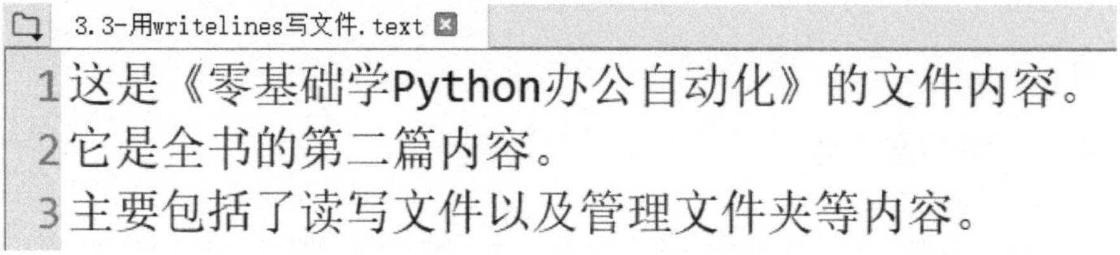

```
3.3-用writelines写文件.text ☒
1 这是《零基础学Python办公自动化》的文件内容。
2 它是全书的第二篇内容。
3 主要包括了读写文件以及管理文件夹等内容。
```

图 3-3   用 writelines 方法写文件

3.4   读文件

在 Python 中，我们用 3 个文件内置方法来读文件，分别是 read、readline 以及 readlines，它们的区别如下：

❑ read 读取文件的所有内容；

❑ readline 一次读取一行；

❑ readlines 把文件内容存到一个列表中。

示例如下。

代码文件：3.4-读文件.py

```
01    # 用 with 语句块处理文件
02    with open('generated_text/3.3-用 writelines 写文件.text', 'r') as f_write:
03        # read 方法一次读取所有内容
04        print('read 方法一次读取所有内容：')
05        print(f_write.read())
06
07
08    # 用 with 语句块处理文件
09    with open('generated_text/3.3-用 writelines 写文件.text', 'r') as f_write:
10        # readline 方法一次读取一行
11        print('readline 方法一次读取一行：')
12        print(f_write.readline())
13
14    # 用 with 语句块处理文件
15    with open('generated_text/3.3-用 writelines 写文件.text', 'r') as f_write:
16        # readlines 方法一次读取所有行
17        print('readlines 方法一次读取所有行：')
18        print(f_write.readlines())
```

第 2~5 行代码用 with 语句块处理文件：用 open 函数以只读模式打开 generated_text 文件夹下的 "3.3-用 writelines 写文件.text" 文件，并用 f_write 表示返回的文件句柄。

第 4 行代码用 print 函数输出提示信息。

第 5 行代码用文件的 read 方法读取文件 f_write 的所有内容。

下面的代码同理，唯一不同的是用的文件方法：第 12 行代码用文件的 readline 方法读取文件中的一行，而第 18 行代码读取文件的所有内容，并且以列表的形式返回。

运行上述代码，效果如下：

```
read 方法一次读取所有内容：
这是《零基础学 Python 办公自动化》的文件内容。
它是全书的第二篇内容。
主要包括了读写文件以及管理文件夹等内容。

readline 方法一次读取一行：
这是《零基础学 Python 办公自动化》的文件内容。

readlines 方法一次读取所有行：
['这是《零基础学 Python 办公自动化》的文件内容。\n', '它是全书的第二篇内容。\n', '主要包括了读写
文件以及管理文件夹等内容。\n']
```

在上面的代码中，我们看到 read 与 readlines 都是一次读取文件的所有内容。如果文件内容比较多，这种方式可能会占用大量内存，甚至可能导致内存溢出（Out-Of-Memory）错误。

为了避免这种错误，我们用更好的方式处理文件内容——用 for 循环遍历文件。读者可能会感觉比较奇怪，为什么 for 循环可以遍历文件呢？因为 Python 的文件对象实现了迭代器协议，而 for 循环使用迭代器协议访问对象。迭代器协议是指对象需要提供 next 方法，要么返回下一行，要么终止。协议就是一种约定，只要实现了这种协议，就可以用 for 循环迭代访问。具体代码如下，我们逐行分析。

代码文件：3.4-读文件.py

```
19    # 用 with 语句块处理文件
20    with open('generated_text/3.3-用 writelines 写文件.text', 'r') as f_write:
21        # 用 for 循环输出文件所有内容
22        print("用 for 循环输出文件所有内容：")
23        for line in f_write:
24            print(line)
```

第 20 行代码使用 with 语句块打开文件。

第 22 行代码使用 print 函数输出提示信息。

第 23 行代码使用 for 循环遍历文件 f_write，并用 line 表示文件中的每一行。

第 24 行代码使用 print 函数输出 line 中的内容，也就是依次输出文件的所有内容。

运行上述代码，效果如下：

```
用 for 循环输出文件所有内容：
这是《零基础学 Python 办公自动化》的文件内容。

它是全书的第二篇内容。

主要包括了读写文件以及管理文件夹等内容。
```

以上内容都是读取文本文件。对于二进制文件，比如图片、视频，我们需要用 open 函数的 rb 模式打开。下面的代码用于打开 data 目录下的图片 "封面.jpg"。

代码文件：3.4-读文件.py

```
25    # 以 rb 模式打开以二进制方式存储的图片
26    with open('data/封面.jpg','rb') as f_pic:
27        print('以 rb 模式打开以二进制方式存储的图片内容: ')
28        print(f_pic.readline())
```

第 26 行代码使用 with 语句块打开图片，用 open 函数的 rb 模式读取以二进制方式存储的图片 "封面.jpg"。

第 27 行代码使用 print 函数输出提示信息。

第 28 行代码使用文件的 readline 方法读取图片的一行数据。

运行上述代码，效果如下：

```
以 rb 模式打开以二进制方式存储的图片内容：
b'\xff\xd8\xff\xe0\x00\x10JFIF\x00\x01\x01\x00\x00\x01\x00\x01\x00\x00\xff\xdb\x00C\x00\x02\x01\
x01\x01\x01\x02\x01\x01\x01\x02\x02\x02\x02\x02\x04\x03\x02\x02\x02\x02\x05\x04\x04\x03\x04\
x06\x05\x06\x06\x06\x05\x06\x06\x06\x07\t\x08\x06\x07\t\x07\x06\x06\x08\x0b\x08\t\n'
```

3.5 案例：将小写字母转换为大写字母

在工作中，我们经常需要将小写字母转换为大写字母。利用 Python 解决该问题的方法如下：首先将文件读取到计算机内存，然后在计算机内存中把每一行数据的字母转换为大写，最后把转换后的字母写入新文件。代码如下，我们具体分析。

代码文件：3.5-将小写字母转换为大写字母.py

```
01    # 定义一个空列表
02    data = []
03
04    # 用 with 语句块处理文件
05    with open('data/python 之禅.text') as f:
06        for line in f:
```

```
07              # 用 append 方法保存每一行数据
08              data.append(line)
09      # 输出所有文件内容
10      print(data)
11
12      # 用 with 语句块处理文件
13      with open('generated_text/3.5-大小写转换.text','w') as f_out:
14          # 读取列表中的每一行数据
15          for line in data:
16              # 用空列表保存处理后的每一行数据
17              line_data = []
18
19              # 处理每一行数据
20              # line.split()表示把每一行按照空格分成单个单词
21              for word in line.split():
22                  # upper()用于把小写变成大写
23                  line_data.append(word.upper())
24              # 输出转换后的每一行
25              print(line_data)
26
27              # 写入文件
28              # join 用于将序列中的元素以给定的字符形式连接生成一个新的字符串，这里是以空格连接
29              f_out.write(" ".join(line_data))
30              # 写完一行换行
31              f_out.write("\n")
```

第 2 行代码定义一个空列表 data，目的是保存读取的文件内容。

第 5~8 行代码是一个 with 语句块，它用 open 函数将 data 文件夹下 "python 之禅.text" 的所有内容读取到计算机内存。

第 6 行代码定义了 for 循环，目的是读取每一行数据。

第 8 行代码使用列表的 append 方法把读取的每一行数据写入列表 data 中。

第 10 行代码输出读取的文件内容。

第 13~31 行代码是一个 with 语句块，它用 open 函数以写模式打开 generated_text 文件夹下的 "3.5-大小写转换.text"，并用文件对象 f_out 表示。

第 15~31 行代码是一个大的 for 循环。因为需要一行行地处理文件内容，所以我们用 for 循环实现。

第 15 行代码使用 for 循环读取列表 data 中的每一行数据，并用 line 表示。

第 17 行代码定义一个空列表 line_data，目的是保存处理后的每一行数据。

第 21~23 行代码又是一个 for 循环。因为每一行由多个单词组成，所以需要一个 for 循环以遍历每一行中的所有单词。

第 21 行代码定义了一个 for 循环。我们用 line.split 方法把每一行数据按照空格分成单个单词。方法 split 通过指定分隔符对字符串进行切分。最后，我们用 word 变量表示分开后的每一个单词。

第 23 行代码把转换后的单词写入列表 line_data 中。将单词的小写转换为大写用的是 upper 方法。写入列表用的是 append 方法。

第 25 行代码输出转换后的每一行数据。

第 29 行代码使用文件 f_out 的 write 方法把每一行数据写入文件。每一行数据保存在列表 line_data 中，我们需要用 join 方法把每一行数据用空格分开，生成一个新的字符串，然后写入，比如把['NAMESPACES', 'ARE', 'ONE', 'HONKING', 'GREAT', 'IDEA', '--', "LET'S", 'DO', 'MORE', 'OF', 'THOSE!'] 变成 NAMESPACES ARE ONE HONKING GREAT IDEA -- LET'S DO MORE OF THOSE!。

第 31 行代码表示当写完一行数据之后，我们需要添加一个换行 "\n"，否则所有内容将挤在一起，就好像用编辑器写作不按回车键一样。

运行上述代码，此时会打开文件 "3.5-大小写转换.text"，效果如图 3-4 所示。

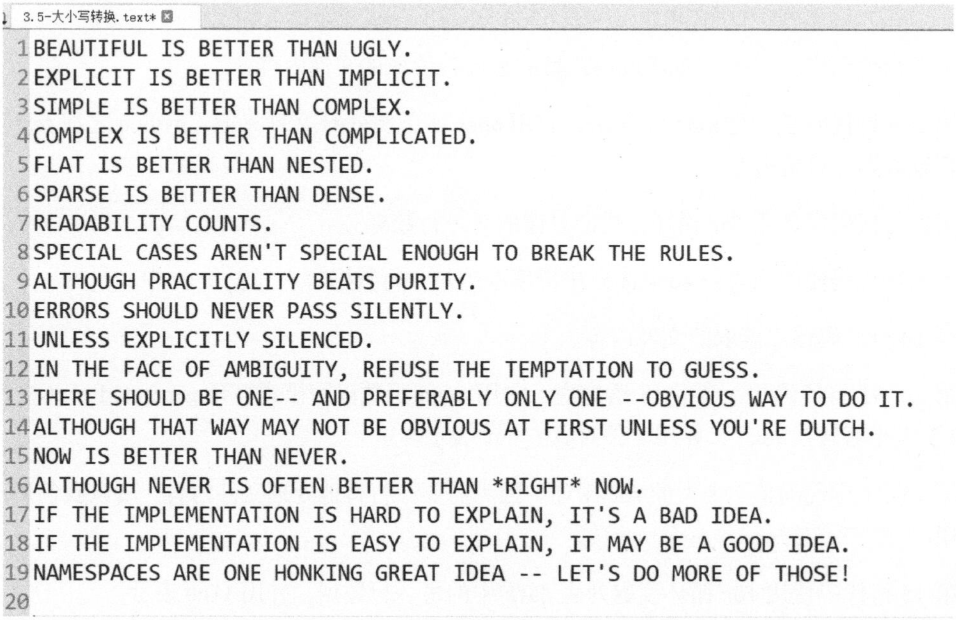

```
  3.5-大小写转换.text*
 1 BEAUTIFUL IS BETTER THAN UGLY.
 2 EXPLICIT IS BETTER THAN IMPLICIT.
 3 SIMPLE IS BETTER THAN COMPLEX.
 4 COMPLEX IS BETTER THAN COMPLICATED.
 5 FLAT IS BETTER THAN NESTED.
 6 SPARSE IS BETTER THAN DENSE.
 7 READABILITY COUNTS.
 8 SPECIAL CASES AREN'T SPECIAL ENOUGH TO BREAK THE RULES.
 9 ALTHOUGH PRACTICALITY BEATS PURITY.
10 ERRORS SHOULD NEVER PASS SILENTLY.
11 UNLESS EXPLICITLY SILENCED.
12 IN THE FACE OF AMBIGUITY, REFUSE THE TEMPTATION TO GUESS.
13 THERE SHOULD BE ONE-- AND PREFERABLY ONLY ONE --OBVIOUS WAY TO DO IT.
14 ALTHOUGH THAT WAY MAY NOT BE OBVIOUS AT FIRST UNLESS YOU'RE DUTCH.
15 NOW IS BETTER THAN NEVER.
16 ALTHOUGH NEVER IS OFTEN BETTER THAN *RIGHT* NOW.
17 IF THE IMPLEMENTATION IS HARD TO EXPLAIN, IT'S A BAD IDEA.
18 IF THE IMPLEMENTATION IS EASY TO EXPLAIN, IT MAY BE A GOOD IDEA.
19 NAMESPACES ARE ONE HONKING GREAT IDEA -- LET'S DO MORE OF THOSE!
20
```

图 3-4　将小写字母转换为大写字母

第 4 章

自动化管理文件，既省时又省力

本章内容是利用 Python 内置的标准库 os 实现对文件的自动化管理操作，首先介绍标准库 os，然后介绍如何查看文件与文件夹以及批量管理它们，最后介绍如何批量处理嵌套目录。

4.1 标准库 os

在上一章中，我们用 open 函数实现对文件内容的读写操作，那么如何对文件本身或者文件夹进行自动化操作呢？比如重命名文件、删除/添加文件夹或者查看文件属性等。用 Python 的标准库 os 可以实现这些功能。os 是 operation system（操作系统）的缩写，随 Python 软件一起安装，无须单独安装。在使用时，我们直接导入（import）即可，代码如下：

```
# 导入 os 库
import os
```

该库包含了各种功能的方法和属性，比如删除文件夹、查看文件、管理文件路径等。本章利用 os 的这些方法实现文件与文件夹的自动化管理。我们可以通过下面的代码查看 os 库包含的所有属性和方法。

代码文件：4.1-查看 os 库的所有属性和方法.py

```
01   # 导入 os 库
02   import os
03
04   # 查看 os 库中的所有属性和方法
05   print(dir(os))
06
```

第 2 行代码导入 os 库，为后面做准备。

第 5 行代码使用 print 函数打印 os 库中的所有属性和方法。查看 os 库的方法是 dir(os) 函数。

运行上述代码，结果如下：

```
['DirEntry', 'F_OK', 'MutableMapping', 'O_APPEND', 'O_BINARY', 'O_CREAT', 'O_EXCL', 'O_NOINHERIT',
'O_RANDOM', 'O_RDONLY', 'O_RDWR', 'O_SEQUENTIAL', 'O_SHORT_LIVED', 'O_TEMPORARY', 'O_TEXT', 'O_TRUNC',
'O_WRONLY', 'P_DETACH', 'P_NOWAIT', 'P_NOWAITO', 'P_OVERLAY', 'P_WAIT', 'PathLike', 'R_OK', 'SEEK_CUR',
'SEEK_END', 'SEEK_SET', 'TMP_MAX', 'W_OK', 'X_OK', '_AddedDllDirectory', '_Environ', '__all__',
'__builtins__', '__cached__', '__doc__', '__file__', '__loader__', '__name__', '__package__', '__spec__',
'_check_methods', '_execvpe', '_exists', '_exit', '_fspath', '_get_exports_list', '_putenv', '_unsetenv',
'_wrap_close', 'abc', 'abort', 'access', 'add_dll_directory', 'altsep', 'chdir', 'chmod', 'close',
'closerange', 'cpu_count', 'curdir', 'defpath', 'device_encoding', 'devnull', 'dup', 'dup2', 'environ',
'error', 'execl', 'execle', 'execlp', 'execlpe', 'execv', 'execve', 'execvp', 'execvpe', 'extsep', 'fdopen',
'fsdecode', 'fsencode', 'fspath', 'fstat', 'fsync', 'ftruncate', 'get_exec_path', 'get_handle_inheritable',
'get_inheritable', 'get_terminal_size', 'getcwd', 'getcwdb', 'getenv', 'getlogin', 'getpid', 'getppid',
'isatty', 'kill', 'linesep', 'link', 'listdir', 'lseek', 'lstat', 'makedirs', 'mkdir', 'name', 'open',
'pardir', 'path', 'pathsep', 'pipe', 'popen', 'putenv', 'read', 'readlink', 'remove', 'removedirs', 'rename',
'renames', 'replace', 'rmdir', 'scandir', 'sep', 'set_handle_inheritable', 'set_inheritable', 'spawnl',
'spawnle', 'spawnv', 'spawnve', 'st', 'startfile', 'stat', 'stat_result', 'statvfs_result', 'strerror',
'supports_bytes_environ', 'supports_dir_fd', 'supports_effective_ids', 'supports_fd',
'supports_follow_symlinks', 'symlink', 'sys', 'system', 'terminal_size', 'times', 'times_result',
'truncate', 'umask', 'uname_result', 'unlink', 'urandom', 'utime', 'waitpid', 'walk', 'write']
```

根据上面的输出内容，我们整理出 os 模块的常用方法，如表 4-1 所示。

表 4-1　os 模块的常用方法

方　　法	说　　明
os.listdir(path)	查看指定路径下的文件与文件夹
os.getcwd	获取当前工作目录，也就是 Python 文件所在的目录路径
os.path	库 os 的子模块用来处理文件和路径，包含很多自己的方法
os.path.exists(path)	判断参数 path 指向的路径是否存在
os.path.splitext(path)	分离 path 指向的路径的文件/文件夹名与扩展名
os.path.join(path,file)	把 path 与 file 拼接为新的路径
os.walk(path)	文件与目录的遍历器，可以查看子文件与文件夹，并返回一个三元组
os.mkdir(path)	创建指定路径的文件夹
os.removedirs(path)	删除文件夹与子文件夹
os.makedirs(path)	创建文件夹与子文件夹
os.rename(old,new)	修改目录/文件名
os.chdir(path)	将当前工作目录修改为 path 指向的路径

这些方法也是本书其他篇中经常使用的方法，接下来展开介绍。

4.2　查看文件与文件夹

查看文件和文件夹是最基本的操作之一。本节利用表 4-1 的方法查看所有文件与文件夹，以及特定类型的文件。

4.2.1　查看所有文件和文件夹

在 os 库中，最常用的两个方法是 getcwd 与 listdir，前者用于获取当前文件所在的目录路径，后者用于列出指定目录路径下的所有文件与文件夹，如下所示。

代码文件：4.2.1-查看所有文件与文件夹.py

```
01    import os
02
03    # 获取当前路径
04    pwd = os.getcwd()
05    print(f'当前工作路径是：{pwd}')
06
07    # 查看当前目录下的所有文件与文件夹
08    print('查看当前目录下的所有文件与文件夹：')
09    allFiles = os.listdir(pwd)
10    print(allFiles)
11
12    # 查看 data 目录下的所有文件与文件夹
13    print('查看 data 目录下的所有文件与文件夹：')
14    path_data = 'data/'
15    allFiles = os.listdir(path_data)
16    print(allFiles)
```

第 1 行代码导入 os 库。

第 4 行代码使用 os 库的 getcwd 方法获取当前路径。当前路径是文件"4.2.1-查看所有文件与文件夹.py"所在的目录路径。读取路径后赋值给变量 pwd，之后对变量 pwd 的操作就是对当前路径的操作。

第 5 行代码使用 print 函数输出当前路径。

第 8 行代码使用 print 函数打印提示信息。

第 9 行代码使用 os 库的 listdir 方法查看路径 pwd 下的所有文件与文件夹，并把结果输出给变量 allFiles。从输出结果可以看出，该方法返回的是一个列表，也就是路径 pwd 下所有文件和文件夹自动组成的一个列表。但是，**方法 listdir 不能获取子目录里面的文件，比如文件夹 data 的内容**。我们既可以通过第 12~16 行代码查看，也可以用下面将要介绍的 **os.walk** 方法处理。

第 10 行代码使用 print 函数查看路径 pwd 下的所有文件与文件夹。从下面的结果可以看到，该路径下既有文件，也有文件夹。

同理，第 12~16 行代码用于查看文件夹 data 下的所有文件与文件夹。第 14 行代码用变量 path_data 表示需要查看的路径，读者可以修改它的值以查看更多目录下的文件与文件夹。第 15 行代码使用 os 模块的 listdir 方法查看具体的文件与文件夹。第 16 行代码用于输出结果。

运行上述代码，输出结果如下（读者的结果可能与下面的不同，因为文件夹的内容可能不同）：

```
当前工作路径是: F:\零基础学 Python 办公自动化\python_do_file\第 4 章
查看当前目录下的所有文件与文件夹:
['4.2.1-查看所有文件与文件夹.py', '4.1-查看 os 库的所有方法.py', 'data']
查看 data 目录下的所有文件与文件夹:
['11.5-案例.docx', '14.4.3-添加标题.pptx', '14.4.3-添加文字.pptx', '14.4.4-添加文本框.pptx',
'14.4.4.2-插入段落.pptx', '14.4.5-添加图片.pptx', '14.4.5-为多张幻灯片添加图片.pptx', '3.3-写文
件.text', '3.3-用 writelines 写文件.text', '3.5-大小写转换.text', '古诗.docx', '数据', '测试',
'租客信息汇总.xlsx', '租房合同模板.docx']
```

4.2.2   查看特定类型的文件

接下来，我们查看指定路径下特定类型的文件，比如查看 data 文件夹下所有的 PPT 文件，这里还是利用表 4-1 中的方法 os.path.splitext 实现。该方法返回一个由文件名与扩展名组成的二元组，比如文件 "租客信息汇总.xlsx" 的二元组是('租客信息汇总', '.xlsx')。

代码文件：4.2.2-查找特定类型的文件.py

```
01   import os
02
03   # 目录路径：绝对路径或者相对路径均可
04   pathName = 'data'
05
06   # 查看所有的文件与文件夹
07   allFile = os.listdir(pathName)
08
09   # 用 for 循环遍历每一个文件
10   for i in allFile:
11       # 查看文件名
12       fileName = os.path.splitext(i)[0]
13       # 查看文件类型
14       fileType = os.path.splitext(i)[1]
15       print(f"文件 "{fileName}" 的类型是 "{fileType}"")
16
17   print('查看所有的 PPT 文件: ')
18   for i in allFile:
19       # 判断扩展名是否是.pptx
20       if os.path.splitext(i)[1] == '.pptx':
21           print(i)
```

第 10~15 行代码使用一个 for 循环遍历每一个文件或文件夹，并用 i 表示。

第 12~15 行代码调用 os 模块的方法 os.path.splitext 处理每一个文件。因为它返回一个二元组，比如('租客信息汇总', '.xlsx')，该元组的第一个元素是文件名，第二个元素是类型，所以我们用 os.path.splitext(i)[0]表示文件名，用 os.path.splitext(i)[1]表示文件类型。

第 18~21 行代码使用 for 循环遍历每一个文件，并判断文件类型是否是 PPT。

第 20 行代码使用 if 语句判断文件类型是否是 PPT。判断条件是方法 os.path.splitext(i)[1] 的值是否与'.pptx'相等，如果相等，则表示该文件的类型是 PPT，否则不是。请读者将'.pptx'

修改为其他文件类型，以查看其他类型的文件。

运行上述代码，结果如下：

```
文件 "11.5-案例" 的类型是 ".docx"
文件 "14.4.3-添加标题" 的类型是 ".pptx"
文件 "14.4.4-添加文本框" 的类型是 ".pptx"
文件 "14.4.4.2-插入段落" 的类型是 ".pptx"
文件 "14.4.5-添加图片" 的类型是 ".pptx"
文件 "14.4.5-为多张幻灯片添加图片" 的类型是 ".pptx"
文件 "3.5-大小写转换" 的类型是 ".text"
文件 "全国销售 0 区数据" 的类型是 ""
文件 "古诗" 的类型是 ".docx"
文件 "完美解决" 的类型是 ".png"
文件 "实战圈" 的类型是 ".png"
文件 "封面" 的类型是 ".jpg"
文件 "数据" 的类型是 ""
文件 "测试" 的类型是 ""
文件 "租客信息汇总" 的类型是 ".xlsx"
文件 "租房合同模板" 的类型是 ".docx"
查看所有的 PPT 文件：
14.4.3-添加标题.pptx
14.4.4-添加文本框.pptx
14.4.4.2-插入段落.pptx
14.4.5-添加图片.pptx
14.4.5-为多张幻灯片添加图片.pptx
```

4.3　批量管理文件夹

在工作中，我们经常需要批量处理不同的文件夹与子文件夹，比如删除多个文件夹、重命名多个文件夹，以及按照文件类型分类整理文件夹等。这是非常枯燥和无聊的工作。但是，如果用表 4-1 中提供的方法，这将变得非常简单和高效。

4.3.1　批量创建与删除

我们用表 4-1 中提供的创建与删除多个文件夹的方法实现批量创建与删除文件夹。代码如下，我们具体分析。

代码文件：4.3.1-批量创建与删除文件夹.py

```
01    import os
02
03    # 父文件夹名字
04    dir_name = '销售数据汇总'
05    # 父文件夹与子文件夹的个数
06    dir_number = 20
07
```

```
08    if os.path.exists(dir_name):
09        for i in range(dir_number):
10            path_name = f'{dir_name}\销售{i}区数据\第{i}个城市数据'
11            print(f"删除文件夹 "{path_name}"")
12            os.removedirs(path_name)
13    else:
14        # 创建单个文件夹
15        os.mkdir(dir_name)
16        # 创建 20 个文件夹，并为每一个文件夹创建子文件夹
17        for i in range(dir_number):
18            path_name = f'{dir_name}\销售{i}区数据\第{i}个城市数据'
19            print(f"创建文件夹 "{path_name}"")
20            os.makedirs(path_name)
21
22        # 查看创建的文件夹
23        print('查看创建的所有文件夹')
24        print(os.listdir(dir_name))
```

第 1 行代码导入 os 库，为之后使用它的各种方法做准备。

第 4 行代码定义父文件夹的名字，并用 dir_name 表示"销售数据汇总"。读者可以根据自己的需要修改名字。

第 6 行代码使用变量 dir_number 定义父文件夹与子文件夹的个数。

第 8~20 行代码定义了一个 if-else 结构，目的是判断父文件夹是否存在，如果存在，则删除父文件夹及其子文件夹，否则需要创建父文件夹和子文件夹。

第 8 行代码定义 if 语句，判断条件是用 os.path.exists(path) 方法判断 path 指向的文件夹是否存在。此处是判断 dir_name 所指向的文件夹是否存在。

第 9~12 行代码定义一个 for 循环删除所有文件夹与子文件夹，并且循环次数是 dir_name。第 10 行代码定义子文件与子文件夹的名字，也就是在"销售数据汇总"下创建文件夹"销售 x 区数据\第 x 个城市数据"。读者可以任意拼接需要的文件夹名字。第 11 行代码使用 print 函数输出提示信息。第 12 行代码调用 os.removedirs 删除 path_name 所代表的所有文件夹与子文件夹。

第 13 行代码是关键字 else，表示 if 的另外一个分支情况，也就是创建文件夹与子文件夹。

第 15 行代码使用 os.mkdir 方法创建父文件夹 dir_name。

第 17~20 行代码使用 for 循环创建 dir_number 个文件夹与子文件夹，并用变量 dir_number 控制循环次数。第 18 行代码定义文件夹名字。第 19 行代码输出提示信息。第 20 行代码使用 os.makedirs 创建 path_name 代表的文件夹。

第一次运行上述代码的时候，因为没有这些文件夹，所以会创建 20 个文件夹，部分输出结果如下：

```
创建文件夹"销售数据汇总\销售 0 区数据\第 0 个城市数据"
创建文件夹"销售数据汇总\销售 1 区数据\第 1 个城市数据"
创建文件夹"销售数据汇总\销售 17 区数据\第 17 个城市数据"
创建文件夹"销售数据汇总\销售 18 区数据\第 18 个城市数据"
创建文件夹"销售数据汇总\销售 19 区数据\第 19 个城市数据"
查看创建的所有文件夹
['销售 0 区数据', '销售 10 区数据', '销售 11 区数据', '销售 12 区数据', '销售 13 区数据', '销售 14
区数据', '销售 15 区数据', '销售 16 区数据', '销售 17 区数据', '销售 18 区数据', '销售 19 区数据',
'销售 1 区数据', '销售 2 区数据', '销售 3 区数据', '销售 4 区数据', '销售 5 区数据', '销售 6 区数
据', '销售 7 区数据', '销售 8 区数据', '销售 9 区数据']
```

第二次运行上述代码的时候，因为已存在这些文件夹，所以需要删除它们，部分输出结果如下：

```
删除文件夹"销售数据汇总\销售 0 区数据\第 0 个城市数据"
删除文件夹"销售数据汇总\销售 1 区数据\第 1 个城市数据"
删除文件夹"销售数据汇总\销售 2 区数据\第 2 个城市数据"
删除文件夹"销售数据汇总\销售 17 区数据\第 17 个城市数据"
删除文件夹"销售数据汇总\销售 18 区数据\第 18 个城市数据"
删除文件夹"销售数据汇总\销售 19 区数据\第 19 个城市数据"
```

4.3.2 批量重命名

有时我们需要修改文件夹的名字，比如为上一节中的文件夹名字添加前缀"全国"。我们还是利用表 4-1 中的 os.rename(old, new) 方法来实现。它的作用是修改文件夹或者文件的名字，从 old 到 new。代码如下，我们具体分析。

代码文件：4.3.2-批量重命名.py

```python
01    import os
02
03    # 原来的父文件夹名字
04    pathName = "销售数据汇总"
05
06    # 新的父文件夹名字
07    newPathName = "全国销售数据汇总"
08
09    # 循环处理子文件夹
10    for number, dirName in enumerate(os.listdir(pathName)):
11        # 子文件夹的名字
12        newDirName = f'全国销售{number}区数据'
13        print(f"重命名"{dirName}"为"{newDirName}"")
14        # 原来的子文件夹路径
15        oldPath = pathName + '/' + dirName
16        # 新的子文件夹路径
17        newPath = pathName + '/' + newDirName
18        os.rename(oldPath, newPath)
19
20    # 重命名单个文件夹
21    print(f"重命名父文件夹"{pathName}"为"{newPathName}"")
22    os.rename(pathName, newPathName)
```

第 1 行代码导入 os 库。

第 4 行代码用变量 pathName 表示父文件夹原来的名字。

第 7 行代码用变量 newPathName 表示父文件夹新的名字。

第 10~18 行代码用一个 for 循环处理子文件夹的名字。因为有很多个子文件夹，所以需要用一个 for 循环处理。

第 10 行代码定义 for 循环。循环次数用 os.listdir 方法查询的所有子文件夹的个数控制，也就是用"销售数据汇总"下面的文件夹个数控制，而不是用子文件夹"第 x 个城市数据"控制，因为 os.listdir 方法仅仅列出当前文件夹的内容。循环中的 enumerate 函数将可遍历的数据对象组合为一个索引序列，同时列出数据及其下标，也就是把 os.listdir 方法返回的文件列表组合为一个带索引的列表，序号用 number 表示，文件名用 dirName 表示。

第 12 行代码用变量 newDirName 表示新的子文件夹的名字，第 13 行代码输出提示信息。

第 15 行代码用于拼接原来子文件夹的路径。子文件位于父文件夹 pathName 之下，所以需要用字符串的拼接符"+"把三者连接起来。同理，第 17 行代码用于拼接新的子文件夹的路径。

第 18 行代码用 os.rename 方法重命名文件夹。

第 21 行代码用于输出提示信息。

第 22 行代码用于修改父文件夹的名字，同样是用 os.rename 实现。

运行上述代码，部分输出结果如下：

```
重命名"销售 0 区数据"为"全国销售 0 区数据"
重命名"销售 1 区数据"为"全国销售 11 区数据"
重命名"销售 2 区数据"为"全国销售 12 区数据"
重命名"销售 3 区数据"为"全国销售 13 区数据"
重命名"销售 4 区数据"为"全国销售 14 区数据"
重命名"销售 5 区数据"为"全国销售 15 区数据"
重命名"销售 6 区数据"为"全国销售 16 区数据"
重命名"销售 7 区数据"为"全国销售 17 区数据"
重命名"销售 8 区数据"为"全国销售 18 区数据"
重命名"销售 9 区数据"为"全国销售 19 区数据"
重命名父文件夹"销售数据汇总"为"全国销售数据汇总"
```

4.3.3 案例：整理文件夹

随着时间的推移，文件夹下的文件可能变得杂乱无章，比如图 4-1 中各种类型的文件存放在一起。如果手动整理，将非常耗时和枯燥。为了提升效率，我们利用表 4-1 中的方法整理文件夹，按照类型将文件存放在指定文件夹下，比如把所有 Word 文档存放在文件夹"文档"下。代码如下，我们具体分析。

图 4-1 整理之前的文件夹

代码文件：4.3.3-整理文件夹.py

```
01   import os
02   import shutil
03
04   def moveFile(srcfile, fileType, srcPath, destPath):
05       '''
06       将文件 srcfile 移动到指定目录 destPath 下
07       srcPath 是原来的文件夹
08       fileType 是文件类型
09       '''
10       # 判断扩展名是否是 fileType
11       if os.path.splitext(srcfile)[1] == fileType:
12           print(f'将要移动 {i}')
13           # 判断目标文件夹是否存在
14           if os.path.exists(destPath):
15               # 拼接文件 srcfile 的绝对路径
16               fileName = os.path.join(srcPath, srcfile)
17               shutil.move(fileName, destPath)
18           else:
19               os.makedirs(destPath) # 不存在则创建
20               # 创建完文件夹之后再移动
21               fileName = os.path.join(srcPath,i)
22               shutil.move(fileName, destPath)
23
24
25   # 目录路径。绝对路径或者相对路径均可
26   srcPath = r'F:\零基础学 Python 办公自动化\python_do_file\第 4 章\data'
27
28   # 不同类型文件的路径
29   DirPPT=r"F:\零基础学 Python 办公自动化\python_do_file\第 4 章\generated_data\演讲文稿"
30   DirWord=r'F:\零基础学 Python 办公自动化\python_do_file\第 4 章\generated_data\文档'
31   DirExcel=r'F:\零基础学 Python 办公自动化\python_do_file\第 4 章\generated_data\销售数据'
32   DirPic=r'F:\零基础学 Python 办公自动化\python_do_file\第 4 章\generated_data\图片'
33   DirText=r'F:\零基础学 Python 办公自动化\python_do_file\第 4 章\generated_data\文本文件'
34
35   # 查看所有文件与文件夹
36   allFile = os.listdir(srcPath)
37
```

```
38    # 将不同类型的文件移动到指定文件夹下
39    for i in allFile:
40        # 将所有 PPT 文件移动到 DirPPT 下
41        moveFile(i, '.pptx', srcPath, DirPPT)
42        # 将所有 Word 文件移动到 DirWord 下
43        moveFile(i, '.docx', srcPath, DirWord)
44        # 将所有 Excel 文件移动到 DirExcel 下
45        moveFile(i, '.xlsx', srcPath, DirExcel)
46        # 将所有 PNG 文件移动到 DirPic 下
47        moveFile(i, '.png', srcPath, DirPic)
48        # 将所有 text 文件移动到 DirText 下
49        moveFile(i, '.text', srcPath, DirText)
```

第 2 行代码用于导入高级文件处理模块 shutil。它与模块 os 功能互补，主要功能包括复制、移动、重命名和删除文件以及目录。这里主要使用 shutil 模块的 move(src, dst) 方法，它的功能是将文件 src 移动到 dst 下。如果 dst 是一个目录，将文件移动到该目录之下；如果它是一个文件名，则将该文件移动到目标目录下，并且重命名为 dst。在本例中，dst 是文件夹，表示把文件移动到其下。

第 4~22 行代码定义函数 moveFile，它的作用是整理文件夹：把不同类型的文件移动到指定文件夹下。

第 4 行代码用关键字 def 定义函数 moveFile(srcfile, fileType, srcPath, destPath)。它包含 4 个参数，含义如下。

❑ srcfile：需要移动的文件名，比如'古诗.docx'等。
❑ fileType：文件 srcfile 的类型，比如'.docx'等。
❑ srcPath：存放文件 srcfile 的原目录。
❑ destPath：目标目录。

第 11 行代码如 4.2.2 节所述，用于判断文件 srcfile 的类型是否是 fileType。

第 14~22 行代码是 if-else 结构，它使用 os.path.exists(destPath) 方法判断目标目录 destPath 是否存在。如果不存在，用 os 方法的 makedirs(destPath) 创建（第 19 行代码）。

第 16 行代码使用 os.path.join(srcPath, srcfile) 方法拼接文件的路径，也就是查找文件 srcfile 原来的路径，比如文件"古诗.docx"的路径是"F:\零基础学 Python 办公自动化 \python_do_file\第 4 章\data\古诗.docx"，并用 fileName 表示拼接后的路径。

第 17 行代码使用 shutil.move(fileName, destPath) 方法把拼接后的文件路径 fileName 移动到目标目录 destPath 下。

第 26 行代码使用变量 srcPath 表示文件的绝对路径，也就是我们将要整理的文件夹。读者可以任意修改路径名字。

第 29~33 行代码用于为不同类型的文件指定不同的文件夹，比如为文档类型的文件指定文件夹 "F:\零基础学 Python 办公自动化\python_do_file\第 4 章\generated_data\文档"，并用变量 DirWord 表示。这里的路径都是绝对路径，读者可以任意修改。

第 36 行代码用于查看目录 srcPath 下的所有文件与文件夹，并用变量 allFile 表示。

第 39~49 行代码用 for 循环处理目录 srcPath 下的所有文件，并用变量 i 表示每一个文件。

第 41 行代码调用移动文件的函数 moveFile(i, '.pptx', srcPath, DirPPT)。由第 4 行代码可知，它需要 4 个形式参数，因此我们调用的时候也用了 4 个参数（实际参数），分别是需要移动的文件 i、文件类型 .pptx、需要整理的文件夹 srcPath 以及目标文件夹 DirPPT。这一行代码是把文件 i 移动到 PPT 目录下。

同理，第 42~49 行代码用于把不同类型的文件移动到不同的文件夹下。读者可以修改该函数的调用参数，将更多类型的文件移动到指定文件夹下。

运行上述代码，输出如下：

```
将要移动  11.5-案例.docx
将要移动  14.4.3-添加标题.pptx
将要移动  14.4.4-添加文本框.pptx
将要移动  14.4.4.2-插入段落.pptx
将要移动  14.4.5-添加图片.pptx
将要移动  14.4.5-为多张幻灯片添加图片.pptx
将要移动  3.5-大小写转换.text
将要移动  古诗.docx
将要移动  完美解决.png
将要移动  实战圈.png
将要移动  租客信息汇总.xlsx
将要移动  租房合同模板.docx
```

查看文件夹 generated_data，同类型的文件被整理在同一个文件夹下，如图 4-2 所示。

图 4-2　整理之后的文件夹

4.4   批量处理嵌套目录

前面我们处理的是某个目录，在实际工作中，经常需要处理目录及其子目录和文件。本节我们利用 os.walk 方法处理嵌套目录。该方法遍历某个目录及其子目录，对于每一个目录，它返回一个三元组(root, dirnames, filenames)。其中，root 表示当前目录，dirnames 表示当前目录下的子目录列表，filenames 表示当前目录下的文件列表。这就形成了一棵目录树，方便我们处理其中各级文件或者文件夹。

4.4.1   遍历目录树

如图 4-3 所示，这是一个棵简单多层目录树。接下来我们用 os.walk 方法遍历该目录树，并且查看其中所有文件。

图 4-3　简单多层目录树

代码如下。

代码文件：4.4.1-遍历目录树.py

```
01    import os
02
03    # 查看 data 目录下的所有子文件夹以及文件
04    pathName = 'data'
05
06    # 介绍 walk 的使用
```

```
07    print('利用 walk 查看 data 目录下的所有子文件夹以及文件。')
08    print('------------')
09    for root, dirnames, filenames in os.walk(pathName):
10        print(f'当前目录         ---> {root}')
11        print(f'它的子文件夹列表---> {dirnames}')
12        print(f'它包含的文件列表---> {filenames}')
13        print('------------')
14
15    # 查看所有文件
16    print('查看 data 目录下都有什么文件：')
17    for root, dirnames, filenames in os.walk(pathName):
18        print(filenames)
```

第 1 行代码导入 os 库。

第 4 行代码用变量 pathName 表示需要查看的文件夹名字。这里的具体值既可以是绝对路径，也可以是相对路径。

第 9~13 行代码用 for 循环查看目录树的所有内容。因为目录树包含多个文件夹，所以需要定义一个 for 循环。

第 9 行代码是具体的 for 循环定义。因为 walk 返回一个三元组，所以 for 循环的三个变量 root、dirnames 和 filenames 表示返回的三元组内容。

第 10 行代码输出当前目录 root 的内容。当前目录 root 表示正在遍历的目录，比如第一层是 "data"，第二层是 "data\全国销售 0 区数据"，第三层是 "data\全国销售 0 区数据\第 0 个城市数据"，等等。

第 11 行代码输出子文件夹列表 dirnames。它的内容是当前文件夹的所有子文件夹信息，比如第一层 data 目录下的所有子文件夹：['全国销售 0 区数据', '数据', '测试']。下一次循环的时候，再分别把这三个作为当前目录 root 依次遍历。最终效果如下。

第 12 行代码输出文件列表 filenames，它表示当前文件夹下所有的文件。

第 17 行代码同样是一个 for 循环遍历。

第 18 行代码仅仅输出 filenames，表示 data 目录下的文件以及所有子文件夹包含的文件。

运行上述代码，输出结果如下：

```
利用 walk 查看 data 目录下的所有子文件夹以及文件。
------------
当前目录        ---> data
它的子文件夹列表---> ['全国销售 0 区数据', '数据', '测试']
它包含的文件列表---> ['11.5-案例.docx', '14.4.3-添加标题.pptx', '14.4.4-添加文本框.pptx', '14.4.4.2-
插入段落.pptx', '14.4.5-添加图片.pptx', '14.4.5-为多张幻灯片添加图片.pptx', '3.5-大小写转换.text', '
古诗.docx', '完美解决.png', '实战圈.png', '封面.jpg', '租客信息汇总.xlsx', '租房合同模板.docx']
------------
```

```
当前目录          ---> data\全国销售 0 区数据
它的子文件夹列表---> ['第 0 个城市数据']
它包含的文件列表---> ['古诗.jpg']
-----------
当前目录          ---> data\全国销售 0 区数据\第 0 个城市数据
它的子文件夹列表---> []
它包含的文件列表---> ['3.3-写文件.text']
-----------
当前目录          ---> data\数据
它的子文件夹列表---> []
它包含的文件列表---> ['14.4.3-添加文字.pptx', '3.3-用 writelines 写文件.text']
-----------
当前目录          ---> data\测试
它的子文件夹列表---> []
它包含的文件列表---> []
-----------
查看 data 目录下都有什么文件：
['11.5-案例.docx', '14.4.3-添加标题.pptx', '14.4.4-添加文本框.pptx', '14.4.4.2-插入段落.pptx',
'14.4.5-添加图片.pptx', '14.4.5-为多张幻灯片添加图片.pptx', '3.5-大小写转换.text', '古诗.docx',
'完美解决.png', '实战圈.png', '封面.jpg', '租客信息汇总.xlsx', '租房合同模板.docx']
['古诗.jpg']
['3.3-写文件.text']
['14.4.3-添加文字.pptx', '3.3-用 writelines 写文件.text']
[]
```

4.4.2　案例：模拟搜索功能

在工作中，我们经常需要搜索某棵目录树中指定名字的文件。利用 os 模块，我们可以实现这个功能，比如查找 data 目录下的租客信息文件。我们首先用 walk 方法找到目录 data 下的所有文件，然后利用 if 语句判断每一个文件是否是要查找的文件。代码如下，我们具体分析。

代码文件：4.4.2-模拟搜索功能.py

```
01    import os
02
03    # 需要查找的文件名
04    needFind = '租客'
05    # 需要搜索的目录名字
06    pathName = 'data'
07
08    # 保存所有文件
09    allFile = []
10    for root, dirs, files in os.walk(pathName):
11        for number in files:
12            allFile.append(number)
13
14    print('查找到所有的 file：')
15    print(allFile)
16
17    # 查找指定文件
18    for file in allFile:
```

```
19          if needFind in file:
20              print('--- 找到文件！---')
21              print(file)
```

第 1 行代码导入 os 库。

第 4 行代码用变量 needFind 存储需要查找的文件名。这里需要查找文件名中含有"租客"的文件。读者可以修改这里的名字，以查找其他文件。

第 6 行代码用变量 pathName 定义需要搜索的目录名字。这里需要搜索目录 data。读者可以将其替换为其他目录。

第 9~12 行代码用 os.walk 方法查找所有文件，并且记录在列表 allFile 中。

第 15 行代码输出所有文件。

第 18~21 行代码真正地实现搜索功能。

第 18 行代码定义一个 for 循环，遍历所有文件 allFile，并用 file 表示每一个文件。

第 19 行代码用 if 语句判断 file 是否是要查找的文件。判断条件是用"in"，如果文件 file 包含关键字 needFind，表示找到文件。

第 21 行代码输出查找到的文件。

运行上述代码，输出结果如下：

```
查找到所有的 file:
['11.5-案例.docx', '14.4.3-添加标题.pptx', '14.4.4-添加文本框.pptx', '14.4.4.2-插入段落.pptx',
'14.4.5-添加图片.pptx', '14.4.5-为多张幻灯片添加图片.pptx', '3.5-大小写转换.text', '古诗.docx',
'完美解决.png', '实战图.png', '封面.jpg', '租客信息汇总.xlsx', '租房合同模板.docx', '古诗.jpg',
'3.3-写文件.text', '14.4.3-添加文字.pptx', '3.3-用 writelines 写文件.text']
--- 找到文件！---
租客信息汇总.xlsx
```

4.5 案例：编写简单的文件管理器

当文件夹中有成百上千个文件时，文件管理工作将会变得费时和枯燥。为了更加省时省力地管理文件，我们创建一个简单的文件管理器。它的功能包括自动查看文件、删除文件以及重命名文件。

4.5.1 拆解案例

根据项目描述，我们采用模块化的程序设计思想，把文件管理器分解为 3 个功能，分别是查找文件、删除文件以及重命名文件。这 3 个功能可以分别写成 3 个函数，每一个函数都会用到本章所讲的内容。除了这 3 个函数，我们还需要一个入口程序，也就是可以让用户选择这 3 个功能。因此，该文件管理器包含 4 个部分，分别是主程序和 3 个函数。

4.5.2 编写主程序

为了方便用户执行文件管理命令，我们在主程序中给出命令指示信息：1 模糊查找文件，2 删除一个文件，以及 3 重命名一个文件。它们的具体含义是，用户输入 1 表示查找文件；用户输入 2 表示删除文件；用户输入 3 表示重命名文件。具体代码如下，我们逐行分析。

代码文件：4.5_main_file.py

```
01  import os
02  import file_all_op as fo
03  # 要查找的文件的绝对路径
04  path = r'F:\零基础学 Python 办公自动化\python_do_file\第 4 章\data'
05
06  # 将工作目录更改为设置的指令
07  os.chdir(path)
08
09  # 用 os.listdir 方法列出所有文件
10  # 返回 path 指定的文件夹包含的文件或文件夹名字的列表
11  files = os.listdir(path)
12
13  #  显示指令
14  fo.show_commands()
15
16  file_op = int(input('请输入需要执行的操作指令：'))
17
18  if file_op == 1:
19      '''模糊查找文件'''
20      fo.find_files(files)
21  elif file_op == 2:
22      '''删除文件'''
23      fo.del_files(files)
24  elif file_op == 3:
25      '''重命名文件'''
26      fo.rename_files(files)
27  else:
28      print('请输入正确的指令：1、2 或者 3')
```

第 1 行代码导入 os 模块。

第 2 行代码导入自定义的模块 file_all_op，并且取别名为 fo。该模块的功能是存放实现的 3 个函数，具体内容将在下一节介绍。这正是体现模块化思想的地方，把具体的实现和主程序放在不同的文件中。

第 4 行代码是需要操作的目录路径，并用变量 path 表示。

第 7 行代码用表 4-1 中的 chdir 方法把 path 变成当前工作目录，也就是让代码处理 path 指向的目录。

第 11 行代码用变量 files 存放路径 path 中的所有文件与目录，其中 listdir 方法查看 path 中的所有文件与目录。

第 14 行代码调用自定义模块 file_all_op 中的函数 show_commands，这是我们在文件 file_all_op.py 中定义的函数。在主程序中导入该文件，就可以使用新函数。这样设计的优点是简化了主程序的代码，使其逻辑更加清晰。这个函数的功能是用 print 函数输出提示信息，具体代码如下。

代码文件：4.5_file_all_op.py

```
01    import os
02
03
04    def show_commands():
05        """
06            提示用户输入的指令
07        :return:
08        """
09        print('------------------------')
10        print('请用户输入不同的指令')
11        print('1 模糊查找文件')
12        print('2 删除文件')
13        print('3 重命名文件')
14        print('------------------------')
```

第 16 行代码用函数 input 收集用户的命令，并给出提示信息："请输入需要执行的操作指令"。由于该函数返回的是一个字符串，因此我们需要用 int 函数把字符串强制转换为数字，方便后面判断。用户输入的命令储存在遍历 file_op 中。

第 18~28 行代码用 if-elif-elif-else 结构判断用户输入的命令。根据不同的指令，程序提供不同的功能：如果用户输入的是 1，程序需要调用第 20 行代码中的 find_files(files) 函数，实现查找文件的功能；如果用户输入的是 2，程序需要调用第 23 行代码中的 del_files(files) 函数，实现删除文件的功能；如果用户输入的是 3，程序需要调用第 26 行代码中的 rename_files(files) 函数，实现重命名文件的功能。这 3 个函数定义在文件 file_all_op.py 中，这里只是调用函数。这样设计也是为了简化代码逻辑，使之更加清晰。

第 27~28 行代码为了防止用户输入其他数字。如果输错数字，我们用 print 函数提示用户只能输入数字 1、2、3。

运行上述代码，输出结果如下：

```
------------------------
请用户输入不同的指令
1 模糊查找文件
```

```
2 删除文件
3 重命名文件
-----------------------
请输入需要执行的操作指令：
```

用户可以在最后的提示信息"请输入需要执行的操作指令"后面输入具体的数字。

4.5.3　实现管理功能

根据前面的分析，文件管理功能分为 3 个，也就是 3 个函数，分别是模糊查找文件 find_files(files)、删除文件 del_files(files)以及重命名文件 rename_files(files)。这些函数都放在模块 file_all_op.py 中。

1. 模糊查找文件

对于 find_files(files)函数，我们分下面几个步骤来设计。首先，让用户输入查找的文件名和类型；然后，查找指定文件夹下是否包括该文件，如果找到，则输出找到该文件。由于文件夹中有很多文件，因此我们用循环实现该操作，此处使用 for 循环。在循环体内，对于模糊查找，也就是根据关键字查找，我们使用 if 判断语句，并且结合 in 来判断给出的文件名是否包含在指定文件夹中，如果在，则输出查找到的所有完整文件名。具体代码如下。

代码文件：4.5_file_all_op.py

```
15   def find_files(files):
16       """
17       模糊查找文件
18       :param files: files
19       :return:
20       """
21       find_file = input('请输入需要模糊查找的文件名：')
22       end_file = input('请输入文件类型：')
23       for f in files:
24           '''
25               对于关键文字的查找，使用 if 语句
26               in 用于判断某个成员是不是在某个字符串里面
27               f.endswith 方法用来判断字符串是否以指定后缀结尾
28           '''
29           if find_file in f and f.endswith(end_file):
30               print(f'找到文件名中包括"{find_file}"，并且文件类型是"{end_file}"的完整文件名
     有：{f}')
```

第 15 行代码用关键字 def 定义函数 find_files，该函数包含一个参数 files。该参数的作用是保存待处理的文件。

第 16~20 行是注释，说明这个函数的作用。

第 21~22 行代码用 input 函数接收用户输入的具体信息。

第 23~30 行代码用一个 for 循环遍历所有文件。第 23 行代码用关键字 for 定义循环，并用变量 f 表示每一个选中的文件。

第 24~28 行是注释，说明 for 循环的作用。

第 29~30 行代码用 if 语句判断是否包含要查找的文件，判断条件使用 "in" 和 "and" 运算符。因为用户输入文件名和类型，所以需要用 and 表示两个条件都满足才可以。其中 f.endswith 方法用于判断字符串是否以指定后缀结尾，如果是则返回 True，否则返回 False。

运行程序，输出结果如下：

```
请输入需要模糊查找的文件名：优胜
请输入文件类型：.jpeg
找到文件名中包括 "优胜"，并且文件类型是 ".jpeg" 的完整文件名有：优胜美地 2.jpeg
找到文件名中包括 "优胜"，并且文件类型是 ".jpeg" 的完整文件名有：优胜美地 1.jpeg
```

2. 删除文件

对于删除文件的函数，我们也分几个步骤完成。首先，让用户输入需要删除的文件名；然后，使用 if 语句判断文件夹中是否包含要删除的文件。如果没有，则输出文件不存在，无法删除；否则删除文件。判断文件是否包含在指定文件夹中，使用 in 来实现。如果要删除的文件存在，再次提醒用户是否真的删除。如果输入的是 Y，调用 os 模块中的 remove 方法删除指定文件。代码如下所示。

代码文件：4.5_file_all_op.py

```python
31   def del_files(files):
32       """
33       删除指定文件
34       :param files:
35       :return:
36       """
37       del_file = input('请输入需要删除的文件名：')
38       if del_file in files:
39           '''首先判断文件是否存在'''
40           print(f'您将删除 {del_file}')
41
42           # 确认是否删除
43           confirm = input('请再次确认是否删除（Y/N）')
44
45           if confirm == 'Y':
46               os.remove(del_file)
47               print(f'您已经删除{del_file}')
48       else:
49           print(f'文件{del_file}不存在，无法删除')
```

第 31 行代码用关键字 def 定义函数 del_files，并包含一个参数 files。

第 37 行代码用 input 函数收集用户输入的信息。

第 38~49 行代码用 if-else 语句判断是否包含需要删除的文件名。

第 43 行代码确认是否删除文件。

第 45~46 行代码表示收到确认删除命令后，调用 os.remove 删除文件。

第 48~49 行代码表示如果文件不存在，则无法将其删除。

运行整个程序，输出结果如下：

```
请输入需要删除的文件名副本
您将删除副本
请再次确认是否删除（Y/N）Y
您已经删除副本
```

3. 重命名文件

该函数也是分几个步骤完成。首先，让用户输入需要重命名的文件名以及新的文件名；然后，使用 if 语句与 in 判断指定文件夹中是否包含该文件。如果存在，调用 os 模块的 rename 方法重命名文件；如果不存在，输出文件不存在，无法重命名。代码如下所示。

代码文件：4.5_file_all_op.py

```
50    def rename_files(files):
51        """
52        重命名指定文件
53        :param files:
54        :return:
55        """
56        rename_file = input('请输入需要重命名的文件名：')
57        newname_file = input('请输入新的文件名：')
58
59        if rename_file in files:
60            print(f'文件“{rename_file}”存在，将重命名为“{newname_file}”')
61            os.rename(rename_file, newname_file)
62
63        else:
64            print(f'文件“{rename_file}”不存在，无法重命名')
```

第 50 行代码用关键字 def 定义函数 find_files，该函数包含一个参数 files。该参数的作用是保存文件名。

第 56 行代码和第 57 行代码用 input 函数接收用户命令。

第 59~64 行代码用 if-else 语句判断是否包含需要重命名的文件。如果包含，则用 os.rename 重命名文件，否则无法重命名。

当文件夹中不包含需要重命名的文件时，程序的输出结果如下：

```
请输入需要重命名的文件名：网站
请输入新的文件名：网
文件"网站"不存在，无法重命名
```

当文件夹中包含需要重命名的文件时，程序的输出结果如下：

```
请输入需要重命名的文件名：网站头像.png
请输入新的文件名：头像.png
文件"网站头像.png"存在，将重命名为"头像.png"
```

4. 项目小结

　　在本项目中，我们用程序设计的拆解法，把大的问题拆解为多个小功能，每个功能用一个独立的函数实现。这样设计的优点是我们可以重点关注每个程序的设计，而不用担心主程序的逻辑是否出错。这样的设计也有利于分工协作，每个人设计一个功能函数，组合起来即可完成整个程序。每一个功能的实现都用到了本章讲解的 os 模块中的方法。请读者尝试用这样的方法为该文件管理器添加更多管理功能，比如整理文件夹。

第三篇

Excel 自动化，终于不用加班啦

假如你需要创建多个工作表，

假如你需要合并多个工作簿，

假如你需要分析多个工作表，

……

实现这些需求最直接的方法是手动处理。但是，这是不是重复劳动且浪费时间呢？此时，你可以考虑一个工具——Python。它可以轻松帮你完成该类工作，既快捷又不容易出错。那么，如何从大量且重复的 Excel 处理工作中抽离出来呢？

本篇教你利用 Python 助力 Excel 实现办公自动化，彻底消除重复劳动，大幅提升工作效率，让老板和同事对你刮目相看。**本篇与其他篇相对独立，读者可以根据工作需要直接从本篇开始阅读。**

本篇分为 5 章：第 5 章实现 Excel 文档的基础操作，第 6 章批量处理 Excel 文件，第 7 章实现轻松读写工作表，第 8 章批量设置工作表格式，第 9 章和第 10 章分别结合 pandas 库与 matplotlib 库实现更加强大的数据分析能力。

第 5 章

Excel 自动化基础，从小白到高手

首先需要安装对应的 Python 第三方库，利用它实现对 Excel 表格的基础操作，为之后的 Excel 自动化操作奠定基础。

5.1 如何利用 Python 操作 Excel

用 Python 操作 Excel 的首要步骤是查找与 Excel 相关的第三方库，而不是从零开始写 Python 代码。目前，与 Excel 相关的第三方库有：XlsxWriter、xlrd、xlwt、xlutils、openpyxl 和 xlwings 等。这些库各有优缺点，比如有的只支持写或读，有的仅仅支持一种 Excel 文件格式等。

笔者通过实践对比发现，xlwings 库是其中功能最完善的。它是开源免费的，并且在不断更新；不仅支持读写和修改多种 Excel 文件格式，比如常见的 xls 和 xlsx，还能与其他第三方库完美搭配，比如数据分析库 pandas、科学计算库 NumPy、画图库 matplotlib、操作系统接口库 os 等；还可以配合 Excel VBA 使用——调用 Excel 文件中用 VBA 写好的程序，也可以通过 VBA 调用 Python 程序。总之，它是操作 Excel 最快速、功能最完善的一个库，并且特别容易上手。

接下来，详细介绍如何使用 xlwings 库解决复杂且重复的 Excel 操作。

5.2 安装 xlwings 库

在第 1 章中，我们成功安装了 Anaconda 开发环境，它自带 xlwings 库，无须再安装。正式学习使用该库之前，先验证它是否安装成功。具体方法如下。

(1) 用 Windows + R 快捷键调出"运行"对话框（如图 5-1 所示），输入 cmd 打开命令提示符窗口。

图 5-1 "运行"对话框

(2) 输入命令 conda list，输出内容中包含 xlwings，表示它已经安装，如图 5-2 所示。

图 5-2 查找 xlwings 库

如果你用的不是 Anaconda 开发环境，则需要手动安装 xlwings 库，其安装方法如下。

(1) 同样打开命令提示符窗口，然后输入 pip install xlwings，如图 5-3 所示。

图 5-3 安装 xlwings 库

(2) 按下回车键后等几分钟，若出现 Successfully installed 提示文字，表示安装成功。

另外一个验证方法是打开 Anaconda 中的 Spyder，在 Console 中输入 `import xlwings`（如图 5-4 所示，表示导入 xlwings 库，可以使用它的全部功能），然后按下回车键。如果 Console 没有任何报错，说明 xlwings 安装成功，否则说明系统没有安装 xlwings 库，错误提示是 `ModuleNotFoundError: No module named 'xlwings'`。

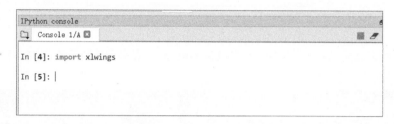

图 5-4   导入 xlwings 库

5.3   对比 Excel 学 xlwings 库

通过类比 Excel 软件，我们首先回顾 Excel 的基本概念，然后介绍 xlwings 库的层次结构。

5.3.1   Excel 的三大元素

首先，我们回顾 Excel 的基本概念：工作簿、工作表、单元格（单元格区域）。这是构成 Excel 的三大元素，也是 Excel 软件主要的操作对象。工作簿是保存表格中所有内容的数据文件。一般工作簿文件的扩展名是 ".xlsx"。启动 Excel 程序之后，点击创建一个空白的工作簿，Excel 程序自动将该工作簿命名为 "工作簿 1"，如图 5-5 所示。

图 5-5   创建空白的工作簿 1

　　工作表也称电子表格，用来存储和处理用户数据，它可以有自己独立的名字。一个工作簿中可以包含多个工作表，如图 5-6 所示。

图 5-6　创建不同的工作表

　　每一个工作表都是由非常多的单元格组成的。每一个单元格通过对应的行标和列标命名和引用，比如单元格 A1 表示第 1 行第 1 列的单元格，单元格 B2 表示第 2 行第 2 列的单元格，以此类推，如图 5-7 所示。用户的数据只能输入在单元格中。因此，单元格是 Excel 表格的最小单位。

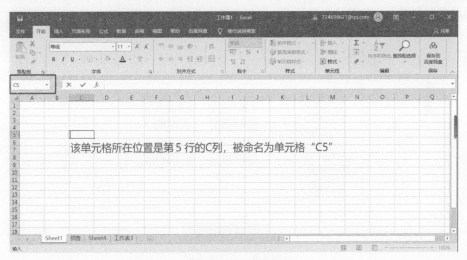

图 5-7　单元格 C5

　　不同的工作表可以有同名单元格，比如 Sheet1 工作表和"销售"工作表中的 C5 是两个不同的单元格，因此可以存放不同的内容，互不影响。同一个工作表中，多个连续的单元格又称单元格区域。每一个工作表可以任意划分为多个单元格区域。每一个独立的单元格区域有自己的名字——由左上角的单元格、右下角的单元格及冒号组成，比如 C5:G12，如图 5-8 所示。

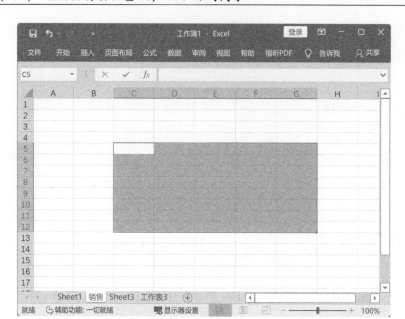

图 5-8   单元格区域

总之，在 Excel 实例中，工作簿包含一个或者多个工作表，而工作表由多个单元格组成，并且它是处理和存储用户数据的主要场所。这三者的关系如图 5-9 所示。

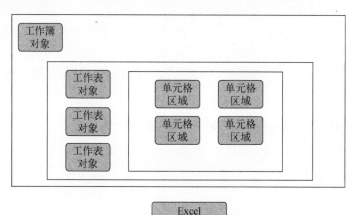

图 5-9   三者关系图

5.3.2   xlwings 库的 4 个层次

首先，我们回顾基础篇中类与对象的概念。类是一系列相同物品的抽象，具有相同的属性和方法。对象是类的一个具体实例。举个例子，人是一个类，具有相同的属性，比如两只眼睛、两条腿；也具有相同的方法，比如会走路，会思考，会说话。实例化就是从类中创造一个具体的事物，比如"小码哥"是人这个类的一个实例化对象。因此，"小码哥"是一个人，他具有人的属性和方法——具有两只眼睛并且会说话。

然后，我们类比 5.3.1 节中的内容来学习 xlwings 库。在 xlwings 库里，Excel 软件用 App 类表示，app 就是 App 类的一个实例化对象；Excel 工作簿用 Book 类表示，一个 book 就是一个工作簿对象；工作表用 Sheet 类表示，一个 sheet 就是一个工作表对象；单元格区域用 Range 类表示，一个 range 就是一个单元格区域，比如 range('C5:G12') 表示单元格区域 C5:G12。上述具体关系如图 5-10 所示。注意：请先忽略图 5-10 中的代码。学完本章以后，这部分内容就可以看懂了。

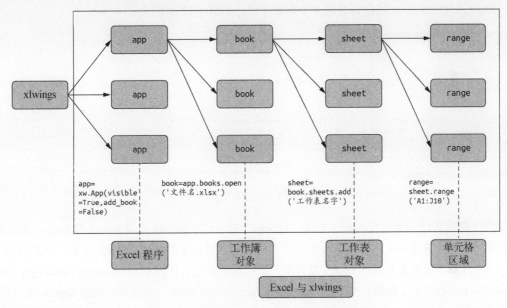

图 5-10　库 xlwings 与 Excel 的对比层次图

因此，Python 的 xlwings 库分为 4 个层次：app 对象，也就是 Excel 软件；book 对象，也就是 Excel 工作簿；sheet 对象，也就是工作表；range 对象，也就是单元格或者单元格区域。这 4 个层次被抽象为 xlwings 的 4 个类，分别是 App 类、Book 类、Sheet 类和 Range 类，它们是 xlwings 库主要的操作对象。在以后的学习中，我们一定要注意操作的是哪一个类，因为不同的类具有不同的属性和方法。

最后，因为 xlwings 库是开源的，所以我们可以通过源代码学习该库。源代码一般位于 Anaconda 软件的安装目录，比如在我的电脑上安装路径是"C:\Users\用户名\Anaconda3\lib\site-packeges\xlwings\main.py"。打开该文件，如图 5-11 所示。类在 Python 中用 class 表示。因此，图 5-11 中包含 4 个类，也就是这 4 个层次。

图 5-11　4 个类的源代码

xlwings 库的官方文档也有对这 4 个类的介绍，如图 5-12 所示。

图 5-12　官方文档截图

请注意图 5-12 中 App 与 Apps、Book 与 Books、Sheet 与 Sheets 以及 Range 与 Ranges 的区别，单数形式的类名表示一个的意思，而复数形式的类名表示多个的意思。举例：单数形式的 Book 表示一个工作簿，而复数形式的 Books 表示多个工作簿的集合，比如 Books([<Book [Book1]>, <Book [Book2]>]) 表示两个工作簿；单数形式的 Sheet 表示一个工作表，而复数形式的 Sheets 表示所有工作表的集合，比如 Sheets([<Sheet [Book1]Sheet1>, <Sheet[Book1]Sheet2>]) 表示两个工作表。

接下来，我们重点介绍使用这 4 个类来操作 Excel 文件，相当于直接操作 Excel 的工作簿、工作表和单元格区域。

5.4　Excel 的常用操作

Excel 的常见操作有管理 Excel 文件、读写工作表等。本节使用 xlwings 库实现对 Excel 文件的管理、读写工作表和设置单元格的格式，以及结合数据分析库实现更加强大的数据分析能力。

5.4.1　管理 Excel 文件

管理 Excel 文件的首要条件是与 Excel 软件建立链接。在 xlwings 库中，第一个层次 App 类用来与 Excel 软件建立链接，代码如下。

代码文件：5.4.1-管理 Excel 文件.py

```
01  # 导入 xlwings 库，并且取别名为 xw
02  import xlwings as xw
03
04  # 调用 xw 库的 App 类与 Excel 建立链接
05  app = xw.App(visible=True, add_book=False)
```

第 2 行代码表示导入 xlwings 库，并且取别名为 xw。导入之后才可以使用该库的所有功能，如果导入失败，则说明该库安装失败，请按照 5.2 节内容重新安装。

第 5 行代码调用该库的 App 类以实例化一个对象 app。查看 App 类的源代码，我们发现该类有 4 个属性（__init__ 方法中的内容），如图 5-13 所示。但是，它的常用属性只有两个：visible 和 add_book。

❑ 属性 visible 用于设置 Excel 窗口是否可见。True 表示可见，启动之后显示 Excel 窗口；False 表示隐藏，启动之后在后台运行。

❑ 属性 add_book 表示启动 Excel 之后是否新建工作簿。True 表示新建工作簿，False 表示仅仅启动 Excel 软件，不创建工作簿。

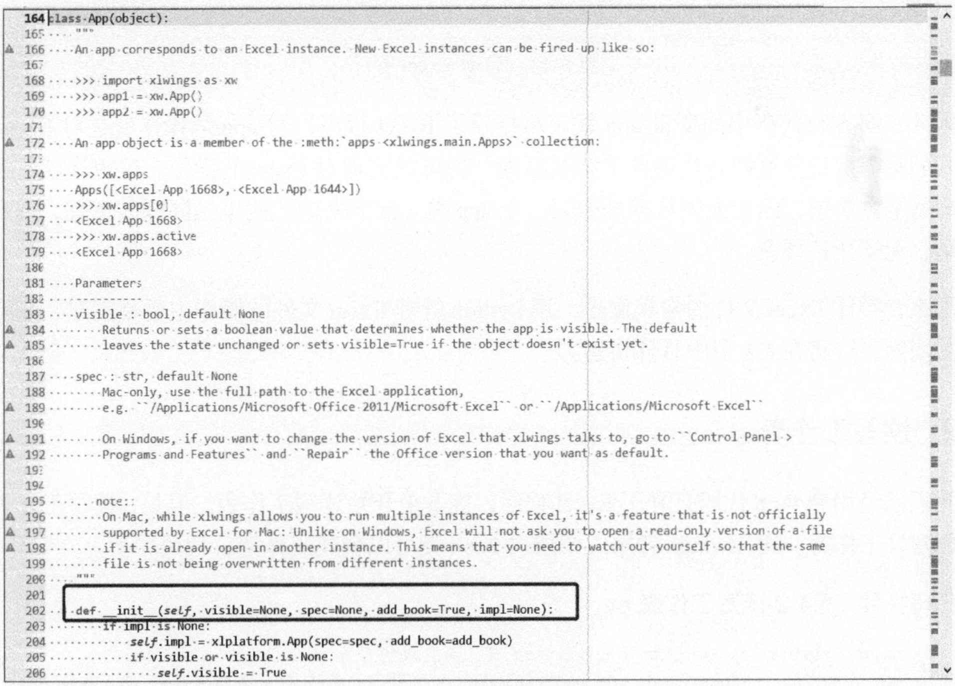

图 5-13　App 类的源代码

运行上面两行代码，就可以启动 Excel 程序，但是没有创建工作簿，如图 5-14 所示，因为
visible 设置为了 True，并且 add_book 为 False。请读者将这两个属性修改为不同的值，并运行
代码观察效果。

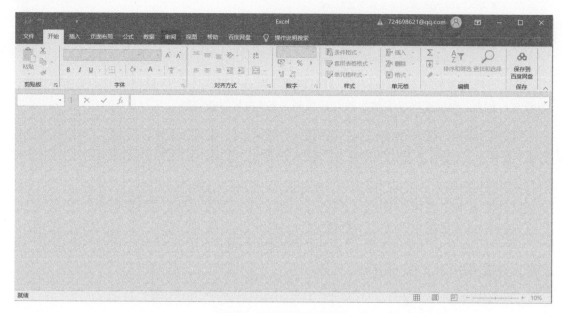

图 5-14　启动 Excel 程序

因此，第 5 行代码中的变量 app 就表示打开了 Excel 程序，对 app 的操作就是对 Excel 的操
作。我们只需要记住这两行代码并了解其原理，就可以实现对 Excel 的操作。这也许就是站在巨
人的肩膀上做事情，因为无须从零开始写一个 App 类。接下来的代码也是同样的道理，理解其原
理即可，无须死记硬背。

那么，类比 Excel 文件的常规操作，用 Python 管理 Excel 文件的操作主要是创建、删除、打
开、关闭等，这将在 6.1 节中具体讲解。

5.4.2　读写工作表

我们已经用 Python 代码打开了 Excel 程序，接下来开始读写工作表。但是，读写工作表的前
提是创建好工作簿。用 xlwings 的第二个层次 Book 类可以创建工作簿，代码如下。

代码文件：5.4.2-读写工作表.py

```
01    import xlwings as xw    # 导入 xlwings 库，并且取别名为 xw
02    app = xw.App(visible=True, add_book=False)  # 调用 xw 库的 App 类与 Excel 建立链接
03    workbook =app.books.add() # 新建一个工作簿
```

```
04    print(workbook.name)
05    worksheet=workbook.sheets['Sheet1'] # 选中工作表 Sheet1
06    print(worksheet.name) # 输出工作表的名字
07    worksheet.range('A1').value = '地区' # 把"地区"写入单元格 A1 中
08    value = worksheet.range('A1').value # 读取单元格 A1 的内容
09    print(value) # 输出 A1 的内容
```

第 3 行代码用 Book 类的 add 方法新建一个工作簿,并且用变量 workbook 表示。至此,记住这 3 行代码就可以创建一个 Excel 工作簿了。只运行这 3 行代码,我们将会得到一个名为"工作簿 1"的工作簿,如图 5-15 所示。代码中的 workbook 变量表示该工作簿,即在代码中对 workbook 的操作就是对 Excel 工作簿的操作。

图 5-15 名为"工作簿 1"的工作簿

接下来了解原理:第 3 行代码中对象 app 的 books 方法返回一个 Books 对象,如图 5-16 中的源代码所示。

```
351 ····@property
352 ····def·books(self):
353 ········"""
354 ········A·collection·of·all·Book·objects·that·are·currently·open.
355
356 ········..·versionadded::·0.9.0
357 ········"""
358 ········return·Books(impl=self.impl.books)
```

图 5-16 方法 books 的源代码

所以,可以直接用 app.books 调用 Books 类的方法。利用类 Books 中的 add 方法可以直接创建一个工作簿对象,如图 5-17 中的源代码所示。

```
2692 class Books(Collection):
2693     """
2694     A collection of all :meth:`book <Book>` objects:
2695
2696     >>> import xlwings as xw
2697     >>> xw.books  # active app
2698     Books([<Book [Book1]>, <Book [Book2]>])
2699     >>> xw.apps[0].books  # specific app
2700     Books([<Book [Book1]>, <Book [Book2]>])
2701
2702     .. versionadded:: 0.9.0
2703     """
2704     _wrap = Book
2705
2706     @property
2707     def active(self):
2708         """
2709         Returns the active Book.
2710         """
2711         return Book(impl=self.impl.active)
2712
2713     def add(self):
2714         """
2715         Creates a new Book. The new Book becomes the active Book. Returns a Book object.
2716         """
2717         return Book(impl=self.impl.add())
2718
```

图 5-17　类 Books 中的 add 方法

第 4 行代码用 print 函数输出工作簿 workbook 的名字。调用 workbook 对象的属性 name 就可以得到工作簿的名字了，结果如下：

工作簿 1

至此，我们已经创建好了工作簿。接下来，操作其中的工作表。

如 5.3 节所述，工作簿中包含很多工作表。在 xlwings 中，第三个层次 Sheet 类表示工作表。

第 5 行代码选中工作簿中名为 Sheet1 的工作表，并且用 worksheet 表示。之后对 worksheet 的操作就是对工作表 Sheet1 的操作。

它的原理是 workbook.sheets 表示调用 workbook 对象的方法 sheets，该方法返回一个 Sheets 对象，如图 5-18 中的源代码所示。

```
641
642     @property
643     def sheets(self):
644         """
645         Returns a sheets collection that represents all the sheets in the book.
646
647         .. versionadded:: 0.9.0
648         """
649         return Sheets(impl=self.impl.sheets)
650
```

图 5-18　方法 sheets 的源代码

如 Sheets 类的源代码所示（如图 5-19 所示），它是一个列表结构[<Sheet [Book1]Sheet1>, <Sheet [Book1]Sheet2>]。

```
class Sheets(Collection):
    """
    A collection of all :meth:`sheet <SheeAt>` objects:

    >>> import xlwings as xw
    >>> xw.sheets  # active book
    Sheets([<Sheet [Book1]Sheet1>, <Sheet [Book1]Sheet2>])
    >>> xw.apps[0].books['Book1'].sheets  # specific book
    Sheets([<Sheet [Book1]Sheet1>, <Sheet [Book1]Sheet2>])

    .. versionadded:: 0.9.0
    """
    _wrap = Sheet
```

图 5-19　类 Sheets 的源代码

第 5 行代码中的['Sheet1']表示选中工作表 Sheet1，并用变量 worksheet 表示。之后对 worksheet 的操作就是对 Sheet1 的操作。如果工作簿中还有其他工作表，可以用 workbook.sheets['工作表名字']选中指定的工作表。

第 6 行代码输出选中的工作表的名字。

运行代码，结果如下：

```
工作簿 1
Sheet1
```

接下来，我们就可以对工作表进行读写了，其实就是对工作表中单元格区域的读写。在 xlwings 中，单元格区域用类 Range 表示。用类 Range 的 range 对象读写单元格非常简单。

前面讲到，worksheet 就是工作表 Sheet1，因此第 7 行代码 worksheet.range('A1')表示选中工作表 Sheet1 中的单元格 A1，并且通过 value 属性把"地区"写入 A1 中。运行代码，结果如图 5-20 所示。

图 5-20　写单元格 A1

第 7 行代码的原理是什么呢？

同样，我们查看 range 方法的源代码，如图 5-21 所示。该方法接收一个单元格区域 cell1，cell2，也就是可以指定任何单元格区域，比如 range('A1:B2') 等（接下来的章节会经常用到这样的代码），然后返回一个 Range 对象。因此，worksheet.range('A1') 表示一个 Range 对象，具体而言就是工作表 Sheet1 中单元格 A1 的 range 对象。

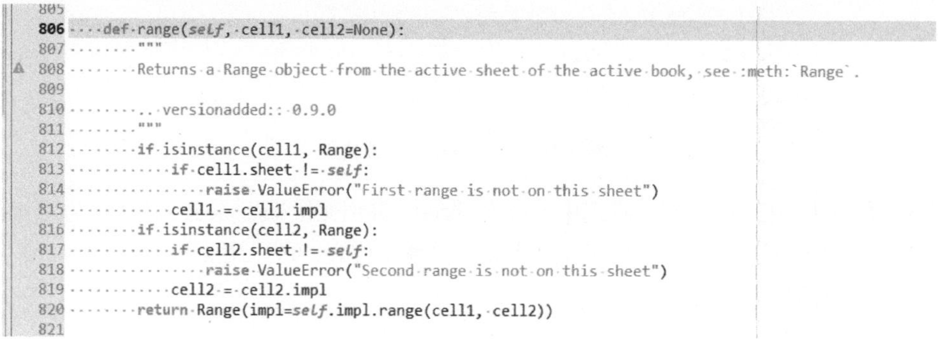

```
805
806 ····def·range(self,·cell1,·cell2=None):
807 ········"""
808 ········Returns·a·Range·object·from·the·active·sheet·of·the·active·book,·see·:meth:`Range`.
809
810 ········versionadded::·0.9.0
811 ········"""
812 ········if·isinstance(cell1,·Range):
813 ············if·cell1.sheet·!=·self:
814 ················raise·ValueError("First·range·is·not·on·this·sheet")
815 ············cell1·=·cell1.impl
816 ········if·isinstance(cell2,·Range):
817 ············if·cell2.sheet·!=·self:
818 ················raise·ValueError("Second·range·is·not·on·this·sheet")
819 ············cell2·=·cell2.impl
820 ········return·Range(impl=self.impl.range(cell1,·cell2))
821
```

图 5-21　方法 range 的源代码

每一个 range 对象都包含两个 value 方法，如图 5-22 中的源代码所示。通过 value 方法，我们可以对单元格区域进行读取或者写入数据。因此，可以用 worksheet.range('A1').value = '地区' 把“地区”写入单元格 A1 中。

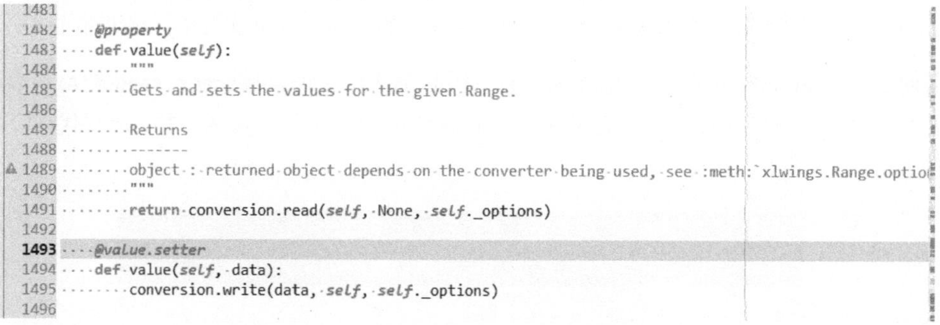

```
1481
1482 ····@property
1483 ····def·value(self):
1484 ········"""
1485 ········Gets·and·sets·the·values·for·the·given·Range.
1486
1487 ········Returns
1488 ········-------
1489 ········object·:·returned·object·depends·on·the·converter·being·used,·see·:meth:`xlwings.Range.optio
1490 ········"""
1491 ········return·conversion.read(self,·None,·self._options)
1492
1493 ····@value.setter
1494 ····def·value(self,·data):
1495 ········conversion.write(data,·self,·self._options)
1496
```

图 5-22　两个 value 方法的源代码

同样，我们可以使用 worksheet.range('A1').value 读取单元格 A1 的内容。

第 8 行代码使用 range 对象的 value 方法读取单元格 A1 的内容。第 9 行代码输出具体的值。运行这段代码，结果如下：

```
工作簿 1
Sheet1
地区
```

至此，我们学会了读写简单的单元格区域。更为复杂的工作表读写将在第 7 章中介绍。

5.4.3 设置单元格的格式

前面介绍了如何读取单元格的内容。利用同样的方法，我们可以设置单元格的格式，比如调整单元格的行高和列宽，设置背景色，等等。我们首先获取单元格 A1 的行高和列宽，然后调整其大小，代码如下。

代码文件：5.4.3-设置单元格的格式.py

```
01   import xlwings as xw    # 导入 xlwings 库，并且取别名为 xw
02   app = xw.App(visible=True, add_book=False)  # 调用 xw 库的 App 类与 Excel 建立链接
03   workbook =app.books.add() # 新建一个工作簿
04   worksheet=workbook.sheets['Sheet1'] # 选中工作表 Sheet1
05   range_a1 = worksheet.range('A1') # 选中单元格 A1
06   range_a1.value = '地区' # 把"地区"写入单元格 A1 中
07   row_height = range_a1.row_height  # 获取 A1 的行高
08   column_width = range_a1.column_width # 获取 A1 的列宽
09   print('行高是{}, 列宽是{}'.format(row_height, column_width)) # 输出 A1 的行高和列宽
```

第 7 行和第 8 行代码通过 range 对象的 row_height 和 column_width 分别获取单元格 A1 的行高和列宽。这些属性的名字需要记住，可以在 Range 类的源代码中查找。第 9 行代码中的 format 表示字符串的格式化输出，其中{}和 format 中的变量一一对应，比如第一个{}表示行高 row_height。

运行这些代码，结果如下：

```
行高是 13.8, 列宽是 8.11
```

如果想调整 A1 单元格的行高和列宽，只需要给这两个属性直接赋值即可，代码如下。

代码文件：5.4.3-设置单元格的格式.py

```
10   # 调整 A1 的行高和列宽
11   range_a1.row_height = 25 # 修改行高
12   range_a1.column_width = 20 # 修改列宽
13   # 获取新的行高和列宽
14   new_row_height = range_a1.row_height
15   new_column_width = range_a1.column_width
16   print('调整后的行高是{}, 列宽是{}'.format(new_row_height, new_column_width))
```

第 11 行和第 12 行代码直接给 range 的属性赋值，即可调整行高和列宽，可根据实际需要修改数字。第 14~16 行代码和上面第 7~9 行代码的作用一样，为了区分，换了变量的名字而已。

运行这些代码，并打开文件确认修改，如图 5-23 所示。

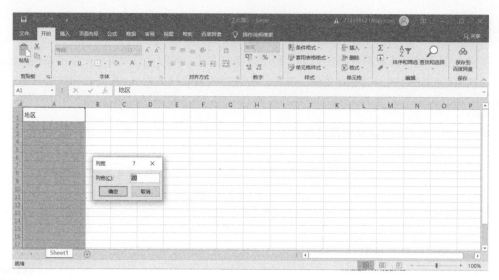

图 5-23 调整后的行高和列宽

接下来，我们用同样的方法设置单元格的颜色，代码如下。

代码文件：5.4.3-设置单元格的格式.py

```
17    # 设置单元格的颜色
18    range_a1.color=(50,130,20)
19    range_a1_color=range_a1.color
20    print('新的单元格颜色值是：{}'.format(range_a1_color))
```

第 18 行代码直接用 RGB 值给单元格设置背景色，其中(50,130,20)表示 RGB 值，可以根据实际需要调整颜色值；range_a1.color 表示 Range 类的属性 color，同行高和列宽一样，需要记住或者通过源代码查找。

第 19 行代码读取单元格的颜色，第 20 行代码输出该颜色。

运行这些代码，单元格 A1 的背景色变成了绿色，如图 5-24 所示。

图 5-24 设置单元格的背景色（另见彩插）

总之，设置单元格格式绝大部分是设置其属性值，在 xlwings 库的 Range 类中查找对应的属性名字即可，如图 5-25 所示。比如获取单元格的行标和列标，就是查找 row 和 column。

```
1362 ····@property
1363 ····def·address(self):
1364 ········"""
△1365 ········Returns·a·string·value·that·represents·the·range·reference.·Use·``get_address()``·to·be·able·to·provide
1366 ········paramaters.
1367
1368 ····..·versionadded::·0.9.0
1369
1370 ········return·self.impl.address
1371
1372 ····@property
1373 ····def·current_region(self):
1374 ········"""
△1375 ········This·property·returns·a·Range·object·representing·a·range·bounded·by·(but·not·including)·any
△1376 ········combination·of·blank·rows·and·blank·columns·or·the·edges·of·the·worksheet.·It·corresponds·to·``Ctrl-*``·o
1377 ········Windows·and·``Shift-Ctrl-Space``·on·Mac.
1378
1379 ········Returns
1380 ········-----------
1381 ········Range·object
1382 ········"""
1383
1384 ········return·Range(impl=self.impl.current_region)
```

图 5-25　类 Range 的部分源代码

但是，单元格的外观很多是通过其他方法设置的。更为复杂的批量设置单元格外观的内容将在第 8 章中介绍。

5.4.4　数据分析

Excel 是处理数据的强大软件，它提供了各种各样的公式。xlwings 库也可以调用这些公式，并且可以无缝链接数据分析库 pandas 实现更强大的数据分析功能。

我们在工作表中写入 7 个数字：1, 2, 3, 4, 6, 7, 9，然后计算它们的总和，代码如下。

代码文件：5.4.4-数据分析.py

```
01  import xlwings as xw    # 导入 xlwings 库，并且取别名为 xw
02  app = xw.App(visible=True, add_book=False) # 调用 xw 库的 App 类与 Excel 建立链接
03  workbook =app.books.add() # 新建一个工作簿
04  worksheet=workbook.sheets['Sheet1'] # 选中工作表 Sheet1
05  worksheet.range('A1').value = [1,2,3,4,6,7,9] # 把数字写入第 1 行中
06  worksheet.range('H1').formula='=SUM(A1:G1)' # 写入公式
07  formult_a1 = worksheet.range('H1').formula_array # 获取公式
08  print('公式是{}'.format(formult_a1)) # 输出公式
```

前 4 行代码如前所述。第 5 行代码用列表形式把数字写入工作表的第 1 行。第 6 行代码直接将 Excel 公式 =SUM(A1:G1) 写入单元格 H1，可以根据需要调整单元格的位置。其中 formula 是 Range 类的一个属性。第 7 行代码用 Range 类的属性 formula_array 获取写入单元格的具体公式。

第 8 行输出写入的公式。

运行这些代码，结果如下，并且在 Excel 中可以看到 H1 单元格的公式，如图 5-26 所示。

公式是=SUM(A1:G1)

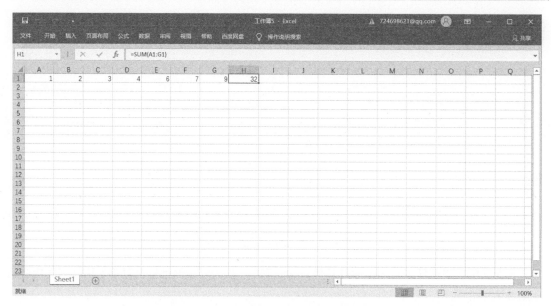

图 5-26　求和

更为复杂的公式以及与数据分析库 pandas 的结合用法将在第 9 章中详细介绍。

5.4.5　画图

类比 Excel 的画图，xlwings 库也可以利用 matplotlib 库更快地画出更漂亮的图，比如为数字 1, 2, 3, 4, 6, 7, 9 画折线图，代码如下。

代码文件：5.4.5-画图.py

```
01  # -*- coding: utf-8 -*-
02  import matplotlib.pyplot as plt # 导入画图库
03  import xlwings as xw     # 导入 xlwings 库，并且取别名为 xw
04
05  app = xw.App(visible=True, add_book=False)  # 调用 xw 库的 App 类与 Excel 建立链接
06  workbook =app.books.add() # 新建一个工作簿
07  worksheet=workbook.sheets['Sheet1'] # 选中工作表 Sheet1
08  worksheet.range('A1').value = [1,2,3,4,6,7,9] # 把数字写入第 1 行中
09  fig = plt.figure() # 获取画布
10  value_a1 = worksheet.range('A1').expand('table').value # 获取表格中的所有数据
11  plt.plot(value_a1) # 调用画折线图的方法 plot
12  worksheet.pictures.add(fig,name='testplot',left=300,top=20) # 把图写入 Excel 文件中
```

第 2 行代码导入画图库 matplotlib.pyplot 并取别名为 plt。该库也是 Python 的第三方库，需要安装之后才可以使用，但是如果选择 Anaconda 为开发环境，则它自带了该库，可以直接使用。该库的介绍与安装见第 9 章。第 3~8 行代码如前所述。第 9 行代码调用 plt 库的 figure 获取画布。

第 10 行代码获取表格中所有的数据。用到的方法是 Range 类中的 expand 方法，表示根据指定模式从特定单元格开始查找数据。方法 expand 支持 3 种模式，分别是 table、down 和 right。worksheet.range('A1').expand('table')表示从单元格 A1 开始从上到下、从左到右查找工作表的所有数据，而 worksheet.range('A1').expand('down').value 表示获取 A1 所在列的数据，同理，expand(right)表示获取行数据。

第 11 行代码根据工作表中的数据画出折线图。首先调用 plt 库中画折线图的方法 plot，然后把数据 value_a1 传入该方法中。第 12 行代码把折线图写入指定工作表中。其原理是：工作表在 xlwings 中是 worksheet，因此，首先调用 worksheet 对象的 pictures 方法，该方法返回画图类 Pictures 的对象，然后调用该对象的 add 方法，把画好的折线图写入 Excel 工作表中。

运行这些代码，结果如图 5-27 所示，工作簿的 Sheet1 中多了一幅名为 testplot 的折线图。

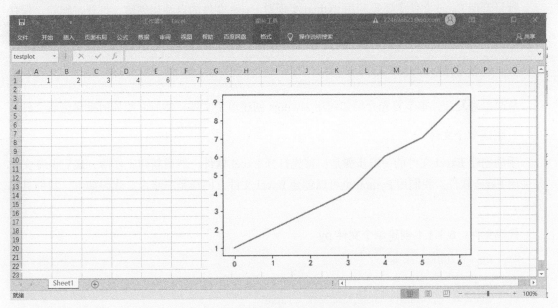

图 5-27　在 Excel 中写入折线图

同样，xlwings 可以与 matplotlib 完美结合画出各种各样的图形，第 10 章将详细介绍。

第 6 章

自动管理 Excel 文件，既方便又高效

自动化管理 Excel 文件主要是利用 Python 批量处理 Excel 文件和工作表。本章首先介绍如何用 Python 批量管理 Excel 文件，比如批量创建、删除 Excel 文件等；然后介绍如何用 Python 批量修改工作表；最后介绍如何用 Python 批量重命名工作表。

6.1 批量管理 Excel 文件

批量管理 Excel 文件主要是利用 Python 实现对 Excel 文件的自动化创建、打开、删除、保存以及重命名等。

6.1.1 批量创建 Excel 文件

从简单到复杂，本节首先介绍如何用 xlwings 创建单个文件，然后介绍如何批量创建文件。

1. 创建单个文件

手动创建 Excel 文件的一般步骤是：首先打开 Excel 软件，然后新建工作簿，最后保存文件并关闭 Excel 软件。我们用 Python 也可以创建 Excel 文件，同样是三步走。代码如下，我们具体分析。

代码文件：6.1.1.1-创建单个文件.py

```
01   import xlwings as xw
02
03   # 第一步，打开 Excel 软件
04   app = xw.App(visible=False, add_book = False)
05
06   # 第二步，创建工作簿并保存
07   workbook = app.books.add()
08
09   # 用 save 方法保存 Excel 文件
10   workbook.save('generated_excel/6.1.1.1-北京地区销售汇总表.xlsx')
11
```

```
12    # 第三步，关闭工作簿并退出 Excel 程序
13    workbook.close() # 关闭工作簿
14    app.quit() # 退出 Excel 程序
```

前 8 行代码如第 5 章所述。

第 10 行代码在文件夹 generated_excel 下，将新创建的工作簿保存为"北京地区销售汇总表.xlsx"，用的是 workbook 对象的 save 方法。如图 6-1 中的源代码所示，该方法只接收一个参数 path，它表示存放 Excel 文件的路径。如果给出具体的路径，比如"F:\python_l\python_do_excel\CH6\北京地区销售汇总表.xlsx"，则该路径下会有一个名为"北京地区销售汇总表.xlsx"的文件。这条路径又称绝对路径，也就是真实存在的路径。第 10 行代码中给出的不是具体的路径，而是相对于自己的目标代码文件的位置。

```
668 ····def·save(self,·path=None):
669 ········"""
670 ········Saves·the·Workbook.·If·a·path·is·being·provided,·this·works·like·SaveAs()·in·Excel.·If·no·path·is·sp
671 ········if·the·file·hasn't·been·saved·previously,·it's·being·saved·in·the·current·working·directory·with·the
672 ········filename.·Existing·files·are·overwritten·without·prompting.
673
674 ········Arguments
675 ········---------
676 ········path·:·str,·default·None
677 ········ ···Full·path·to·the·workbook
678 ········Example
679 ········-------
680 ········>>>·import·xlwings·as·xw
681 ········>>>·wb·=·xw.Book()
682 ········>>>·wb.save()
683 ········>>>·wb.save(r'C:\\path\\to\\new_file_name.xlsx')
684
685
686 ··········..·versionadded::·0.3.1
687 ········"""
688 ········return·self.impl.save(path)
689
```

图 6-1　save 方法的源代码

额外说明，在 Python 中，方法与普通函数的区别是，方法必须有一个且在第一个位置出现的参数 self。但是调用方法的时候无须为其赋值，因为 Python 会自动提供。因此，参数 self 表示该方法是类的方法，而不是普通的函数。方法和普通函数的调用也不同，方法需要通过对象的名字调用，比如 workbook.save，而函数直接写名字即可，比如 print 函数。

如果我们未在第 10 行代码中指定文件名，则 Python 会在该文件夹下创建一个名为"工作簿1.xlsx"的文件。

第 13 行和第 14 行代码表示关闭工作簿和退出 Excel 软件。如果忘了调用 workbook 对象的 close 方法和 app 对象的 quit 方法，那么计算机后台会运行非常多的 Excel 程序，以至于可能遇到很多奇怪的问题，比如"-2147352567,'发生意外'"等。图 6-2 中的 Excel 进程在后台运行表示程序没有正常退出，需要打开任务管理器（Ctrl+Alt+Delete 快捷键）手动退出。

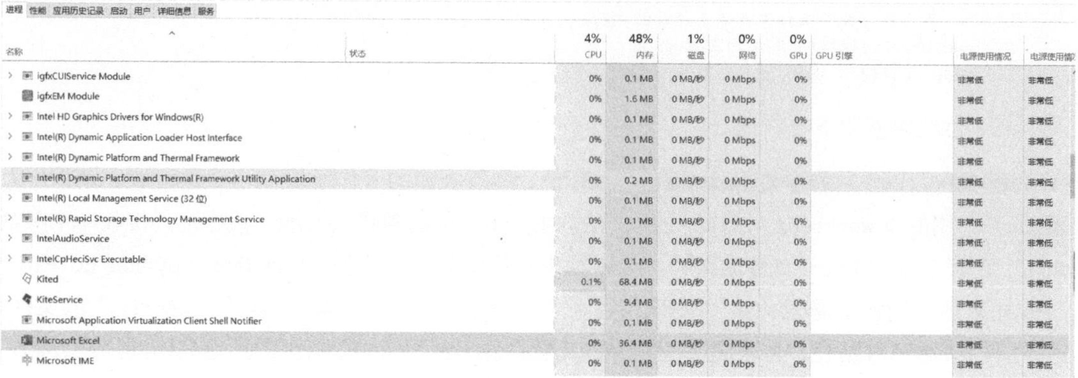

图 6-2　后台运行 Excel

因此，当我们写代码时，养成良好的习惯很重要。打开程序之后要记得关闭，尤其当 visible= False 的时候，Excel 将在后台运行。

运行上述代码，文件夹下会生成如图 6-3 所示的文件。

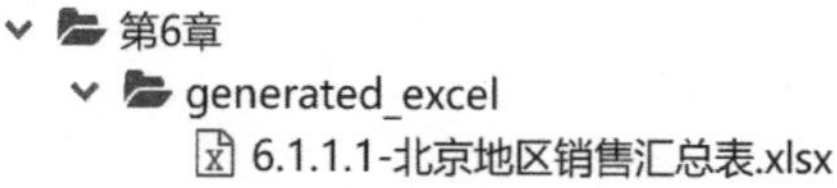

图 6-3　创建 Excel 文件

2. 批量创建文件

上面的代码是创建一个 Excel 文件。工作中经常需要创建多个名字类似的 Excel 文件，比如北京地区销售汇总表、上海地区销售汇总表、广州地区销售汇总表、武汉地区销售汇总表、天津地区销售汇总表、广东地区销售汇总表、河北地区销售汇总表等。如果手动创建这些 Excel 文件，虽然简单但重复且浪费时间。如果地区更多呢，比如 30 个地区呢？这个需求是不是更能体现 Python 编程的优点呢？既可以消除重复劳动，并且又快又准确。

首先拆解该需求，把大问题变成一个个小问题。

第一，要求创建多个文件，比如上面的 7 个地区，我们可以利用 Python 的 for 循环（2.5 节详细介绍过）解决该问题。对于该需求，只需要循环 7 次就可以，也就是 for i in range(7)。

第二，观察文件名。它们都包含"地区销售汇总表"，不同的是具体的地区名字，因此，我们想到用字符串保存共同的"地区销售汇总表.xlsx"，用列表保存不同的地区名字，也就是['北京', '上海','天津','广州','武汉','广东','河北']。如果有更多地区，只需要在列表中添加名字即可。当然，也可以删除地区名字，这都非常方便。

第三，要求创建 Excel 文件，我们很容易想到刚学的创建一个 Excel 文件的方法。

最后，我们整合这三点，得到下面的实现代码。

代码文件：6.1.1.2-批量创建文件.py

```
01    import xlwings as xw
02
03    # 用列表保存 Excel 文件名前缀
04    prefixName = ['北京','上海','天津','广州','武汉','广东','河北']
05    # 用列表的 len 函数计算列表长度
06    numberName = len(prefixName)
07
08    # 第一步，打开 Excel 软件
09    app = xw.App(visible=False, add_book = False)
10
11    # 用 for 循环创建多个文件
12    for number in range(numberName):
13        print(f'正在创建{number}个 Excel 文件……')
14        # 第二步，创建工作簿并保存
15        workbook = app.books.add()
16        # 从列表 name_excel 中提取文件名前缀
17        excelName = prefixName[number]
18        # 保存创建的工作簿
19        workbook.save(f"generated_excel/6.1.1.2/{excelName}地区销售汇总表.xlsx")
20        # 关闭工作簿
21        workbook.close()
22        print(f'创建{number}个 Excel 文件成功！')
23
24    # 第三步，退出 Excel 程序
25    app.quit()
26
27    # 提示信息
28    print('批量创建成功！')
```

第 4 行代码创建名为 prefixName 的列表，目的是保存文件名前缀。

第 6 行代码用 len 计算列表 prefixName 中的元素个数，也就是计算地区的个数。

第 12~22 行代码定义一个 for 循环，目的是创建多个 Excel 文件。

第 12 行代码用关键字 for 定义循环，并根据变量 numberName 控制循环次数。每一次的循环结果用变量 number 表示。

第 13~22 行代码是 for 循环体，实现创建多个文件的功能。

第 15 行和第 19 行代码在 for 循环内，表示创建不同的 Excel 工作簿。如果把第 9 行代码也放进去，则表示每次都要打开一个 Excel 程序，但是没有必要这么做。

第 17 行代码从列表中提取文件名前缀，每一次都根据 number 的内容提取。

第 19 行代码保存生成的 Excel 文件。其中 f"{}"结构表示将字符串格式化，也就是根据 excelName 的内容替换字符中的地区名字，比如当 excelName 是"北京"的时候，生成文件"北京地区销售

汇总表.xlsx"。

第 21 行代码表示每一次循环完毕之后关闭工作簿。

第 25 行代码表示退出 Excel 软件。

运行上述代码，会在文件夹 generated_excel 下生成多个 Excel 文件，如图 6-4 所示。请读者修改列表 prefixName 中的内容，批量生成不同的 Excel 文件。

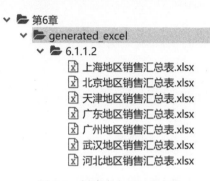

图 6-4　创建多个 Excel 文件

6.1.2　打开 Excel 文件

手动打开 Excel 文件，只需要找到文件所在路径，然后双击打开即可。对于 Python 也是同样的道理，比如打开 6.1.1 节中创建的"北京地区销售汇总表.xlsx"文件。首先，导入需要的 xlwings 库，然后根据指定路径打开该文件即可，代码如下。

代码文件：6.1.2_open_excel.py

```
01    import xlwings as xw
02
03    # 文档的路径
04    pathExcel = 'generated_excel/6.1.1.1-北京地区销售汇总表.xlsx'
05
06    # 第一步，打开 Excel 软件
07    app = xw.App(visible=True, add_book=False)
08
09    # 调用 books 对象的 open 方法
10    app.books.open(pathExcel)
```

第 4 行代码给出 Excel 文件所在的路径，并用 pathExcel 变量表示。这里的路径既可以是绝对路径，也可以是相对路径。请读者修改代码以打开不同的 Excel 文件。

第 10 行代码调用 books 对象的 open 方法打开路径中的 Excel 文件。这类似于双击操作。该方法仅仅需要一个路径参数，其源代码如图 6-5 所示。

　　参数 fullname 表示 Excel 文件的路径，既可以是相对路径，也可以是绝对路径。如果是相对路径，则打开代码所在文件夹下的对应文件；如果是绝对路径，则打开指定路径下的文件。注意，Windows 系统中路径需要用转义字符 r 或者在每一条路径的反斜杠前再添加一个反斜杠，比如 pathExcel = r'F:\\python_l\\python_do_excel\\CH6\\。

```
2719    def open(self, fullname):
2720        """
2721        Opens a Book if it is not open yet and returns it. If it is already open, it doesn't raise an exception but
2722        simply returns the Book object.
2723
2724        Parameters
2725        -----------
2726        fullname : str
2727            filename or fully qualified filename, e.g. ``r'C:\\path\\to\\file.xlsx'`` or ``'file.xlsm'``. Without a full
2728            path, it looks for the file in the current working directory.
2729
2730        Returns
2731        --------
2732        Book : Book that has been opened.
2733        """
2734        if not os.path.exists(fullname):
2735            if PY3:
2736                raise FileNotFoundError("No such file: '%s'" % fullname)
2737            else:
2738                raise IOError("No such file: '%s'" % fullname)
2739        fullname = os.path.realpath(fullname)
2740        _, name = os.path.split(fullname)
```

图 6-5　open 方法的源代码

运行上述代码，结果如图 6-6 所示。

图 6-6　打开单个文件

　　举一反三：如果路径下有多个 Excel 文件，又该如何打开呢？这也是工作中经常遇到的情况。一个一个手动打开特别费时费力。如果用 Python 操作，仅仅需要几秒钟即可，比如用 Python 打开 6.1.1 节中创建的 7 个 Excel 文件。请读者利用 for 循环和 os 模块下的 os.listdir 方法尝试编写，如有问题请联系作者。

6.1.3   批量删除 Excel 文件

手动删除 Excel 文件，我们需要找到文件所在位置，然后点击右键后删除。对于 Python，也是同样的步骤。例如删除 6.1.1 节中创建的"北京地区销售汇总表.xlsx"文件，首先导入需要的 xlwings 库，然后根据指定路径删除该文件即可。删除用的是 os 模块下的 remove 方法。具体代码如下，我们逐行分析。

代码文件：6.1.3-批量删除文件.py

```
01    import xlwings as xw # 导入 xlwings 模块
02    import os # 导入 os 模块
03
04    # 文档路径
05    pathExcel = 'generated_excel/6.1.1.1-北京地区销售汇总表.xlsx'
06
07    # 判断文件是否是 Excel 文件。如果是则删除，否则提示无法删除
08    if pathExcel.endswith('.xlsx'):
09
10        print('删除文件：{}'.format(pathExcel))
11        os.remove(pathExcel)
12    else:
13        print('无法删除非 Excel 文件')
```

第 5 行代码用变量 pathExcel 保存需要删除的文件所在路径。

第 8~13 行代码真正删除该文件。首先用 if-else 语句判断文件是否是 Excel 文件，如果是则删除，否则提示无法删除。判断方法使用字符串的 endswith 方法过滤出所有的".xlsx"文件。因为给出的路径是字符串形式，所以可以使用该方法。

第 10 行代码和第 13 行代码都是输出提示信息，同样是用字符串的格式化方法 format 输出。

第 11 行代码是真正的删除动作，用的是 os 模块的 remove 方法。该方法接收一个文件的路径为输入参数，该路径既可以是绝对路径，也可以是相对路径。

运行上述代码，该文件被删除，并有如下输出：

```
删除文件：generated_excel/6.1.1.1-北京地区销售汇总表.xlsx
```

举一反三：如果路径下有多个 Excel 文件，又该如何删除呢？比如用 Python 删除 6.1.1 节中创建的 7 个 Excel 文件。请读者尝试利用 for 循环和第 2 章中的 endswith 方法编写代码，如有问题请联系作者。

6.1.4   保存 Excel 文件

如果我们关闭未保存的 Excel 文件，文件中的数据将会丢失。用 Python 处理 Excel 也会遇到同样的情况，因此，我们需要调用 save 方法保存文件。该方法分为三种情况：第一种是保存为

默认的 Excel 文件名"工作簿 1"；第二种是将打开 Excel 文件保存为原来的名字；第三种是重命名文件，类似于"另存为"功能。

第一种情况：创建新的工作簿并将其保存为默认的名字"工作簿 1"，代码如下。

代码文件：6.1.4.1-保存为默认的名字.py

```
01   # -*- coding: utf-8 -*-
02   import xlwings as xw
03   app = xw.App(visible=False, add_book = False)
04   workbook = app.books.add()
05   workbook.save() # 未指定名字
06   workbook.close() # 关闭工作簿
07   app.quit() # 退出 Excel 程序
```

第 5 行代码用 save 方法保存新创建的 Excel 文件。如果该方法没有任何参数，则表示工作簿的名字是默认的"工作簿 1"。

运行上述代码，会在文件夹"6.1.4"下生成一个名为"工作簿 1.xlsx"的 Excel 文件。

第二种情况：将打开的文件保存为原来的名字，代码如下。该方式在后面的章节中经常使用，比如打开文件之后添加新的工作表，然后保存为原来的名字。

代码文件：6.1.4.2-打开后保存.py

```
01   # -*- coding: utf-8 -*-
02   import xlwings as xw
03
04   # 给出文档的路径
05   path_excel = r'G:\零基础学 Python 办公自动化\python_do_excel\第 6 章\generated_excel\6.1.1.1-
     北京地区销售汇总表.xlsx'
06   app = xw.App(visible=False, add_book=False)
07   workbook = app.books.open(path_excel) # 调用 books 对象的 open 方法
08
09   # 保存为原来的名字
10   workbook.save()
11   workbook.close()
12   app.quit()
```

第 10 行代码的 save 方法未指定新的文件名，表示内存中的数据保存为原来的名字。

第三种情况：重命名已有的 Excel 文件，代码如下。

代码文件：6.1.4.3-另存为.py

```
01   # -*- coding: utf-8 -*-
02   import xlwings as xw
03
04   # 给出文档的路径
05   path_excel = r'G:\零基础学 Python 办公自动化\python_do_excel\第 6 章\generated_excel\6.1.1.1-
     北京地区销售汇总表.xlsx'
06   app = xw.App(visible=False, add_book=False)
```

```
07    workbook = app.books.open(path_excel) # 调用 books 对象的 open 方法
08
09    # 另存为新文件
10    workbook.save('北京地区汇总表')
11    workbook.close()
12    app.quit()
```

用第 10 行代码的 save 方法指定新的文件名即可。

运行上述代码，在文件夹 "6.1.4" 下生成一个 "北京地区汇总表.xlsx" 文件。

6.1.5   批量重命名 Excel 文件

工作中经常需要重命名文件，尤其是文件比较多的时候，重命名特别烦琐。如果 Excel 文件名比较有规律，比如图 6-7 中的名字均含有 "销售汇总表"，那么用 Python 可以方便地将它们重命名为 "销售表"。

图 6-7   待重命名的 Excel 文件

下面拆解问题。首先用 os 模块的 listdir 方法找到文件夹下的 Excel 文件，然后将其重命名：先用字符串的 replace 方法替换原来的名字，把所有的 "销售汇总表" 替换为 "销售表"，再用 os 模块的 rename 方法执行重命名。整合分析后得到下面的代码，我们逐行分析。

代码文件：6.1.5-批量重命名.py

```
01    # -*- coding: utf-8 -*-
02    '''
03    重命名文件，比如将 "销售汇总表" 重命名为 "销售表"
04    '''
05    import os
06
07    oldName = '销售汇总表'
08    newName = '销售表'
09
10    # 列出所有的文件名字
11    allFile = os.listdir()
12    print('所有的文件包括: ', allFile)
```

```
13
14   for fileName in allFile:
15       if fileName.startswith('~$'):  # 判断是否有 Excel 临时文件
16           continue  # 如果有，则跳过该文件
17       if fileName.endswith('xlsx'):  # 判断文件是否是 Excel 文件
18           # 替换原来的名字
19           newFileName = fileName.replace(oldName, newName)
20           print('重命名 "{}" 为 "{}" '.format(fileName, newFileName))
21           # 执行重命名
22           os.rename(fileName, newFileName)
```

第 7~8 行代码用变量 oldName 和 newName 分别代表文件的新旧名字。

第 10~12 行代码用 os 模块的 listdir 列出当前文件夹 "6.1.5" 下的所有文件。

第 14~22 行代码用 for 循环依次对所有文件执行重命名。

第 14 行代码定义 for 循环，并用变量 fileName 表示文件夹下的每一个文件。

第 15~18 行代码通过两个 if 语句找到所有的 Excel 文件。

第 15 行代码是第一个 if 语句，用于判断是否有 Excel 临时文件。因为所有临时文件都以 "~$" 开头，所以我们用字符串的 startswith 方法处理即可。

第 17 行代码是第二个 if 语句，用于判断文件 fileName 是否是 Excel 文件，判断使用的是字符串的 endswith 方法。

第 19 行代码用字符串的 replace 方法把 "销售汇总表" 替换为 "销售表"。

第 20 行代码用 print 打印提示信息。

第 22 行代码真正执行重命名操作，用的是 os 模块中的 rename 方法。

运行上述代码，输出如下。同时，文件夹 "6.1.5" 下的 Excel 文件完成重命名，如图 6-8 所示。

```
所有的文件包括：['rename_file.py', '上海地区销售汇总表.xlsx', '北京地区销售汇总表.xlsx', '天津地区
销售汇总表.xlsx', '广东地区销售汇总表.xlsx', '广州地区销售汇总表.xlsx', '武汉地区销售汇总表.xlsx', '
河北地区销售汇总表.xlsx']
重命名 "上海地区销售汇总表.xlsx" 为 "上海地区销售表.xlsx"
重命名 "北京地区销售汇总表.xlsx" 为 "北京地区销售表.xlsx"
重命名 "天津地区销售汇总表.xlsx" 为 "天津地区销售表.xlsx"
重命名 "广东地区销售汇总表.xlsx" 为 "广东地区销售表.xlsx"
重命名 "广州地区销售汇总表.xlsx" 为 "广州地区销售表.xlsx"
重命名 "武汉地区销售汇总表.xlsx" 为 "武汉地区销售表.xlsx"
重命名 "河北地区销售汇总表.xlsx" 为 "河北地区销售表.xlsx"
```

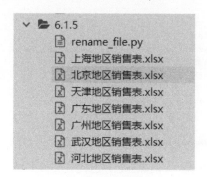

图 6-8　批量重命名

6.2　修改工作表

修改工作表主要是利用 Python 实现添加工作表、选择工作表、复制工作表以及删除工作表。

6.2.1　添加工作表

从简单到复杂，首先介绍如何为 Excel 文件添加一个工作表，然后介绍如何在指定位置添加工作表，最后介绍如何批量添加工作表。

1. 添加一个工作表

手动添加特定名字的工作表的流程是：首先打开 Excel 文件，然后点击左下角的"+"新建工作表，最后重命名。对于 Python 也是同样的道理，首先与 Excel 程序建立链接，然后打开 Excel 文件，最后创建特定名字的工作表，比如为文件"北京地区销售汇总表.xlsx"添加名为"姓名"的工作表。结合上面的分析，得到下面的代码。

代码文件：6.2.1.1_add_worksheet.py

```
01  # -*- coding: utf-8 -*-
02  import xlwings as xw
03
04  app = xw.App(visible=False, add_book=False)  # 链接 Excel 程序
05  # 为了提高运行速度，关闭警告信息，比如关闭前提示保存、删除前提示确认等，默认是打开的
06  app.display_alerts = False
07  workbook = app.books.open('北京地区销售汇总表.xlsx')  # 打开工作簿
08  workbook.sheets.add('姓名')  # 增加"姓名"工作表，并且将其作为活跃工作表
09  print('当前的活跃工作表是：{}'.format(workbook.sheets.active))  # 输出当前活跃工作表
10  workbook.save('北京地区销售汇总表.xlsx')  # 保存工作簿
11  # 关闭
12  workbook.close()
13  app.quit()
```

第 8 行代码为打开的 Excel 文件增加名为"姓名"的工作表,用的是 add(name,before,after) 方法,该方法接收 3 个参数,具体含义如图 6-9 中的源代码所示。

- □ name:用来设置创建的工作表的名字,比如本例中的"姓名"工作表。如果未指定名字,则采用 Excel 的默认名字,比如代码 workbook.sheets.add('Sheet2')是创建一个名为 "Sheet2"的工作表。
- □ before:用于把新创建的工作表放在指定工作表前面,比如代码 workbook.sheets.add ('Sheet2',before='Sheet1')表示在 Sheet1 之前创建工作表 Sheet2。如果不指定 before 和 after,则默认放在最前面。
- □ after:用于把新创建的工作表放在指定工作表后面,比如 workbook.sheets.add('Sheet2', after='Sheet1')表示在 Sheet1 之后创建工作表 Sheet2。

```
2787
2788 ····def·add(self,·name=None,·before=None,·after=None):
2789 ········ """
2790 ········Creates·a·new·Sheet·and·makes·it·the·active·sheet.
2791
2792 ········Parameters
2793 ········----------
2794 ········name·:·str,·default·None
2795 ············Name·of·the·new·sheet.·If·None,·will·default·to·Excel's·default·name.
2796 ········before·:·Sheet,·default·None
2797 ············An·object·that·specifies·the·sheet·before·which·the·new·sheet·is·added.
2798 ········after·:·Sheet,·default·None
2799 ············An·object·that·specifies·the·sheet·after·which·the·new·sheet·is·added.
2800
2801 ········Returns
2802
2803
2804 ········ """
```

图 6-9　add 方法的源代码

第 9 行代码是当 Excel 文件有多个工作表的时候,判断当前的活跃工作表是哪个。在 Python 中,用 sheet 对象的属性 active 判断活跃工作表,如图 6-10 中的源代码所示。

```
72 ····@property
73 ····def·active(self):
74 ········ """
75 ········Returns·the·active·Sheet.
76 ········ """
77 ········return·Sheet(impl=self.impl.active)
78
```

图 6-10　active 属性的源代码

第 10 行代码用 6.1.4 节中的方法将工作簿保存为新的 Excel 文件,本例是保存为"北京地区销售汇总表_姓名.xlsx"。

第 12 行和第 13 行代码用于关闭工作簿和退出程序。

运行上述代码,输出结果如下:

```
当前的活跃工作表是：<Sheet [北京地区销售汇总表.xlsx]姓名>
```

打开"北京地区销售汇总表_姓名.xlsx"文件，效果如图 6-11 所示。它多了一个"姓名"工作表，并且在默认工作表"Sheet1"前面。此时，如果我们再为该文件添加一个同名的"姓名"工作表呢？答案肯定是操作失败。那么，如何避免失败呢？

图 6-11　添加"姓名"工作表

下面拆解问题。首先列出 Excel 文件都有哪些工作表。在 Python 中，可利用列表解析式实现。然后用 if 语句判断给定的工作表名字是否已经在这些工作表中。如果存在则忽略，否则添加。整合分析后得到下面的代码。

代码文件：6.2.1.1_add_worksheet_if.py

```python
01  # -*- coding: utf-8 -*-
02  import xlwings as xw
03
04  name_excel = '北京地区销售汇总表.xlsx'  # 指定文件名字
05  new_name_worksheet = '姓名'  # 需要添加的工作表的名字
06
07  app = xw.App(visible=False, add_book=False)  # 链接 Excel 程序
08  # 为了提高运行速度，关闭警告信息，比如关闭前提示保存、删除前提示确认等，默认是打开的
09  app.display_alerts = False
10  workbook = app.books.open(name_excel)  # 打开工作簿
11
12  all_sheet_name = [sheet.name for sheet in workbook.sheets]
13  print("文件 "{}" 下的所有工作表：{}".format(name_excel, all_sheet_name))
14
15  if new_name_worksheet in all_sheet_name:
16      print(""{}" 文件已经存在{}工作表".format(name_excel, new_name_worksheet))
17  else:
18      print("为 "{}" 文件添加{}工作表".format(name_excel, new_name_worksheet))
19      workbook.sheets.add('姓名')  # 增加 "姓名" 工作表，并且将其作为活跃工作表
20      print('当前的活跃工作表是：{}'.format(workbook.sheets.active))  # 输出当前活跃工作表
21  workbook.save('北京地区销售汇总表.xlsx')  # 保存工作簿
```

```
22    # 关闭程序
23    workbook.close()
24    app.quit()
```

第 4 行代码使用变量 name_excel 代替文件名。这样设计的优点是代码更加灵活,可以替换任意文件名。第 5 行代码同理,可以替换任意工作表名字。第 7~9 行代码用于与 Excel 建立链接并关闭提醒。第 10 代码打开以 name_excel 为代表的工作簿。注意,这里与文件"6.2.1.1_add_worksheet.py"中的代码稍微不同:open 的参数是一个变量而不是具体的文件名,以体现代码的灵活性。第 12 行代码用列表解析式得到文件的所有工作表名字,并用 all_sheet_name 表示,其中工作表的名字是用 sheet 对象的 name 属性获得。第 13 行代码使用 print 函数输出得到的所有工作表名字。第 15~20 行代码使用 if-else 结构判断新增的工作表是否已经存在。如果存在,则用 print 给出提示信息,否则用第 18~20 行代码的 add 方法将其添加到文件中,也是用变量名字而不是具体的工作表名字。第 23~24 行代码关闭程序。

运行上述代码,结果如下:

```
文件"北京地区销售汇总表.xlsx"下的所有工作表:['姓名', 'Sheet1']
"北京地区销售汇总表.xlsx"文件已经存在姓名工作表
```

2. 在指定位置添加工作表

为了更好地理解上述代码中的 add(name, before, after) 方法,我们设计这样一个需求:在文件"北京地区销售汇总表.xlsx"中,在"姓名"工作表之后添加"电话"工作表,然后在"电话"工作表之前添加"地址"工作表并且设置其为活跃工作表。代码如下,我们逐行分析。

代码文件:6.2.1.2_add_before_after_worksheet.py

```
01    # -*- coding: utf-8 -*-
02    import xlwings as xw
03
04    app = xw.App(visible=False, add_book=False)  # 链接 Excel 程序
05    # 为了提高运行速度,关闭警告信息,比如关闭前提示保存、删除前提示确认等,默认是打开的
06    app.display_alerts = False
07    workbook = app.books.open('北京地区销售汇总表.xlsx')  # 打开工作簿
08    workbook.sheets.add('姓名')  # 增加"姓名"工作表
09    workbook.sheets.add('电话', after='姓名')  # 在"姓名"工作表之后添加"电话"工作表
10    # 在"电话"工作表之前添加"地址"工作表,并将其作为活跃工作表
11    workbook.sheets.add('地址', before='电话')
12    print('当前的活跃工作表是:{}'.format(workbook.sheets.active))  # 输出当前活跃工作表
13    workbook.save('北京地区销售汇总表_add.xlsx')  # 将工作簿保存为一个新的文件
14    # 关闭程序
15    workbook.close()
16    app.quit()
```

第 9 行代码使用 add 方法的 after 参数把"电话"工作表添加到"姓名"工作表之后。

第 11 行代码使用 add 方法的 before 参数把"地址"工作表添加到"电话"工作表之前。至

此，工作表的顺序是"姓名"→"地址"→"电话"→"Sheet1"，如图 6-12 所示。

图 6-12　根据位置添加工作表

运行上述代码，输出结果如下：

当前的活跃工作表是：<Sheet [北京地区销售汇总表.xlsx]地址>

3. 批量添加工作表

如何为一个 Excel 文件添加多个工作表呢？

首先分析需求。第一步，用 xlwings 库的 open 方法打开一个 Excel 文件。第二步，为打开的
Excel 文件添加多个工作表，这需要用 for 循环实现，并且循环次数是添加的工作表个数。最后
一步，关闭 Excel。

综合以上分析，得到下面的代码。

代码文件：6.2.1.3-批量添加工作表.py

```
01   import xlwings as xw
02
03   app = xw.App(visible=False, add_book=False)  # 链接 Excel 程序
04   # 为了提高运行速度，关闭警告信息，比如关闭前提示保存、删除前提示确认等，默认是打开的
05   app.display_alerts = False
06   workbook = app.books.open('上海地区销售汇总表.xlsx')  # 打开工作簿
07
08   # 一次添加 10 个工作表
09   sheetCount= 10
10   for number in range(sheetCount):
11       # 拼接工作表名字为"销售 1 区""销售 2 区"等
12       sheetName = '销售'+str(number)+'区'
13       workbook.sheets.add(sheetName)
14
15   print('当前的活跃工作表是：{}'.format(workbook.sheets.active))  # 输出当前活跃工作表
16   workbook.save()  # 保存工作簿
17
```

```
18    # 关闭程序
19    workbook.close()
20    app.quit()
```

第 9 行代码使用变量 sheetCount 存储需要添加的工作表个数，此处是添加 10 个工作表。读者可以修改数字以添加更多工作表。

第 10~13 行代码用一个 for 循环实现添加多个工作表。第 10 行代码使用 for 关键字定义循环，并用 range(sheetCount) 控制循环次数。每一次循环用变量 number 表示。第 12 行代码拼接工作表的名字。读者可以根据自己的需要拼接不同的名字。这里拼接出的名字是"销售 1 区""销售 2 区"，等等。其中 str(number) 是把 number 变成字符串，以便于前后的字符串拼接。第 13 行代码使用 add 方法把 sheetName 表示的工作表名字添加到文件 workbook 中。

第 16 行代码用于保存工作簿。第 19~20 行代码用于关闭 Excel 软件。

运行上述代码，结果如图 6-13 所示。

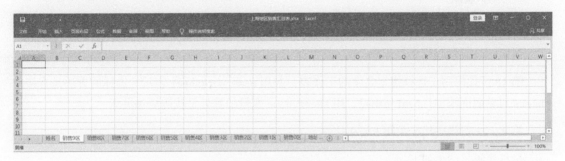

图 6-13　批量添加工作表

举一反三：如何为多个文件同时添加特定名字的工作表呢？比如为 6.1.1 节中创建的 7 个销售表同时添加"姓名"工作表、"地址"工作表、"电话"工作表。请读者尝试用 os 模块下的 listdir 方法以及 if-else 语句实现，如有问题请联系作者。

6.2.2　选择工作表

如果 Excel 文件中存在多个工作表，那么如何用 Python 选择其中一个作为活跃工作表呢？对比手动选择，Python 也是根据名字选择，比如选择上文中"北京地区销售汇总表.xlsx"的"姓名"工作表，代码如下。

代码文件：6.2.2_select_one_sheet.py

```
01    # -*- coding: utf-8 -*-
02    '''
03    选择指定名字的工作表
```

```
04    '''
05    import xlwings as xw
06
07    file_name = '北京地区销售汇总表.xlsx'
08    sheet_name = '姓名'
09
10    # 打开 Excel
11    app = xw.App(visible=False, add_book=False)
12    # 为了提高运行速度，关闭警告信息，比如关闭前提示保存、删除前提示确认等，默认是打开的
13    app.display_alerts = False
14
15    workbook = app.books.open(file_name)
16
17    # 选择"姓名"工作表
18    name_worksheet = workbook.sheets[sheet_name]
19    print(name_worksheet)
20
21    # 关闭程序
22    workbook.close()
23    app.quit()
```

第 7~8 行代码指定 Excel 文件和工作表，并分别用 file_name 和 sheet_name 表示。

第 10~15 行代码用于打开 Excel 文件。

第 18 行代码用于选择指定名字的工作表，并用 name_worksheet 表示。选择的方法是直接在 sheets 对象后面添加[sheet_name]。用 sheet_name 变量的好处是代码更加灵活。

第 22~23 行代码用于关闭 Excel 软件。

运行代码，结果如下：

```
<Sheet [北京地区销售汇总表.xlsx]姓名>
```

选择指定工作表之后，就可以对其进行读写操作或者将数据复制到另外一个工作表中，接下来详细介绍。

6.2.3 复制工作表

工作中经常需要将一个 Excel 文件的数据复制到另外一个或者多个 Excel 文件中，比如把文件"广州地区销售汇总表.xlsx"中"姓名"工作表的数据复制到文件"河北地区销售汇总表.xlsx"中。该问题可以分解为两部分：第一部分是复制工作表名字，第二部分是复制工作表中的数据。我们先解决第一部分，第二部分的内容将在第 7 章中详细介绍。

下面拆解问题。首先选择源 Excel 的工作表，然后复制到新的工作表中。复制之前需要先判断目标文件中是否已经存在该工作表，如果存在则跳过，否则添加。整合分析后得到下面的代码。

代码文件：6.2.3_copy_one_worksheet.py

```
01  # -*- coding: utf-8 -*-
02  '''
03  复制特定的工作表
04  比如，将"广州地区销售汇总表.xlsx"的"姓名"工作表复制到"河北地区销售汇总表.xlsx"
05  '''
06  import xlwings as xw
07
08  # 源文件和目标文件
09  src_name = '广州地区销售汇总表.xlsx'
10  sheet_name = '姓名'
11  dest_name = '河北地区销售汇总表.xlsx'
12
13  # 打开 Excel
14  app = xw.App(visible=False, add_book=False)
15  # 为了提高运行速度，关闭警告信息，比如关闭前提示保存、删除前提示确认等，默认是打开的
16  app.display_alerts = False
17
18  # 打开源工作表
19  src_workbook = app.books.open(src_name)
20  # 选择 sheet_name 工作表
21  src_worksheet = src_workbook.sheets[sheet_name]
22
23  # 打开目标工作表
24  dest_workbook = app.books.open(dest_name)
25  dest_worksheet = dest_workbook.sheets
26  dest_worksheet_name = [worksheet.name for worksheet in dest_worksheet]
27  print("文件"{}"中的工作表有：{}".format(dest_name, dest_worksheet_name))
28
29  # 判断是否包含"姓名"工作表
30  if sheet_name not in dest_worksheet_name:
31      print("在文件"{}"中添加{}工作表".format(dest_name, sheet_name))
32      dest_worksheet.add(sheet_name)  # 把"姓名"工作表复制到目标文件中
33      print("文件"{}"已含有{}工作表".format(dest_name, sheet_name))
34
35  # 保存
36  dest_workbook.save(dest_name)
37  print("复制之后，文件"{}"中的工作表有：{}".format(dest_name, dest_workbook.sheets))
38
39  # 关闭程序
40  dest_workbook.close()
41  src_workbook.close()
42
43  app.quit()
```

第 9~11 行代码用于准备源文件、需要复制的工作表名字以及目标文件，并且用变量表示。第 13~16 行代码用于与 Excel 建立链接。第 18~21 行代码选择以 sheet_name 命名的工作表。第 23~27 行代码用于打开目标工作表。第 29~34 行是关键代码：首先判断"姓名"工作表是否已经在目标文件中，如果存在，则给出提醒信息，否则执行复制操作。复制工作表的方法是调用目标文件的 worksheet 对象的 add 方法，而不是源文件的。因此，该方法拿到需要复制的工作表名字，

然后用 add 方法添加。第 37 行代码检查是否复制成功。第 40~43 行代码用于关闭程序。

运行程序，输出如下，文件"河北地区销售汇总表.xlsx"中多出一个"姓名"工作表，如图 6-14 所示。

```
文件"河北地区销售汇总表.xlsx"中的工作表有：['Sheet1']
在文件"河北地区销售汇总表.xlsx"中添加姓名工作表
复制之后，文件"河北地区销售汇总表.xlsx"中的工作表有：Sheets([<Sheet [河北地区销售汇总表.xlsx]姓名>,
<Sheet [河北地区销售汇总表.xlsx]Sheet1>])
```

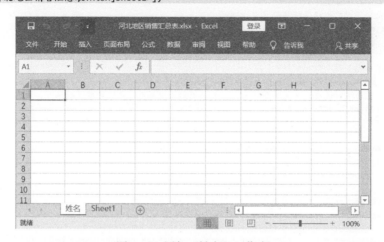

图 6-14　添加"姓名"工作表

举一反三：如何将特定工作表复制到多个 Excel 文件呢？比如把"广州地区销售汇总表.xlsx"中"姓名"工作表的数据复制到所有 Excel 文件中。这与 6.2.1 节的需求类似，区别在于是否复制已有的工作表名称。请读者尝试编写代码，如有问题请联系作者。

6.2.4　删除工作表

删除工作表是指利用 Python 实现删除指定工作表以及删除多个文件中的特定工作表。比如删除"广州地区销售汇总表"中的"地址"工作表。

下面拆解问题。首先查看文件"广州地区销售汇总表.xlsx"中所有的工作表，然后判断其中是否存在"地址"工作表。如果存在则删除，否则提示不能删除。删除工作表是用 sheet_name. delete 方法。整合分析后得到如下代码。

代码文件：6.2.4_delete_one_worksheet.py

```
01    # -*- coding: utf-8 -*-
02    '''
03    删除特定工作表，比如删除"广州地区销售汇总表"中的"地址"工作表
04    '''
```

```
05    import xlwings as xw
06
07    # 源文件和目标文件
08    src_name = '广州地区销售汇总表.xlsx'
09    delete_sheet_name = '地址'
10    delete_excel_name = 'deleted_'+src_name
11
12    # 打开 Excel
13    app = xw.App(visible=False, add_book=False)
14    # 为了提高运行速度，关闭警告信息，比如关闭前提示保存、删除前提示确认等，默认是打开的
15    app.display_alerts = False
16    # 打开源工作表
17    src_workbook = app.books.open(src_name)
18    src_worksheets = src_workbook.sheets
19
20
21    for sheet_name in src_worksheets:
22        # 如果存在要删除的工作表，则删除
23        if sheet_name.name == delete_sheet_name:
24            print("删除文件 "{}" 中的{}工作表".format(src_name, sheet_name.name))
25            sheet_name.delete()
26        else:
27            print("不能删除 "{}" 中的{}工作表".format(src_name, sheet_name.name))
28    src_workbook.save(delete_excel_name)
29
30    # 打开 delete_excel_name 验证是否真正删除了 "地址" 工作表
31    deleted_workbook = app.books.open(delete_excel_name)
32    print("删除之后，文件 "{}" 中的工作表有：{}".format(src_name, deleted_workbook.sheets))
33
34    # 关闭程序
35    src_workbook.close()
36    app.quit()
```

第 8~9 行代码给出需要删除 "地址" 工作表的 Excel 文件名，并用 src_name 表示；delete_sheet_name 表示要删除的工作表名字。第 10 行代码用字符串连接符 "+" 生成新的文件名，deleted_广州地区销售汇总表.xlsx。可以根据需要任意修改这些变量的名字，使程序更加灵活。第 12~18 行代码与 Excel 程序建立链接，并且打开 "广州地区销售汇总表.xlsx"。第 21~27 行代码是一个 for 循环，用来处理文件中所有的工作表，如果存在要删除的 "地址" 工作表，则删除，否则提示不能删除。这些判断是用 if-else 结构实现的。真正的删除操作用的是 delete 方法。

运行上述程序，结果如下：

```
不能删除 "广州地区销售汇总表.xlsx" 中的姓名工作表
删除文件 "广州地区销售汇总表.xlsx" 中的地址工作表
不能删除 "广州地区销售汇总表.xlsx" 中的电话工作表
不能删除 "广州地区销售汇总表.xlsx" 中的 Sheet1 工作表
删除之后，文件 "广州地区销售汇总表.xlsx" 中的工作表有：Sheets([<Sheet [deleted_广州地区销售汇总表.xlsx]
姓名>, <Sheet [deleted_广州地区销售汇总表.xlsx]电话>, <Sheet [deleted_广州地区销售汇总表.xlsx]Sheet1>])
```

举一反三：如何删除多个文件的特定工作表呢？比如删除 6.1.1 节中 7 个工作簿的 "地址" 工作表。请读者尝试利用 os 模块下的 listdir 方法编写代码，如有问题请联系作者。

6.3　重命名工作表

工作中经常需要重命名工作表，手动处理的话烦琐又耗时，而利用 Python 可以轻松实现批量重命名工作表以及重命名多个文件的同名工作表。

6.3.1　批量重命名工作表

修改"北京地区销售汇总表.xlsx"中 11 个工作表的名字，从"……地区统计"改为"……区统计表"，如图 6-15 所示。

图 6-15　北京各地区统计表

对比手动修改，Python 也是首先打开工作表，然后依次修改为新的名字，修改名字用的是第 2 章中字符串的 replace 方法，具体代码如下。

代码文件：6.3.1_rename_sheet.py

```
01   # -*- coding: utf-8 -*-
02   '''
03   重命名工作表
04   '''
05   import xlwings as xw
06
07   excelName = 'data/北京地区销售汇总表.xlsx'
08
09   # 链接 Excel 程序并关闭提醒
10   app = xw.App(visible=False, add_book=False)
11   app.display_alerts = False
12
13   # 打开需要重命名的文件
14   workbook = app.books.open(excelName)
15   worksheets = workbook.sheets
```

```
16
17  for sheet in worksheets:
18      # 获取原来的名字，并用 originalSheetName 表示
19      originalSheetName = sheet.name
20      print("原来的工作表名字是: {}".format(originalSheetName))
21      # 使用字符串的 replace 方法替换原来的名字
22      sheet.name = originalSheetName.replace('地区统计', '区统计表')
23      # 获取修改后的名字，并用 renamedSheetName 表示
24      renamedSheetName = sheet.name
25      print("修改后的工作表名字是: {}".format(renamedSheetName))
26
27  # 保存文件并关闭程序
28  workbook.save('修改后的工作表.xlsx')
29  workbook.close()
30  app.quit()
```

第 7 行代码用 excelName 代表需要打开的文件名字，具体名字可以按需要修改。第 9~14 行代码用于与 Excel 建立链接并打开 excelName 代表的文件。第 15 行代码用于获取所有工作表。第 17~25 行代码使用 for 循环依次修改所有工作表的名字。第 19 行代码用于获取原来的名字，并用 originalSheetName 表示。第 20 行代码输出已有的工作表名字。第 22 行代码用 replace 方法将"地区统计"替换为"区统计表"。该方法的参数可以根据业务需要任意替换，另外，也可以用变量代替具体的名字，使代码更加灵活，也就是将代码修改为 originalSheetName.replace(original_name, renamed_name)。第 24 行代码再次用 sheet 的 name 属性获取修改后的工作表名字。第 25 行代码输出修改后的名字。

运行上述程序，输出如下。重命名后的工作表如图 6-16 所示。

```
原来的工作表名字是：海淀地区统计
修改后的工作表名字是：海淀区统计表
--- 篇幅原因，省略其他类似输出 ---
原来的工作表名字是：石景山地区统计
修改后的工作表名字是：石景山区统计表
```

图 6-16 修改后的工作表

举一反三：如果只需要重命名一个或者几个工作表呢？只需要在获取所有工作表之后做一个判断。如果符合条件则执行重命名，否则跳过该文件，比如将"北京地区销售汇总表.xlsx"中名字含有"大兴地区统计"的工作表修改为"大兴黄村统计表"。请读者尝试编写代码，如果有问题请联系作者。

6.3.2　重命名多个文件的同名工作表

工作中经常需要修改多个文件的同名工作表，比如将所有文件中的"姓名"工作表修改为"员工姓名"工作表。如果手动处理，需要一个个打开然后修改。在文件非常多的情况下，这样做非常耗时。而用 Python 处理这类事情只需要几秒钟即可。

下面拆解问题。首先用 os 模块的 listdir 方法找到所有 Excel 文件，然后依次重命名。但是，如果文件中还有其他工作表，则不需要重命名。整合分析后得到下面的代码。

代码文件：6.3.2_rename_multi_file.py

```
01  # -*- coding: utf-8 -*-
02  '''
03  重命名多个文件中的同名工作表，比如将"姓名"修改为"员工姓名"
04  '''
05  import xlwings as xw
06  import os
07
08  # 原来的工作表名字
09  oldName = '姓名'
10  # 新的工作表名字
11  newName = '员工姓名'
12
13  # 链接 Excel 程序并关闭提醒
14  app = xw.App(visible=False, add_book=False)
15  app.display_alerts = False
16
17  # 列出所有文件
18  allFile = os.listdir()
19  print('该文件夹下的文件有：', allFile)
20
21
22  for name in allFile:
23      if name.startswith('~$'):  # 判断是否有 Excel 临时文件
24          continue  # 如果有，则跳过该文件
25      if name.endswith('xlsx'):
26          # 打开需要重命名的文件
27          workbook = app.books.open(name)
28          worksheets = workbook.sheets
29
30          for sheet in worksheets:
31              # 获取原来的名字，并用 originalSheetName 表示
32              originalSheetName = sheet.name
```

```
33              print("原来"{}"的工作表名字是: {}".format(name, originalSheetName))
34
35              # 如果工作表中存在原来的名字
36              if oldName == originalSheetName:
37                  # 使用 newName 替换原来的名字
38                  sheet.name = newName
39                  # 获取修改后的名字, 并用 renamedSheetName 表示
40                  renamedSheetName = sheet.name
41                  print(""{}"修改后的工作表名字是: {}".format(name, renamedSheetName))
42              else:
43                  print('根据需要不能重命名{}工作表'.format(originalSheetName))
44
45          # 保存文件并关闭程序
46          workbook.save()
47          workbook.close()
48
49  app.quit()
```

第 8~11 行代码给出新老工作表名字，分别用变量 oldName 与 newName 表示。第 13~15 行代码用于与 Excel 建立链接并关闭提醒。第 17~19 行代码用于列出所有文件，并用变量 allFile 表示。第 22~43 行代码使用 for 循环依次判断文件中是否包含需要重命名的工作表。如果有则修改，否则跳过。第 23~28 行代码判断文件是否是 Excel 文件。第 30~43 行代码依次判断每个文件中是否存在需要重命名的工作表，并用变量 originalSheetName 表示原来的工作表名字。第 36~43 行代码用 if-else 结构判断是否包含需要重命名的工作表，如果包含则用变量 newName 修改工作表名字，否则提示不需要修改。

运行上述程序，结果如下：

```
该文件夹下的文件有: ['6.3.2_rename_multi_file.py', '上海地区销售汇总表.xlsx', '北京地区销售汇总
表.xlsx', '天津地区销售汇总表.xlsx', '广东地区销售汇总表.xlsx', '广州地区销售汇总表.xlsx', '武汉地
区销售汇总表.xlsx', '河北地区销售汇总表.xlsx']
原来"上海地区销售汇总表.xlsx"的工作表名字是: 姓名
"上海地区销售汇总表.xlsx"修改后的工作表名字是: 员工姓名
--- 篇幅原因, 省略其他类似输出 ---
原来"河北地区销售汇总表.xlsx"的工作表名字是: 姓名
"河北地区销售汇总表.xlsx"修改后的工作表名字是: 员工姓名
```

第 7 章

轻松读写工作表，既准确又快速

读写工作表是操作 Excel 文件的核心内容。按照工作表数据区域的大小，读写工作表分为 4 种形式：第一种是读写单个单元格；第二种是读写单元格区域；第三种是读写工作表的行或者列；第四种是读写整个工作表。无论是哪一种形式，在 xlwings 库中都需要用 range 对象处理，比如 range('A1')表示选择 A1 单元格，range('B2:F1')表示选择 B2:F1 单元格区域。本章就利用 range 对象的不同属性和方法实现对工作表不同数据区域的读写或者删除操作。

7.1 写工作表

按照工作表区域从小到大，写工作表可分为写单个单元格、写行数据、写列数据以及写整个工作表等内容。

7.1.1 写单个单元格

如 5.3.1 节所述，单元格是 Excel 表格的最小单位。用 Python 写 Excel 表格的最小单位也是单元格。回顾 5.3.2 节，xlwings 库的 range 对象表示单元格区域，比如 range('C5')表示 C5 单元格。写单元格就是通过 range 对象的 value 属性把数据写入对应单元格，具体语法如下：

```
worksheet.range('单元格名字').value = 数据
```

它的作用是把"数据"赋值给"单元格名字"所在单元格，比如 range('C5').value = 6 表示把 6 写入单元格 C5。请用该语法在文件"北京地区销售汇总表.xlsx"的"大兴区"工作表中写入图 7-1 中的数据。

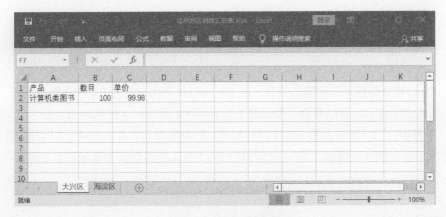

图 7-1 待写入的数据

综合上面的分析，得到下面的代码。

代码文件：7.1.1-写单元格.py

```
01  # -*- coding: utf-8 -*-
02  '''
03  写单元格
04  sht.range('a1').value = '常量'
05  '''
06  import xlwings as xw
07
08  # 文件名字
09  nameFile = '北京地区销售汇总表.xlsx'
10
11  # 打开 Excel
12  app = xw.App(visible=False, add_book=False)
13  # 为了提高运行速度，关闭警告信息，比如关闭前提示保存、删除前提示确认等，默认是打开的
14  app.display_alerts = False
15  # 打开文件
16  workbook = app.books.open(nameFile)
17  # 打开"大兴区"工作表
18  worksheet = workbook.sheets['大兴区']
19
20  # 写 A1 单元格
21  worksheet.range('A1').value = '产品'
22  # 写 A2 单元格
23  worksheet.range('A2').value = '计算机类图书'
24  # 写 B1 单元格
25  worksheet.range('B1').value = '数目'
26  # 写 B2 单元格
27  worksheet.range('B2').value = '100'
28  # 写 C1 单元格
29  worksheet.range('C1').value = '单价'
30  # 写 C2 单元格
31  worksheet.range('C2').value = '99.98'
32
```

```
33    workbook.save()
34    workbook.close()
35    app.quit()
```

第 9 行代码用变量 nameFile 表示要写入的文件，可以根据需要修改文件名。第 11~14 行代码用于与 Excel 建立链接并关闭警告信息。第 15~18 行代码用于打开 Excel 文件并选择"大兴区"工作表为写入的工作表。可以根据需要修改工作表名字。第 20~21 行代码用于把"产品"写入单元格 A1。字符串'产品'就是上述语法中具体的值，后面的章节会有更多例子。同理，第 22~31 行代码在相应的单元格写入数据。第 33~35 行代码用于将工作簿保存为原来的名字并关闭程序。

运行这些代码，得到图 7-1 中的结果。

7.1.2　写行数据

在上一节中，我们通过写单个单元格的方法实现写入两行数据。但是，一般表格中的数据非常之多，用这种方法一个个写入显得特别笨拙，没有达到自动化的目的。因此，下面介绍一次写入一行数据的方法。首先介绍从指定位置开始写行数据，然后介绍一次写入多行数据以及在指定区域中写数据，最后介绍如何用写数据的方法实现复制表格数据。

1. 从指定位置开始写行数据

首先介绍从指定位置开始写行数据，比如从 A1 的位置开始写一行数据：产品、数目、单价、销售平台；再从 A2 的位置开始写一行数据：计算机类图书、100、99.98、京东。

下面拆解问题。第一步，指定单元格作为开始位置。这用对象 range 实现，比如 range('A1') 不仅表示 A1 单元格，还表示从单元格 A1 开始。第二步，用列表保存多个数据，比如['产品', '数目','单价','销售平台']。本例是写入两行数据，因此需要两个列表，分别保存需要写入的数据。第三步，用 range 对象的 value 属性把列表中的数据写入对应单元格。整合分析后，得到下面的代码。

代码文件：7.1.2.1-从指定位置写行数据.py

```
01    # -*- coding: utf-8 -*-
02    '''
03    指定起始位置，写一行数据
04    sht.range('a1').value='常量'
05    '''
06    import xlwings as xw
07
08    # 需要打开的文件名字
09    nameFile = 'data/北京地区销售汇总表.xlsx'
10    # 将需要写入的数据保存在列表中
11    row1_data = ['产品', '数目', '单价', '销售平台']
12    row2_data = ['计算机类图书', '100', '99.98', '京东']
13
```

```
14    # 打开 Excel
15    app = xw.App(visible=False, add_book=False)
16    # 为了提高运行速度，关闭警告信息，比如关闭前提示保存、删除前提示确认等，默认是打开的
17    app.display_alerts = False
18    # 打开工作表
19    workbook = app.books.open(nameFile)
20    # 寻找"大兴区"工作表
21    worksheet = workbook.sheets['大兴区']
22    # 从 A1 开始写第 1 行数据
23    worksheet.range('A1').value = row1_data
24    # 从 A2 开始写第 2 行数据
25    worksheet.range('A2').value = row2_data
26
27    workbook.save('修改后的工作表.xlsx')
28    workbook.close()
29    app.quit()
```

第 9 行代码使用变量 newFile 保存需要打开的 Excel 文件名字。这里既可以是相对路径，也可以是绝对路径。

第 11~12 行代码用于定义两个存放数据的列表，分别是 row1_data 和 row2_data。

第 15~21 行代码用于打开文件 newFile，并且选择"大兴区"工作表。

第 23 行代码用于把 row1_data 代表的数据依次写入从 A1 开始的单元格，直到写完。根据 7.1.1 节的内容，如果 row1_data 是一个字符串，比如"产品"，写入 A1 单元格即可；如果是一个列表，比如本例，则需要从 A1 开始写到 D1。同理，第 25 行代码是从 A2 到 D2，依次写入'计算机类图书'、'100'、'99.98'、'京东'。因此，在语法"worksheet.range('单元格名字').value = 数据"中，如果数据是多个数值，比如列表，则该语法表示把多个数据写入"单元格名字"所在的行。

第 27~29 行代码用于保存并关闭 Excel。

运行上述代码，结果如图 7-2 所示。

图 7-2　从指定位置写行数据

2. 一次写入多行数据

在上一节中，我们指定了两行的起始位置来写入两行数据。如果有多行数据，则需要指定更多起始位置，比较烦琐。在本节中，我们仅仅需要指定一个起始位置，即可实现一次写入多行数据，比如指定 A1 为开始位置，写入上节中的两行数据。

下面拆解问题。第一步，依然用 range('A1') 指定 A1 为起始位置。第二步，用嵌套列表存储多行数据。嵌套列表指列表里面的元素也是列表，每一个列表元素表示一行数据，比如[['产品', '数目', '单价', '销售平台'], ['计算机类图书', '100', '99.98', '京东']]表示一个两行数据。整合分析后，得到如下代码。

代码文件：7.1.2.2-一次写入多行数据

```
01  # -*- coding: utf-8 -*-
02  '''
03  一次写入多行数据
04  '''
05  import xlwings as xw
06
07  # 文件名字
08  nameFile = 'data/北京地区销售汇总表.xlsx'
09  # 用嵌套列表存储多行数据
10  rowData = [['产品', '数目', '单价', '销售平台'], ['计算机类图书', '100', '99.98', '京东']]
11
12  # 打开 Excel
13  app = xw.App(visible=False, add_book=False)
14  # 为了提高运行速度，关闭警告信息，比如关闭前提示保存、删除前提示确认等，默认是打开的
15  app.display_alerts = False
16  # 打开工作簿
17  workbook = app.books.open(nameFile)
18  # 打开"大兴区"工作表
19  worksheet = workbook.sheets['大兴区']
20  # 从 A1 开始写第 1 行数据
21  worksheet.range('A1').value = rowData
22
23  workbook.save('修改后的工作表.xlsx')
24  workbook.close()
25  app.quit()
```

第 10 行代码用嵌套列表 rowData 存放两行数据。

第 12~19 行代码用于与 Excel 建立链接并打开"大兴区"工作表。

第 21 行代码从 A1 的位置开始写入嵌套列表 rowData 中的数据。读者可以将其修改为任意位置。

第 23 行代码用于将文件保存为"修改后的工作表.xlsx"。

运行上述代码，结果如图 7-3 所示。

图7-3 一次写入多行数据

3. 在指定区域中写数据

更进一步，如何在Excel工作表的任意指定区域中写数据呢？比如在Excel的E5:H6区域写入数据，如图7-4所示。

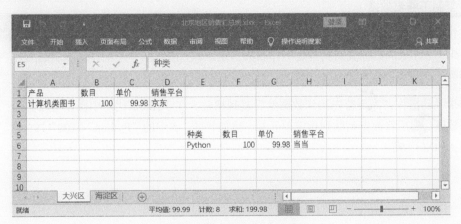

图7-4 在任意区域内写数据

首先拆解问题。此需求与上一节的区别主要是写入位置。但是，无论需要写入的单元格位置是什么，Python用的都是range方法，唯一的区别是参数，因为不同的参数表示不同位置。我们可以根据需求将E5:H6修改为其他单元格区域。整合分析后，得到如下代码。

代码文件：7.1.2.3-在指定区域中写数据.py

```
01    # -*- coding: utf-8 -*-
02    '''
03    在指定区域中写数据
04    '''
```

```
05    import xlwings as xw
06
07    # 文件名字
08    nameFile = 'data/北京地区销售汇总表.xlsx'
09    # 用嵌套列表存储多行数据
10    rowData = [['种类', '数目', '单价', '销售平台'], ['Python', '100', '99.98', '当当']]
11    # 打开 Excel
12    app = xw.App(visible=False, add_book=False)
13    # 为了提高运行速度，关闭警告信息，比如关闭前提示保存、删除前提示确认等，默认是打开的
14    app.display_alerts = False
15    # 打开工作簿
16    workbook = app.books.open(nameFile)
17    # 选择"大兴区"工作表
18    worksheet = workbook.sheets['大兴区']
19    # 在指定区域写入数据
20    worksheet.range('E5:H6').value = rowData
21
22    workbook.save('北京地区销售汇总表.xlsx')
23    workbook.close()
24    app.quit()
```

此段代码与前面例子最大的区别在第 20 行代码，这里表示在一个区域写入数据。

4. 复制工作表数据

工作中经常需要复制已存在的表格数据，比如在将一个工作表中的数据复制到不同数据区域、将其他工作表的数据复制到指定工作表的指定区域，或者从一个工作簿复制到另外一个工作簿，等等。这一类需求都是复制工作表中已存在的数据。

如果手动操作，需要首先找到数据然后复制粘贴。在 Python 代码中操作与之类似：首先需要复制数据，然后将数据粘贴到指定单元格，比如将图 7-5 中的"Python""100""99.98""当当"复制到 A3:D3 区域。

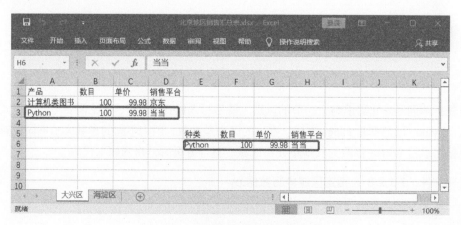

图 7-5   将数据复制到指定位置

下面拆解问题。第一步，用 Python 复制数据，这需要读取数据，7.2 节中会详细介绍。第二步，将读取的数据粘贴到指定区域，其实就是在指定区域中写数据。整合分析后，得到如下代码。

代码文件：7.1.2.4-复制工作表数据.py

```
01   # -*- coding: utf-8 -*-
02   '''
03   # 复制指定区域的数据
04   Sht.range('i1').value = sht.range('a1:g30').value
05   将 E6:H6 的数据复制到 A3:D3
06
07   '''
08   import xlwings as xw
09
10   # 文件名
11   nameFile = 'data/北京地区销售汇总表.xlsx'
12
13   # 打开 Excel
14   app = xw.App(visible=False, add_book=False)
15   # 为了提高运行速度，关闭警告信息，比如关闭前提示保存、删除前提示确认等，默认是打开的
16   app.display_alerts = False
17   # 打开 Excel 文件
18   workbook = app.books.open(nameFile)
19   # 打开“大兴区”工作表
20   worksheet = workbook.sheets['大兴区']
21   # 读取指定区域的值，也就是复制数据
22   rowData = worksheet.range('E6:H6').value
23   # 从 A3 开始写入数据
24   worksheet.range('A3').value = rowData
25
26   workbook.save('北京地区销售汇总表.xlsx')
27   workbook.close()
28   app.quit()
```

第 11 行代码用变量 nameFile 保存需要打开的 Excel 文件。

第 14~20 行代码用于与 Excel 建立链接并打开“大兴区”工作表。

第 21~24 行代码是核心代码，用于复制已存在的数据。

第 22 行代码用 range 对象的 value 属性读取指定区域的数据，具体意思是通过 value 属性读取单元格区域 E6:H6 中的数据并将其赋值给变量 rowData。

第 24 行代码用于把读取的单元格数据 rowData 写入从 A3 开始的单元格区域，也可以写成 range('A3:D3')。

第 26~28 行代码用于保存并关闭 Excel。

运行这些代码，即可实现把 E6:H6 区域的数据复制到 A3:D3 区域。

7.1.3 写列数据

和写行数据一样，我们也是用 range 对象的 value 属性写列数据，具体语法如下：

```
worksheet.range('单元格名字').options(transpose=True).value = 数据
```

它的意思是把 "数据" 写入 "单元格名字" 所在的列，其中 range 对象的 options(transpose=True) 控制着 "写入行" 还是 "写入列"；transpose 的值为 True 表示转换位置，也就是写入列，默认是 False，写入行，比如 worksheet.range('A1').options(transpose=True).value = rowData 表示把 rowData 表示的数据写入从 A1 开始的列中。具体代码如下，我们逐行分析。

代码文件：7.1.3-写列数据.py

```
01    import xlwings as xw
02
03    # 文件名字
04    nameFile = '北京地区销售汇总表.xlsx'
05    # 用嵌套列表存储数据
06    rowData = [['种类', '数目', '单价', '销售平台'],
07              ['Python',100,99.98, '当当'],
08              ['Java',130,98.98, '京东'],
09              ['C++',90,79.98, '京东']]
10
11    # 打开 Excel
12    app = xw.App(visible=False, add_book=False)
13    # 为了提高运行速度，关闭警告信息，比如关闭前提示保存、删除前提示确认等，默认是打开的
14    app.display_alerts = False
15    # 打开工作簿
16    workbook = app.books.open(nameFile)
17    # 打开 "大兴区" 工作表
18    worksheet = workbook.sheets['大兴区']
19    # options(transpose=True)是设置选项，transpose=True 是转换位置，表示纵向写入
20    worksheet.range('A1').options(transpose=True).value = rowData
21
22    # 保存并关闭 Excel
23    workbook.save()
24    workbook.close()
25    app.quit()
```

第 1 行代码导入 xlwings 库。

第 4 行代码使用变量 nameFile 保存需要写入的 Excel 文件，这里是写入 "北京地区销售汇总表.xlsx"。

第 6~9 行代码定义一个嵌套列表 rowData。它里面的元素也是列表，每一个列表表示一列数据。

第 13~19 行代码用于打开 Excel 文件 nameFile，并选择 "大兴区" 工作表为活跃工作表。

第 20 行代码把 rowData 中的数据写入从 A1 开始的列。

运行上述代码，效果如图 7-6 所示。

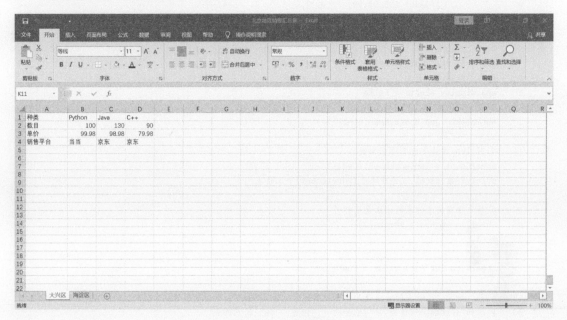

图 7-6　写列数据

7.1.4　为指定工作表写数据

一个 Excel 文件通常包含多个工作表。因此，用 Python 为不同的工作表写数据是非常实用的技能。

文件"上海地区销售汇总表.xlsx"中有 14 个工作表，我们需要在某些工作表中写入数据。

首先分析需求。第一步，用 Python 选择不同的工作表。选择的方法有两个：一是直接用数字选择；二是用工作表的名字选择，比如 workbook.sheets['销售 7 区'] 表示选择名为"销售 7 区"的工作表。第二步，利用 range 对象的 value 属性写入数据。整合分析得出下面的代码，我们逐行分析。

代码文件：7.1.4-为指定工作表写数据.py

```
01    import xlwings as xw
02
03    # 文件名字
04    nameFile = 'data/上海地区销售汇总表.xlsx'
05
06    # 用嵌套列表存储数据
07    rowData = [['种类', '数目', '单价', '销售平台'],
```

```
08             ['Python',100,99.98, '当当'],
09             ['Java',130,98.98, '京东'],
10             ['C++',90,79.98, '京东']]
11
12    # 打开 Excel
13    app = xw.App(visible=False, add_book=False)
14    # 为了提高运行速度，关闭警告信息，比如关闭前提示保存、删除前提示确认等，默认是打开的
15    app.display_alerts = False
16    # 打开工作簿
17    workbook = app.books.open(nameFile)
18
19    # 用 len 方法查看工作表个数
20    sheetCount = len(workbook.sheets)
21    print(f'该 Excel 文件中共有{sheetCount}个工作表')
22
23    # 第一种指定工作表的方法是用标号
24    sheet7 = workbook.sheets[7]
25    #
26    #
27    sheet7.range('A1').value = rowData
28
29    # 第二种指定工作表的方法是用工作表名字
30    # 比如 sheets['销售 7 区']表示打开"销售 7 区"的工作表
31    sheet3 = workbook.sheets['销售 7 区']
32    # 在名为"销售 7 区"的工作表中写区域数据
33    print('在"销售 7 区"工作表中写入数据')
34    sheet3.range('A1').value = rowData
35
36    # 一次写入多个工作表
37    #
38    for number in range(sheetCount):
39        #
40        if number > 7:
41            #
42            sheetNumber = workbook.sheets[number]
43            #
44            sheetNumber.range('A1').value = rowData
45
46    # 退出 Excel
47    workbook.save('上海地区销售汇总表.xlsx')
48    workbook.close()
49    app.quit()
```

第 20 行代码使用 len 方法计算文件 nameFile 中共有多少个工作表。因为 sheet 对象是一个列表，所以可以用 len 方法计算其元素个数。

第 24 行代码直接用数字选择工作表。因为 sheet 对象是一个列表，所以可以直接用数字选择。

第 27 行代码用 range 对象的 value 属性把数据 rowData 写入从 A1 开始的单元格区域中。

第 31 行代码直接用工作表的名字选择工作表。

第 34 行代码也是用 range 对象的 value 属性把数据写入工作表。这里的数据既可以是 rowData，也可以是其他数据。请读者将 rowData 修改为 rowData_2，实现为不同的单元格写入不同的数据。

第 38~44 行代码利用一个 for 循环实现同时对多个工作表写入相同的数据。

第 38 行代码定义 for 循环，并用 sheetCount 控制循环次数。每一次循环用变量 number 表示。

第 40 行代码是 if 判断语句。判断条件是 number 大于 7 则执行下面的代码，否则跳过。请读者修改这里的 if 判断条件，以实现对不同工作表的写入，比如只写入偶数工作表，等等。

第 42 行代码使用数字 number 选择工作表。

第 44 行代码使用 range 的 value 属性写入数据。

运行上述代码，打开文件"上海地区销售汇总表.xlsx"，点击不同的工作表，效果如图 7-7 所示。

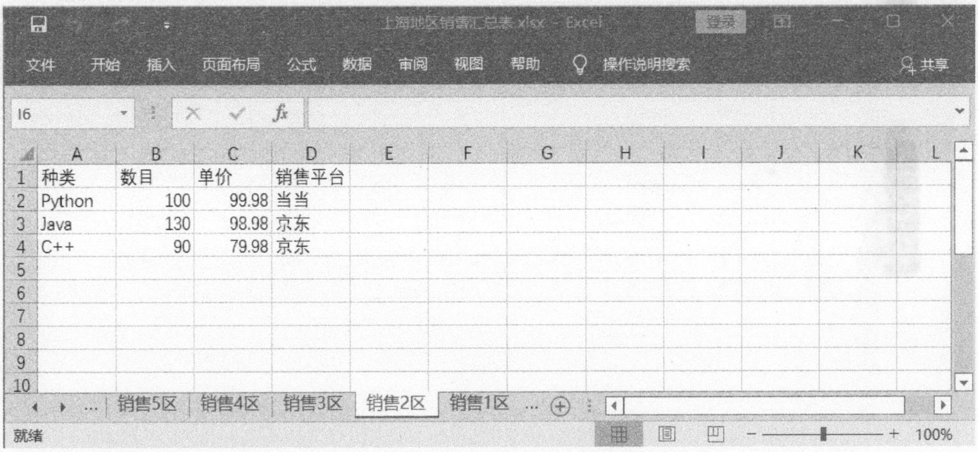

图 7-7　向指定工作表写数据

7.1.5　追加数据

1. 数据区域

数据区域是指工作表中从 A1 单元格一直到已有数据表格末尾单元格，又称工作表的有效区域或已使用区域。如图 7-8 所示，该文件的数据区域是 A1:G28。

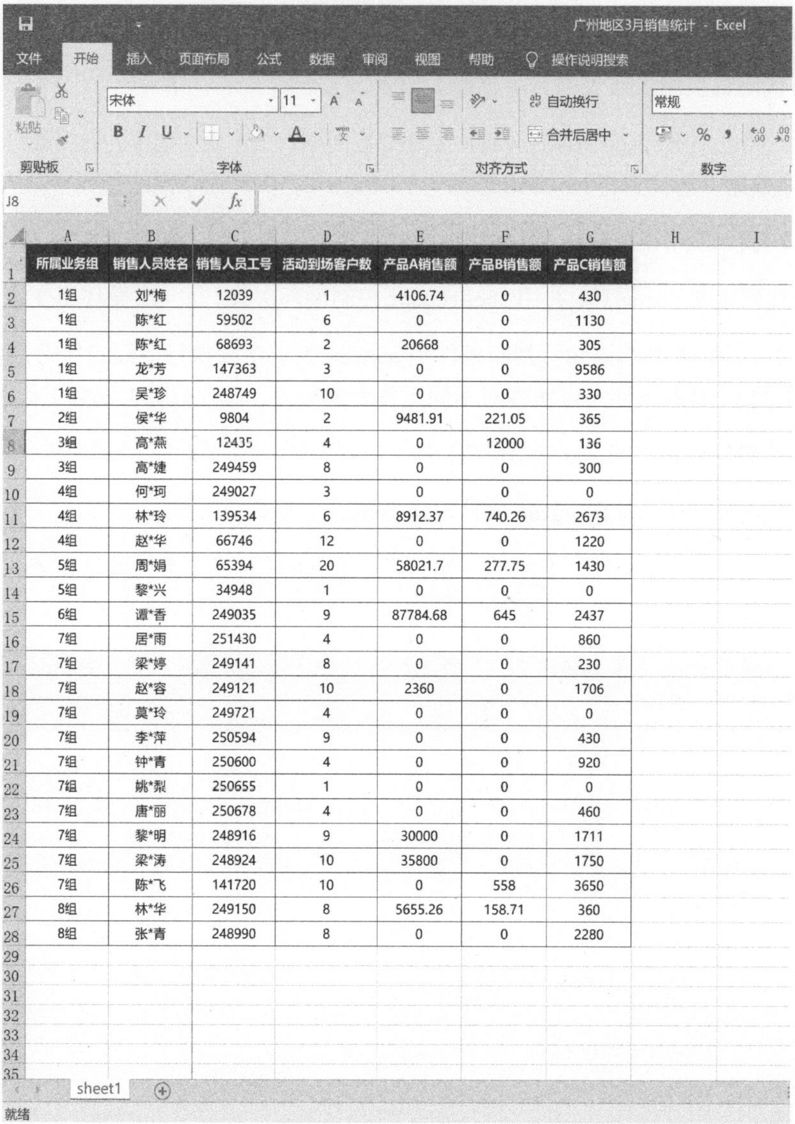

图 7-8   数据区域

接下来，我们利用工作表 sheet 对象的 used_range 属性读取图 7-8 中的数据区域。代码如下，我们逐行分析。

代码文件：7.1.5.1-数据区域.py

```
01    import xlwings as xw
02
03    # 文件名
```

```
04    nameFile = 'data/广州地区 3 月销售统计.xlsx'
05
06    # 打开 Excel
07    app = xw.App(visible=False, add_book=False)
08    # 为了提高运行速度，关闭警告信息，比如关闭前提示保存、删除前提示确认等，默认是打开的
09    app.display_alerts = False
10    # 打开工作簿
11    workbook = app.books.open(nameFile)
12
13    # 用 len 方法查看工作表个数
14    sheetCount = len(workbook.sheets)
15    print(f'该 Excel 文件中共有{sheetCount}个工作表')
16
17    # 第一种指定工作表的方法是用标号
18    sheet0 = workbook.sheets[0]
19
20    # 查看第 1 个工作表的有效区域
21    print('工作表的有效区域是：')
22    print(sheet0.used_range)
23
24    # 查看工作表有效区域的行数
25    rowNum = sheet0.used_range.last_cell.row
26    print(f'该工作表一共有{rowNum}行。')
27
28    # 查看工作表有效区域的列数
29    colNum = sheet0.used_range.last_cell.column
30    print(f'该工作表一共有{colNum}列。')
31
32    # 将行数和列数转换为行标和列标
33    last_cell = chr(64+colNum) + str(rowNum)
34    print(f'数据区域的最后一个单元格：{last_cell}')
35
36    # 退出 Excel
37    workbook.save('广州地区 3 月销售统计.xlsx')
38    workbook.close()
39    app.quit()
```

第 4 行代码使用变量 nameFile 存储需要操作的 Excel 文件。这里操作的文件是"广州地区 3 月销售统计.xlsx"。读者可以修改为任意文件名。

第 7~18 行代码如前所述，这里表示打开 nameFile 代表的文件中的第 1 个工作表，并用变量 sheet0 表示。

第 21 行代码用 print 函数输出提示信息。

第 22 行代码用工作表 sheet0 的属性 used_range 读取工作表的有效区域。根据下面的输出结果，它的有效区域是 A1:G28，如图 7-8 所示。无论是多么大的表格，我们都可以用该属性查看它的数据区域。

第 25 行代码用 used_range 属性的 last_cell 属性中的 row 获取工作表的行数，同理，第 29 行代码用 column 获取列数。根据下面的输出结果，该工作表共有 28 行 7 列。

第 33 行代码用于获取数据区域的最后一个单元格名字。因为单元格名字是"列+数字"的形式，比如 A1，所以需要用 chr 函数把列数 column 转换为对应字符（根据 ASCII 码表转换）。具体代码是 chr(64+colNum)，也就是将 chr(64+7) 转换为 G，然后再和行数 rowNum 拼接为一个新的字符串 G28。这就是我们期望获取的最后一个单元格名字。

运行上述代码，输出如下：

```
该 Excel 文件中共有 1 个工作表
工作表的有效区域是：
<Range [广州地区 3 月销售统计.xlsx]sheet1!$A$1:$G$28>
该工作表一共有 28 行。
该工作表一共有 7 列。
数据区域的最后一个单元格是：G28
```

2. 追加数据

追加数据是在工作表的有效区域范围之外添加数据。我们修改上个例子的代码实现，为图 7-8 中的文件添加一行数据。具体代码如下，我们逐行分析。

代码文件：7.1.5.2-追加数据.py

```
01    import xlwings as xw
02
03    # 文件名
04    nameFile = 'data/广州地区 3 月销售统计.xlsx'
05
06    # 打开 Excel
07    app = xw.App(visible=False, add_book=False)
08    # 为了提高运行速度，关闭警告信息，比如关闭前提示保存、删除前提示确认等，默认是打开的
09    app.display_alerts = False
10    # 打开工作簿
11    workbook = app.books.open(nameFile)
12
13    # 用 len 方法查看工作表个数
14    sheetCount = len(workbook.sheets)
15    print(f'该 Excel 文件中共有 {sheetCount} 个工作表')
16
17    # 第一种指定工作表的方法是用标号
18    sheet0 = workbook.sheets[0]
19
20    # 查看第 1 个工作表的有效区域
21    print('工作表的有效区域是：')
22    print(sheet0.used_range)
23
24    # 查看工作表有效区域的行数
25    rowNum = sheet0.used_range.last_cell.row
```

```
26    print(f'该工作表一共有{rowNum}行。')
27
28    # 查看工作表有效区域的列数
29    colNum = sheet0.used_range.last_cell.column
30    print(f'该工作表一共有{colNum}列。')
31
32    # 将行数和列数转换为行标和列标
33    last_cell = chr(64+colNum) + str(rowNum)
34    print(f'数据区域的最后一个单元格是：{last_cell}')
35
36    # 要追加的数据
37    data=['8 组','李*青',268990,8,0,0,2280]
38    # 从数据行的下一行开始写数据
39    dataCell = 'A'+str(rowNum+1)
40    print(f'将要从{dataCell}开始追加数据')
41    # 用写行的方法追加数据 data
42    sheet0.range(dataCell).expand('right').value=data
43
44    # 另存为新文件
45    workbook.save('7.1.5.2-追加数据.xlsx')
46    # 退出 Excel
47    workbook.close()
48    app.quit()
```

第 37 行代码用列表 data 记录需要写入的数据。

第 39 行代码用于拼接从哪个单元格开始写数据。追加数据是从数据区域的下一行开始写，因此我们用 rowNum+1 表示下一行，然后用 str 转换为字符串和 A 拼接在一起，也就是 A29 单元格。

第 40 行代码用于输出提示信息。

第 42 行代码用写行数据的方法把数据 data 写入指定位置 dataCell 所在的行。

第 45 行代码用于另存为一个新文件。

第 47~48 行代码用于关闭 Excel。

运行上述代码，输出结果如下：

```
该 Excel 文件中共有 1 个工作表
工作表的有效区域是：
<Range [广州地区 3 月销售统计.xlsx]sheet1!$A$1:$G$28>
该工作表一共有 28 行。
该工作表一共有 7 列。
数据区域的最后一个单元格是：G28
将要从 A29 开始追加数据
```

打开文件"7.1.5.2-追加数据.xlsx"，数据被写在了第 29 行，如图 7-9 所示。注意，此处追加的数据格式与之前的数据不同。如何用 Python 修改工作表数据格式将在第 8 章介绍。

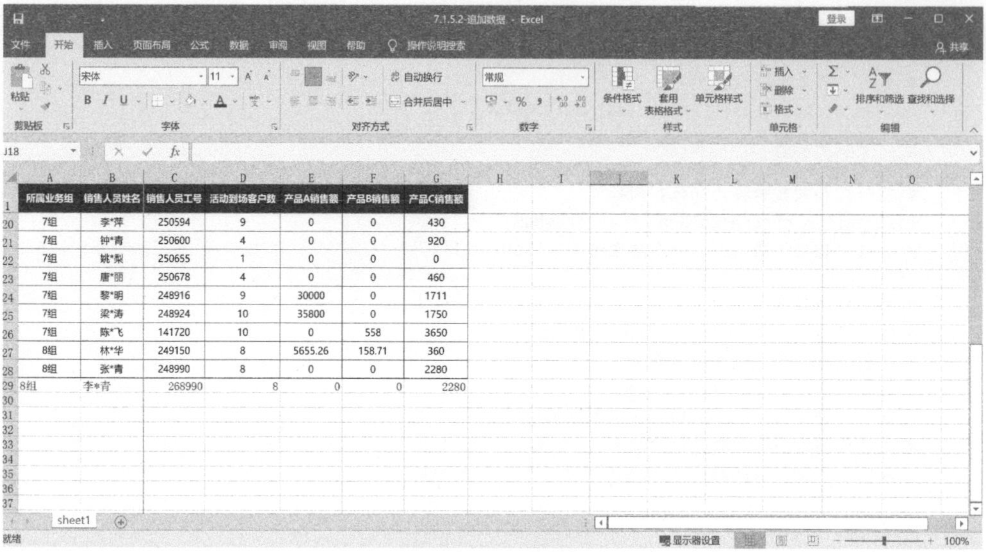

图 7-9　追加数据

举一反三：我们可以用 Python 写多个工作表，或者写多个 Excel 文件。无论需求多么千变万化，都可以用这些基础内容加 for 循环实现。比如为 6.1.1 节中创建的 7 个 Excel 文件批量写入相同的数据。请读者尝试编写代码，如果有问题请联系作者。

7.2　读工作表

按照工作表区域从小到大，读工作表分为读取单元格数据、读取单元格区域数据、读取行数据或列数据以及读取整个工作表的数据等内容。

7.2.1　读取单元格数据

库 xlwings 的 range 对象表示单元格区域，比如 range('C5') 表示 C5 单元格。读单元格就是通过 range 对象的 value 属性从内存中读取数据，具体语法如下：

```
var = worksheet.range('单元格名字').value
```

它的含义是将"单元格名字"所在的单元格数据读取给变量 var。我们用该语法读取文件"北京地区销售汇总表.xlsx"中的数据。具体代码如下，我们逐行分析。

代码文件：7.2.1-读取单元格数据.py

```
01   import xlwings as xw
02
03   # 文件名字
```

```
04     nameFile = '北京地区销售汇总表.xlsx'
05
06     # 打开 Excel
07     app = xw.App(visible=False, add_book=False)
08     # 为了提高运行速度, 关闭警告信息, 比如关闭前提示保存、删除前提示确认等, 默认是打开的
09     app.display_alerts = False
10     # 打开 Excel 文件
11     workbook = app.books.open(nameFile)
12     # 打开"大兴区"工作表
13     worksheet = workbook.sheets['大兴区']
14
15     # 读取 A1 单元格的数据
16     a1_value = worksheet.range('A1').value
17     print('单元格 A1 的值是: ', a1_value)
18
19     worksheet.range('A2').value = '计算机类图书'
20     a2_value = worksheet.range('A2').value
21     print('单元格 A2 的值是: ', a2_value)
22
23     # 读取 B1 单元格的数据
24     b1_value = worksheet.range('B1').value
25     print('单元格 B1 的值是: ', b1_value)
26
27     # 读取 B2 单元格的数据
28     b2_value = worksheet.range('B2').value
29     print('单元格 B2 的值是: ', b2_value)
30
31     # 读取 C1 单元格的数据
32     c1_value = worksheet.range('C1').value
33     print('单元格 C1 的值是: ', c1_value)
34
35     # 读取 C2 单元格的数据
36     c2_value = worksheet.range('C2').value
37     print('单元格 C2 的值是: ', c2_value)
38
39
40     # 关闭 Excel
41     workbook.save()
42     workbook.close()
43     app.quit()
```

第 4 行代码用变量 newFile 保存需要读取的 Excel 文件, 这里读取的文件是"北京地区销售汇总表.xlsx"。

第 6~13 行代码用于打开 Excel 文件, 并且设置"大兴区"工作表为活跃工作表。

第 16 行代码用 range 对象的 value 属性读取单元格 A1 的数据, 并且将其赋值给变量 a1_value。第 17 行代码用 print 函数输出单元格的值。同理, 第 19~37 行代码用于读取不同单元格的数据。

第 41~43 行代码用于保存并关闭 Excel。

运行上述代码, 输出结果如下:

```
单元格 A1 的值是：产品
单元格 A2 的值是：计算机类图书
单元格 B1 的值是：数目
单元格 B2 的值是：100.0
单元格 C1 的值是：单价
单元格 C2 的值是：99.98
```

7.2.2　读取单元格区域数据

在语法"var = worksheet.range('单元格名字').value"中，"单元格名字"既可以是单个单元格，也可以是单元格区域，比如 range('B2:D2')表示单元格区域 B2:D2。利用该语法，我们读取文件"北京地区销售汇总表.xlsx"中第 2 行的数据。具体代码如下，我们逐行分析。

代码文件：7.2.2-读取单元格区域的数据.py

```
01    import xlwings as xw
02
03    # 文件名字
04    nameFile = '北京地区销售汇总表.xlsx'
05
06    # 打开 Excel
07    app = xw.App(visible=False, add_book=False)
08    # 为了提高运行速度，关闭警告信息，比如关闭前提示保存、删除前提示确认等，默认是打开的
09    app.display_alerts = False
10    # 打开 Excel 文件
11    workbook = app.books.open(nameFile)
12    # 打开"大兴区"工作表
13    worksheet = workbook.sheets['大兴区']
14
15    # 读取 A2:C2 单元格区域的数据
16    a1_value = worksheet.range('A2:C2').value
17    print('单元格区域 A2:C2 的值是：', a1_value)
18
19
20    # 保存并关闭 Excel
21    workbook.save()
22    workbook.close()
23    app.quit()
```

第 16 行代码用于读取 A2:C2 区域的数据并将其赋值给变量 a1_value。请读者修改不同的单元格区域以读取不同的数据。

运行上述代码，输出结果如下：

```
单元格区域 A2:C2 的值是： ['计算机类图书', 100.0, 99.98]
```

7.2.3　读取整行数据

虽然可以通过单元格区域的形式读取整行数据，但这并不是最简单的方法。range 对象中有

一个 expand 方法，可以帮助我们快速定位单元格区域。它的语法如下：

```
sheet.range('单元格名字').expand().value
```

它支持三种模式。第一种是 expand('right')，表示向表的右方扩展，也就是读取整行数据；第二种是 expand('down')，表示向表的下方扩展，也就是读取整列数据；第三种是 expand('table')，表示向整个表扩展，也就是读取整个表格的数据。其中第三种是默认模式。举例，"sheet.range('G2').expand().value"表示读取从 G2 单元格开始的所有数据，"sheet.range('A1').expand().value"表示读取工作表所有的数据。

我们利用该语法读取文件"北京地区销售汇总表.xlsx"中第 2 行的数据，并且将其写入一个新的 Excel 文件"北京地区的数据.xlsx"中。具体代码如下，我们逐行分析。

代码文件：7.2.3-读取整行数据.py

```
01    import xlwings as xw
02
03    # 文件名字
04    nameFile = '北京地区销售汇总表.xlsx'
05
06    # 打开 Excel
07    app = xw.App(visible=False, add_book=False)
08    # 为了提高运行速度，关闭警告信息，比如关闭前提示保存、删除前提示确认等，默认是打开的
09    app.display_alerts = False
10    # 打开 Excel 文件
11    workbook = app.books.open(nameFile)
12    # 打开"大兴区"工作表
13    worksheet = workbook.sheets['大兴区']
14
15    # 读取 A2 所在行的数据
16    a1_value = worksheet.range('A2').expand('right').value
17    print('读取 A2 所在行的值是: ', a1_value)
18
19    # 创建新的工作簿
20    newWorkbook = app.books.add()
21    # 设置第 1 个工作表为活跃工作表
22    newSheet = newWorkbook.sheets[0]
23    # 把 A2 所在的行写入新的工作表中
24    print('把 A2 所在的行写入新的 Excel 文件中')
25    newSheet.range('A1').value= a1_value
26
27    # 保存为新的工作簿
28    print('将新的工作簿保存为"北京地区的数据.xlsx"')
29    newWorkbook.save('北京地区的数据.xlsx')
30    newWorkbook.close()
31
32    # 保存并关闭 Excel
33    workbook.save()
34    workbook.close()
35    app.quit()
```

第 16 行代码利用 expand 的第一种模式读取 A2 单元格所在行的数据，也就是读取文件 nameFile 中的第 2 行数据，并且赋值为变量 a1_value。

第 20 行代码新建一个工作簿，并用变量 newWorkbook 表示。

第 22 行代码用于为新的工作簿添加工作表，并用变量 newSheet 表示。

第 25 行代码利用 range 对象的 value 属性把变量 a1_value 中的值写入 A1 所在的行。如果 a1_value 是一个数据，则写入 A1；如果是一个列表中的多个数据，则写入 A1 所在的行中。

第 29 行代码将新的工作簿保存为"北京地区的数据.xlsx"。

第 30 行代码用于关闭新的工作簿。

第 33~35 行代码用于关闭 Excel。

运行上述代码，输出结果如下：

```
读取 A2 所在行的值是: ['计算机类图书', 100.0, 99.98]
把 A2 所在的行写入新的 Excel 文件中
将新的工作簿保存为"北京地区的数据.xlsx"
```

在文件夹"7.2.3"下生成文件"北京地区的数据.xlsx"，打开效果如图 7-10 所示。

图 7-10 写新的文件

7.2.4 读取整列数据

我们利用 expand 的第二种模式读取整列数据。代码如下，我们逐行分析。

代码文件：7.2.4-读取整列数据.py

```
01    import xlwings as xw
02
03    # 文件名字
04    nameFile = '北京地区销售汇总表.xlsx'
```

```
05
06    # 打开 Excel
07    app = xw.App(visible=False, add_book=False)
08    # 为了提高运行速度，关闭警告信息，比如关闭前提示保存、删除前提示确认等，默认是打开的
09    app.display_alerts = False
10    # 打开 Excel 文件
11    workbook = app.books.open(nameFile)
12    # 打开"大兴区"工作表
13    worksheet = workbook.sheets['大兴区']
14
15    # 读取 A1 所在列的数据
16    a1_value = worksheet.range('A1').expand('down').value
17    print('读取 A1 所在列的值是：', a1_value)
18
19    # 保存并关闭 Excel
20    workbook.save()
21    workbook.close()
22    app.quit()
```

此段代码与上一节代码的区别在于第 16 行。这里使用 expand 的第二种模式选择 A1 所在列的数据，并赋值给变量 a1_value。

运行上述代码，输出结果如下：

```
读取 A1 所在列的值是： ['产品', '计算机类图书']
```

7.2.5　读取全部表格数据

我们利用 expand 的第三种模式读取全部表格数据。代码如下，我们逐行分析。

代码文件：7.2.5-读取全部表格数据.py

```
01    import xlwings as xw
02
03    # 文件名字
04    nameFile = '北京地区销售汇总表.xlsx'
05
06    # 打开 Excel
07    app = xw.App(visible=False, add_book=False)
08    # 为了提高运行速度，关闭警告信息，比如关闭前提示保存、删除前提示确认等，默认是打开的
09    app.display_alerts = False
10    # 打开 Excel 文件
11    workbook = app.books.open(nameFile)
12    # 打开"大兴区"工作表
13    worksheet = workbook.sheets['大兴区']
14
15    # 读取表格数据
16    a1_value = worksheet.range('A1').expand().value
17    print('读取表格数据是：', a1_value)
18
19    # 保存并关闭 Excel
```

```
20    workbook.save()
21    workbook.close()
22    app.quit()
```

此段代码与上一节代码的区别在于第 16 行。这里使用 expand 的第三种模式选择表格全部数据，并赋值给变量 a1_value。

运行上述代码，输出结果如下：

读取表格数据是: [['产品', '数目', '单价'], ['计算机类图书', 100.0, 99.98]]

7.2.6 案例：格式转换

在 7.2 节中，我们了解了如何读取工作表中不同单元格区域的数据。接下来，我们把读取的 Excel 数据写入其他格式的文件中，比如常用的 PPT 和 Word。当然，我们也可以把读取的内容写入另外一个或多个 Excel 文件中。

1. 将 Excel 转换为 PPT

请读者注意!!! 学完第五篇之后再阅读本节内容将会更加轻松。

在工作中，我们经常需要把 Excel 文件中的数据保存在 PPT 文件中，如果用复制粘贴的方法，将非常枯燥和耗时，但是如果利用 Python 来解决，将非常轻松。我们把"广州地区 3 月销售统计.xlsx"中的数据转换为 PPT 文件，效果如图 7-11 所示，左边是 Excel 文件中的数据，右边是转换后的 PPT 表格。

图 7-11 将 Excel 转换为 PPT

首先分析需求。第一步，利用 14.4.6 节的内容创建一个表格，为写入数据做准备；第二步，利用 7.2.5 节的内容读取 Excel 文件的全部数据；第三步，利用嵌套 for 循环（因为表格是二维结构）把读取的数据写入 PPT 的表格中。具体代码如下，我们逐行分析。

代码文件：7.2.6.1-将 Excel 转换为 PPT.py

```
01  import xlwings as xw
02  # 导入 python-pptx 库中的 Presentation 函数
03  from pptx import Presentation
04  # 导入长度单位
05  from pptx.util import Inches
06  # 第一步：利用 Presentation 函数创建一个 PPT 对象 myPPT
07  myPPT = Presentation()
08
09  # 第二步：根据布局创建幻灯片
10  layout = myPPT.slide_layouts[0]
11  slide = myPPT.slides.add_slide(layout)
12
13  # Excel 文件名
14  nameFile = 'data/广州地区 3 月销售统计.xlsx'
15
16  # 打开 Excel
17  app = xw.App(visible=False, add_book=False)
18  # 为了提高运行速度，关闭警告信息，比如关闭前提示保存、删除前提示确认等，默认是打开的
19  app.display_alerts = False
20  # 打开 Excel 文件
21  workbook = app.books.open(nameFile)
22  # 打开第 1 个工作表
23  worksheet = workbook.sheets[0]
24
25  print('打开 Excel 文件!')
26  # 读取数据
27  print('开始读取 Excel 中的数据……')
28  a1_value = worksheet.range('A1').expand().value
29
30  ##########
31  # 设置 PPT 中表格的位置
32  ##########
33  # 设置表格位置
34  top = Inches(1)
35  left = Inches(0.5)
36
37  width = Inches(9)
38  height = Inches(1)
39
40  # 表格的行数和列数
41  rows = len(a1_value)
42  print(f'需要转换的数据包含{rows}行')
43  cols = len(a1_value[0])
44  print(f'需要转换的数据包含{cols}列')
45
```

```
46    # 添加表格
47    my_table = slide.shapes.add_table(rows, cols, left, top, width, height)
48
49    print('开始把 Excel 的数据写入 PPT……')
50    # 向表格写入数据
51    for row in range(rows):
52        for col in range(cols):
53            my_table.table.cell(row,col).text = str(a1_value[row][col])
54    print('写入完毕！')
55
56    # 用 save 方法保存 PPT 文件
57    myPPT.save('generated_data/将 Excel 转换为 PPT.pptx')
58    print('将转换的 PPT 文件保存为 "将 Excel 转换为 PPT.pptx"。')
59
60    # 保存并关闭 Excel
61    workbook.save()
62    workbook.close()
63    app.quit()
```

第 6~11 行代码利用两步创建一个空白 PPT 文件。第 7 行代码是第一步，用 Presentation 创建一个 PPT 对象 myPPT。之后的代码中对 PPT 的操作就是对变量 myPPT 的操作。第 10~11 行代码利用 PPT 软件中的布局创建一个 PPT 文件的幻灯片。这里是创建一个 0 号布局的幻灯片，具体内容请参考 14.4.2 节。

第 14 行代码用变量 nameFile 保存需要转换的 Excel 文件。这里既可以是绝对路径，也可以是相对路径。

第 16~23 行代码用于打开 Excel 文件 nameFile 中的第 1 个工作表。请读者修改代码打开其他文件的其他工作表。如果需要转换所有工作表，用 for 循环实现。

第 28 行代码用 7.2.5 节的内容读取工作表中所有的数据，并用变量 a1_value 表示。根据之前的内容，读取的 Excel 文件数据是一个嵌套列表结构。当然，我们也可以读取 Excel 文件其他部分的数据。请读者修改这里的代码以实现转换不同的数据，比如转换前 3 行、转换偶数行等。

第 34~38 行代码用于设置 PPT 文件中表格的位置，具体请参考 14.4.6 节。

第 41 行和第 43 行代码用嵌套列表 a1_value 的结构分别计算 Excel 表格的行数和列数。行数就是嵌套列表 a1_value 的总长度，用 len(a1_value) 获取；列数是嵌套列表中每一个元素列表的长度，用 len(a1_value[0]) 获取。

第 47 行代码用 add_table 方法在 PPT 中添加一个表格，并用 my_table 表示。

第 51~53 行代码用一个嵌套 for 循环实现把嵌套列表 a1_value 中的数据写入 PPT 的表格 my_table 中。第 51 行代码定义一个外层 for 循环，并用行数 rows 控制循环次数，变量 row 表示每一行。第 52 行代码定义一个内层 for 循环，并用列数 cols 控制循环次数，变量 col 表示每一列。因此，第 53 行中的 cell(row,col) 表示 PPT 中表格的单元格位置，而 a1_value[row][col]

表示 Excel 文件中对应单元格(row,col)的数据。注意,这里需要把表格数据转换为 str 才能写入 PPT 的表格中。

第 57 行代码将写入数据的 PPT 对象 myPPT 保存为"将 Excel 转换为 PPT.pptx",并放在文件夹 generated_data 之下。

运行上述代码,输出结果如下。打开创建的 PPT 文件"将 Excel 转换为 PPT.pptx",效果如图 7-11 所示。

```
打开 Excel 文件!
开始读取 Excel 中的数据……
需要转换的数据包含 13 行
需要转换的数据包含 7 列
开始把 Excel 的数据写入 PPT……
写入完毕!
将转换的 PPT 文件保存为"将 Excel 转换为 PPT.pptx"。
```

举一反三:这个案例用于将一个 Excel 的工作表转换为一个 PPT 幻灯片中的表格。请读者修改上述代码,实现转换多个 Excel 文件或多个 PPT 文件,或者将多个工作表转换为多张幻灯片等不同需求。因为涉及多个文件或者工作表,所以请用 for 循环处理。如有问题,请联系作者。

2. 将 Excel 转换为 Word

请读者注意!!! 学完第四篇再阅读本节内容将会更加轻松。

我们把"广州地区 3 月销售统计.xlsx"中的数据转换为 Word 文件,效果如图 7-12 所示,左边是 Excel 文件中的数据,右边是转换后的 Word 表格。

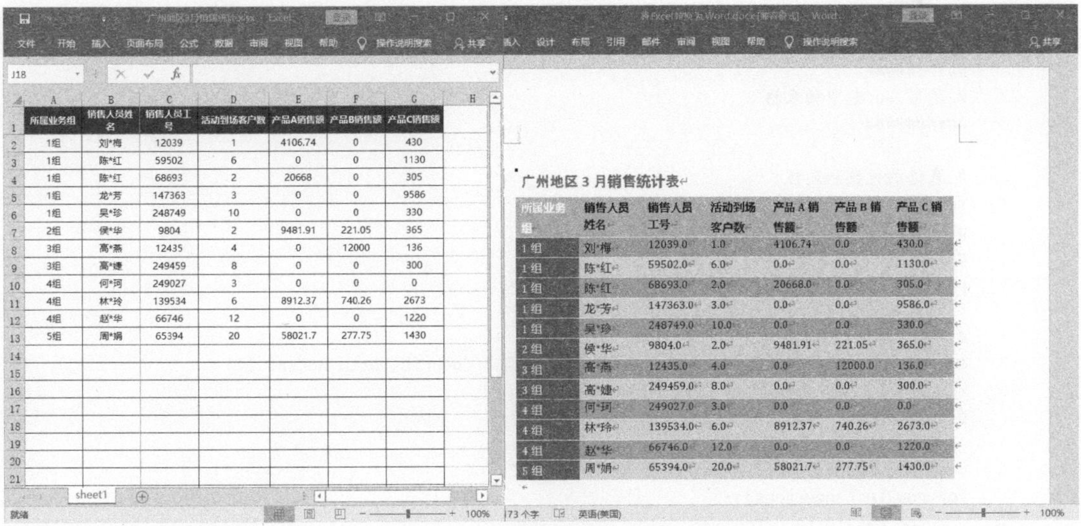

图 7-12　将 Excel 转换为 Word

首先分析需求。第一步，利用 11.4.5 节的内容创建一个表格，为写入数据做准备；第二步，利用 7.2.5 节的内容读取 Excel 文件的全部数据；第三步，利用嵌套 for 循环（因为表格是二维结构）把读取的数据写入 Word 的表格中。具体代码如下，我们逐行分析。

代码文件：7.2.6.2-将 Excel 转换为 Word.py

```
01    import xlwings as xw
02
03    # 导入 python-docx 库中的 Document 函数
04    from docx import Document
05    # 创建空白 Word 文档
06    myDoc = Document()
07
08    # 添加标题
09    myDoc.add_heading('广州地区 3 月销售统计表')
10
11    # Excel 文件名
12    nameFile = 'data/广州地区 3 月销售统计.xlsx'
13
14    # 打开 Excel
15    app = xw.App(visible=False, add_book=False)
16    # 为了提高运行速度，关闭警告信息，比如关闭前提示保存、删除前提示确认等，默认是打开的
17    app.display_alerts = False
18    # 打开 Excel 文件
19    workbook = app.books.open(nameFile)
20    # 打开第 1 个工作表
21    worksheet = workbook.sheets[0]
22
23    print('打开 Excel 文件!')
24    # 读取 A1 所在列的数据
25    print('开始读取 Excel 中的数据……')
26    a1_value = worksheet.range('A1').expand().value
27
28    ##########
29    # 设置 Word 中的表格
30    ##########
31
32    # 表格的行数和列数
33    rows = len(a1_value)
34    print(f'需要转换的数据包含{rows}行')
35    cols = len(a1_value[0])
36    print(f'需要转换的数据包含{cols}列')
37
38    # 添加表格的方法为 add_table(rows, cols)
39    addedTable = myDoc.add_table(rows, cols, style='Colorful Grid Accent 1')
40
41    print('开始把 Excel 的数据写入 Word……')
42
43    # 向表格写入数据
44    for row in range(rows):
45        for col in range(cols):
46            addedTable.cell(row,col).text = str(a1_value[row][col])
```

```
47
48    print('写入完毕！')
49
50    # 用 save 方法保存 PPT 文件
51    myDoc.save('generated_data/将 Excel 转换为 Word.docx')
52    print('将转换的 Word 文件保存为"将 Excel 转换为 Word.docx"。')
53
54    # 保存并关闭 Excel
55    workbook.save()
56    workbook.close()
57    app.quit()
```

第 6 行代码用函数 Document 创建一个空白 Word 文档，并用 myDoc 表示。

第 9 行代码用文档对象的 add_heading 方法为文档添加标题，名字就是该方法的参数。这里是"广州地区 3 月销售统计表"。该方法的具体用法请参考 11.4.2 节。

第 12 行代码用变量 nameFile 保存需要转换的 Excel 文件。这里既可以是绝对路径，也可以是相对路径。

第 14~21 行代码用于打开 Excel 文件 nameFile 中的第 1 个工作表。请读者修改代码打开其他文件的其他工作表。如果需要转换所有工作表，用 for 循环实现。

第 26 行代码用 7.2.5 节的内容读取工作表中所有的数据，并用变量 a1_value 表示。根据之前的内容，读取的 Excel 文件数据是一个嵌套列表结构。当然，我们也可以读取 Excel 文件其他部分的数据。请读者修改这里的代码实现转换不同的数据，比如转换前 3 行、转换偶数行等。

第 33 行和第 35 行代码分别计算 Excel 表格中数据的行数和列数。行数 rows 是嵌套列表 a1_value 的总长度，用 len(a1_value) 获取；列数 cols 是嵌套中每一个元素列表的长度，用 len(a1_value[0]) 获取。

第 39 行代码用于为文档 myDoc 添加一个表格。表格的行数和列数对应 Excel 文件的数据区域，也就是 rows 和 cols，同时设置表格的样式为 Colorful Grid Accent 1。Word 中表格样式的具体内容请参考 13.3.1 节。

第 44~46 行代码用一个嵌套 for 循环把嵌套列表 a1_value 中的数据写入 Word 表格 addedTable 中。第 44 行代码定义一个外层 for 循环，并用行数 rows 控制循环次数，变量 row 表示每一行。第 45 行代码定义了一个内层 for 循环，并用列数 cols 控制循环次数，变量 col 表示每一列。因此，第 46 行代码中的 cell(row,col) 表示 Word 中表格的单元格位置，而 a1_value[row][col] 表示 Excel 文件中对应单元格(row,col)的数据。注意，这里需要把表格数据转换为字符串才能写入 Word 的表格中。

第 51 行代码将写入完成的 Word 文档 myDoc 保存为"将 Excel 转换为 Word.docx"，并放在文件夹 generated_data 下。

运行上述代码，输出结果如下。打开创建的 PPT 文件"将 Excel 转换为 Word.docx"，效果如图 7-12 所示。

```
打开 Excel 文件！
开始读取 Excel 中的数据……
需要转换的数据包含 13 行
需要转换的数据包含 7 列
开始把 Excel 的数据写入 Word……
写入完毕！
将转换的 Word 文件保存为"将 Excel 转换为 Word.docx"。
```

举一反三：这个案例是将一个 Excel 的工作表转换为一个 Word 的表格。请读者修改上述代码，实现将多个 Excel 文件转换为多个 Word 文件。因为涉及多个 Word 文件和 Excel 文件，请用 for 循环处理。如有问题，请联系作者。

7.3 删除数据

按照工作表区域从小到大，删除工作表数据分为删除单元格数据、删除单元格区域数据、删除行数据或列数据以及删除整个工作表的数据等内容。所用方法的具体含义如表 7-1 所示。

表 7-1 三个删除方法的对比

方法（sheet 表示工作表）	含 义
sheet.range('指定区域').clear	删除指定区域的内容和格式
sheet.range('指定区域').clear_contents	删除指定区域的内容
sheet.delete	删除整个工作表

7.3.1 删除指定单元格数据

根据表 7-1，删除指定单元格的数据使用 sheet.range('指定区域').clear_contents。因此，删除 A1 单元格的内容是用 worksheet.range('A1').clear_contents，其中 worksheet 表示需要操作的工作表变量，并且名字可以任意修改。具体代码如下，我们逐行分析。

代码文件：7.3.1-删除第 1 个单元格的数据.py

```
01   import xlwings as xw
02
03   # 文件名字
04   nameFile = 'data/北京地区销售汇总表.xlsx'
05
06   # 打开 Excel
07   app = xw.App(visible=False, add_book=False)
08   # 为了提高运行速度，关闭警告信息，比如关闭前提示保存、删除前提示确认等，默认是打开的
09   app.display_alerts = False
```

```
10    # 打开 Excel 文件
11    workbook = app.books.open(nameFile)
12    # 打开"大兴区"工作表
13    worksheet = workbook.sheets['大兴区']
14
15    # 删除第 1 个单元格的数据，不删除单元格格式
16    worksheet.range('A1').clear_contents()
17
18    # 删除第 1 个单元格的数据以及格式
19    worksheet.range('A1').clear()
20
21    # 另存为新文件
22    workbook.save('generated_excel/7.3.1-删除单元格数据.xlsx')
23
24    # 关闭 Excel
25    workbook.close()
26    app.quit()
```

第 1~13 行代码如前所述。其中第 4 行代码用变量 nameFile 保存需要删除的 Excel 文件名字。

第 16 行代码用 range 对象的 clear_contents 方法删除单元格内容，但是不删除格式。这里是删除单元格 A1 的内容，读者可以任意修改为其他单元格。

第 19 行代码用 range 对象的 clear 方法删除单元格数据以及格式。在实际工作中，根据是否删除单元格格式，选择不同的方法清除单元格数据。

运行上述代码，效果如图 7-13 所示，单元格 A1 的内容被清空。

图 7-13　删除指定单元格的内容

7.3.2　删除单元格区域数据

根据表 7-1，删除单元格区域的数据是用 sheet.range('指定区域').clear_contents。因此，删除 A2:B2 单元格区域的内容是用 worksheet.range('A2:B2').clear_contents，其中 worksheet 表示需要操作的工作表变量，并且名字可以任意修改。具体代码如下，我们逐行分析。

代码文件：7.3.2-删除单元格区域的数据.py

```
01    import xlwings as xw
02
03    # 文件名字
04    nameFile = 'data/北京地区销售汇总表.xlsx'
05
06    # 打开 Excel
07    app = xw.App(visible=False, add_book=False)
08    # 为了提高运行速度，关闭警告信息，比如关闭前提示保存、删除前提示确认等，默认是打开的
09    app.display_alerts = False
10    # 打开 Excel 文件
11    workbook = app.books.open(nameFile)
12    # 打开"大兴区"工作表
13    worksheet = workbook.sheets['大兴区']
14
15    # 删除单元格区域数据以及格式
16    worksheet.range('A2:B2').clear()
17
18    # 删除单元格区域的数据，不删除格式
19    worksheet.range('A2:B2').clear_contents()
20
21    # 另存为新文件
22    workbook.save('generated_excel/7.3.2-删除单元格区域数据.xlsx')
23
24    # 关闭 Excel
25    workbook.close()
26    app.quit()
```

第 4 行代码用变量 nameFile 保存需要删除的 Excel 文件名。

第 16 行代码用 range 对象的 clear 方法删除单元格数据以及格式。在实际工作中，根据是否删除单元格格式，选择不同的方法清除单元格数据。

第 19 行代码用 range 对象的 clear_contents 方法删除单元格内容，但是不删除格式。这里是删除单元格区域 A2:B2 的内容，读者可以任意修改单元格区域。

运行上述代码，效果如图 7-14 所示，单元格区域 A2:B2 的内容被清除。

图 7-14   删除单元格区域的数据

7.3.3 删除行数据

类似于 7.2.3 节的读取整行数据，删除行数据也用到 range 对象的 expand('right')方法——将该方法和 clear_contents 方法结合，比如删除工作表第 1 行的数据是用 worksheet.range('A1').expand('right').clear_contents，其中 worksheet 表示需要删除的工作表，range('A1')表示第 1 个单元格，expand('right')表示第 1 个单元格所在的行，clear_contents 表示删除数据。具体代码如下，我们逐行分析。

代码文件：7.3.3-删除行数据.py

```
01    import xlwings as xw
02
03    # 文件名字
04    nameFile = 'data/北京地区销售汇总表.xlsx'
05
06    # 打开 Excel
07    app = xw.App(visible=False, add_book=False)
08    # 为了提高运行速度，关闭警告信息，比如关闭前提示保存、删除前提示确认等，默认是打开的
09    app.display_alerts = False
10    # 打开 Excel 文件
11    workbook = app.books.open(nameFile)
12    # 打开"大兴区"工作表
13    worksheet = workbook.sheets['大兴区']
14
15    # 删除单元格区域数据以及格式
16    worksheet.range('A1').expand('right').clear()
17
18    # 删除单元格区域的数据，不删除格式
19    worksheet.range('A1').expand('right').clear_contents()
20
21    # 另存为新文件
22    workbook.save('generated_excel/7.3.3-删除行数据.xlsx')
23
24    # 关闭 Excel
25    workbook.close()
26    app.quit()
```

第 4 行代码用变量 nameFile 保存需要删除的 Excel 文件名字。第 16 行代码用 range 对象的 expand 方法和 clear 方法删除整行内容以及格式。这里是删除 A1 所在行的数据，读者可以任意修改以删除其他行的数据。第 19 行代码用 range 对象的 clear_contents 方法删除数据。在实际工作中，根据是否删除单元格格式选择不同的方法清除单元格数据。

运行上述代码，效果如图 7-15 所示，第 1 行数据被删除。

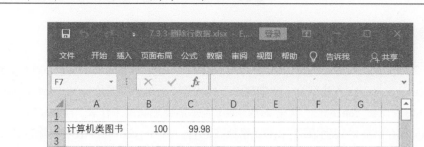

图 7-15   删除行数据

7.3.4   删除列数据

类似于 7.2.4 节的读取整列数据，删除列数据也用到 range 对象的 expand('down')方法——将该方法和 clear_contents 方法结合，比如删除工作表第 3 列的数据是用 worksheet.range ('C1').expand('down').clear_contents，其中 worksheet 表示需要删除的工作表，range('C1') 表示第 3 个单元格，expand('down')表示第 3 个单元格所在的列，clear_contents 表示删除数据。具体代码如下，我们逐行分析。

代码文件：7.3.4-删除列数据.py

```
01    import xlwings as xw
02
03    # 文件名字
04    nameFile = 'data/北京地区销售汇总表.xlsx'
05
06    # 打开 Excel
07    app = xw.App(visible=False, add_book=False)
08    # 为了提高运行速度，关闭警告信息，比如关闭前提示保存、删除前提示确认等，默认是打开的
09    app.display_alerts = False
10    # 打开 Excel 文件
11    workbook = app.books.open(nameFile)
12    # 打开"大兴区"工作表
13    worksheet = workbook.sheets['大兴区']
14
15    # 删除单元格区域数据以及格式
16    worksheet.range('C1').expand('down').clear()
17
18    # 删除单元格区域的数据，不删除格式
19    worksheet.range('C1').expand('down').clear_contents()
20
21    # 另存为新文件
22    workbook.save('generated_excel/7.3.4-删除列数据.xlsx')
23
24    # 关闭 Excel
```

```
25      workbook.close()
26      app.quit()
```

第 4 行代码用变量 nameFile 保存需要删除的 Excel 文件名字。

第 16 行代码用 range 对象的 expand('down')方法和 clear 方法删除整列内容以及格式。这里是删除 C1 所在列的数据，读者可以任意修改以删除其他列的数据。

第 19 行代码用 range 对象的 clear_contents 方法删除数据。在实际工作中，根据是否删除单元格格式，我们可以选择不同的方法清除单元格数据。

运行上述代码，效果如图 7-16 所示，第 3 列数据被删除。

图 7-16　删除列数据

7.3.5　删除所有数据

删除工作表的所有数据用的还是 clear 方法。但是定位表的所有数据有很多方法，第一种如 7.2.5 节所述；第二种是直接用工作表的 clear 方法，也就是 sheet.clear。后者更加简单方便，下面的代码就是用该方法实现的，我们逐行分析。

代码文件：7.3.5-删除所有数据.py

```
01      import xlwings as xw
02
03      # 文件名字
04      nameFile = 'data/北京地区销售汇总表.xlsx'
05
06      # 打开 Excel
07      app = xw.App(visible=False, add_book=False)
08      # 为了提高运行速度，关闭警告信息，比如关闭前提示保存、删除前提示确认等，默认是打开的
09      app.display_alerts = False
10      # 打开 Excel 文件
11      workbook = app.books.open(nameFile)
```

```
12    # 打开"大兴区"工作表
13    worksheet = workbook.sheets[0]
14
15    # 删除所有数据
16    worksheet.clear()
17
18    # 另存为新文件
19    workbook.save('generated_excel/7.3.5-清空工作表所有数据.xlsx')
20    # 关闭 Excel
21    workbook.close()
22    app.quit()
```

第 4 行代码用变量 nameFile 保存需要删除的 Excel 文件名字。

第 16 行代码用工作表对象 worksheet 的 clear 方法直接删除工作表的所有数据。

运行上述代码，效果如图 7-17 所示，所有数据都被删除了。

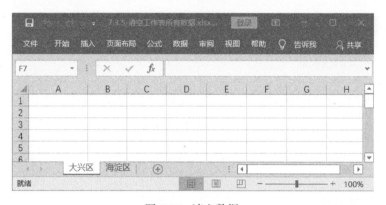

图 7-17　清空数据

举一反三：我们可以用 Python 删除多个工作表，或者删除多个 Excel 文件。无论需求多么千变万化，都可以用这些基础内容加 for 循环实现。比如删除写入的 7 个 Excel 文件的数据，但是跳过文件夹中其他 Excel 文件。请读者尝试编写代码，如果有问题请联系作者。

7.4　案例：复制与合并工作表

在工作中，不同的数据经常在多个工作表或多个 Excel 文件之中流转，比如将一个工作表的数据复制到多个工作簿中、将多个工作表合并为一个工作表，等等。无论哪种数据流转，处理方法都是将本章内容和 for 循环结合。具体如下，我们逐个分析。

7.4.1　将工作表复制到多个工作簿

在工作中，我们经常需要将一个工作表的数据复制到多个 Excel 文件中，也就是在多个 Excel

文件中新建一个工作表来保存原工作表的数据。比如把 data 文件夹下"广州地区 3 月销售统计.xlsx"中第 1 个工作表的内容复制到 group 文件夹下所有 Excel 文件中。效果如图 7-18 所示，文件"1组.xlsx""2组.xlsx"和"7组.xlsx"中多了一个工作表"汇总数据"，并且表中数据来自文件"广州地区 3 月销售统计.xlsx"。

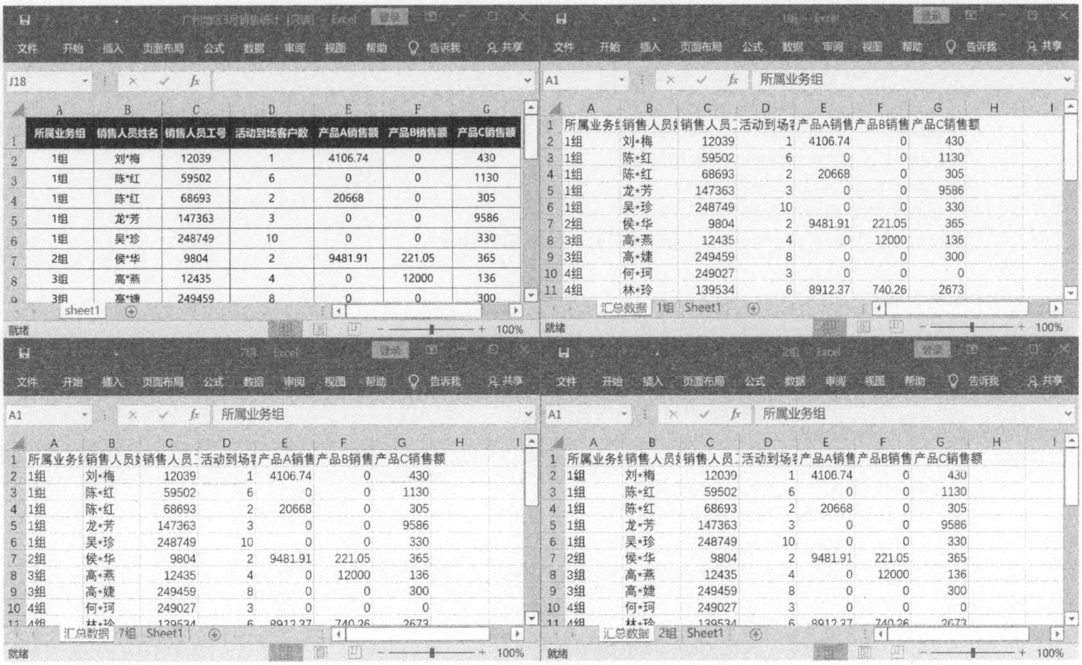

图 7-18　将工作表复制到多个工作簿

　　首先分析需求。第一步，利用 7.2.5 节所讲内容打开文件"广州地区 3 月销售统计.xlsx"；第二步，用第二篇中介绍的 os 模块获取文件夹 group 下的所有文件，然后用第一篇中介绍的 if 语句判断文件是否是 Excel 文件；第三步，为 Excel 文件添加一个工作表并且将其命名为"汇总数据"；第四步，利用 7.1 节所讲内容把第一步读取的数据写入 Excel 文件中。具体代码如下，我们逐行分析。

　　代码文件：7.4.1-将工作表复制到多个工作簿.py

```
01   import xlwings as xw
02   import os
03
04   # 新添加的工作表名字
05   newSheetName = '汇总数据'
06
07   # 目标文件路径
08   destPath = 'data/group/'
```

```
09    destFile = os.listdir(destPath)
10
11    # 源文件名字
12    srcFile = 'data/广州地区 3 月销售统计.xlsx'
13
14    # 打开 Excel
15    app = xw.App(visible=False, add_book=False)
16    # 为了提高运行速度，关闭警告信息，比如关闭前提示保存、删除前提示确认等，默认是打开的
17    app.display_alerts = False
18
19    # 打开需要读取的 Excel 文件
20    srcWorkbook = app.books.open(srcFile)
21    srcSheet = srcWorkbook.sheets[0]
22    srcSheetName = srcSheet.name
23    # 读取文件中的所有数据
24    srcSheetValue = srcSheet.range('A1').expand().value
25
26    # 逐个遍历文件
27    for file_number in destFile:
28        print('--------------------')
29        if file_number.startswith('~$'):
30            # 判断是否是临时文件，如果是则跳过
31            continue
32
33        # 判断该文件是否是 Excel 文件
34        if file_number.endswith('xlsx'):
35            print(f'正在处理文件 "{file_number}" ')
36            destWorkbook = app.books.open(destPath + '\\' + file_number)
37
38            # 添加一个同名工作表
39            print(f'为工作薄添加一个新的工作表 "{newSheetName}" ')
40            destSheet = destWorkbook.sheets.add(newSheetName)
41            # 把数据写入工作表
42            print(f'开始向工作表 "{newSheetName}" 写数据')
43            destSheet.range('A1').value= srcSheetValue
44            print('写入完成')
45            destWorkbook.save(f'generated_excel/7.4.1/{file_number}')
46            destWorkbook.close()
47            print(f'处理文件 "{file_number}" 完成')
48
49    # 关闭 Excel
50    srcWorkbook.close()
51    app.quit()
```

第 1~2 行代码用于导入需要的库，为后续操作做准备。

第 5 行代码用变量 newSheetName 保存新创建的工作表名字。读者可以任意命名。

第 8 行代码用变量 destPath 表示多个 Excel 文件所在的目标文件夹位置。它既可以是绝对路径，也可以是相对路径。这里使用相对路径"data/group/"，也就是为路径"data/group/"下的所有 Excel 文件添加数据，如图 7-19 所示。

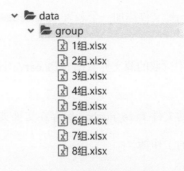

图 7-19 目标 Excel 文件

第 9 行代码用 os 模块的 `listdir` 方法查看路径 destPath 下的所有文件，并用变量 destFile 表示。

第 12 行代码用变量 srcFile 保存需要复制的工作簿。这里使用相对路径表示，也就是读取 data 文件夹下的"广州地区 3 月销售统计.xlsx"文件。

第 15~24 行代码用于读取文件"广州地区 3 月销售统计.xlsx"中第 1 个工作表的数据，并用变量 srcSheetValue 保存读取的数据。读取所用方法见 7.2.5 节。

第 27~47 行代码用一个 for 循环逐个处理目标文件夹 destPath 下的所有文件，也就是为每一个 Excel 文件添加一个工作表"汇总数据"并复制文件"广州地区 3 月销售统计.xlsx"中的数据。

第 27 行代码定义 for 循环，并用 destFile 控制循环次数。每一次循环的文件用变量 file_number 表示。

第 29~31 行代码用一个 if 语句判断每一个文件 file_number 是否是临时文件。第 29 行代码用字符串的 `startswith` 方法判断文件名是否以"~$"开头。如果是，表示这是临时文件，需要执行第 31 行代码用 continue 语句跳出循环，不予处理。startswith 方法用于判断字符串是否以指定前缀开始，如果是则返回 True，否则返回 False。

第 34~47 行代码用一个 if 语句判断每一个文件 file_number 是否是 Excel 文件。如果是则处理，否则不处理。

第 34 行代码用字符串的 endswith('xlsx')方法判断文件 file_number 是否以"xlsx"结尾，如果是则表示它是 Excel 文件。该方法用于判断字符串是否以指定后缀结尾，如果是则返回 True，否则返回 False。

第 36 行代码用于打开目标文件夹 destPath 下的文件 file_number。具体的文件路径需要用字符串拼接（+）的方法构造：destPath + '\\' + file_number，其中"\\"表示用转义字符"\"将"\"转义为路径的标识符。

第 40 行代码用于给打开的 Excel 文件添加一个名为 newSheetName 的工作表，并用变量 destSheet 表示。

第 43 行代码把第 24 行代码中读取的源文件数据 srcSheetValue 写入新添加的工作表 destSheet 中。写入用的是 7.1 节中的方法。

第 45 行代码把写入数据后的文件 file_number 保存在文件夹 generated_excel/7.4.1 下。

第 46 行代码用于关闭打开的工作簿。

第 50~51 行代码用于退出程序。

运行上述代码，输出结果如下。打开文件夹 generated_excel/7.4.1 下刚刚保存的任意一个 Excel 文件，效果如图 7-18 所示。

```
--------------------
正在处理文件"1 组.xlsx"
为工作簿添加一个新的工作表"汇总数据"
开始向工作表"汇总数据"写数据
写入完成
处理文件"1 组.xlsx"完成
--------------------
正在处理文件"2 组.xlsx"
为工作簿添加一个新的工作表"汇总数据"
开始向工作表"汇总数据"写数据
写入完成
处理文件"2 组.xlsx"完成
---------篇幅原因，省略其他类似输出-----------
正在处理文件"7 组.xlsx"
为工作簿添加一个新的工作表"汇总数据"
开始向工作表"汇总数据"写数据
写入完成
处理文件"7 组.xlsx"完成
--------------------
正在处理文件"8 组.xlsx"
为工作簿添加一个新的工作表"汇总数据""
开始向工作表"汇总数据"写数据
写入完成
处理文件"8 组.xlsx"完成
--------------------
```

举一反三：我们可以将工作表中指定区域的数据复制到不同的 Excel 文件中。这就实现了为不同 Excel 文件追加相同数据的目的，比如把 data 文件夹下"广州地区 3 月销售统计.xlsx"中第 1 个工作表的部分内容（A16:G28）复制到 group 文件夹下的所有 Excel 文件中。请读者尝试编写代码，如果有问题请联系作者。

7.4.2 将多个工作表合并为一个工作表

一个工作簿中可能包含多个工作表，比如文件"广州地区各组销售数据表.xlsx"包含 8 个工作表。在工作中，我们经常需要汇总工作表，比如把这 8 个工作表合并为一个工作表，并且命名为"各组汇总数据"，如图 7-20 所示，左边是包含 8 个工作表的文件，右边是合并之后的工作表。

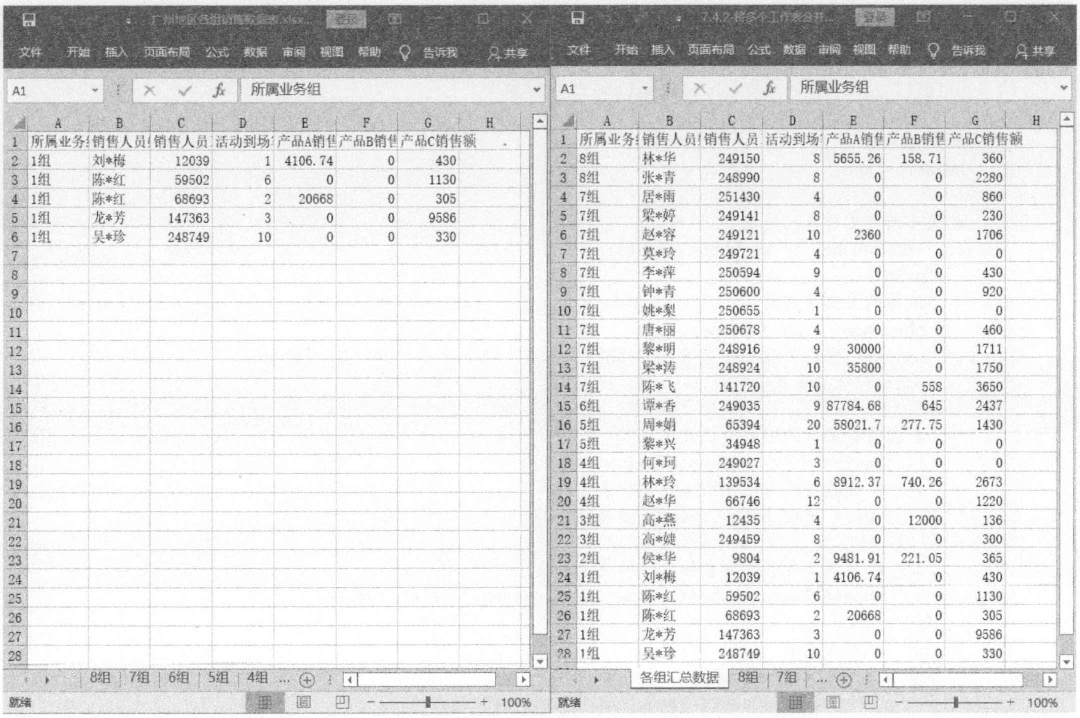

图 7-20　合并工作表

首先分析需求。第一步，为工作簿添加一个新的工作表，并且命名为"各组汇总数据"；第二步，利用 for 循环依次读取所有工作表的数据，然后写入新的工作表中。具体代码如下，我们逐行分析。

代码文件：7.4.2-将多个工作表合并为新的工作表.py

```
01   import xlwings as xw
02
03   # 文件名字
04   nameFile = 'data/广州地区各组销售数据表.xlsx'
05   # 汇总之后的工作表名字
06   newSheetName = '各组汇总数据'
07
08   # 打开 Excel
```

```
09    app = xw.App(visible=False, add_book=False)
10    # 为了提高运行速度，关闭警告信息，比如关闭前提示保存、删除前提示确认等，默认是打开的
11    app.display_alerts = False
12    # 打开 Excel 文件
13    workbook = app.books.open(nameFile)
14
15    # 在工作表 "8 组" 之前添加一个新的汇总工作表
16    newSheet = workbook.sheets.add(newSheetName, before='8 组')
17
18    # 查看有多少个工作表
19    sheetCount = len(workbook.sheets)
20    print(f'该工作簿一共有{sheetCount}个工作表')
21
22    # 表头为空
23    header = None
24
25    # 遍历所有工作表的数据
26    for sheetNumber in workbook.sheets:
27        print('-----------')
28        # 当前工作表的名字
29        sheetName = sheetNumber.name
30        print(f'当前工作表的名字是 "{sheetName}" ')
31        print('开始合并该工作表……')
32
33        # 排除新添加的汇总工作表
34        if sheetName != newSheetName:
35            # 设置当前工作表为活跃工作表
36            sheet = workbook.sheets[sheetName]
37
38            # 当前工作表的所有数据（不包含表头）
39            sheetAllData = sheet.range('A2').expand('table').value
40
41            # 写入表头
42            if header ==None:
43                header = sheet.range('A1').expand('right').value
44                print('首先写入表头。')
45                # 把表头写入新的工作表
46                newSheet.range('A1').value = header
47
48            # 表格数据区域的最后一行
49            print(f'开始把工作表 "{sheetName}" 中所有数据写入汇总后的工作表中')
50            lastRow = newSheet.range('A65536').end('up').row
51            # 把所有数据写入新的工作表
52            newSheet.range('A'+str(lastRow+1)).value=sheetAllData
53            print(f'合并工作表 "{sheetName}" 完成！')
54        else:
55            print('该工作表不需要合并！')
56
57    # 另存为新文件
58    workbook.save('generated_excel/7.4.2-将多个工作表合并为新的工作表.xlsx')
59    print('保存汇总后的工作簿！')
60    # 关闭 Excel
61    workbook.close()
62    app.quit()
```

第 4 行代码用变量 nameFile 保存需要处理的 Excel 文件。这里的文件是"广州地区各组销售数据表.xlsx"。

第 6 行代码用变量 newSheetName 保存需要新添加的工作表名字。这里命名为"各组汇总数据"。

第 8~13 行代码用于打开工作簿 nameFile，并用变量 workbook 表示。

第 16 行代码为工作簿 workbook 添加一个新的工作表，并用变量 newSheet 表示。新添加的工作表位于原文件中工作表"8 组"之前，并且名字是 newSheetName。读者可以将这里的"8 组"修改为其他工作表名字，以实现把新添加的工作表 newSheetName 放在第一的位置。

第 19 行代码用 len 函数查看工作簿中包含多少个工作表。这里也计算了刚才添加的工作表，因此一共是 9 个。

第 23 行代码用变量 header 保存需要写入工作表的表头。这里初始值是空，也就是 None。

第 26~55 行代码用一个 for 循环处理所有工作表。

第 26 行代码用 for 关键字定义循环，并用 workbook.sheets 控制循环次数，也就是工作簿中有多少个工作表就需要循环多少次。这里有 9 个工作表，需要循环 9 次。每一次循环的工作表用变量 sheetNumber 表示。之后对 sheetNumber 的处理就是对每一个工作表的处理。

第 29 行代码用 sheetNumber 的 name 属性获取当前工作表 sheetNumber 的名字，并用 sheetName 表示。

第 34~55 行代码用一个 if-else 结构判断当前工作表是否是新添加的，方法是直接判断 sheetName 是否与 newSheetName 相等。如果两者相等，则表示当前工作表是合并后的工作表，因此进入第 55 行代码的 else 分支，给出提示信息"该工作表不需要合并！"，否则进入 if 分支进行合并处理。

第 36 行代码把当前工作表设置为活跃工作表，并用 sheet 表示。

第 39 行代码用于读取所有表格数据，但是不包含表头，并用变量 sheetAllData 表示。这里读取的是从 A2 单元格开始的所有数据，也就是通过 sheet.range('A2').expand('table').value 读取。

第 42~46 行代码用一个 if 语句把表头写入合并的工作表中。它判断表头 header 是否已经有数据。如果没有数据，则把当前工作表的表头写入变量 header 中。读取表头数据也就是读取单元格 A1 所在行的数据。因为每一个工作表 sheet 的表头都一样，所以写一次即可。第 46 行代码把表头 header 写入合并后的工作表 newSheet 的表头。

第 50 行代码用于获取合并后的工作表 newSheet 最后一行数据的行号。代码 range('A65536').

end('up').row 表示从 A 列第 65 536 行位置的单元格开始向上查找，直到找到最后一个非空单元格为止，并显示行号。变量 lastRow 表示数据区域的最后一行行号，因此 lastRow 加 1 表示工作表的空区域的开始位置。

第 52 行代码把读取的数据 sheetAllData 写入合并后的工作表 newSheet 的空区域中。空区域的开始位置用 'A'+str(lastRow+1) 表示。

第 58 行代码把合并后的工作簿另存为一个新文件。

第 61 行代码和第 62 行代码用于退出程序。

运行上述代码，输出结果如下。打开 generated_excel 文件夹下的 "7.4.2-将多个工作表合并为新的工作表.xlsx" 文件，效果如图 7-20 所示。

```
该工作簿一共有 9 个工作表
------------
当前工作表的名字是"各组汇总数据"
开始合并该工作表……
该工作表不需要合并!
------------
当前工作表的名字是"8 组"
开始合并该工作表……
首先写入表头。
开始把工作表"8 组"中所有数据写入汇总后的工作表中
合并工作表"8 组"完成!
-----篇幅原因，省略其他输出------
当前工作表的名字是"1 组"
开始合并该工作表……
开始把工作表"1 组"中所有数据写入汇总后的工作表中
合并工作表"1 组"完成!
保存汇总后的工作簿!
```

举一反三：我们可以把一个工作簿中的多个工作表分别保存为单独的工作簿，也就是将多个工作表拆分为多个工作簿，比如把"广州地区各组销售数据表.xlsx"中的 8 个工作表拆分为 8 个单独的工作簿。请读者尝试编写代码，如果有问题请联系作者。

第 8 章

批量设置工作表格式，既美观又快速

Python 是一种面向对象的编程语言。在 Python 中一切皆对象。每一个对象都有自己的属性和行为（方法），因此我们可以通过调整对象的属性值，或者更改对象的行为（方法）来实现不同的功能。本章内容是利用图 5-10 中 range 对象的不同属性和方法，实现批量设置工作表格式。

8.1 批量设置单元格颜色

根据图 5-10，我们通过单元格对象 range 的 color 属性获取其颜色，比如 sheet.range('A4').color 表示获取 A4 单元格的颜色，sheet.range('B2:F7').color 表示获取单元格区域 B2:F7 的颜色，sheet.range('A1').expand('right').color 表示获取 A1 单元格所在行的颜色。同 range 对象的 value 属性一样，我们通过下面的公式为单元格设置颜色。

```
worksheet.range('单元格名字').color = RGB
```

颜色值使用 RGB 表示。RGB 是一种颜色标准，通过调整红（R）、绿（G）、蓝（B）三个颜色通道的数字以及叠加得到不同的颜色。数字 0~255 表示 256 级不同亮度的颜色，比如(30, 144, 255)表示蓝色。

利用该属性，我们为 data/group 文件夹下的所有 Excel 文件设置颜色，所有文件的表头统一设置为红色，数据区域的奇数行统一设置为蓝色，效果如图 8-1 所示。

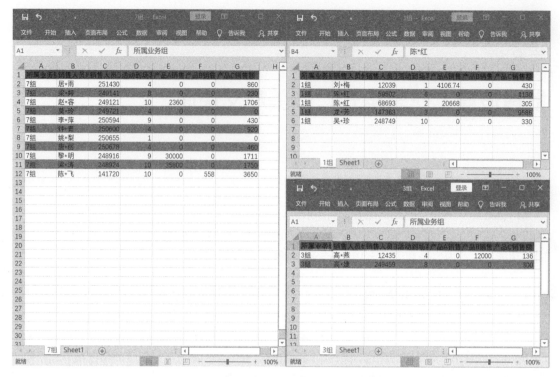

图 8-1　批量设置单元格颜色（另见彩插）

首先分析需求。第一步，利用 os 模块的 listdir 方法获取文件夹下所有的 Excel 文件；第二步，利用 color 属性设置不同单元格的颜色。其中行区域通过 sheet.range('A1').expand('right') 获取。具体代码如下，我们逐行分析。

代码文件：8.1-批量设置单元格颜色.py

```
01    import xlwings as xw
02    import os
03
04    # 目标文件路径
05    destPath = 'data/group/'
06    destFile = os.listdir(destPath)
07
08    # 打开 Excel
09    app = xw.App(visible=False, add_book=False)
10    # 为了提高运行速度，关闭警告信息，比如关闭前提示保存、删除前提示确认等，默认是打开的
11    app.display_alerts = False
12
13    # 逐个遍历文件
14    for file_number in destFile:
15        print('--------------------')
16        if file_number.startswith('~$'):
```

```
17              # 判断是否是临时文件, 如果是则跳过
18              continue
19
20          # 判断该文件是否是 Excel 文件
21          if file_number.endswith('xlsx'):
22              print(f'正在处理文件 "{file_number}" ')
23              destWorkbook = app.books.open(destPath + '\\' + file_number)
24
25              # 设置第 1 个工作表为活跃工作表
26              destSheet = destWorkbook.sheets[0]
27
28              # 将表头设置为红色
29              headColor = destSheet.range('A1').expand('right').color
30              print(f'原来表头的颜色是{headColor}')
31              destSheet.range('A1').expand('right').color=(205, 38, 38)
32              headColor = destSheet.range('A1').expand('right').color
33              print(f'设置后, 表头的颜色是{headColor}')
34              # 获取数据区域的最后一行
35              lastRow = destSheet.range('A65536').end('up').row
36              # 将所有奇数行设置为蓝色
37              for i in range(2,lastRow+1):
38                  if i%2 == 1 :
39                      color_i = destSheet.range('A'+str(i)).expand('right').color
40                      print(f'第{i}行原来的颜色是{color_i}')
41                      destSheet.range('A'+str(i)).expand('right').color=(30, 144, 255)
42                      color_i = destSheet.range('A'+str(i)).expand('right').color
43                      print(f'设置后, 第{i}行的颜色是{color_i}')
44
45              # 保存文件
46              destWorkbook.save(f'generated_excel/{file_number}')
47              destWorkbook.close()
48
49  # 退出程序
50  app.quit()
```

第 5 行代码用变量 destPath 表示文件所在路径。它既可以是绝对路径, 也可以是相对路径, 这里用相对路径。

第 6 行代码用 os 模块的 listdir 方法获取路径 destPath 下的所有文件, 并用 destFile 表示。

第 8~11 行代码用于打开 Excel 文件。

第 14~47 行代码使用 for 循环处理路径 destPath 下的所有文件 destFile。

第 14 行代码定义 for 循环, 并用 destFile 数量控制循环次数。每一次循环的文件用变量 file_number 表示。

第 15~18 行代码用于排除 Excel 临时文件。

第 21~47 行代码用 if 语句判断文件 file_number 是否是 Excel 文件, 用的是第 21 行代码中的字符串方法 endswith。

第 23~26 行代码用于打开路径 destPath 下的 Excel 文件 file_number。

第 29 行代码利用 range 对象的 color 属性获取单元格 A1 所在行的颜色，也就是获取表头颜色，并用变量 headColor 表示。

第 31 行代码利用 range 对象的 color 属性设置表头颜色为(205, 38, 38)。

第 32~33 行代码用于输出设置之后的颜色值。

第 35 行代码获取当前 Excel 文件 file_number 最后一行数据的行号。代码 range('A65536').end('up').row 表示从 A 列 65 536 行单元格开始向上查找非空数据，找到后用 row 属性返回所在行号。

第 37~43 行代码用 for 循环遍历文件 file_number 的数据区域。其中 range(2, lastRow+1) 表示排除表头，从第 2 行开始一直到最后一行 lastRow。

第 38 行代码用 if 语句判断当前行号是否是奇数，如果是则设置颜色。判断的方法是用运算符 %。

第 39 行代码读取单元格 'A'+str(i) 所在行的颜色。

第 41 行代码设置单元格 'A'+str(i) 所在行的颜色为(30, 144, 255)。

第 42 行代码再次读取修改后的颜色值。

第 46 行代码用于保存文件。

第 47~50 行代码用于退出程序。

运行上述代码，输出结果如下。打开文件夹 generated_excel 下刚刚保存的任意一个 Excel 文件，效果如图 8-1 所示。

```
--------------------
正在处理文件"1 组.xlsx"
原来表头的颜色是 None
设置后，表头的颜色是(205, 38, 38)
第 3 行原来的颜色是 None
设置后，第 3 行的颜色是(30, 144, 255)
第 5 行原来的颜色是 None
设置后，第 5 行的颜色是(30, 144, 255)
------篇幅原因，省略其他输出--------------
正在处理文件"8 组.xlsx"
原来表头的颜色是 None
设置后，表头的颜色是(205, 38, 38)
第 3 行原来的颜色是 None
设置后，第 3 行的颜色是(30, 144, 255)
--------------------
```

8.2 批量调整行高和列宽

图 8-1 中表格的行高和列宽不适合，毫无美感。本节我们利用 range 对象的属性和方法设置表格的行高和列宽，如表 8-1 所示。

表 8-1 行高和列宽的属性和方法

属性和方法	含　义
row_height	行的高度
column_width	列的宽度
autofit	自动调整行高和列宽

下面我们为 data 文件夹下的所有 Excel 文件设置行高和列宽。首先自动调整表头的行高和列宽，然后单独设置表头的行高，效果如图 8-2 所示。

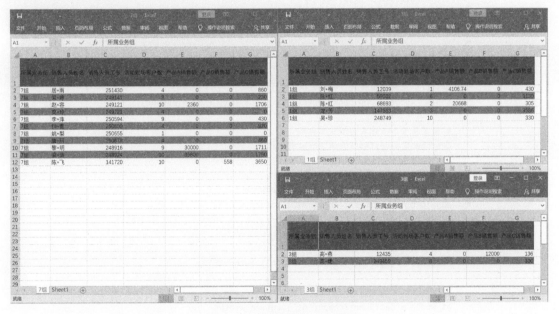

图 8-2 批量调整行高和列宽

首先分析需求。第一步，利用 os 模块的 listdir 方法获取文件夹下所有的 Excel 文件；第二步，利用表 8-1 中的属性设置表头的行高和列宽。其中表头通过 sheet.range('A1').expand('right') 获取。具体代码如下，我们逐行分析。

代码文件：8.2-批量设置行高和列宽.py

```
01    import xlwings as xw
02    import os
03
04    # 目标文件路径
05    destPath = 'data/'
06    destFile = os.listdir(destPath)
07
08    # 打开 Excel
09    app = xw.App(visible=False, add_book=False)
10    # 为了提高运行速度，关闭警告信息，比如关闭前提示保存、删除前提示确认等，默认是打开的
11    app.display_alerts = False
12
13    # 逐个遍历文件
14    for file_number in destFile:
15        print('--------------------')
16        if file_number.startswith('~$'):
17            # 判断是否是临时文件，如果是则跳过
18            continue
19
20        # 判断该文件是否是 Excel 文件
21        if file_number.endswith('xlsx'):
22            print(f'正在处理文件 "{file_number}" ')
23            destWorkbook = app.books.open(destPath + '\\' + file_number)
24
25            # 设置第 1 个工作表为活跃工作表
26            destSheet = destWorkbook.sheets[0]
27
28            # 查看调整前的行高和列宽
29            a1_height = destSheet.range('A1').row_height
30            a1_width = destSheet.range('A1').column_width
31            print(f'单元格 A1 原来的行高和列宽分别是{a1_height}、{a1_width}')
32
33            # 设置表头自动调整行高和列宽
34            destSheet.range('A1').expand('right').autofit()
35
36            a1_height = destSheet.range('A1').row_height
37            a1_width = destSheet.range('A1').column_width
38            print(f'自动调整以后，单元格 A1 的行高和列宽分别是{a1_height}、{a1_width}')
39
40            # 重新设置表头的行高
41            destSheet.range('A1').expand('right').row_height = 55
42
43            # 查看调整后的行高和列宽
44            a1_height = destSheet.range('A1').row_height
45            a1_width = destSheet.range('A1').column_width
46            print(f'重新调整以后，单元格 A1 的行高和列宽分别是{a1_height}、{a1_width}')
47
```

```
48          # 保存文件
49          destWorkbook.save(f'generated_excel/{file_number}')
50          destWorkbook.close()
51
52     # 退出程序
53     app.quit()
```

第 29~30 行代码利用 range 对象的行高和列宽属性查看 A1 所在单元格的行高和列宽，第 31 行代码输出查看的结果。

第 34 行代码利用 range 对象的 autofit 函数自动调整表头的行高和列宽。

第 36~38 行代码、第 44~46 行代码同第 29~30 行代码。其中第 41 行代码单独设置表头的行高为 55。

第 49~53 行代码用于保存文件和关闭程序。

运行上述代码，打开文件夹 generated_excel 下刚刚保存的任意一个 Excel 文件，效果如图 8-2 所示。

8.3 批量设置边界

单元格区域有上、下、左、右边界，单元格内部有垂直边界和水平边界，并且用不同的数字表示。这些边界还有三个属性：样式、粗细以及颜色。具体代码和设置方法如表 8-2 所示。

表 8-2　边界和线型

代　　码	设置边界	代　　码	设置线型
api.Borders(7)	左边界	LineStyle=1	直线
api.Borders(8)	上边界	LineStyle=2	虚线
api.Borders(9)	下边界	LineStyle=4	点划线
api.Borders(10)	右边界	LineStyle=5	双点划线
api.Borders(11)	内部垂直边界	Weight	设置边界粗细
api.Borders(12)	内部水平边界	Color	设置边界颜色

下面我们为 data 文件夹下的所有 Excel 文件设置边界，首先设置上、下、左、右边界，然后设置边界的样式，具体效果如图 8-3 所示。

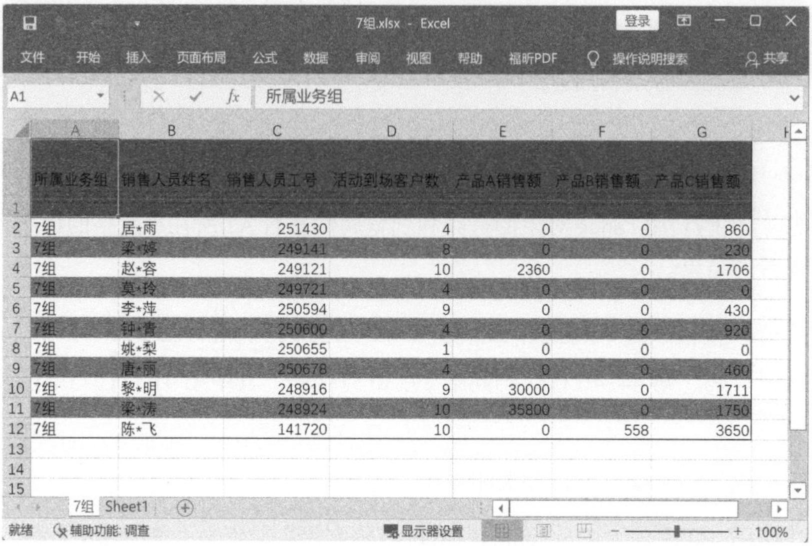

图 8-3　批量设置边界

　　首先分析需求。第一步，利用 os 模块的 listdir 方法获取文件夹下所有的 Excel 文件；第二步，利用表 8-2 中的属性设置工作表的边界样式。其中工作表的数据区域通过 sheet.range('A1').expand 获取。具体代码如下，我们逐行分析。

代码文件：8.3-批量设置边界.py

```
01   import xlwings as xw
02   import os
03
04   # 目标文件路径
05   destPath = 'data/'
06   destFile = os.listdir(destPath)
07
08   # 打开 Excel
09   app = xw.App(visible=False, add_book=False)
10   # 为了提高运行速度，关闭警告信息，比如关闭前提示保存、删除前提示确认等，默认是打开的
11   app.display_alerts = False
12
13   # 逐个遍历文件
14   for file_number in destFile:
15       print('--------------------')
16       if file_number.startswith('~$'):
17           # 判断是否是临时文件，如果是则跳过
18           continue
19
20       # 判断该文件是否是 Excel 文件
21       if file_number.endswith('xlsx'):
22           print(f'正在处理文件 "{file_number}" ')
23           destWorkbook = app.books.open(destPath + '\\' + file_number)
24
```

```
25          # 设置第1个工作表为活跃工作表
26          destSheet = destWorkbook.sheets[0]
27
28          # 设置上边界
29          print('开始设置上边界')
30          destSheet.range('A1').expand().api.Borders(8).LineStyle =1 # 设置边界线型
31          destSheet.range('A1').expand().api.Borders(8).Weight = 3 # 设置线条粗细
32
33          # 设置下边界
34          print('开始设置下边界')
35          destSheet.range('A1').expand().api.Borders(9).LineStyle =1 # 设置边界线型
36          destSheet.range('A1').expand().api.Borders(9).Weight = 3 # 设置线条粗细
37
38          # 设置左边界
39          print('开始设置左边界')
40          destSheet.range('A1').expand().api.Borders(7).LineStyle =1 # 设置边界线型
41          destSheet.range('A1').expand().api.Borders(7).Weight = 3 # 设置线条粗细
42
43          # 设置右边界
44          print('开始设置右边界')
45          destSheet.range('A1').expand().api.Borders(10).LineStyle =1 # 设置边界线型
46          destSheet.range('A1').expand().api.Borders(10).Weight = 3 # 设置线条粗细
47
48          # 保存文件
49          destWorkbook.save(f'generated_excel/{file_number}')
50          destWorkbook.close()
51
52      # 退出程序
53      app.quit()
```

第28~31行代码设置工作表 destSheet.range('A1').expand 的上边界 api.Borders(8)，设置线型为1，粗细为3。

同理，第33~46行代码分别设置下、左、右边界。

第49~53行代码用于保存文件和退出程序。

运行上述代码，输出结果如下。打开文件夹 generated_excel 下刚刚保存的任意一个 Excel 文件，效果如图 8-3 所示。

```
--------------------
正在处理文件"1 组.xlsx"
开始设置上边界
开始设置下边界
开始设置左边界
开始设置右边界
--------篇幅原因，省略其他输出------------
正在处理文件"8 组.xlsx"
开始设置上边界
开始设置下边界
开始设置左边界
开始设置右边界
--------------------
```

8.4   批量调整对齐方式

单元格区域的对齐方式分为水平对齐和垂直对齐。水平对齐包括水平居中、靠左对齐、靠右对齐；垂直对齐包括垂直居中对齐、靠上对齐、靠下对齐以及自动换行对齐。每一种对齐方式用不同的代码数字表示，比如水平对齐中的靠左对齐用 -4131 表示，具体如表 8-3 所示。

表 8-3   对齐方式

代　码		对齐方式
水平对齐方式（api.HorizontalAlignment）	-4108	水平居中
	-4131	靠左对齐
	-4152	靠右对齐
垂直对齐方式（api.VerticalAlignment）	-4108	垂直居中（默认）
	-4160	靠上对齐
	-4107	靠下对齐
	-4130	自动换行对齐

下面我们为 data 文件夹下的所有 Excel 文件设置表头对齐方式。首先设置所有 Excel 文件表头的水平对齐方式为水平居中对齐，然后设置表头的垂直对齐方式为靠下对齐，具体效果如图 8-4 所示。

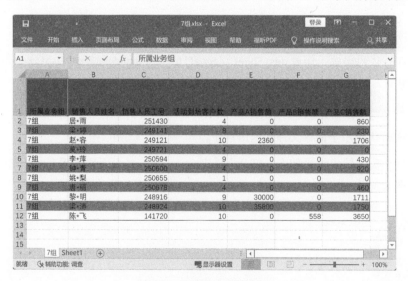

图 8-4   批量设置对齐方式

首先分析需求。第一步，利用 os 模块的 listdir 方法获取文件夹下所有的 Excel 文件；第二步，利用表 8-3 中的属性设置工作表的表头对齐方式。其中工作表的表头通过 sheet.range('A1').expand('right') 获取。具体代码如下，我们逐行分析。

代码文件：8.4-批量设置对齐方式.py

```
01   import xlwings as xw
02   import os
03
04   # 目标文件路径
05   destPath = 'data/'
06   destFile = os.listdir(destPath)
07
08   # 打开 Excel
09   app = xw.App(visible=False, add_book=False)
10   # 为了提高运行速度，关闭警告信息，比如关闭前提示保存、删除前提示确认等，默认是打开的
11   app.display_alerts = False
12
13   # 逐个遍历文件
14   for file_number in destFile:
15       print('--------------------')
16       if file_number.startswith('~$'):
17           # 判断是否是临时文件，如果是则跳过
18           continue
19
20       # 判断该文件是否是 Excel 文件
21       if file_number.endswith('xlsx'):
22           print(f'正在处理文件 "{file_number}" ')
23           destWorkbook = app.books.open(destPath + '\\' + file_number)
24
25           # 设置第 1 个工作表为活跃工作表
26           destSheet = destWorkbook.sheets[0]
27
28           # 设置表头对齐方式
29           print('设置表头对齐方式')
30           # 设置水平对齐方式为水平居中对齐
31           print('开始设置水平对齐方式')
32           destSheet.range('A1').expand('right').api.HorizontalAlignment = -4108
33           # 设置垂直对齐方式为靠下对齐
34           print('开始设置垂直对齐方式')
35           destSheet.range('A1').expand('right').api.VerticalAlignment = -4107
36
37
38           # 保存文件
39           destWorkbook.save(f'generated_excel/{file_number}')
40           destWorkbook.close()
41
42   # 退出程序
43   app.quit()
```

第 32 行代码设置表头 destSheet.range('A1').expand('right')的水平对齐方式 api.Horizontal-Alignment 为水平居中对齐-4108。同理，第 35 行代码设置表头的垂直对齐方式 api.VerticalAlignment 为靠下对齐-4107。

第 39~43 行代码用于保存文件和退出程序。

运行上述代码，输出结果如下。打开文件夹 generated_excel 下刚刚保存的任意一个 Excel 文件，效果如图 8-4 所示。

```
--------------------
正在处理文件"1 组.xlsx"
设置表头对齐方式
开始设置水平对齐方式
开始设置垂直对齐方式
---------篇幅原因，省略其他输出-----------
正在处理文件"8 组.xlsx"
设置表头对齐方式
开始设置水平对齐方式
开始设置垂直对齐方式
--------------------
```

8.5　调整文字格式

在 Word 软件中，我们可以任意修改文字的字体、字号、粗细、颜色等。同理，在 Python 中，我们可以利用 range 对象的 Font 设置相关属性，具体如表 8-4 所示。

表 8-4　字体属性

属　　性	含　　义
range.api.Font.Name	字体
range.api.Font.Size	字号
range.api.Font.Bold	粗细
range.api.Font.Color	颜色

下面我们为 data 文件夹下的所有 Excel 文件设置文字（除表头外）的格式。首先设置所有 Excel 文件的字体和字号，然后设置粗细和颜色，具体效果如图 8-5 所示。

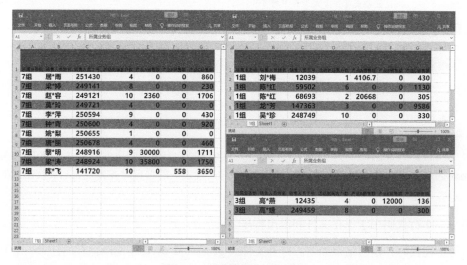

图 8-5　批量设置文字格式

首先分析需求。第一步，利用 os 模块的 listdir 方法获取文件夹下所有的 Excel 文件；第二步，利用表 8-4 中的属性设置工作表数据的样式。其中工作表的数据通过 sheet.range('A2').expand 获取。具体代码如下，我们逐行分析。

代码文件：8.5-批量设置文字格式.py

```
01    import xlwings as xw
02    import os
03
04    # 目标文件路径
05    destPath = 'data/'
06    destFile = os.listdir(destPath)
07
08    # 打开 Excel
09    app = xw.App(visible=False, add_book=False)
10    # 为了提高运行速度，关闭警告信息，比如关闭前提示保存、删除前提示确认等，默认是打开的
11    app.display_alerts = False
12
13    # 逐个遍历文件
14    for file_number in destFile:
15        print('--------------------')
16        if file_number.startswith('~$'):
17            # 判断是否是临时文件，如果是则跳过
18            continue
19
20        # 判断该文件是否是 Excel 文件
21        if file_number.endswith('xlsx'):
22            print(f'正在处理文件 "{file_number}"')
23            destWorkbook = app.books.open(destPath + '\\' + file_number)
24
25            # 设置第 1 个工作表为活跃工作表
26            destSheet = destWorkbook.sheets[0]
27
28            # 设置除表头之外的文字样式
29            print('设置除表头之外的文字样式')
30            print('设置字体为微软雅黑')
31            destSheet.range('A2').expand('table').api.Font.Name='微软雅黑'
32            print('设置字号大小为 16')
33            destSheet.range('A2').expand('table').api.Font.Size=16
34            print('设置字体加粗')
35            destSheet.range('A2').expand('table').api.Font.Bold=True
36            print('设置字体颜色')
37            destSheet.range('A2').expand('table').api.Font.Color=xw.utils.rgb_to_int((1,1,255))
38
39            # 保存文件
40            destWorkbook.save(f'generated_excel/{file_number}')
41            destWorkbook.close()
42
43    # 退出
44    app.quit()
```

第 31 行代码将从 A2 单元格开始所有数据的字体设置为"微软雅黑"。同理，第 33 行代码

设置字号大小为 16；第 35 行代码设置字体加粗，字体粗细对应的值是 True 和 False，True 表示设置字体为粗体；第 37 行代码设置字体颜色为(1, 1, 255)，其中 xw.utils.rgb_to_int 是把 RGB 颜色变成具体的颜色值。

第 40~44 行代码用于保存文件和退出程序。

运行上述代码，输出结果如下。打开文件夹 generated_excel 下刚刚保存的任意一个 Excel 文件，效果如图 8-5 所示。

```
--------------------
正在处理文件"1 组.xlsx"
设置除表头之外的文字样式
设置字体为微软雅黑
设置字号大小为 16
设置字体加粗
设置字体颜色
------篇幅原因，省略其他输出-------------
正在处理文件"8 组.xlsx"
设置除表头之外的文字样式
设置字体为微软雅黑
设置字号大小为 16
设置字体加粗
设置字体颜色
```

第 9 章

批量数据分析，既强大又方便

xlwings 库可以与数据分析库 pandas 结合使用，提高数据分析能力。本章首先介绍 pandas 库；然后利用该库处理 Excel 中的常见运算；接着介绍如何拆分工作表；最后介绍如何批量制作数据透视表。

9.1 pandas 库介绍与安装

pandas 库是一个开源免费的数据分析模块。它的名称来源于面板数据（panel data）和 Python 数据分析（data analysis）。凭借强大的数据分析处理功能，pandas 成为数据分析的必备工具之一，并且在某种程度上被称为 Python 版的 Excel。

如果利用 Anaconda 安装 Python，会自动安装 pandas 模块，无须单独安装。否则，请使用下面的语句安装该模块：

```
pip install pandas
```

安装完成之后，在使用 pandas 之前，请使用下面的代码导入，并且指定它的别名是 pd。在之后的代码中，pd 就表示 pandas 模块。

```
import pandas as pd
```

在 pandas 中主要有两种数据结构，分别是序列（Series）和数据框（DataFrame）。下面重点讲解这两种结构。

9.1.1 序列

序列（Series）用于存储一行或一列的数据，以及与之对应的索引的集合，如图 9-1 所示。

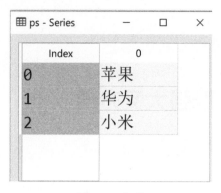

图 9-1　序列

　　序列可以理解为 Excel 表格中的一列数据，但是可以指定一个索引列。通过索引可以访问对应的值，例如可以通过索引值 1 访问到"华为"。具体代码如下，我们逐行分析。

代码文件：9.1.1-序列.py

```
01    import pandas as pd
02
03    # 定义序列
04    ps = pd.Series(['苹果','华为','小米'])
05    # 输出序列
06    print(ps)
07
08    # 通过索引访问具体的值
09    print(f'通过索引值 1 访问数据"{ps[1]}"')
```

　　第 1 行代码用于导入 pandas 模块，并取别名为 pd。

　　第 4 行代码利用 pd.Series 函数创建一个序列。这里是通过传入一个列表来创建序列。

　　第 6 行代码输出序列的内容。

　　第 9 行代码通过索引访问具体的值。这里是通过索引值 1 访问数据"华为"。

　　运行上述代码，输出结果如下：

```
0    苹果
1    华为
2    小米
dtype: object
通过索引值 1 访问数据"华为"
```

9.1.2　数据框

　　数据框（DataFrame）是用于存储多行多列数据的集合，类似于 Excel 表格，如图 9-2 所示。

Index	所属业务组	销售人员姓名	销售人员工号	场客户数	产品A销售额	产品B销售额	产品C销售额
0	7组	居*雨	251430	4	0	0	860
1	7组	梁*婷	249141	8	0	0	230
2	7组	赵*容	249121	10	2360	0	1706
3	7组	莫*玲	249721	4	0	0	0
4	7组	李*萍	250594	9	0	0	430
5	7组	钟*青	250600	4	0	0	920
6	7组	姚*梨	250655	1	0	0	0
7	7组	唐*丽	250678	4	0	0	460
8	7组	黎*明	248916	9	30000	0	1711
9	7组	梁*涛	248924	10	35800	0	1750
10	7组	陈*飞	141720	10	0	558	3650

图 9-2　数据框

如图 9-2 所示，数据框包含多列。不同列可以是不同的数据类型，并且每一列都有一个列名。数据框包含多行数据，每一行数据都有一个索引，默认从 0 开始。一般通过 pandas 模块的 `DataFrame` 函数定义数据框。它通常包含三个参数，具体含义如表 9-1 所示。

表 9-1　函数 DataFrame 的常用参数

创建数据框的函数：pandas.DataFrame(data=None, index=None, columns=None)	
参　数	说　明
data	数据。默认为空
index	索引。方便快速找到某一个数据，默认为空
columns	列名。数据中使用的列，默认为空

下面通过该函数创建不同的数据框。

代码文件：9.1.2-数据框.py

```
import pandas as pd

# 用嵌套列表保存数据
data = [['7 组','居*雨',251430,4,0,0,860],
        ['7 组','梁*婷',249141,8,0,0,230],
        ['7 组','梁*涛',248924,10,35800,0,1750],
        ['7 组','陈*飞',141720,10,0,558,3650]]

# 列名
cols = ['所属业务组','销售人员姓名','销售人员工号',
        '活动到场客户数','产品 A 销售额','产品 B 销售额','产品 C 销售额']

# 创建一个数据框
df = pd.DataFrame(data)
print('通过嵌套列表创建数据框, 并且用默认索引和列名。')
print(df)

```

```
18    # 创建一个数据框，并指定列名
19    df_col = pd.DataFrame(data,columns=cols)
20    print('通过嵌套列表创建数据框，并且用默认索引，指定列名。')
21    print(df_col)
22
23    # 创建一个数据框，并指定索引和列名
24    # 定义索引
25    index = ['a','b','c','d']
26    df_index = pd.DataFrame(data,index=index, columns=cols)
27    print('通过嵌套列表创建数据框，并且指定索引和列名。')
28    print(df_index)
29
30    # 通过字典创建数据框
31    data_dic={'所属业务组':['7 组','7 组','7 组','7 组'],
32            '销售人员姓名':['居*雨','梁*婷','梁*涛','陈*飞']
33            }
34    df_dic = pd.DataFrame(data_dic)
35    print('通过字典创建数据框。')
36    print(df_dic)
```

第 1 行代码用于导入 pandas 模块。

第 4~7 行代码定义一个嵌套列表 data，用于保存所有数据

第 10 行代码定义一个列表 cols，存储数据的所有列名。注意，列名必须与嵌套列表 data 的列数一样。

第 14 行代码用 DataFrame 函数为嵌套列表 data 创建一个数据框，并且采用默认的索引和列名。默认的索引和列名都是从 0 开始编号，具体如下面的输出所示。

第 19 行代码用参数 columns 指定列名 cols。

第 25 行代码定义一个保存索引的列表。

第 26 行代码用自定义的索引和列名创建数据框。

第 31~33 行代码定义一个字典 data_dic。

第 34 行代码用 DataFrame 函数为字典 data_dic 创建一个数据框。

运行上述代码，输出结果如下：

```
通过嵌套列表创建数据框，并且用默认索引和列名。
       0    1      2   3      4    5     6
0    7 组   居*雨  251430   4      0    0   860
1    7 组   梁*婷  249141   8      0    0   230
2    7 组   梁*涛  248924  10  35800    0  1750
3    7 组   陈*飞  141720  10      0  558  3650
通过嵌套列表创建数据框，并且用默认索引，指定列名。
  所属业务组 销售人员姓名  销售人员工号  活动到场客户数  产品 A 销售额  产品 B 销售额  产品 C 销售额
0    7 组    居*雨   251430       4        0        0      860
```

```
1     7 组    梁*婷    249141    8      0      0      230
2     7 组    梁*涛    248924    10     35800   0      1750
3     7 组    陈*飞    141720    10     0      558    3650
通过嵌套列表创建数据框,并且指定索引和列名。
     所属业务组  销售人员姓名  销售人员工号  活动到场客户数  产品 A 销售额  产品 B 销售额  产品 C 销售额
a     7 组    居*雨    251430    4      0      0      860
b     7 组    梁*婷    249141    8      0      0      230
c     7 组    梁*涛    248924    10     35800   0      1750
d     7 组    陈*飞    141720    10     0      558    3650
通过字典创建数据框。
     所属业务组  销售人员姓名
0     7 组    居*雨
1     7 组    梁*婷
2     7 组    梁*涛
3     7 组    陈*飞
```

9.1.3 数据框的常见运算

数据框是处理数据时常用的数据结构。接下来重点介绍它的常见运算。

1. 数据选择

数据选择是指数据框的访问方式,旨在从数据框中获取某行或某列数据。访问方式有多种,比如按列访问、按行访问等,具体代码如下,我们逐行分析。

代码文件:9.1.3.1-数据选择.py

```
01    import pandas as pd
02
03    ####
04    # 定义数据框
05    ####
06    # 用嵌套列表保存数据
07    data = [['7 组','居*雨',251430,4,0,0,860],
08            ['7 组','梁*婷',249141,8,0,0,230],
09            ['7 组','梁*涛',248924,10,35800,0,1750],
10            ['7 组','陈*飞',141720,10,0,558,3650]]
11
12    # 列名
13    cols = ['所属业务组','销售人员姓名','销售人员工号',
14            '活动到场客户数','产品 A 销售额','产品 B 销售额','产品 C 销售额']
15
16    # 行索引
17    index = ['a','b','c','d']
18
19    # 创建一个数据框
20    df = pd.DataFrame(data, index=index, columns=cols)
21    print('通过嵌套列表创建数据框,并且指定索引和列名。')
22    print(df)
23
24    ####
```

```python
25    # 访问数据框的列
26    ####
27
28    # 按照列名访问数据框
29    name = df['销售人员姓名']
30    print('按列访问数据框。访问一列')
31    print(name)
32
33    # 访问多列
34    col_name=['销售人员姓名','产品 A 销售额','产品 C 销售额']
35    col_muli = df[col_name]
36    print('按列访问数据框。访问多列')
37    print(col_muli)
38
39    ####
40    # 访问数据框的行
41    ####
42    # iloc vs loc
43    # 使用 iloc 方法根据行号选择一行数据，形成序列
44    row_2 = df.iloc[1]
45    print('使用 iloc 方法根据行号选择一行数据，形成序列')
46    print(row_2)
47
48    # 使用 iloc 方法根据行号选择多行数据。注意是左闭右开
49    row_2 = df.iloc[1:3]
50    print('使用 iloc 方法根据行号选择多行数据。注意是左闭右开')
51    print(row_2)
52
53    # 使用 iloc 方法根据行索引选择多行数据
54    row_2 = df.iloc[[0,2]]
55    print('使用 iloc 方法根据行索引选择多行数据')
56    print(row_2)
57
58    # 使用 loc 方法根据行名选择一行数据
59    row_2 = df.loc['a']
60    print('使用 loc 方法根据行名选择一行数据')
61    print(row_2)
62
63    # 使用 loc 方法根据行名选择多行数据
64    row_2 = df.loc[['a','b']]
65    print('使用 loc 方法根据行名选择多行数据')
66    print(row_2)
67
68    ####
69    # 选择满足条件的数据
70    ####
71    # 选择满足条件的行数据
72    print('选择满足一种条件的行数据')
73    one_df = df[df['产品 B 销售额']>0]
74    print(one_df)
75
76    print('选择满足多种条件的行数据')
77    mulit_df = df[(df['产品 B 销售额']==0 ) & (df['活动到场客户数']<5)]
78    print(mulit_df)
```

```
79
80    print('选择满足多种条件的行和列')
81    name = df[(df['产品 B 销售额']==0 ) & (df['活动到场客户数']<5)][['所属业务组','销售人员姓名']]
82    print(name)
```

第 1 行代码导入 pandas 库。

第 3~22 行代码如前所述，主要目的是创建数据框 df。

● **获取列数据**

第 24~37 行代码按列名访问数据框。

按列名访问数据框，在数据框 df 后面的方括号中指明要选择的列名即可，比如第 29 行代码的 df['销售人员姓名']获取"销售人员姓名"列的数据。如果需要获取多列，可以用列表的方式，比如第 34 行代码定义一个保存列的列表，第 35 行代码中的 df[['销售人员姓名','产品 A 销售额','产品 C 销售额']]获取这 3 列的数据。

● **获取行数据**

第 39~66 行代码用于访问数据框的行。

如果需要访问一行或多行数据，可以用数据框的 loc 或者 iloc 属性。如果数据框使用自定义索引，那么推荐使用 loc 属性，比如 df.loc['a']是访问索引标签为 a 的数据；否则推荐使用 iloc 属性，比如 df.iloc[1]是访问实际的第 2 行数据。

第 44 行代码用 iloc 方法根据行号（索引位置）选择一行数据，并形成序列。

第 49 行代码用 iloc 方法的切片选择多行数据，注意[1:3]表示左闭右开，也就是选择第 2 行和第 3 行，不包括第 4 行。

第 54 行代码根据默认的行索引选择多行。

第 59 行代码根据自定义的行索引选择单行。

第 64 行代码根据自定义的行索引选择多行。

● **筛选数据**

第 68~82 行代码用于筛选数据。

如何选择满足条件的行以实现数据筛选？可以在中括号里设定筛选条件来过滤行，比如 df[df['产品 B 销售额']>0]。如果有多个筛选条件，可以用"&"（表示且）或者"|"（表示或）链接起来。

第 73 行代码用于选择"产品 B 销售额"大于 0 的数据。

第 77 行代码基于多个条件进行选择：选择"产品 B 销售额"等于 0 并且"活动到场客户数"小于 5 的数据。

第 81 行代码选择满足多个条件的某几列数据。这里是在第 77 行代码的后面直接添加需要的列，也就是先选择行，再选择列。

运行上述代码，输出结果如下：

```
通过嵌套列表创建数据框，并且指定索引和列名。
   所属业务组 销售人员姓名 销售人员工号 活动到场客户数  产品 A 销售额  产品 B 销售额  产品 C 销售额
a    7 组    居*雨   251430     4       0        0       860
b    7 组    梁*婷   249141     8       0        0       230
c    7 组    梁*涛   248924    10    35800        0      1750
d    7 组    陈*飞   141720    10       0      558      3650
按列访问数据框。访问一列
a    居*雨
b    梁*婷
c    梁*涛
d    陈*飞
Name: 销售人员姓名, dtype: object
按列访问数据框。访问多列
   销售人员姓名 产品 A 销售额  产品 C 销售额
a    居*雨       0       860
b    梁*婷       0       230
c    梁*涛   35800      1750
d    陈*飞       0      3650
使用 iloc 方法根据行号选择一行数据，形成序列
所属业务组        7 组
销售人员姓名      梁*婷
销售人员工号    249141
活动到场客户数        8
产品 A 销售额        0
产品 B 销售额        0
产品 C 销售额      230
Name: b, dtype: object
使用 iloc 方法根据行号选择多行数据。注意是左闭右开
   所属业务组 销售人员姓名 销售人员工号 活动到场客户数  产品 A 销售额  产品 B 销售额  产品 C 销售额
b    7 组    梁*婷   249141     8       0        0       230
c    7 组    梁*涛   248924    10    35800        0      1750
使用 iloc 方法根据行索引选择多行数据
   所属业务组 销售人员姓名 销售人员工号 活动到场客户数  产品 A 销售额  产品 B 销售额  产品 C 销售额
a    7 组    居*雨   251430     4       0        0       860
c    7 组    梁*涛   248924    10    35800        0      1750
使用 loc 方法根据行名选择一行数据
所属业务组        7 组
销售人员姓名      居*雨
销售人员工号    251430
活动到场客户数        4
产品 A 销售额        0
产品 B 销售额        0
产品 C 销售额      860
```

```
Name: a, dtype: object
使用 loc 方法根据行名选择多行数据
   所属业务组 销售人员姓名   销售人员工号   活动到场客户数   产品 A 销售额   产品 B 销售额   产品 C 销售额
a    7 组      居*雨   251430       4        0         0        860
b    7 组      梁*婷   249141       8        0         0        230
选择满足一种条件的行数据
   所属业务组 销售人员姓名   销售人员工号   活动到场客户数   产品 A 销售额   产品 B 销售额   产品 C 销售额
d    7 组      陈*飞   141720      10        0       558       3650
选择满足多种条件的行数据
   所属业务组 销售人员姓名   销售人员工号   活动到场客户数   产品 A 销售额   产品 B 销售额   产品 C 销售额
a    7 组      居*雨   251430       4        0         0        860
选择满足多种条件的行和列
      所属业务组 销售人员姓名
a      7 组      居*雨
```

2. 数据排序

数据排序是按照具体数值的大小进行排序，有升序和降序两种。升序是数值从小到大排列，降序是数值从大到小排列。在 pandas 库中，数据框的 sort_values 函数用于对指定的列进行排序。它的常用参数含义如表 9-2 所示。

表 9-2 函数 sort_values 的常用参数

pandas.DataFrame.sort_values(by, ascending=True, inplace=False)	
参　　数	含　　义
by	根据某些列进行排序
ascending	是否升序。默认为 True，False 为降序
inplace	直接修改原数据？默认 False，不修改；True 是修改

下面来看案例。我们首先创建一个数据框，然后进行排序。具体代码如下，我们逐行分析。

代码文件：9.1.3.2-数据排序.py

```
01    ####
02    # 定义数据框
03    ####
04    # 用嵌套列表保存数据
05    data = [['7 组','居*雨',251430,4,0,0,860],
06            ['7 组','梁*婷',249141,8,0,0,230],
07            ['7 组','梁*涛',248924,10,35800,0,1750],
08            ['7 组','陈*飞',141720,10,0,558,3650]]
09
10    # 列名
11    cols = ['所属业务组','销售人员姓名','销售人员工号',
12            '活动到场客户数','产品 A 销售额','产品 B 销售额','产品 C 销售额']
13
14    # 行索引
15    index = ['a','b','c','d']
16
```

```
17    # 创建一个数据框
18    df = pd.DataFrame(data, index=index, columns=cols)
19    print('通过嵌套列表创建数据框，并且用默认索引和列名。')
20    print(df)
21
22    ####
23    # 数据排序
24    ####
25    print('对数据框排序，按照活动到场客户数降序，按照产品 C 销售额升序：')
26    sortData = df.sort_values(
27            by=['活动到场客户数','产品 C 销售额'],
28            ascending=[False, True]
29            )
30    print(sortData)
```

第 26~29 行代码用数据框 df 的 **sort_values** 函数进行排序。这里根据数据框的两个列进行排序，分别是根据"活动到场客户数"降序，以及根据"产品 C 销售额"升序——当"活动到场客户数"有重复数据的时候，按照"产品 C 销售额"升序排列。注意，这里的 **inplace** 参数采用默认值，表示不对原来的数据框 df 进行修改，而是采用返回值给变量 sortData 的方式。

第 30 行代码用 print 函数输出排序后的数据 sortData。

运行上述代码，输出结果如下：

```
通过嵌套列表创建数据框，并且用默认索引和列名。
   所属业务组 销售人员姓名 销售人员工号 活动到场客户数  产品 A 销售额  产品 B 销售额  产品 C 销售额
a     7 组      居*雨    251430       4         0         0        860
b     7 组      梁*婷    249141       8         0         0        230
c     7 组      梁*涛    248924      10     35800         0       1750
d     7 组      陈*飞    141720      10         0       558       3650
对数据框排序，按照活动到场客户数降序，按照产品 C 销售额升序：
   所属业务组 销售人员姓名 销售人员工号 活动到场客户数  产品 A 销售额  产品 B 销售额  产品 C 销售额
c     7 组      梁*涛    248924      10     35800         0       1750
d     7 组      陈*飞    141720      10         0       558       3650
b     7 组      梁*婷    249141       8         0         0        230
a     7 组      居*雨    251430       4         0         0        860
```

9.2　将 Excel 转换为数据框

为了更加方便分析数据，我们可以把 Excel 的数据转换为数据框 DataFrame 的形式，然后运用 9.1 节中对数据框的运算进行统计分析，最后把统计结果写入新的 Excel 文件。

在 xlwings 库中，我们用 range 对象的 options 函数把数据转换成数据框，该函数参数的具体含义如表 9-3 所示。

表 9-3　将 Excel 转换为数据框

range('A1').options(pd.DataFrame,header=1,index=False,expand='table').value	
参　　数	含　　义
pd.DataFrame	把数据转换为数据框
header=1	将原始 Excel 数据集中的第 1 行作为列名，而不是使用自动列名
index=False	取消索引。取消原始 Excel 数据集中第 1 列作为数据框的行索引
expand='table'	扩展选择 Excel 数据的范围，table 表示选择整个表的数据，right 表示向右扩展选择一行，down 表示向下扩展选择一列

下面来看案例。首先读取"广州地区 3 月销售统计.xlsx"文件，然后把整个工作表的数据转换为数据框 df，再对 df 进行数据选择，筛选出"产品 A 销售额"不为 0 的数据，最后把筛选后的数据保存到一个新的 Excel 文件。具体代码如下，我们逐行分析。

代码文件：9.2-将 Excel 转换为数据框.py

```
01   # 导入需要的库
02   import xlwings as xw
03   import pandas as pd
04
05   fileName = 'data/广州地区 3 月销售统计.xlsx'
06
07   # 第一步：打开源文件的工作表
08   print('第一步：打开源文件的工作表')
09   app = xw.App(visible=False, add_book=False)
10   # 为了提高运行速度，关闭警告信息，比如关闭前提示保存、删除前提示确认等，默认是打开的
11   app.display_alerts = False
12   # 打开 Excel 文件
13   workbook = app.books.open(fileName)
14   # 打开工作表
15   worksheet = workbook.sheets[0]
16
17   # 第二步：将表格内容读取为数据框的形式并进行运算处理
18   print('第二步：将表格内容读取为数据框的形式并进行运算处理')
19   df = worksheet.range('A1').options(pd.DataFrame,header=1,index=False,
20                                      expand='table').value
21   print('将表格内容读取为数据框的形式')
22   print(type(df))
23   print(df)
24
25    # 求产品 A 销售额不为 0 的数据
26   nonZ = df[df['产品 A 销售额'] != 0]
27   print('产品 A 销售额不为 0 的数据是：')
28   print(nonZ)
29
30   # 第三步：新创建一个工作簿保存处理后的数据框数据
31   print('第三步：新创建一个工作簿保存处理后的数据框数据')
```

```
32    newWorkbook = app.books.add()
33    newsheet = newWorkbook.sheets[0]
34
35    # 写入处理后的数据 nonZ
36    newsheet.range('A1').options(index=False).value=nonZ
37    newsheet.autofit()
38    newWorkbook.save('generated_excel/产品 A 销售额不为 0 的数据.xlsx')
39
40    # 关闭程序
41    newWorkbook.close()
42    workbook.close()
43    app.quit()
```

第 5 行代码用变量 fileName 保存需要转换的 Excel 文件。

第 7~15 行代码打开 fileName 的工作表，并用 worksheet 表示。

第 19 行代码利用 options 函数把工作表 worksheet 转换为数据框。代码中 range('A1')用来设置起始单元格 A1。options(pd.DataFrame,header=1,index=False,expand='table')函数把从 A1 单元格开始的整个工作表转换为数据框，并且设置原来的列为数据框的列名。

第 26 行代码筛选数据框 df 中的数据：筛选列"产品 A 销售额"中不为 0 的数据，并保存在变量 nonZ 中。请读者根据 9.1.3 节内容筛选更多数据。

第 30~33 行代码用于新创建一个工作簿。

第 36 行代码把筛选后的数据 nonZ 写入新的工作表 newsheet 中。range('A1').options(index=False)表示从单元格 A1 开始写入全部的数据框数据，并且取消数据框的索引。

第 37 行代码自动调整工作表的行高和列宽。

第 38 行代码将新的工作簿保存为"产品 A 销售额不为 0 的数据.xlsx"，放在 generated_excel 文件夹下。

第 41~43 行代码用于关闭程序。

运行上述代码，输出结果如下：

```
第一步：打开源文件的工作表
第二步：将表格内容读取为数据框的形式并进行运算处理
将表格内容读取为数据框的形式
<class 'pandas.core.frame.DataFrame'>
    所属业务组 销售人员姓名   销售人员工号  活动到场客户数   产品 A 销售额   产品 B 销售额  产品 C 销售额
0     1 组    刘*梅    12039.0      1.0   4106.74      0.00    430.0
1     1 组    陈*红    59502.0      6.0      0.00      0.00   1130.0
2     1 组    陈*红    68693.0      2.0  20668.00      0.00    305.0
3     1 组    龙*芳   147363.0      3.0      0.00      0.00   9586.0
4     1 组    吴*珍   248749.0     10.0      0.00      0.00    330.0
```

```
5    2 组    侯*华      9804.0    2.0     9481.91    221.05    365.0
6    3 组    高*燕     12435.0    4.0        0.00  12000.00    136.0
7    3 组    高*婕    249459.0    8.0        0.00      0.00    300.0
8    4 组    何*珂    249027.0    3.0        0.00      0.00      0.0
产品 A 销售额不为 0 的数据是:
    所属业务组 销售人员姓名   销售人员工号  活动到场客户数  产品 A 销售额  产品 B 销售额  产品 C 销售额
0    1 组    刘*梅     12039.0    1.0     4106.74      0.00    430.0
2    1 组    陈*红     68693.0    2.0    20668.00      0.00    305.0
5    2 组    侯*华      9804.0    2.0     9481.91    221.05    365.0
第三步: 新创建一个工作簿保存处理后的数据框数据
```

打开 generated_excel 文件夹下的"产品 A 销售额不为 0 的数据.xlsx"文件,效果如图 9-3 所示,列"产品 A 销售额"的数据全部大于 0。

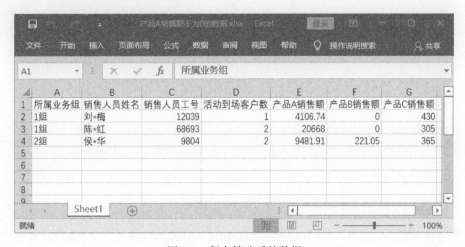

图 9-3 保存筛选后的数据

通过上面的案例,我们得出 pandas 结合 xlwings 实现数据分析分为三个步骤:一、利用 xlwings 将工作表的数据读取为数据框 DataFrame 结构;二、利用 DataFrame 结构的语法处理数据;三、利用 xlwings 把处理后的结果写入新的 Excel 文件。接下来讲解这三个步骤。

9.3 批量求最大值/最小值

工作中,经常需要求工作簿中某一列或者几列的最大值/最小值。如果需要同时对多个 Excel 文件求最大值/最小值,可以利用 Python 处理,非常高效和方便。求最大值/最小值的运算用的是 9.1.3 节的 max 和 min 函数。

下面来看案例。我们求文件夹 data 下所有 Excel 文件中"产品 C 销售额"的最大值/最小值,效果如图 9-4 所示,把结果写入对应列最下面的单元格中。

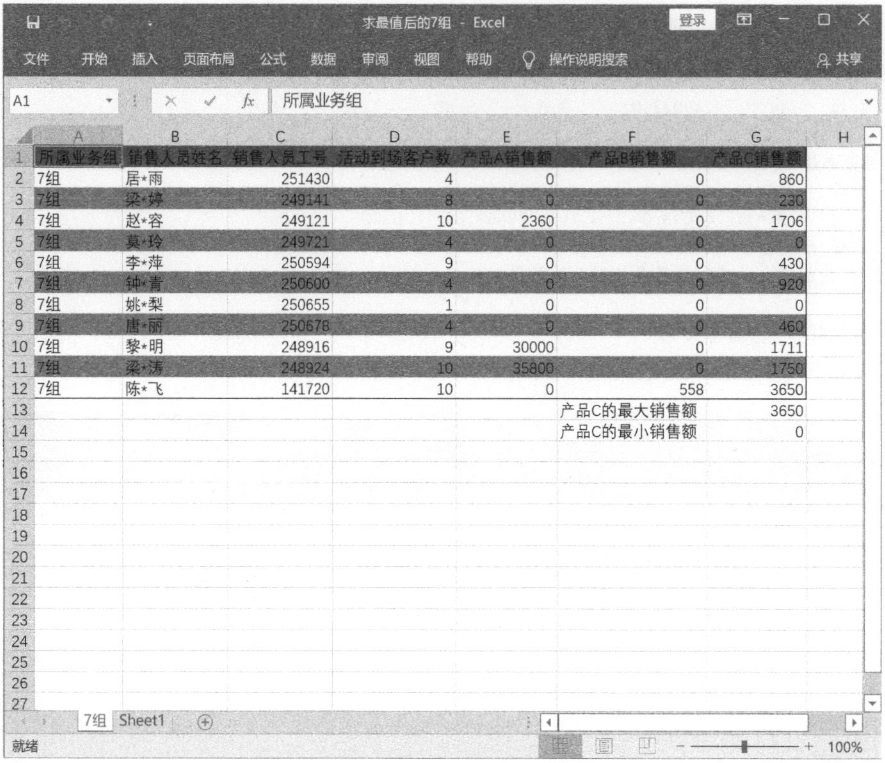

图 9-4　求最大值/最小值

　　首先分析需求。第一步，利用 os 模块的 `listdir` 方法获取文件夹下所有的 Excel 文件；第二步，利用函数 `max` 和 `min` 求某一列的最大值/最小值。进行运算之前需要先把工作表转换为数据框。具体代码如下，我们逐行分析。

代码文件：9.3-批量求最大值和最小值.py

```
01    import xlwings as xw
02    import pandas as pd
03    import os
04
05    # 目标文件路径
06    destPath = 'data/'
07    destFile = os.listdir(destPath)
08
09    # 打开 Excel
10    app = xw.App(visible=False, add_book=False)
11    # 为了提高运行速度，关闭警告信息，比如关闭前提示保存、删除前提示确认等，默认是打开的
12    app.display_alerts = False
13
14    # 逐个遍历文件
15    for file_number in destFile:
```

```
16          print('--------------------')
17          if file_number.startswith('~$'):
18              # 判断是否是临时文件，如果是则跳过
19              continue
20
21          # 判断该文件是否是 Excel 文件
22          if file_number.endswith('xlsx'):
23              print(f'正在处理文件 "{file_number}" ')
24              destWorkbook = app.books.open(destPath + '\\' + file_number)
25
26              # 设置第 1 个工作表为活跃工作表
27              destSheet = destWorkbook.sheets[0]
28              print('将工作表数据转换为数据框')
29              df = destSheet.range('A1').options(pd.DataFrame,header=1,index=False,
30                                                  expand='table').value
31
32              # 对产品 A 销售额求最大值和最小值
33              print('求产品 C 销售额的最大值')
34              maxValue = df['产品 C 销售额'].max()
35
36              print('求产品 C 销售额的最小值')
37              minValue = df['产品 C 销售额'].min()
38
39              # 获取数据区域
40              dataArea = destSheet.range('A1').expand('table')
41              # 通过 dataArea 的第 1 行数据 value[0]定位列 "产品 C 销售额" 的列号
42              col = dataArea.value[0].index('产品 C 销售额') + 1
43              # 通过 values.shape 获取数据区域行数和列数的二元组，比如(3, 7)
44              # 获取数据区域最后一行的行号
45              print(f'该工作表的数据行数和列数是{dataArea.shape}')
46              row=dataArea.shape[0]
47
48              # 把结果写入数据区域最下面的单元格中
49              destSheet.range(row+1,col-1).value='产品 C 的最大销售额'
50              destSheet.range(row+1,col).value=maxValue
51              destSheet.range(row+2,col-1).value='产品 C 的最小销售额'
52              destSheet.range(row+2,col).value=minValue
53
54              destSheet.autofit()
55
56              # 保存文件
57              print('另存为新的 Excel 文件。')
58              destWorkbook.save(f'generated_excel/求最值后的{file_number}')
59              destWorkbook.close()
60  # 退出
61  app.quit()
```

第 29 行代码用 options 函数把工作表数据转换为数据框，并用 df 表示。

第 34 行代码对数据框 df 的列 "产品 C 销售额" 求最大值，使用的是 9.1.3 节中的 max 函数。同理，第 37 行代码求最小值。

第 40 行代码获取工作表 destSheet 的数据区域，并用变量 dataArea 表示。

第 42 行代码获取工作表 destSheet 的第 1 行数据 value[0]，然后用 index 函数获取列 "产品 C 销售额" 的列号，加上 1 就是实际的列号。

第 46 行代码通过 destSheet 的 shape 属性获取数据的行数和列数。它返回一个二元组，其中 shape[0] 表示数据的行数。

第 49 行代码通过(row+1,col-1)定位 "产品 C 销售额" 列最后一个单元格下方左边单元格，然后把 "产品 C 的最大销售额" 写入该单元格。同理，第 50~52 行代码是在不同的单元格写入不同的内容。

第 54 行代码自动调整工作表的行高和列宽。

第 58 行代码用于另存为新的工作簿。

第 59~61 行代码用于关闭工作簿和退出程序。

运行上述代码，输出结果如下。打开文件夹 generated_excel 下刚刚保存的任意一个 Excel 文件，效果如图 9-4 所示。

```
--------------------
正在处理文件 "1 组.xlsx"
将工作表数据转换为数据框
求产品 C 销售额的最大值
求产品 C 销售额的最小值
该工作表的数据行数和列数是(6, 7)
另存为新的 Excel 文件。
--------篇幅原因，省略其他输出------------
正在处理文件 "8 组.xlsx"
将工作表数据转换为数据框
求产品 C 销售额的最大值
求产品 C 销售额的最小值
该工作表的数据行数和列数是(3, 7)
另存为新的 Excel 文件。
--------------------
```

9.4 拆分工作表

在工作中，我们经常需要根据某一列将一个工作表拆分为多个工作表。举个例子，"广州地区 3 月销售统计.xlsx" 文件包含很多列，我们根据第 1 列 "所属业务组" 把工作表拆分为新的同名工作表，效果如图 9-5 所示。

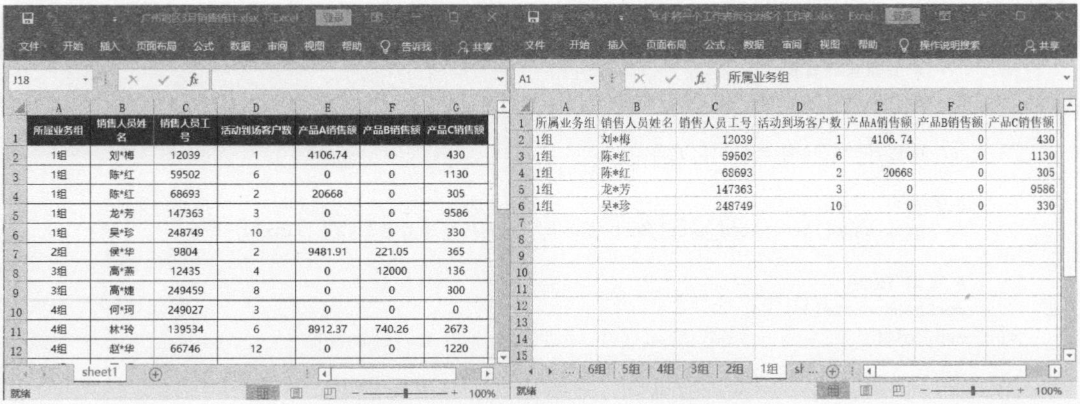

图 9-5 将一个工作表拆分为多个工作表

首先分析需求。第一步，用 xlwings 库打开 Excel 文件的工作表，并把数据转换为数据框；第二步，利用数据框的 groupby 函数按照第 1 列进行拆分；第三步，把拆分后的数据分别保存为新的工作表。具体代码如下，我们逐行分析。

代码文件：9.4-将一个工作表拆分为多个工作表.py

```
01    import xlwings as xw
02    import pandas as pd
03
04    # 文件名
05    nameFile = 'data/广州地区 3 月销售统计.xlsx'
06
07    # 打开 Excel
08    app = xw.App(visible=False, add_book=False)
09    # 为了提高运行速度，关闭警告信息，比如关闭前提示保存、删除前提示确认等，默认是打开的
10    app.display_alerts = False
11    # 打开 Excel 文件
12    workbook = app.books.open(nameFile)
13    # 打开工作表
14    worksheet = workbook.sheets[0]
15
16    # 将所有数据读取为数据框的形式
17    print('将工作表转换为数据框')
18    allValue = worksheet.range('A1').options(pd.DataFrame, header=1,
19                                         index=False,expand='table').value
20
21    # 根据第 1 列分组
22    groupby_data = allValue.groupby('所属业务组')
23    print('根据第 1 列分组')
24
25    # 根据分组后的数据生成新的工作表
26    for name, group in groupby_data:
27        # 分组后的名字
28        print(f'根据分组后的{name}生成同名工作表')
```

```
29        # 用分组后的名字作为新工作表的名字
30        new_sheet_name = workbook.sheets.add(name)
31        # 分组后的数据
32        # 分组后的数据为新工作表的数据
33        new_sheet_name['A1'].options(index=False).value=group
34        new_sheet_name.autofit()
35
36    # 另存为
37    workbook.save('generated_excel/9.4-将一个工作表拆分为多个工作表.xlsx')
38
39    # 关闭 Excel
40    workbook.close()
41    app.quit()
```

第 18 行代码把工作表转换为数据框，并用 allValue 变量表示。

第 22 行代码用数据框的 groupby 函数根据工作表的第 1 列"所属业务组"进行分组，并用变量 groupby_data 表示。

第 26~34 行代码定义一个 for 循环，为分组后的数据创建新的同名工作表。

第 26 行代码用关键字 for 定义循环，循环次数用 groupby_data 控制。其中 name 表示分组后的名字，group 表示分组后的数据。

第 30 行代码利用 sheets 的 add 方法创建一个同名工作表。

第 33 行代码把分组后的数据 group 写入新的同名的工作表。

第 34 行代码自动调整工作表的行高和列宽。

第 37 行代码用于另存为新文件。

第 40~41 行代码用于退出程序。

运行上述代码，输出结果如下。打开文件夹 generated_excel 下刚刚保存的 Excel 文件，效果如图 9-5 所示。

```
将工作表转换为数据框
根据第 1 列分组
根据分组后的 1 组生成同名工作表
根据分组后的 2 组生成同名工作表
根据分组后的 3 组生成同名工作表
根据分组后的 4 组生成同名工作表
根据分组后的 5 组生成同名工作表
根据分组后的 6 组生成同名工作表
根据分组后的 7 组生成同名工作表
根据分组后的 8 组生成同名工作表
```

举一反三：我们可以把分组后的数据另存为一个新的 Excel 文件，也就是有多少个分组就保存为多少个 Excel 文件。请读者尝试编写代码，如果有问题请联系作者。

9.5 批量制作数据透视表

在 Excel 中，数据透视表是非常好用的数据分析工具，它能在数秒内处理包含上万条数据的汇总报表。但是用 Excel 制作数据透视表的过程非常烦琐，并且容易出错。在 pandas 中，我们可以利用 pivot_table 函数轻松实现数据透视表功能。该函数的参数说明如表 9-4 所示。

表 9-4 数据透视表函数 pivot_table

pd.pivot_table(data,values='列名',index='列名',columns='列名',aggfunc='运算函数', fill_value=0,margins=True,dropna=True,margins_name='名字')	
参 数	含 义
data	必选参数。指定制作数据透视表的数据
values	可选参数。指定汇总计算的字段
index	必选参数。指定行字段
columns	必选参数。指定列字段
aggfunc	指定汇总计算的方式，比如 sum、mean 等
fill_value	指定填充缺省值的内容。默认不填充
margins	是否显示行列的总和。Fasle 为不显示，True 为显示
dropna	是否丢弃汇总后数据为空值的行。True 为丢弃，False 为不丢弃
margins_name	当 margins 为 True 时，用于设置总和数据行列的名称

下面来看案例。我们为文件夹 data 下的所有 Excel 文件生成数据透视表，效果如图 9-6 所示，把数据透视表写入数据区域的右下角。

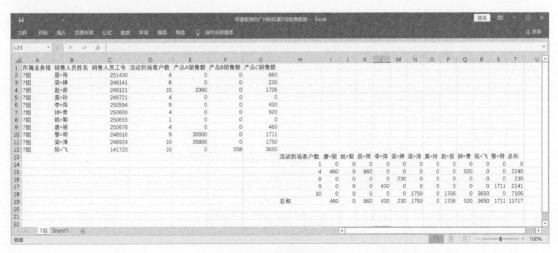

图 9-6　数据透视表

首先分析需求。第一步，利用 os 模块的 listdir 方法获取文件夹下所有的 Excel 文件；第二步，利用函数 pivot_table 为所有工作簿创建数据透视表。制作之前需要先把工作表转换为数据框。具体代码如下，我们逐行分析。

代码文件：9.5-批量制作数据透视表.py

```
01  import xlwings as xw
02  import pandas as pd
03  import os
04
05  # 目标文件路径
06  destPath = 'data/'
07  destFile = os.listdir(destPath)
08
09  # 打开 Excel
10  app = xw.App(visible=False, add_book=False)
11  # 为了提高运行速度，关闭警告信息，比如关闭前提示保存、删除前提示确认等，默认是打开的
12  app.display_alerts = False
13
14  # 逐个遍历文件
15  for file_number in destFile:
16      print('--------------------')
17      if file_number.startswith('~$'):
18          # 判断是否是临时文件，如果是则跳过
19          continue
20
21      # 判断该文件是否是 Excel 文件
22      if file_number.endswith('xlsx'):
23          print(f'正在处理文件"{file_number}"')
24          destWorkbook = app.books.open(destPath + '\\' + file_number)
25
26          # 设置第一个工作表为活跃工作表
27          destSheet = destWorkbook.sheets[0]
28          print('将工作表数据转换为数据框')
29          df = destSheet.range('A1').options(pd.DataFrame,header=1,index=False,
30                                            expand='table').value
31
32          # 利用读取的数据制作数据透视表
33          print('开始制作数据透视表')
34          pivottable = pd.pivot_table(df,
35                                      values='产品 C 销售额',
36                                      index='活动到场客户数',
37                                      columns='销售人员姓名',
38                                      aggfunc='sum',
39                                      fill_value=0,
40                                      margins=True,
41                                      margins_name='总和'
42                                      )
43
44          # 获取数据区域
45          dataArea = destSheet.range('A1').expand('table')
46          row=dataArea.shape[0]
```

```
47          col=dataArea.shape[1]
48
49          # 把结果写入数据区域右下角的单元格中
50          destSheet.range(row+1,col+1).value=pivottable
51          print('把数据透视表写入数据区域的右下角')
52          destSheet.autofit()
53
54          # 保存文件
55          print('另存为新的 Excel 文件。')
56          destWorkbook.save(f'generated_excel/带透视表的{file_number}')
57          destWorkbook.close()
58  # 退出程序
59  app.quit()
```

第 29 行代码用 options 函数把工作表数据转换为数据框，并用 df 表示。

第 34~42 行代码利用数据框的 pivot_table 为数据框 df 生成数据透视表。该数据透视表的汇总计算列是"产品 C 销售额"，行字段是"活动到场客户数"，列字段是"销售人员姓名"。这里的汇总计算方式是求和。请读者对其他列制作更多数据透视表。

第 45 行代码获取工作表 destSheet 的数据区域，并用变量 dataArea 表示。

第 46 行代码通过 destSheet 的 shape 属性获取数据的行数和列数。它返回一个二元组，其中 shape[0]表示数据的行数 row，shape[1]表示列数 col。第 47 行代码计算列数 col。

第 50 行代码通过(row+1,col+1)定位数据区域右下角的开始位置，然后写入数据透视表。

第 52 行代码自动调整工作表的行高和列宽。

第 56 行代码用于另存为新的工作簿。

第 57~59 行代码用于关闭工作簿和退出程序。

运行上述代码，输出结果如下。打开文件夹 generated_excel 下刚刚保存的任意一个 Excel 文件，效果如图 9-6 所示。

```
--------------------
正在处理文件"广州地区第 1 组销售数据.xlsx"
将工作表数据转换为数据框
开始制作数据透视表
把数据透视表写入数据区域的右下角
另存为新的 Excel 文件。
---------篇幅原因，省略其他输出-----------
正在处理文件"广州地区第 8 组销售数据.xlsx"
将工作表数据转换为数据框
开始制作数据透视表
把数据透视表写入数据区域的右下角
另存为新的 Excel 文件。
```

第 10 章

自动数据可视化，既漂亮又高效

xlwings 库可以与数据可视化库 matplotlib 结合使用，提高数据可视化能力。本章首先介绍 matplotlib 库；然后利用该库制作不同类型的图表，比如柱形图、条形图、折线图。

10.1　matplotlib 库介绍与安装

数据可视化是利用图形展示数据中隐含的信息，并发掘数据中包含的规律。matplotlib 库是一个非常强大的 Python 绘图工具，是数据可视化的必备工具之一。如果是用 Anaconda 安装的 Python，它会自动安装 matplotlib 模块，无须单独安装。否则，请使用下面的语句安装该模块：

```
pip install matplotlib
```

安装完成之后。在使用 matplotlib 之前，请使用下面的代码将其导入。代码的意思是导入绘图模块，并且为其取别名 plt。在之后的代码中，plt 就表示 matplotlib.pyplot 模块。

```
import matplotlib.pyplot as plt
```

虽然模块 xlwings 可以绘制不同的图表，但是它不能方便地设置图表的标题、数据标签等。因此，一般我们用 matplotlib 库绘制需要的各种图表，比如柱形图、条形图、折线图、散点图、饼图、面积图、3D 图形甚至是图形动画，等等，基本涵盖了日常工作中用到的图表类型。

接下来我们利用 matplotlib 库绘制各种图表，并与 Excel 模块的 xlwings 模一起结合使用，实现 Excel 数据自动可视化。

10.2　批量制作柱形图

柱形图是一种以长方形为单位长度、根据数据大小绘制的统计图形。它用来比较两个或两个以上的数据，既可以是不同时间的，也可以是不同类别的。柱形图一般用来表现趋势，可以展示不同项目之间的对比，如果横轴是数值区间，还可以表示数据分布。在 matplotlib.pyplot 模块中，函数 bar 用来绘制柱形图。它的常用参数如表 10-1 所示。

表 10-1　函数 bar 常用参数

matplotlib.pyplot.bar(x,y,label,width,color)	
参　　数	含　　义
x	x 轴对应的值
y	y 轴对应的值
label	图例名
width	柱子的宽度
color	柱子的颜色

下面来看案例。我们为 data 文件夹下的所有 Excel 文件生成柱形图，效果如图 10-1 所示，把柱形图写入数据区域的下方。

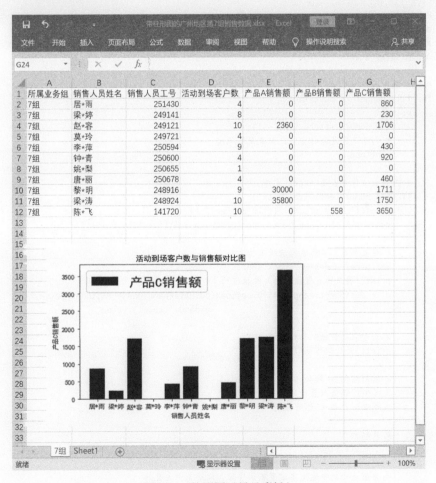

图 10-1　柱形图（另见彩插）

首先分析需求。第一步，利用 os 模块的 listdir 方法获取文件夹下所有的 Excel 文件；第二步，利用函数 bar 为所有工作簿创建柱形图并设置图像的显示效果。制作之前需要先把工作表转换为数据框。具体代码如下，我们逐行分析。

代码文件：10.2-批量制作柱形图.py

```
01   import xlwings as xw
02   import pandas as pd
03   import matplotlib.pyplot as plt
04   import os
05
06   # 目标文件路径
07   destPath = 'data/'
08   destFile = os.listdir(destPath)
09
10   # 打开 Excel
11   app = xw.App(visible=False, add_book=False)
12   # 为了提高运行速度，关闭警告信息，比如关闭前提示保存、删除前提示确认等，默认是打开的
13   app.display_alerts = False
14
15   # 逐个遍历文件
16   for file_number in destFile:
17       print('--------------------')
18       if file_number.startswith('~$'):
19           # 判断是否是临时文件，如果是则跳过
20           continue
21
22       # 判断该文件是否是 Excel 文件
23       if file_number.endswith('xlsx'):
24           print(f'正在处理文件 "{file_number}" ')
25           destWorkbook = app.books.open(destPath + '\\' + file_number)
26
27           # 设置第 1 个工作表为活跃工作表
28           destSheet = destWorkbook.sheets[0]
29           print('将工作表数据转换为数据框')
30           df = destSheet.range('A1').options(pd.DataFrame,header=1,index=False,
31                                               expand='table').value
32
33           # 用读取的数据制作柱形图
34           print('开始制作柱形图')
35
36           # 柱形图的 x 轴和 y 轴
37           x = df['销售人员姓名']
38           y = df['产品 C 销售额']
39
40           # 获取画布
41           fig = plt.figure()
42
43           # 为图表中的中文文本设置默认字体，以避免中文乱码
44           plt.rcParams['font.sans-serif'] = ['SimHei']
```

```
45              # 解决当坐标轴出现负数时无法显示的问题
46              plt.rcParams['axes.unicode_minus']=False
47
48              # 绘制柱形图
49              plt.bar(x,y,label='产品 C 销售额',color='blue')
50
51              # 添加图例
52              plt.legend(loc='upper left', fontsize=20)
53
54              # 图表标题
55              plt.title('活动到场客户数与销售额对比图')
56
57              # 设置 x/y 轴标题
58              plt.xlabel('销售人员姓名')
59              plt.ylabel('产品 C 销售额')
60
61              print('把柱形图写入 Excel 文件')
62              # 把图写入 Excel 文件中, name 是在 Excel 软件中的名字, left/top/width/height 是位置
63              destSheet.pictures.add(fig, name='testbar',left=20,top=200,width=340,height=200)
64
65              # 保存文件
66              print('另存为新的 Excel 文件。')
67              destWorkbook.save(f'generated_excel/带柱形图的{file_number}')
68              destWorkbook.close()
69      # 退出程序
70      app.quit()
```

第 30 行代码用 options 函数把工作表数据转换为数据框,并用 df 表示。

第 37 行代码提取数据框 df 的"销售人员姓名"的列数据,并保存在变量 x 中,作为柱形图的 x 轴数据。同理,第 38 行代码提取数据框 df 的"产品 C 销售额"的列数据,并保存在变量 y 中,作为柱形图的 y 轴数据。请读者提取数据框其他列的数据以绘制不同的柱形图。

第 41 行代码用 figure 函数获取模块 plt 的画布,并赋值给变量 fig。

第 44 行代码用模块 plt 的 rcParams 设置画布 fig 的中文文本字体,以防止柱形图出现中文乱码。这里是设置为黑体 SimHei。如果想设置其他字体,可以参考表 10-2。

表 10-2 常用字体中英文名称对照表

字体中文名称	字体英文名称
黑体	SimHei
微软雅黑	Microsoft YaHei
宋体	SimSun
新宋体	NSimSun

第 46 行代码用模块 plt 的 rcParams 解决坐标轴出现负数时无法显示的问题。

第 49 行代码用 bar 函数为 x 和 y 代表的数据绘制柱形图，并且设置柱形图的图例 label 为"产品 C 销售额"，以及柱形的颜色 color 为蓝色 blue。

第 52 行代码用 legend 函数为柱形图设置图例格式，具体的参数含义如表 10-3 所示。

表 10-3　函数 legend 常用参数

matplotlib.pyplot.legend(loc,fontsize,edgecolor,shadow)	
参　数	含　义
loc	显示位置：左上角 upper left、右上角 upper right、左下角 lower left、右下角 lower right
fontsize	字号大小
facecolor	背景颜色
edgecolor	边框颜色
shadow	是否添加阴影。默认值 False，表示不添加

第 55 行代码用 title 函数为柱形图设置标题，其参数的含义如表 10-4 所示。

表 10-4　函数 title 常用参数

matplotlib.pyplot.title(label,fontdic,loc,pad)	
参　数	含　义
label	标题内容
fontdict	标题的字体、字号以及颜色等
loc	显示位置。默认居中显示 center。还有靠左 left、靠右 right
pad	标题到图表坐标系顶端的距离

第 58 行和第 59 行代码用 xlable 和 ylabel 设置柱形图 x 轴和 y 轴的标题。这两个函数的参数含义如表 10-5 所示。

表 10-5　函数 xlabel/ylable 常用参数

matplotlib.pyplot.xlabel/ylabel(label,fontdic,labelpad)	
参　数	含　义
Label	坐标轴标题内容
Fontdict	标题的字体、字号以及颜色等
Labelpad	标题到坐标轴的距离

第 63 行代码用 xlwings 库的 pictures 对象的 add 方法把画布 fig 上的柱形图添加到 Excel 文件中。该方法的详细说明见 5.4.5 节。

第 67 行代码把带有柱形图的工作簿另存为新文件。

第 68~70 行代码用于关闭工作簿和退出程序。

运行上述代码，输出结果如下。打开文件夹 generated_excel 下刚刚保存的任意一个 Excel 文件，效果如图 10-1 所示。

```
--------------------
正在处理文件"广州地区第 1 组销售数据.xlsx"
将工作表数据转换为数据框
开始制作柱形图
把柱形图写入 Excel 文件
另存为新的 Excel 文件。
---------篇幅原因，省略其他输出------------
正在处理文件"广州地区第 8 组销售数据.xlsx"
将工作表数据转换为数据框
开始制作柱形图
把柱形图写入 Excel 文件
另存为新的 Excel 文件。
```

10.3 批量制作条形图

条形图是用宽度相同的条形的长短表示数据多少的图形。它有很多种类型，比如竖直条形图、水平条形图、叠加条形图等。条形图其实就是横向的柱形图，因此除了不能展现时间趋势以外，其他能用柱形图的地方基本上都可以用条形图展示。在 matplotlib.pyplot 模块中，函数 barh 用来绘制水平条形图、函数 bar 用来绘制竖直条形图。它们的常用参数如表 10-6 所示。

表 10-6 函数 barh 常用参数

matplotlib.pyplot.barh(x,y,label,width,color)	
参 数	含 义
x	y 轴对应的值
y	x 轴对应的值
label	图例名
width	横条的宽度
color	横条的颜色

下面来看案例。我们为文件夹 data 下的所有 Excel 文件生成条形图，效果如图 10-2 所示，把条形图写入数据区域的下方。

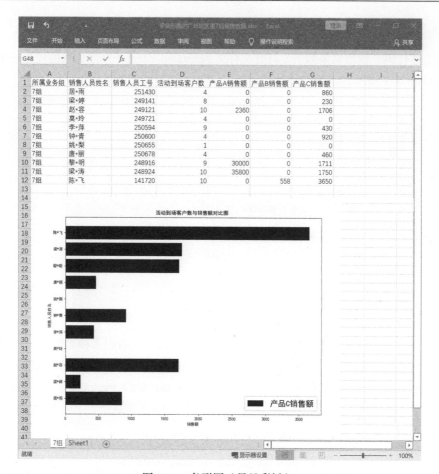

图 10-2　条形图（另见彩插）

首先分析需求。第一步，利用 os 模块的 `listdir` 方法获取文件夹下所有的 Excel 文件；第二步，利用函数 `barh` 为所有工作簿创建条形图并设置图像的显示效果。制作之前需要先把工作表转换为数据框。具体代码如下，我们逐行分析。

代码文件：10.3-批量制作条形图.py

```
01   import xlwings as xw
02   import pandas as pd
03   import matplotlib.pyplot as plt
04   import os
05
06   # 目标文件路径
07   destPath = 'data/'
08   destFile = os.listdir(destPath)
09
10   # 打开 Excel
11   app = xw.App(visible=False, add_book=False)
```

```
12   # 为了提高运行速度，关闭警告信息，比如关闭前提示保存、删除前提示确认等，默认是打开的
13   app.display_alerts = False
14
15   # 逐个遍历文件
16   for file_number in destFile:
17       print('--------------------')
18       if file_number.startswith('~$'):
19           # 判断是否是临时文件，如果是则跳过
20           continue
21
22       # 判断该文件是否是 Excel 文件
23       if file_number.endswith('xlsx'):
24           print(f'正在处理文件 "{file_number}" ')
25           destWorkbook = app.books.open(destPath + '\\' + file_number)
26
27           # 设置第1个工作表为活跃工作表
28           destSheet = destWorkbook.sheets[0]
29           print('将工作表数据转换为数据框')
30           df = destSheet.range('A1').options(pd.DataFrame,header=1,index=False,
31                                              expand='table').value
32
33           # 用读取的数据制作条形图
34           print('开始制作条形图')
35
36           # 条形图的坐标
37           name = df['销售人员姓名']
38           number = df['产品 C 销售额']
39
40           # 获取画布
41           fig = plt.figure()
42
43           # 为图表中的中文文本设置默认字体，以避免中文乱码
44           plt.rcParams['font.sans-serif'] = ['SimHei']
45           # 解决坐标轴出现负数时无法显示的问题
46           plt.rcParams['axes.unicode_minus']=False
47
48           # 绘制条形图（也可以用 bar 绘制垂直条形图）
49           plt.barh(name,number,label='产品 C 销售额',color='blue')
50
51           # 添加图例，放在右下角
52           plt.legend(loc='lower right', fontsize=20)
53
54           # 图表标题
55           plt.title('活动到场客户数与销售额对比图')
56
57           # 设置 x/y 轴标题
58           plt.xlabel('活动到场客户数')
59           plt.ylabel('销售额')
60
61           print('把条形图写入 Excel 文件')
62           # 把图写入 Excel 文件中，name 是在 Excel 软件中的名字，left/top/width/height 是位置
63           destSheet.pictures.add(fig, name='testbar',left=20,top=200)
64
65           # 保存文件
66           print('另存为新的 Excel 文件。')
67           destWorkbook.save(f'generated_excel/带条形图的{file_number}')
68           destWorkbook.close()
```

```
69    # 退出
70    app.quit()
```

第 30 行代码用 options 函数把工作表数据转换为数据框，并用 df 表示。

第 37 行代码提取数据框 df 的"销售人员姓名"的列数据，并保存在变量 name 中。同理，第 38 行代码提取数据框 df 的"产品 C 销售额"的列数据，并保存在变量 number 中。请读者提取数据框其他列的数据以绘制不同的条形图。

第 41 行代码用 figure 函数获取模块 plt 的画布，并赋值给变量 fig。

第 44 行代码用模块 plt 的 rcParams 设置画布 fig 的中文文本字体，以防止条形图出现中文乱码。这里是设置为黑体 SimHei。如果想设置其他字体，可以参考表 10-2。

第 46 行代码用模块 plt 的 rcParams 解决坐标轴出现负数时无法显示的问题。

第 49 行代码用 barh 函数为 x 和 y 代表的数据绘制条形图，并且设置条形图的图例 label 为"产品 C 销售额"，以及横条的颜色 color 为蓝色 blue。

第 52 行代码用 legend 函数为条形图设置图例格式，具体参数请查看表 10-3。

第 55 行代码用 title 函数为条形图设置标题，具体参数请查看表 10-4。

第 58 和第 59 行代码用 xlable 和 ylabel 设置条形图 x 轴和 y 轴的标题。这两个函数的参数含义请查看表 10-5。

第 63 行代码用 xlwings 库的 pictures 对象的 add 方法把画布 fig 上的条形图添加到 Excel 文件中。该方法的详细说明见 5.4.5 节。

第 67 行代码把带有条形图的工作簿另存为新的文件。

第 68~70 行代码用于关闭工作簿和退出程序。

运行上述代码，输出结果如下。打开文件夹 generated_excel 下刚刚保存的任意一个 Excel 文件，效果如图 10-2 所示。

```
--------------------
正在处理文件"广州地区第 1 组销售数据.xlsx"
将工作表数据转换为数据框
开始制作条形图
把条形图写入 Excel 文件
另存为新的 Excel 文件。
-------篇幅原因，省略其他输出-----------
正在处理文件"广州地区第 8 组销售数据.xlsx"
将工作表数据转换为数据框
开始制作条形图
把条形图写入 Excel 文件
另存为新的 Excel 文件。
```

10.4 批量制作折线图

折线图是用直线将各数据点连接起来而形成的图形，以折线显示数据随时间推移的变化趋势，又称趋势图。在 matplotlib.pyplot 模块中，函数 plot 用来绘制折线图。它的常用参数如表 10-7 所示。

表 10-7 函数 plot 常用参数

matplotlib.pyplot.plot(x,y,label,color,linewidth,linestyle)	
参　数	含　义
x	x 轴对应的值
y	y 轴对应的值
label	图例名
linewidth	折线的粗细
color	折线的颜色
linestyle	折线的线型。实线为 solid 或'-'，虚线为 dashed 或'--'

下面来看案例。我们为文件夹 data 下的所有 Excel 文件生成折线图，效果如图 10-3 所示，把折线图写入数据区域的下方。

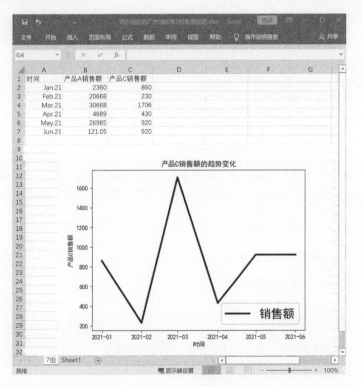

图 10-3 折线图

首先分析需求。第一步，利用 os 模块的 listdir 方法获取文件夹下所有的 Excel 文件；第二步，利用函数 plot 为所有工作簿创建折线图并设置图像的显示效果。制作之前需要先把工作表转换为数据框。具体代码如下，我们逐行分析。

代码文件：10.4-批量制作折线图.py

```python
01   import xlwings as xw
02   import pandas as pd
03   import matplotlib.pyplot as plt
04   import os
05
06   # 目标文件路径
07   destPath = 'data/'
08   destFile = os.listdir(destPath)
09
10   # 打开 Excel
11   app = xw.App(visible=False, add_book=False)
12   # 为了提高运行速度，关闭警告信息，比如关闭前提示保存、删除前提示确认等，默认是打开的
13   app.display_alerts = False
14
15   # 逐个遍历文件
16   for file_number in destFile:
17       print('--------------------')
18       if file_number.startswith('~$'):
19           # 判断是否是临时文件，如果是则跳过
20           continue
21
22       # 判断该文件是否是 Excel 文件
23       if file_number.endswith('xlsx'):
24           print(f'正在处理文件 "{file_number}" ')
25           destWorkbook = app.books.open(destPath + '\\' + file_number)
26
27           # 设置第 1 个工作表为活跃工作表
28           destSheet = destWorkbook.sheets[0]
29           print('将工作表数据转换为数据框')
30           df = destSheet.range('A1').options(pd.DataFrame,header=1,index=False,
31                                       expand='table').value
32
33           # 用读取的数据制作折线图
34           print('开始制作折线图')
35
36           # 折线图的 x 轴和 y 轴
37           x = df['时间']
38           y = df['产品 C 销售额']
39
40           # 获取画布
41           fig = plt.figure()
42
43           # 为图表中的中文文本设置默认字体，以避免中文乱码
44           plt.rcParams['font.sans-serif'] = ['SimHei']
45           # 解决坐标轴出现负数时无法显示的问题
46           plt.rcParams['axes.unicode_minus']=False
```

```
47
48          # 绘制折线图
49          plt.plot(x,y,label='销售额',linewidth=3,linestyle='solid',color='blue')
50
51          # 添加图例，放在右下角
52          plt.legend(loc='lower right', fontsize=20)
53
54          # 图表标题
55          plt.title('产品 C 销售额的趋势变化')
56
57          # 设置 x/y 轴标题
58          plt.xlabel('时间')
59          plt.ylabel('产品 C 销售额')
60
61          print('把折线图写入 Excel 文件')
62          # 把图写入 Excel 文件中，name 是在 Excel 软件中的名字，left/top/width/height 是位置
63          destSheet.pictures.add(fig, name='testbar',left=20,top=200)
64
65          # 保存文件
66          print('另存为新的 Excel 文件。')
67          destWorkbook.save(f'generated_excel/带折线图的{file_number}')
68          destWorkbook.close()
69  # 退出
70  app.quit()
```

第 30 行代码用 options 函数把工作表数据转换为数据框，并用 df 表示。

第 37 行代码提取数据框 df 的"时间"的列数据，并保存在变量 x 中，作为折线图的 x 轴数据。同理，第 38 行代码提取数据框 df 的"产品 C 销售额"的列数据，并保存在变量 y 中，作为折线图的 y 轴数据。请读者提取数据框其他列的数据以绘制不同的折线图。

第 41 行代码用 figure 函数获取模块 plt 的画布，并赋值给变量 fig。

第 44 行代码用模块 plt 的 rcParams 设置画布 fig 的中文文本字体，以防止折线图出现中文乱码。这里是设置为黑体 SimHei。如果想设置其他字体，可以参考表 10-2。

第 46 行代码用模块 plt 的 rcParams 设置坐标轴出现负数时无法显示的问题。

第 49 行代码用 plot 函数为 x 和 y 代表的数据绘制折线图，并且设置折线图的图例 label 为"销售额"，折线的粗细为 3，线型为实线以及颜色 color 为蓝色 blue。

第 52 行代码用 legend 函数为折线图设置图例格式，并放在图的右下角。具体参数请查看表 10-3。

第 55 行代码用 title 函数为折线图设置标题，具体参数请查看表 10-4。

第 58 行和第 59 行代码用 xlable 和 ylabel 设置折线图 x 轴和 y 轴的标题。这两个函数的参数含义请查看表 10-5。

第 63 行代码用 xlwings 库的 pictures 对象的 add 方法把画布 fig 上的折线图添加到 Excel 文件中。该方法的详细说明见 5.4.5 节。

第 67 行代码把带有折线图的工作簿另存为新文件。

第 68~70 行代码用于关闭工作簿和退出程序。

运行上述代码，输出结果如下。打开文件夹 generated_excel 下刚刚保存的任意一个 Excel 文件，效果如图 10-3 所示。

```
--------------------
正在处理文件"广州地区第 1 组销售数据.xlsx"
将工作表数据转换为数据框
开始制作折线图
把折线图写入 Excel 文件
另存为新的 Excel 文件。
--------篇幅原因，省略其他输出------------
正在处理文件"广州地区第 8 组销售数据.xlsx"
将工作表数据转换为数据框
开始制作折线图
把折线图写入 Excel 文件
另存为新的 Excel 文件。
```

举一反三：请读者根据上述内容绘制其他类型的图表，比如散点图、饼图以及面积图。唯一的区别是调用的图形函数，比如函数 scatter 用来绘制散点图，函数 pie 用来绘制饼图，以及函数 stackplot 用来绘制面积图。如有问题请联系作者。

第四篇

Word 自动化，又快又方便

假如你需要保存 Word 文档中的所有图片，

假如你需要将多个文档中的所有表格数据提取到 Excel 文件中，

假如你需要将 Word 转换为 PPT，

……

借助 Python，这些问题都可以高效解决。本篇分为 3 章：第 11 章介绍 Word 文档的写操作，比如写段落、添加表格、添加图片等；第 12 章介绍 Word 文档的读操作，比如读取文字、读取图片等，然后把读取的内容保存到其他格式的文件中；第 13 章介绍如何修改 Word 中内容的格式与样式，使其更加美观，更加符合我们的需求。

第 11 章

Word 自动化基础，从小白到高手

首先需要安装对应的 Python 第三方库，利用它实现对 Word 文档的基础操作，为之后的 Word 自动化操作奠定基础。

11.1 如何利用 Python 操作 Word

与处理 Excel 类似，Python 也是利用第三方库实现 Word 的自动化操作。本篇所用到的库是 **python-docx**。该库可以创建和修改 *.docx 文档，并且可以在没有安装 Microsoft Office 软件的环境下工作。

如果你的计算机安装了 Microsoft Office，请检查其版本，因为 python-docx 库**不支持** Microsoft Office 2003 及以下版本。也就是说，如果你操作的 Word 文件是 *.doc 格式，请用高版本的 Office 软件将其转换为 *.docx 格式，然后再用该库处理。

11.2 安装 python-docx 库

因为 python-docx 是第三方库，所以在使用之前需要先安装它。首先用 Windows + R 快捷键调出"运行"对话框，然后输入 cmd（如图 11-1 所示），单击"确定"按钮，此时会打开命令提示符窗口。

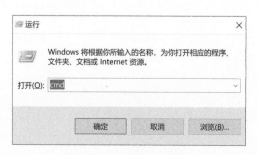

图 11-1 "运行"对话框

接着在命令提示符窗口中输入 **pip install python-docx** 命令，再按回车键即可，如图 11-2 所示。

```
C:\Users\wangyuan>pip install python-docx
Collecting python-docx
  Downloading python-docx-0.8.11.tar.gz (5.6 MB)
                                    5.6 MB 234 kB/s
Requirement already satisfied: lxml>=2.3.2 in e:\users\wangyuan\anaconda3\lib\site-packages (from python-docx) (4.6.3)
Building wheels for collected packages: python-docx
  Building wheel for python-docx (setup.py) ... done
  Created wheel for python-docx: filename=python_docx-0.8.11-py3-none-any.whl size=184600 sha256=80906a00f43bbddbeb1479bc964db326809a63525ae81923116f4ce72ccf6e57
  Stored in directory: c:\users\wangyuan\appdata\local\pip\cache\wheels\32\b8\b2\c4c2b95765e615fe139b0b17b5ea7c0a1b6519b0a9ec8fb34d
Successfully built python-docx
Installing collected packages: python-docx
Successfully installed python-docx-0.8.11
```

图 11-2 安装命令

如果窗口中显示 Successfully installed，则证明安装成功。之后，我们可以在代码中导入 python-docx 库，再次验证安装成功。注意，导入该库时**使用的名字是 docx**。

代码文件：11.2-导入 python-docx 库.py

```
# 导入 python-docx 库
import docx
```

运行该文件，如果没有报错，则证明安装成功，否则表示安装失败。

11.3 对比 Word 学 python-docx 库

当我们写 Word 文档的时候，一般流程是先打开 Word 软件，然后开始写入各种内容，比如添加段落、插入图片，等等。对应 python-docx 库，步骤基本类似。

第一步：用 python-docx 库中的 Document 函数打开 Word 软件。

代码文件：11.3-打开 Word 软件.py

```
01    # 导入 python-docx 库
02    from docx import Document
03
04    # 第一步：打开 Word 软件，创建空白的 Word 文档
05    myDoc = Document()
```

第 2 行代码是一个 **from-import** 结构，目的是从 python-docx 库导入 Document 函数，为后面的操作做准备。

第 5 行代码用 Document 函数打开 Word 软件，并创建一个空白文档，然后用变量 myDoc 表示该文档。也就是说，变量 myDoc 表示计算机内存中用 python-docx 库打开的一个空白 Word 文档。

第二步：为打开的 Word 文档插入不同的元素，比如图片、表格等。python-docx 库的很多内置方法可以实现插入图片、表格等内容，这些方法的具体说明如表 11-1 所示。

表 11-1　文档中各种方法的说明

插入元素的方法	结　果	插入元素的方法	结　果
add_heading(text, level)	添加标题	add_picture(name, width)	插入图片
add_paragraph(text, style)	添加段落	add_page_break	添加分页
add_table(rows, cols)	插入表格	add_section(start_type)	添加分节

我们可以用下面的代码查看文档的属性和方法。

代码文件：11.3-打开 Word 软件.py

```
06    # 查看文档的属性和方法
07    print(dir(myDoc))
```

第 7 行代码用 dir 函数查看变量 myDoc 的属性和方法，也就是查看 Document 函数自带的所有属性和方法。

运行上述代码，输出如下：

```
['_Document__body', '__class__', '__delattr__', '__dir__', '__doc__', '__eq__', '__format__', '__ge__',
'__getattribute__', '__gt__', '__hash__', '__init__', '__init_subclass__', '__le__', '__lt__', '__module__',
'__ne__', '__new__', '__reduce__', '__reduce_ex__', '__repr__', '__setattr__', '__sizeof__', '__slots__',
'__str__', '__subclasshook__', '_block_width', '_body', '_element', '_parent', '_part', 'add_heading',
'add_page_break', 'add_paragraph', 'add_picture', 'add_section', 'add_table', 'core_properties', 'element',
'inline_shapes', 'paragraphs', 'part', 'save', 'sections', 'settings', 'styles', 'tables']
```

输出内容包含了表 11-1 中的方法。

另外，我们还可以在 Spyder 软件的 Console 中输入 dir(myDoc) 查看，同样可以输出上面的内容，如图 11-3 所示。

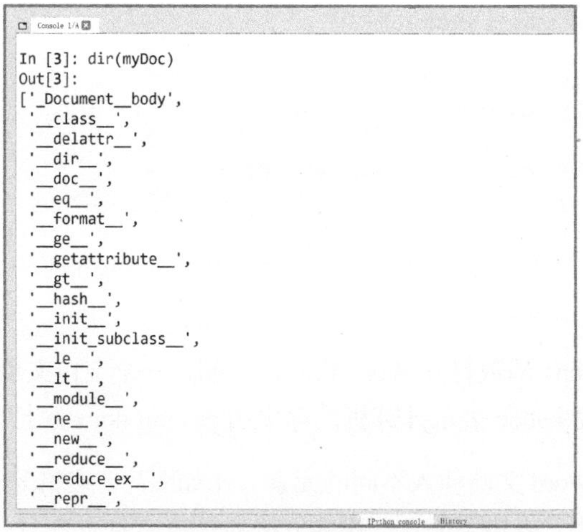

图 11-3　用 dir(myDoc) 查看文档的属性和方法

为了方便理解这些方法，可以查看图 11-4 所示的类比图。

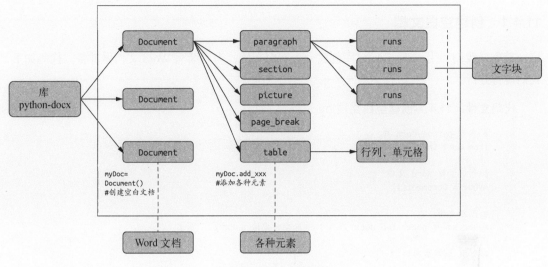

图 11-4   层次结构图

如图 11-4 所示，在库 python-docx 中，文档分为 3 个层次。

第一层是 Document 函数表示的 Word 文档，它可以多次被调用以创建多个不同的文档。

第二层是在文档 Document 下可以创建不同的元素，比如图片 picture、段落 paragraph、分节符 section、分页符 page_break 以及表格 table，这些元素可以在一个文档中多次出现。

第三层是每一个元素自己的属性和方法，比如段落 paragraph 下面是文字块 runs，表格 table 下面是行列和单元格。

因此，利用这 3 个层次可以实现用 Python 代码创建 Word 文档。

下面介绍如何利用这些方法为文档添加各种元素。请读者一定要分清楚为什么对象添加什么元素，比如添加图片是文档的方法，添加字体块是段落的方法。这个层次结构需要牢记。

11.4   Word 操作基础

众所周知，Word 文档一般有两个基础操作：一个是写操作，用户可以根据自己的需要写入任何内容，比如段落、表格、图片等；另一个是读操作，用户可以读取 Word 文档的内容。同理，Python 代码也可以读取 Word 文档，并且可以把读取的内容自动转存到其他格式的文件中，比如 Excel、PPT 等。

下面首先介绍写操作，包括创建空白文档、添加标题、添加段落、追加文字、添加表格、添加图片等。读操作将在第 12 章中详细介绍。

11.4.1　创建空白文档

首先，我们利用 python-docx 库创建一个空白文档，为后续写 Word 文档做准备。代码如下，我们逐行分析。

代码文件：11.4.1-创建空白文档.py

```
01    # 导入 python-docx 库
02    from docx import Document
03
04    # 创建空白 Word 文档
05    myDoc = Document()
06
07    # 保存文档
08    myDoc.save('generated_docx/11.4.1-创建空白文档.docx')
09
10    print('创建成功！')
```

第 2 行代码从 python-docx 库中导入 Document 函数，方便后续使用。其中 from-import 结构表示从某库导入某函数或者某类，后面将经常用到该结构。

第 5 行代码利用第 2 行导入的 Document 函数创建空白 Word 文档，并将其命名为 myDoc 变量。后续对变量 myDoc 的操作，就是对 Document 所创建文档的操作。执行该行代码之后，计算机内存中就会存在一个名为 myDoc 的空白文档，也就是 Python 代码会"看到"一个名为 myDoc 的文档。在 Spyder 软件界面的右上角，我们可以看到 Variable explorer 中 myDoc 的类型是 document.Document，表示这是一个文档，如图 11-5 所示。

图 11-5　myDoc 的类型

第 8 行代码将内存中的文档 myDoc 保存为本地文件，相当于 Word 软件的"另存为"，用的是文档 myDoc 的 save 方法。它必须用一个文件名作为参数，否则无法保存。如果文件名已经存在，则 save 方法会覆盖原有内容，相当于 Word 的"保存"功能；如果文件名不存在，则 save 方法会新创建一个文件，相当于 Word 软件的"另存为"功能。在第 8 行代码中，save 有一个参数"generated_docx/11.4.1-创建空白文档.docx"，表示在文件夹 generated_docx 下创建一个文档"11.4.1-创建空白文档.docx"。因此，save 方法既可以保存文件，又可以实现"另存为"功能。

第 10 行代码用于输出提示信息，表示创建文档成功。

运行上述代码，效果如下：

```
创建成功!
```

同时，在文件夹 generated_docx 下生成一个名为"11.4.1-创建空白文档.docx"的文档，打开效果如图 11-6 所示。

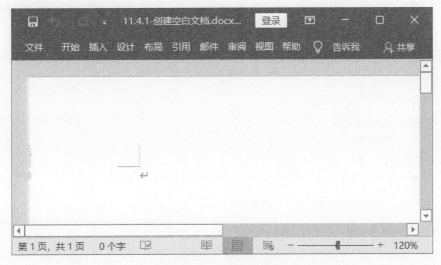

图 11-6 创建空白文档

更进一步，为什么上面创建的空白文档有一个内容为"小码哥的模板文档"的页眉呢？

这是因为我修改了模板文件。当调用 Document 函数的时候，它会打开 docx 目录下子目录 templates 下的 default.docx。读者可以试着打开该文件，按照自己的需要修改，然后再用"11.4.1-创建空白文档.py"的代码证实自己的修改。

其中 docx 是 python-docx 源代码下的文件夹。在基础篇中，在 Anaconda 的安装目录下查看 python-docx 的安装路径，在我的电脑上，路径是"E:\Users\wangyuan\anaconda3\Lib\site-packages\docx"，如图 11-7 所示。我们可以在这里查看 python-docx 的所有源代码。

图 11-7 源代码下的默认 Word 模板

11.4.2 添加标题

大部分文档会有一个标题，并且标题级别不太一样。在 Word 软件中，我们通过菜单"开始"→"样式"→"标题"选项来进行设置。在 Python 中，我们利用文档 Document 的 add_heading 方法，并且可以指定标题级别。具体代码如下，我们逐行分析。

代码文件：11.4.2-添加标题.py

```
01    # 导入 python-docx 库
02    from docx import Document
03
04    # 创建空白 Word 文档
05    myDoc = Document()
06
07    # 添加标题
08    myDoc.add_heading('公众号"七天小码哥"粉丝分析')
09    # 保存文档
10    myDoc.save('generated_docx/11.4.2-添加标题.docx')
11
12    print('创建成功！')
```

第 8 行代码用代表文档的变量 myDoc 的 add_heading 方法，为文档 myDoc 添加一个标题及标题等级。方法 add_heading(''标题内容'', ''整数 0~9'')接收两个参数，第一个参数是"标题内容"，比如本例的标题内容是公众号"七天小码哥"粉丝分析；第二个参数是"整数 0~9"，表示标题级别。标题分为 0 到 9 级，从高到低排列，默认一级省略不写，0 级标题自带下划线。一般在文章中，首先使用一级标题，它是大标题，其次使用二级、三级等标题。在本例中，标题公众号"七天小码哥"粉丝分析是默认的一级标题。

运行上述代码，效果如图 11-8 所示。

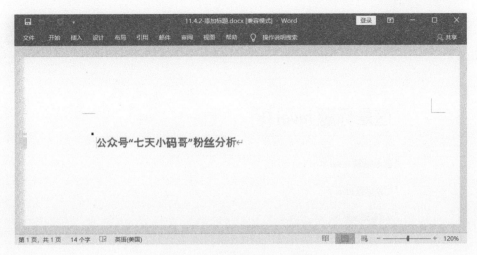

图 11-8　添加默认的一级标题

为了直观了解 Python 支持的所有标题等级，我们简单修改上述代码，将其记录在文档中。因为标题共有 10 级，所以需要使用 Python 中的 for 循环实现。读者需要记住，重复的操作要考虑用 for 循环或者 while 循环实现。具体代码如下。

代码文件：11.4.2-查看所有标题等级.py

```
01  # 导入 python-docx 库
02  from docx import Document
03
04  # 创建空白的 Word 文档
05  myDoc = Document()
06
07  # 利用 for 循环查看所有标题等级
08  for i in range(10):
09      myDoc.add_heading('这是标题 level ' + str(i), i)
10
11  # 保存文档
12  myDoc.save('generated_docx/11.4.2-查看标题.docx')
13
14  print('创建成功！')
```

第 8~9 行代码是一个 for 循环，目的是查看所有标题等级。第 8 行的 range(10) 表示从 0~9 循环 10 次（计算机是从 0 开始计数的）。第 9 行代码用于添加标题，它的标题是"这是标题 level"和数字 str(i) 拼接得到的结果。因为 i 是 for 循环中的变量，表示 0~9 的数字，所以需要用 str 将其转换为字符串，才可以和'这是标题 level '拼接在一起。该方法的标题等级使用 i 变量，表示 0~9 的不同等级。

运行上述代码，结果如图 11-9 所示。每一行表示一个标题等级，并且给出了标题名字，比如 0 级标题是"这是标题 level 0"，并且它自带一个下划线。

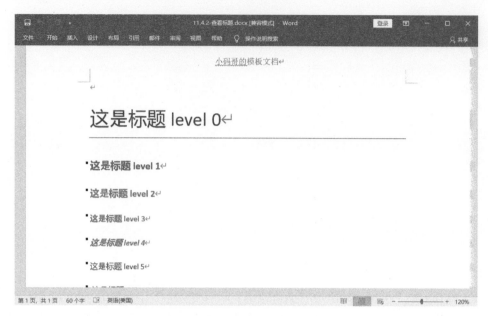

图 11-9   查看所有标题等级

11.4.3   添加段落

段落是一个 Word 文档的基本组成单元。在 Python 中，我们利用文档 Document 的 add_paragraph ('段落内容')方法添加段落。它接收一个参数，其中可以写入任意文字。具体代码如下，我们逐行分析。

代码文件：11.4.3-添加一个段落.py

```
01    # 导入 python-docx 库
02    from docx import Document
03
04    # 创建空白的 Word 文档
05    myDoc = Document()
06
07    # 添加标题
08    myDoc.add_heading('公众号"七天小码哥"粉丝分析')
09    # 默认在末尾添加段落
10    # 添加第 1 个段落
11    para_0 = myDoc.add_paragraph('用户增长是一个公众号的命脉所在。')
12
13    # 保存文档
14    myDoc.save('generated_docx/11.4.3-添加一个段落.docx')
15
16    print('创建成功！')
```

第 11 行代码调用文档 myDoc 的 add_paragraph 方法，为文档 myDoc 添加一个段落。段落的内容是"用户增长是一个公众号的命脉所在。"请注意，该方法自动为段落内容设置不同的格式，比如图 11-10 中"户"和"增"的字体不同。在 python-docx 库中，不同格式的文字被称为一个文字块。这将在 12.4.1 节具体介绍。

运行上述代码，效果如图 11-10 所示。

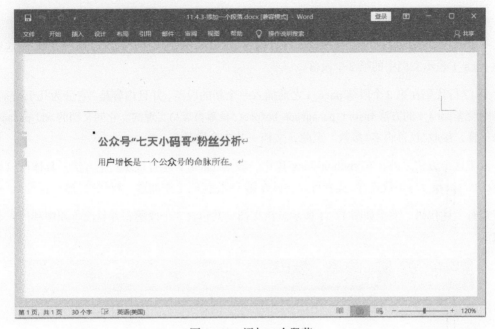

图 11-10　添加一个段落

一个文档一般包含很多段落。在 Python 中，多次调用 add_paragraph 方法即可轻松添加多个段落，并且可以利用段落的 insert_paragraph_before 方法在指定段落前添加一个段落。这样可以轻松实现对段落内容的修改。具体代码如下。

代码文件：11.4.3-添加多个段落.py

```
01   # 导入 python-docx 库
02   from docx import Document
03
04   # 创建空白的 Word 文档
05   myDoc = Document()
06
07   # 添加标题
08   myDoc.add_heading('公众号"七天小码哥"粉丝分析')
09   # 默认在末尾添加段落
10   # 添加第 1 个段落
11   para_0 = myDoc.add_paragraph('用户增长是一个公众号的命脉所在。')
12
13   # 添加第 2 个段落
```

```
14    para_1 = myDoc.add_paragraph('用户总数、用户流失、用户新增')
15
16    # 在第2个段落 para_1 之前插入一个新的段落。至此，文章共有 3 个段落
17    para_1.insert_paragraph_before('它分为几个类别：')
18
19    # 保存文档
20    myDoc.save('generated_docx/11.4.3-添加多个段落.docx')
21
22    print('创建成功！')
```

第 14 行代码用于添加第 2 个段落，并且内容是"用户总数、用户流失、用户新增"。这里用变量 para_1 表示文档中的第 2 个段落。

第 17 行代码在第 2 个段落 para_1 之前插入一个新的段落，并且内容是"它分为几个类别："。这是用段落 para_1 的方法 insert_paragraph_before('段落内容')实现的。它同文档的 add_paragraph 方法一样，接收'段落内容'参数。至此，文档一共 3 个段落。

除了这个方法之外，在 python-docx 库中，段落 para_1 还有很多其他方法，具体可以利用 print(dir(para_1))函数查看。读者可以尝试在第 18 行代码中添加这一行代码，然后运行试一下。

运行上述代码，效果如图 11-11 所示。该文档一共包含 3 个段落，并且段落顺序和代码顺序一致。

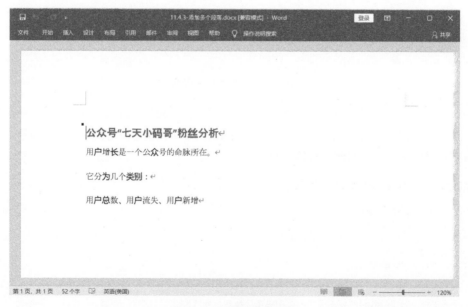

图 11-11　添加多个段落

读者请注意，这些段落仅仅被添加了，它们的样式都是默认的：段落内容左对齐，并不是很美观。第 13 章将介绍如何修改段落样式。

11.4.4　追加文字

在 Word 软件中，我们可以任意为段落添加文字。同样，利用 Python 也可以为每一个段落追加文字，追加的方法是 add_run('追加内容')。它需要一个参数'追加内容'，比如 add_run('等')表示为段落追加 "等"。

在 Python 中，用 add_run 方法添加的内容称为一个 run。每一个 run 是具有相同格式的文字块，比如 "这本书的名字是《零基础学 Python 办公自动化》" 有 5 个 run，分别是 "这本书的""名字""是《""零基础学 Python 办公自动化""》"。这个概念将在第五篇中再次使用。

在上一节的 Word 文档中，我们需要为第 1 个段落追加文字 "因此，每一个号主都特别珍惜来之不易的用户数据"；为第 2 个段落追加文字 "等"，具体效果如图 11-12 所示。

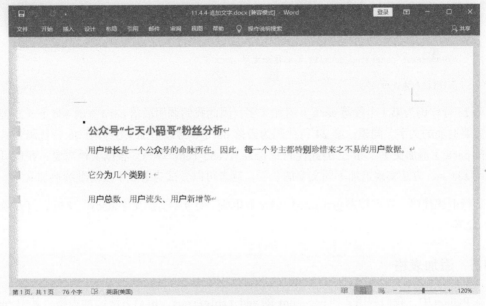

图 11-12　追加文字

我们用 add_run 方法实现这个需求，具体代码如下。

代码文件：11.4.4-追加文字.py

```
01    # 导入 python-docx 库
02    from docx import Document
03
04    # 创建空白的 Word 文档
05    myDoc = Document()
06
07    # 添加标题
```

```
08    myDoc.add_heading('公众号"七天小码哥"粉丝分析')
09    # 默认在末尾添加段落
10    # 添加第 1 个段落
11    para_0 = myDoc.add_paragraph('用户增长是一个公众号的命脉所在。')
12
13    # 添加第 2 个段落
14    para_1 = myDoc.add_paragraph('用户总数、用户流失、用户新增')
15
16    # 在第 2 个段落 para_1 之前插入一个新的段落。至此，文章共有 3 个段落
17    para_1.insert_paragraph_before('它分为几个类别：')
18
19    '''
20    为段落追加文字
21    '''
22    # 为第 1 个段落追加文字
23    para_0.add_run('因此，每一个号主都特别珍惜')
24    para_0.add_run('来之不易的用户数据。')
25    # 为第 2 个段落追加文字
26    para_1.add_run('等')
27
28    # 保存文档
29    myDoc.save('generated_docx/11.4.4-追加文字.docx')
30
31    print('创建成功！')
```

第 23 行代码为第 1 个段落 para_0 追加文字，因此我们调用段落 para_0 的 add_run 方法，参数是需要追加的文字。同理，第 24 行代码为段落 para_0 继续追加文字。第 26 行代码为另外一个段落 para_1 追加文字"等"，因此代码是 para_1.add_run('等')。根据文档需要，我们可以多次调用 add_run 方法实现追加不同文字的效果。读者可以尝试为第 2 个段落继续追加文字。

运行上述代码，在文件夹 generated_docx 下生成"11.4.4-追加文字.docx"文件，打开效果如图 11-12 所示。

11.4.5   添加表格

在 Python 中，我们利用文档 Document 的 add_table(rows, cols) 方法添加表格，其中 rows 和 cols 是该方法的两个参数，控制着表格的行数和列数。

我们利用 add_table(4, 4) 方法为文档创建一个 4 行 4 列的表格，具体代码如下，我们逐行分析。

代码文件：11.4.5-添加表格.py

```
01    # 导入 python-docx 库
02    from docx import Document
03
04    # 用嵌套列表存储表格数据
05    data = [['省市','2021 年 GDP (亿元)','2020 年 GDP (亿元)','2019 年 GDP (亿元)'],
```

```
06              ['广东省','124369.7','111151.6','107986.9'],
07              ['江苏省','116364.2','102807.7','98656.8'],
08              ['山东省','83095.9','72798.2','70540.5']]
09
10   # 创建空白的 Word 文档
11   myDoc = Document()
12
13   # 添加标题
14   myDoc.add_heading('近三年省市 GDP 前三名数据统计表')
15
16   ############
17   # 添加表格
18   ############
19   # 行数和列数
20   rows = 4
21   cols = 4
22
23   # 添加表格的方法为 add_table(rows, cols)
24   addedTable = myDoc.add_table(rows, cols)
25
26   # 为表格添加数据
27   for row in range(rows):
28       for col in range(cols):
29           addedTable.cell(row, col).text = str(data[row][col])
30
31   # 保存文档
32   myDoc.save('generated_docx/11.4.5-添加表格.docx')
33
34   # 提示信息
35   print('添加成功！')
```

第 5~8 行代码定义一个嵌套列表，即列表中的每一个元素都是列表。该嵌套列表一共有 4 个元素，每一个元素是一个包含 4 个元素的列表，因此这是一个 4×4 的二维表格结构。这样做是为了方便之后写入文档。

第 10~14 行代码用于创建空白文档，然后添加一个标题。

第 20~21 行代码定义 2 个变量：rows 和 cols，分别表示将要创建的表格行数和列数。如果以后想要修改文档中表格的行数和列数，直接修改这两个变量的值即可。读者可以尝试修改为其他数字，比如 5 和 6。

第 24 行代码利用文档 myDoc 的 add_table(rows, cols) 方法创建一个表格，参数 rows 和 cols 取值 4，这表示创建一个 4 行 4 列的表格。我们将创建完成的表格命名为 addedTable。以后对该变量的操作就是对创建的 4 行 4 列表格的操作。

第 27~29 行代码是一个嵌套的 for 循环，目的是为创建的 4 行 4 列表格添加数据。因为表格是一个二维结构，所以需要一个嵌套循环。

第 27 行代码是最外层的 for 循环，表示访问表格的每一行，因此用 range(rows) 控制循环次数，这里是循环 4 次。同理，第 28 行代码是内层 for 循环，使用 range(cols)控制循环次数，目的是访问表格的列数。第 29 行代码利用表格 addedTable 的 cell(row, col)的 text 属性写入数据。其中 cell(row, col)表示单元格的位置，比如 cell(0, 0)就表示第 1 个单元格；data([row][col])表示定位嵌套列表中的数据，row 和 col 表示位置，比如 data([0][0])表示"省市"。因为嵌套列表中的数据可能是数字类型，所以需要用 str 把数据转换为字符串。

运行上述代码，效果如图 11-13 所示。

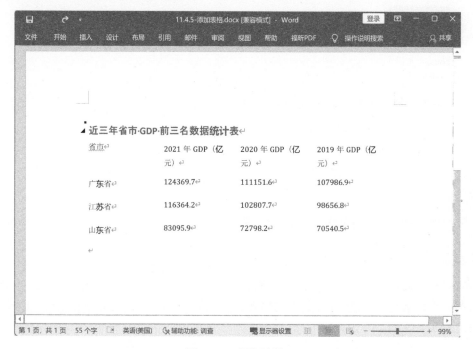

图 11-13　添加表格

读者请注意，文档中的表格仅仅被插入了，它们的样式都是默认的。第 13 章将介绍如何修改表格样式。

11.4.6　添加图片

在 Word 文档中添加图片是常见操作之一。在 python-docx 库中，我利用文档的方法 add_picture('图片位置', width=Inches(6))添加图片。它默认需要一个参数'图片位置'，另外一个参数 width 用于设置图片宽度，如果没有该参数，则添加的图片大小是默认的。一般我们只需要指定图片宽度 width，高度会按照设定的宽度自动调整。

设置图片宽度一般使用 Inches 或者 Cm 函数，其中 Inches 表示以英寸为单位，Cm 表示以厘米为单位。python-docx 库中默认使用英制公制单位（EMU）存储长度值。EMU 是整数单位长度，1 英寸=914 400 EMU。因此，Inches(1)表示设置为 1 英寸，是一个非常小的尺寸。这里我们设置为 6 英寸，具体代码如下。

代码文件：11.4.6-添加图片.py

```python
01    # 导入 python-docx 库
02    from docx import Document
03    # 导入 Inches 函数
04    from docx.shared import Inches
05
06    # 用嵌套列表存储表格数据
07    data = [['省市','2021 年 GDP（亿元）','2020 年 GDP（亿元）','2019 年 GDP（亿元）'],
08            ['广东省','124369.7','111151.6','107986.9'],
09            ['江苏省','116364.2','102807.7','98656.8'],
10            ['山东省','83095.9','72798.2','70540.5']]
11
12    # 创建空白的 Word 文档
13    myDoc = Document()
14
15    # 添加标题
16    myDoc.add_heading('近三年省市 GDP 前三名数据统计表')
17
18    ############
19    # 添加表格
20    ############
21    # 行数和列数
22    rows = 4
23    cols = 4
24
25    # 添加表格的方法为 add_table(rows, cols)
26    addedTable = myDoc.add_table(rows, cols)
27
28    # 为表格添加数据
29    for row in range(rows):
30        for col in range(cols):
31            addedTable.cell(row, col).text = str(data[row][col])
32
33    '''
34    添加图片
35    '''
36    # 图片路径
37    pic_path = 'picture/封面.jpg'
38    # 添加图片的方法为 add_picture，并且指定宽度 width
39    myDoc.add_picture(pic_path, width = Inches(6))
40
41    # 保存文档
42    myDoc.save('generated_docx/11.4.6-添加图片.docx')
43
44    # 提示信息
45    print('添加成功！')
```

第 37 行代码定义图片的路径，并用 pic_path 表示。

第 39 行代码用文档 myDoc 的方法 add_picture 添加图片，并且图片的位置是 pic_patch，宽度是 6 英寸。

运行上述代码，效果如图 11-14 所示。

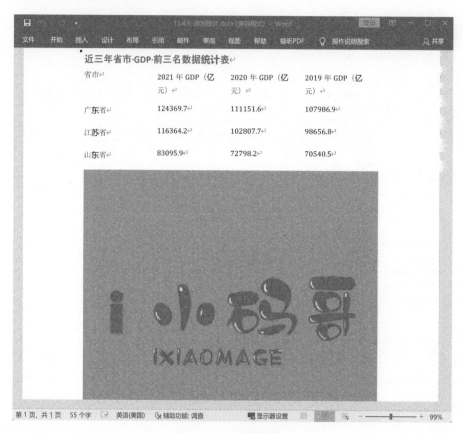

图 11-14   添加图片

11.4.7   添加分页符

分页符（page break）用于新开始一页：一段文字写完了，虽然有很多空白，但是新开始一页写下一段，这时可以使用分页符。它也可以用于对 Word 文档进行灵活排版，使得分页符前后两页的样式不同。

在 Python 中，我们用文档的 add_page_break 方法为上一节的文档添加分页符。添加之后，图片和表格位于不同的页面，具体效果如图 11-15 所示。

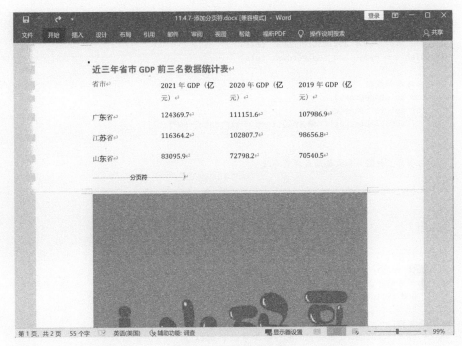

图 11-15　添加分页符

具体实现代码如下。

代码文件：11.4.7-添加分页符.py

```
01    # 导入 python-docx 库
02    from docx import Document
03    # 导入 Inches 函数
04    from docx.shared import Inches
05
06    # 用嵌套列表存储表格数据
07    data = [['省市','2021 年 GDP（亿元）','2020 年 GDP（亿元）','2019 年 GDP（亿元）'],
08            ['广东省','124369.7','111151.6','107986.9'],
09            ['江苏省','116364.2','102807.7','98656.8'],
10            ['山东省','83095.9','72798.2','70540.5']]
11
12    # 创建空白的 Word 文档
13    myDoc = Document()
14
15    # 添加标题
16    myDoc.add_heading('近三年省市 GDP 前三名数据统计表')
17
18    ############
19    # 添加表格
20    ############
21    # 行数和列数
22    rows = 4
```

```
23    cols = 4
24
25    # 添加表格的方法为 add_table(rows, cols)
26    addedTable = myDoc.add_table(rows, cols)
27
28    # 为表格添加数据
29    for row in range(rows):
30        for col in range(cols):
31            addedTable.cell(row,col).text = str(data[row][col])
32
33    '''
34    添加分页符，把图片和表格分成两页存放
35    '''
36    myDoc.add_page_break()
37
38    '''
39    添加图片
40    '''
41    # 图片路径
42    pic_path = 'picture/封面.jpg'
43    # 添加图片的方法为 add_picture，并且指定宽度 width
44    myDoc.add_picture(pic_path, width = Inches(6))
45
46    # 保存文档
47    myDoc.save('generated_docx/11.4.7-添加分页符.docx')
48
49    # 提示信息
50    print('添加成功！')
```

第 36 行代码用文档 myDoc 的 add_page_break 方法添加分页符。这一行代码的前后分别是添加表格和添加图片，因此最终效果是表格和图片处于不同的页面。如果需要在图片之后添加分页符，把这一行代码移到添加图片之后，也就是第 45 行即可。当然，也可以多次用该行代码添加多个分页符。读者可以自行实验，有问题可联系作者。

在 Word 软件中，一般默认隐藏分页符，我们用"Ctr+Shift+8"快捷键令其显示，效果如图 11-15所示。

其他代码如前所述，不再赘述。

11.4.8　添加分节符

分节符（section）是在节的结尾插入的标记，一般用一条虚双线表示。它主要用于设置格式，比如页面方向、页边距、页眉/页脚、页面边框、分栏等。它有 5 种类型，分别是：分节符（奇数页）、分节符（偶数页）、分节符（下一页）、分节符（节的结尾）以及分节符（连续）。

在 Python 中，我们用文档的 add_section('分节符类型')添加分节符，其中'分节符类型'的取值是 0~4，表示不同的类型，比如 4 是分节符（奇数页），0 是分节符（连续）。

我们为上一节的文档添加一个 4 类型的分节符，具体代码如下。

代码文件：11.4.8-添加分节符.py

```
01   # 导入 python-docx 库
02   from docx import Document
03   # 导入 Inches 函数
04   from docx.shared import Inches
05
06   # 用嵌套列表存储表格数据
07   data = [['省市','2021 年 GDP（亿元）','2020 年 GDP（亿元）','2019 年 GDP（亿元）'],
08           ['广东省','124369.7','111151.6','107986.9'],
09           ['江苏省','116364.2','102807.7','98656.8'],
10           ['山东省','83095.9','72798.2','70540.5']]
11
12   # 创建空白的 Word 文档
13   myDoc = Document()
14
15   # 添加标题
16   myDoc.add_heading('近三年省市 GDP 前三名数据统计表')
17
18   ############
19   # 添加表格
20   ############
21   # 行数和列数
22   rows = 4
23   cols = 4
24
25   # 添加表格的方法为 add_table(rows, cols)
26   addedTable = myDoc.add_table(rows, cols)
27
28   # 为表格添加数据
29   for row in range(rows):
30       for col in range(cols):
31           addedTable.cell(row,col).text = str(data[row][col])
32
33   '''
34   添加分节符
35   4 - 分节符（奇数页）
36   3 - 分节符（偶数页）
37   2 - 分节符（下一页）
38   1 - 分节符（节的结尾）
39   0 - 分节符（连续）
40   '''
41   myDoc.add_section(4)
42
43   '''
44   添加图片
45   '''
46   # 图片路径
47   pic_path = 'picture/封面.jpg'
48   # 添加图片的方法为 add_picture，并且指定宽度 width
49   myDoc.add_picture(pic_path, width = Inches(6))
```

```
50
51    # 保存文档
52    myDoc.save('generated_docx/11.4.8-添加分节符.docx')
53
54    # 提示信息
55    print('添加成功！')
```

第 35~39 行代码使用不同的数字表示分节符类型。

第 41 行代码用文档的 add_section 方法添加编号为 4 的分节符类型，也就是分节符（奇数页）。

运行上述代码，在文件夹 generated_docx 下生成文件"11.4.8-添加分节符.docx"。打开该文件，并且点击"视图"→"大纲"，效果如图 11-16 所示。

图 11-16　添加分节符

11.5　案例：将 Excel 数据提取为 Word 表格

为了巩固 11.4 节中的 Word 基础操作，我们设计了该案例。

在工作中，我们经常需要将 Excel 表格的数据提取为 Word 中的表格数据。如果采用复制粘贴的方法，非常耗费时间和精力。而用 Python 代码来实现，不但可以方便地提取表格数据，还能进行数据分析。

举个例子，我们需要从 Excel 文件"学生成绩.xlsx"中提取一班的学生成绩，如图 11-17 所示，其中学生成绩是乱序的。

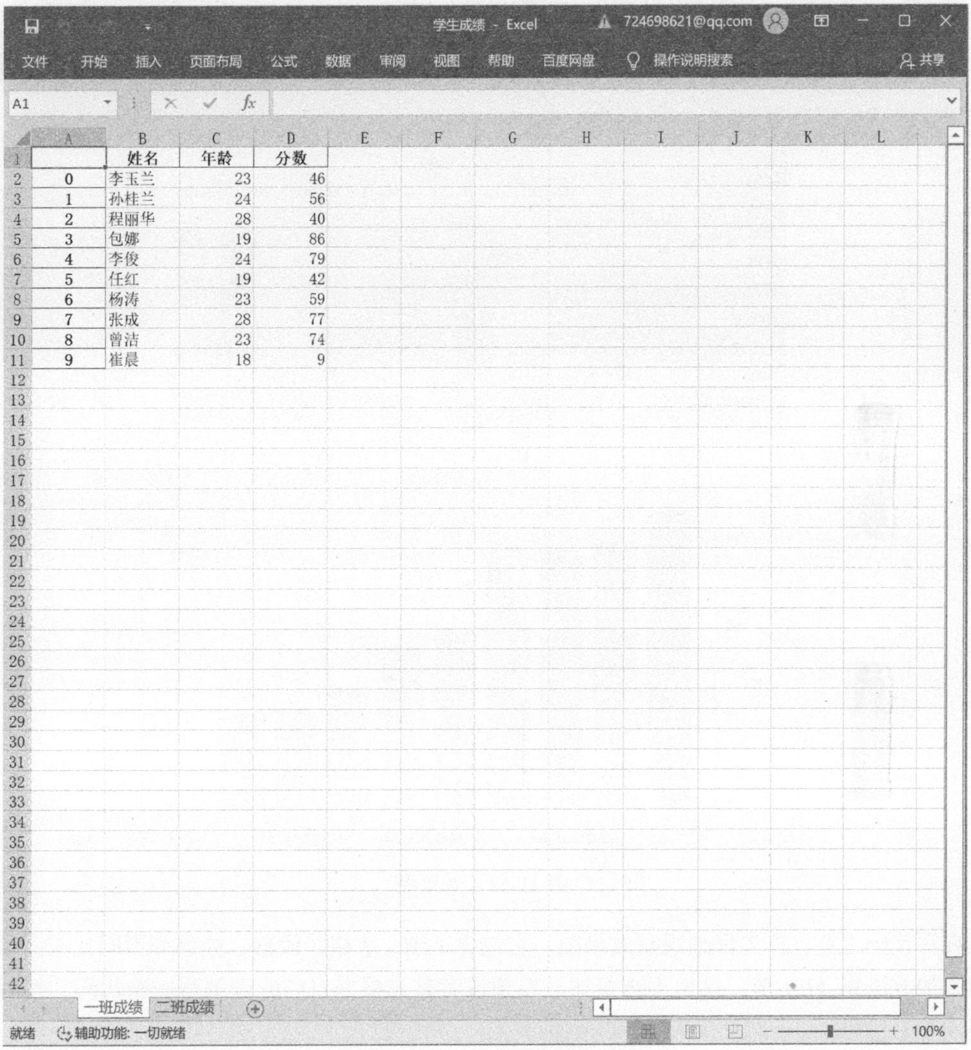

图 11-17 表格数据

利用 Python 代码，我们可以将学生成绩从高到低排序，并且把排序后的数据写入 Word 文档的表格中，最终效果如图 11-18 所示。

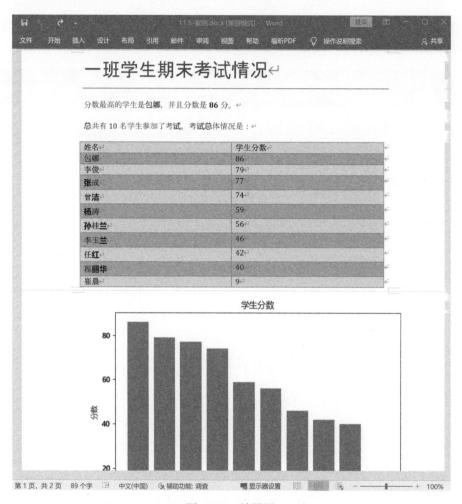

图 11-18　效果图

在写代码之前，首先仔细观察效果图，它包含了图、表格、段落、标题等不同元素。这些元素的添加方法见 11.4 节，这里不再赘述。希望读者首先根据自己的理解写一遍代码，然后再接着阅读本书代码。

为了帮助读者更好地理解该案例的设计过程，下面贴出所有代码，并且逐行分析。

代码文件：11.5-将 Excel 数据提取为 Word 表格.py

```
01    from docx import Document
02    import pandas as pd
03
04    stu = pd.read_excel('data/学生成绩.xlsx')
05    # 排序
```

```
06   stu.sort_values(by='分数', inplace=True, ascending=False)
07   stu.reset_index(drop=True, inplace=True)
08   first_student = stu['姓名'][0]
09   first_score = stu['分数'][0]
10   number_student = len(stu['姓名'])
11
12   doc = Document()
13
14   doc.add_heading('一班学生期末考试情况', level = 0)
15
16   # 添加第 1 个段落
17   p = doc.add_paragraph('分数最高的学生是')
18
19   p.add_run(str(first_student)).bold = True
20   p.add_run('，并且分数是')
21   p.add_run(str(first_score)).bold=True
22   p.add_run('分。')
23
24   # 添加第 2 个段落
25   p1 = doc.add_paragraph('总共有{}名学生参加了考试，考试总体情况是：'.format(number_student))
26
27   # 添加表格
28   table = doc.add_table(number_student+1, 2)
29   table.cell(0,0).text = '姓名'
30   table.cell(0,1).text = '学生分数'
31   table.style = 'Medium Grid 1 Accent 4'
32
33   # 添加数据
34   for i,(index,row) in enumerate(stu.iterrows()):
35       table.cell(i+1,0).text=str(row['姓名'])
36       table.cell(i+1,1).text=str(row['分数'])
37
38   # 添加图片
39   doc.add_picture('picture/学生成绩.png')
40   doc.save('generated_docx/11.5-案例.docx')
```

第 1~2 行代码导入需要的库，为后续操作做准备。第 2 行导入 pandas 库，并取别名为 pd。它是数据分析领域常用的库，本案例主要用它读取 Excel 表格数据。

第 4~10 行代码提取 Excel 文件"学生成绩.xlsx"的数据。第 4 行代码用 pandas 库中的 read_excel('文件名')方法将"学生成绩.xlsx"的数据读取到计算机内存，并且用变量 stu 表示，方便后续使用。

对比 Excel 文件和 Word 文档的效果图，我们发现存入 Word 文档的表格数据是排好序的，并且给出第一名的成绩信息。因此，我们需要对内存中的表格 stu 进行排序。具体代码是第 6 行的 stu.sort_values(by='分数', inplace=True, ascending=False)，表示根据"分数"排序。点击 Spyder 软件右上角"Variable explorer"的 stu，可以看到图 11-19 所示的内存中的表格数据。数据已经按照分数排序好，因此该表格的第 1 行就是一班第一名学生的信息。第 7 行代码将原来

Excel 表格中的索引添加为新的列，比如包娜本来的编号为 3，现在是 0。我们用第 8~9 行代码提取第一名学生的信息，其中 stu['姓名'][0] 表示 '包娜' 等。第 10 行代码用于计算内存中的表格 stu 一共有多少名学生，用 len 函数实现。利用同样的方法，可以将任何 Excel 文件的数据提取到计算机内存，读者可以尝试读取自己手中的 Excel 文件。

Index	Jnnamed: (	姓名	年龄	分数
0	3	包娜	19	86
1	4	李俊	24	79
2	7	张成	28	77
3	8	曾洁	23	74
4	6	杨涛	23	59
5	1	孙桂兰	24	56
6	0	李玉兰	23	46
7	5	任红	19	42
8	2	程丽华	28	40
9	9	崔晨	18	9

图 11-19　内存中的表格数据

第 12 行代码创建一个空白文档，并且用 doc 表示。

第 14 行代码用文档的 add_heading 方法为文档 doc 添加一个 0 级标题"一班学生期末考试情况"。

第 17~22 行代码为文档 doc 添加一个段落，并且用段落的 add_run 方法添加不同文字块。其中 p.add_run(str(first_student)).bold 表示设置字体加粗。具体的字体设置将在接下来的章节中介绍。

第 24~25 行代码添加另外一个段落。

第 28 行代码用文档 doc 的 add_table 方法添加一个表格，并且行数是 Excel 表格的行数加一（number_student+1），因为需要设置表头，而列数是 2。用 table 表示创建的表格。

第 29~30 行代码为表格 table 写入表头，其中 cell 表示表格的位置。

第 31 行代码设置表格的样式 style，接下来的章节将具体介绍。

第 34~36 行代码用一个 for 循环将 Excel 数据转换为 Word 表格数据。第 34 行代码定义 for 循环，并且用 i 表示循环次数，(index,row)表示 stu.iterrows 返回的表格数据，为一个元组。其中 enumerate 表示把表格数据序列化，并且用 i 表示序号。第 35 行代码把表格 stu 中的"姓名"写入 Word 文件的表格 table 中。因为表头已经写入数据，所以需要加一（table.cell(i+1,0).text）；str(row['姓名'])表示表格 stu 中的"姓名"列数据。同理，第 36 行代码把表格 stu 中的"分数"数据写入 Word 表格的第 2 列中。

第 39 行代码添加图片。

第 40 行代码将文档保存为"11.5-案例.docx"，并放在 generated_docx 文件夹下。

运行上述代码，效果如图 11-18 所示。稍微修改本例代码，即可将其他 Excel 文件读取到 Word，以实现不一样的需求。

第 12 章

格式转换，既简单又高效

在工作中，我们经常需要处理大量 Word 文件，比如将 Word 中的文字读取到 PPT，或者将表格数据保存到 Excel 中等。如果采用复制粘贴的方式，会比较浪费时间。本章介绍用 Python 将 Word 中的内容自动读取到不同类型的文件中，从而实现文件格式转换，并且可以将 Word 编辑为理想的状态。

12.1 如何利用 Python 读取 Word 文件

用 Python 自动读取 Word 文件就是把 Word 中的内容加载到内存，比如将文档中的表格读取到计算机内存，然后在内存中处理其中的各种元素，比如将表格数据读取到 Excel 等。无论是将 Word 读取到内存，还是在内存中处理各种 Word 元素，我们都是用 python-docx 库实现。

这个处理过程与 11.3 节中介绍的层次结构图类似：第一层是将 Word 文件加载到内存；第二层是找到 Word 的元素；第三层是利用表格、图表的属性将数据提取到不同格式的文件中。

12.2 打开已有 Word 文档

在前面的章节中，我们通过 Document 函数创建新的 Word 文件。同理，当我们给它提供参数名后，该函数可以把已有的 Word 文件载入内存，也就打开了 Word 文件，比如 Document('11.5-案例.docx')表示打开"11.5-案例.docx"文档。当 Word 成功载入内存之后，我们就可以像阅读 Word 文件一样，用 Python 代码将 Word 中的数据读取到任意位置，比如 Excel、Word 中等，后面的章节会详细介绍。

举个例子，读取 data 文件夹下的"测试文档属性.docx"，并且显示文档作者是谁，具体代码如下。

代码文件：12.2-打开已有文档.py

```
01    from docx import Document
02
```

```
03    # 文档位置
04    docName = 'data/测试文档属性.docx'
05
06    # 打开 docName 代表的文档
07    myDoc = Document(docName)
08
09    # 用 core_properties 查看文档属性
10    print('查看文档属性包含的属性有：', dir(myDoc.core_properties))
11
12    # 查看文档作者
13    author = myDoc.core_properties.author
14    print(f'文档的作者是{author}')
15
16    print('成功！')
```

第 4 行代码用变量 docName 表示需要打开的文档所处位置，本例中为 "data/测试文档属性.docx"。

第 7 行代码用 Document 函数打开 docName 表示的文档。

第 9 行代码是注释，说明查看文档属性使用的是 core_properties。

第 10 行代码用 print 函数打印出文档 myDoc 的 core_properties 包含的所有属性和方法，为以后查看文档属性做准备。

第 12~14 行代码查看文档的作者，用的是文档 myDoc 的 core_properties 的 author 属性。

运行上述代码，结果如下：

```
查看文档属性包含的属性有： ['__class__', '__delattr__', '__dict__', '__dir__', '__doc__', '__eq__',
'__format__', '__ge__', '__getattribute__', '__gt__', '__hash__', '__init__', '__init_subclass__',
'__le__', '__lt__', '__module__', '__ne__', '__new__', '__reduce__', '__reduce_ex__', '__repr__',
'__setattr__', '__sizeof__', '__str__', '__subclasshook__', '__weakref__', '_element', 'author',
'category', 'comments', 'content_status', 'created', 'identifier', 'keywords', 'language',
'last_modified_by', 'last_printed', 'modified', 'revision', 'subject', 'title', 'version']
文档的作者是 724698621@qq.com
成功！
```

12.3　批量提取段落

在工作中，我们经常需要将 Word 中的内容为提取新的 Word 文档，或者保存为 PPT 文件。本节我们用 Python 将 Word 文档内容批量提取到不同格式的文件中。

下面首先介绍如何用 Python 将 Word 中的段落内容提取到内存，然后再提取到 Word，最后保存为其他格式的文件，比如 PPT。

12.3.1　提取 Word 内容

提取 Word 内容就是把它们读取到计算机内存，方便之后保存为各种形式的文件。在 Python 中，我们用文档的 paragraphs 属性的 text 提取内容。

接下来，我们读取位于 data 文件夹下的"11.5-案例.docx"文档的内容。首先查看文档的作者是谁，然后读取文档第一个段落的内容，最后读取所有的段落内容。具体代码如下，我们逐行分析。

代码文件：12.3.1-提取 Word 内容.py

```
01    from docx import Document
02    # 文档位置
03    docName = 'data/11.5-案例.docx'
04    # 打开 docName 代表的文档
05    myDoc = Document(docName)
06
07    # 查看文档作者
08    author = myDoc.core_properties.author
09    print(f'文档的作者是{author}')
10
11    # 查看文档段落个数
12    number_paragraphs = len(myDoc.paragraphs)
13    print(f'\n 该文档共有{number_paragraphs}个段落')
14
15    # 查看第 1 个段落的内容
16    print('\n 查看第 1 个段落的内容')
17    firstParagraph_text = myDoc.paragraphs[0].text
18    print(firstParagraph_text)
19
20    # 读取所有段落内容
21    print('\n 文档中所有的段落内容是: ')
22    for number in range(number_paragraphs):
23        paragraph_text = myDoc.paragraphs[number].text
24        print(paragraph_text)
25
26    print('提取内容成功')
```

第 3 行代码用变量 docName 表示需要打开的文档位置，这里是打开位于 data 文件夹下的 "11.5-案例.docx"。

第 5 行代码用 Document 打开文档。

第 7~9 行代码查看文档的作者是谁。

第 12 行代码查看文档有多少个段落，用的是文档 myDoc 的段落属性 paragraphs。在 Python 中，复数形式的属性一般表示多个，因此我们可以用 len 函数查看有多少个。第 13 行代码用 print 将段落数量输出到控制台。

第 15~18 行代码查看第 1 个段落的具体内容。第 17 行代码用段落 paragraphs 的 text 属性查看具体的段落内容。因为计算机中编号是从 0 开始的，所以 myDoc.paragraphs[0] 表示第 1 个段落，然后用点（.）调用段落的 text 属性查看内容。所有的属性调用方法都是这样的。读取段落内容之后将其赋值为变量 firstParagraph_text。第 18 行代码用 print 函数打印出该变量的具体内容，也就是将段落内容打印到控制台。

第 20~24 行代码读取所有的段落内容。因为文档可能包含多个段落，所以需要用 for 循环实现。第 22 行代码用 range(number_paragraphs) 控制循环次数，并且用 number 代表每一次循环的数字，从 0 开始到 number_paragraphs 结束。第 23 行代码类似于第 17 行代码，利用段落的 text 属性查看每一个段落 paragraphs[number] 的具体内容，并且用 paragraph_text 变量表示。第 24 行代码将每一个段落的内容打印到控制台。

运行上述代码，在控制台中可以看到如下结果。这些输出内容正是 "11.5-案例.docx" 文档的文字部分。

```
文档的作者是 python-docx

该文档共有 4 个段落

查看第 1 个段落的内容
一班学生期末考试情况

文档中所有的段落内容是：
一班学生期末考试情况
分数最高的学生是包娜，并且分数是 86 分。
总共有 10 名学生参加了考试，考试总体情况是：

提取内容成功
```

12.3.2 另存为一个新的 Word 文档

另存为一个新的 Word 文档是将修改后的 Word 文档保存为一个新文件。下面首先介绍如何将文档中的所有段落内容保存为一个新的 Word 文档，然后介绍如何将指定段落内容保存为一个新的 Word 文档。

1. 保存所有段落

在上一节中，我们将所有段落内容打印到控制台。本节我们把提取的内容另存为新的 Word 文档，效果如图 12-1 所示。

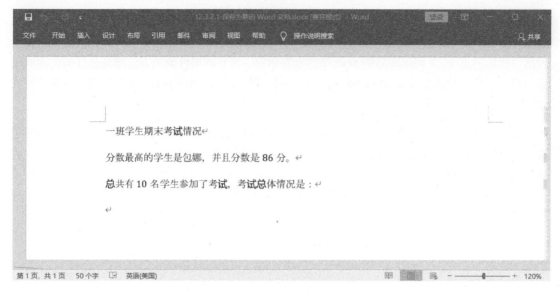

图 12-1   另存为新的 Word 文档

另存为新的 Word 文档的步骤是：首先新创建一个 Word 文档，然后用添加段落的方法 add_paragraphs 把提取的内容插入即可。具体代码如下，我们逐行分析。

代码文件：12.3.2.1-另存为新的 Word 文档.py

```
01    from docx import Document
02    # 文档位置
03    docName = 'data/11.5-案例.docx'
04    # 打开 docName 代表的文档
05    myDoc = Document(docName)
06
07    # 查看文档段落个数
08    number_paragraphs = len(myDoc.paragraphs)
09    print(f'该文档共有{number_paragraphs}个段落')
10
11    # 保存为另外的一个 Word 文档
12    # 创建新的 Word 文档
13    newDoc = Document()
14    for number in range(number_paragraphs):
15        # 读取每一个段落的内容
16        text_paragraph = myDoc.paragraphs[number].text
17        # 将每一个段落的内容保存到一个新的文档中，相当于在新文档中插入段落
18        newDoc.add_paragraph(text_paragraph)
19
20    # 将段落内容保存为新的 Word 文档
21    new_doc_name = 'generated_doc/12.3.2.1-保存为新的 Word 文档.docx'
22    newDoc.save(new_doc_name)
23
24    print('保存成功！')
```

第 13 行代码用 Document 创建一个空白文档，并且用 newDoc 表示。

第 14~18 行代码用 for 循环将文档内容提取到文档 newDoc 中，这与上一节中的 for 循环稍微不同：第 18 行代码用文档 myDoc 的 add_paragraph 保存提取的段落内容 text_paragraph，而上一节是直接用 print 打印。因此，编程需要灵活，从而实现不同的需求，这也是编程的乐趣所在之一。

第 21 行代码定义另存为的路径。

第 22 行代码用文档 myDoc 的 save 方法保存文档。

运行上述代码，在 generated_doc 文件夹下生成文件 "12.3.2.1-保存为新的 Word 文档.docx"，打开效果如图 12-1 所示。

2. 保存指定段落

我们也可以将某一个或多个段落保存为一个新的文档，稍微修改上述代码即可实现。举个例子，仅仅将奇数段落保存为一个新的文档。具体代码如下，我们逐行分析。

代码文件：12.3.2.2-保存指定段落.py

```
01    from docx import Document
02    # 文档位置
03    docName = 'data/11.5-案例.docx'
04    # 打开 docName 代表的文档
05    myDoc = Document(docName)
06
07    # 查看文档段落个数
08    number_paragraphs = len(myDoc.paragraphs)
09    print(f'该文档共有{number_paragraphs}个段落')
10
11    # 保存为另外的一个 Word 文档
12    # 创建新的 Word 文档
13    newDoc = Document()
14    for number in range(number_paragraphs): # number_paragraphs 从 0 开始编号
15        # 读取每一个段落的内容
16        text_paragraph = myDoc.paragraphs[number].text
17        # 保存奇数段落，这里的数字 0 表示实际的第 1 个段落、2 表示实际的第 3 个段落
18        if number % 2 == 0:
19            print(f'保存第{number}个段落')
20            newDoc.add_paragraph(text_paragraph)
21
22    # 将段落内容保存为新的 Word 文档
23    new_doc_name = 'generated_doc/12.3.2.2-将指定段落保存为新的 Word 文档.docx'
24    newDoc.save(new_doc_name)
25
26    print('保存成功！')
```

第 18~20 行代码定义一个 if 判断语句。因为需要保存指定段落的内容，所以我们需要用 if 判断结构。这里是保存偶数段落，因此判断条件是 number%2 为 0 表示偶数，否则是奇数。这里需要注意，计算机中是从 0 开始计数的，因此 0 也是偶数，但是这里的 0 表示实际的第 1 个段落。

同理，如果只需要保存第 1 个段落，将判断条件修改为 number == 0 即可。请读者修改 if 语句的判断条件实现保存不同的段落。

运行上述代码，在文件夹 generated_doc 下生成文件"12.3.2.2-将指定段落保存为新的 Word 文档.docx"，打开效果如图 12-2 所示。

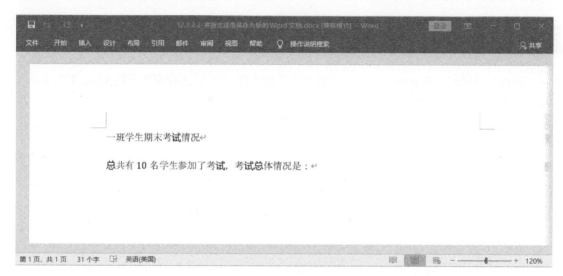

图 12-2　保存指定段落

举一反三：我们利用 for 循环实现对 Word 文档的批量处理。请读者尝试将一个 Word 文件中的每一个段落保存为独立文档，以及批量复制一个段落为多个文档，如有问题请联系作者。

12.3.3　转换为 PPT 文件

在工作中，我们有时需要将 Word 中的内容提取为 PPT。用 Python 写 PPT 将在 PPT 篇详细介绍，这里用到一点儿相关基础知识。读者也可以先阅读 PPT 篇，然后再阅读本节内容。

我们将文件"11.5-案例.docx"中的所有段落提取为 PPT 文件，具体代码如下，我们逐行分析。

代码文件：12.3.3-保存为 PPT.py

```
01    from docx import Document
02    # 导入写 PPT 的库
03    from pptx import Presentation
04
05    # 文档位置
06    docName = 'data/11.5-案例.docx'
07    # 打开 docName 代表的文档
08    myDoc = Document(docName)
09
```

```
10    # 查看文档段落个数
11    number_paragraphs = len(myDoc.paragraphs)
12    print(f'\n 该文档共有{number_paragraphs}个段落')
13
14    # 创建空白 PPT
15    myPPT = Presentation()
16    # 创建一个 PPT，布局为 1 号
17    layout = myPPT.slide_layouts[1]
18    # 添加一张布局为 1 号的幻灯片
19    slide = myPPT.slides.add_slide(layout)
20    # 首先查看有多少个占位符
21    allPlaceholders = slide.shapes.placeholders
22
23    # 读取所有段落内容
24    for number in range(number_paragraphs):
25        paragraph_text = myDoc.paragraphs[number].text
26        # 文档的第 1 个段落作为 PPT 的标题
27        if number == 0:
28            # 为第 1 个占位符添加文字
29            allPlaceholders[0].text = paragraph_text
30        # 其他段落作为 PPT 的内容
31        else:
32            # 为 PPT 添加一个段落
33            addedP_ppt = allPlaceholders[1].text_frame.add_paragraph()
34            # 为段落添加文字
35            addedP_ppt.text = paragraph_text
36
37    myPPT.save('generated_ppt/12.3.3-保存为 PPT.pptx')
38    print('提取内容为 PPT 成功')
```

第 3 行代码用于导入写 PPT 的 Python 库 python-pptx。由于导入语句使用的名字是 pptx，因此 from pptx import Presentation 表示从 python-pptx 库中导入 Presentation 函数，为创建和写 PPT 做准备。

第 15 行代码用 Presentation 函数创建一个空白的 PPT 文件，并且用变量 myPPT 表示。这类似于文档 Document 函数的用法。

第 17 行代码用于为 PPT 文件创建一个标号为 1 的布局（第 14 章会介绍）。

第 19 行代码用 add_slide 方法添加一张标号为 1 的幻灯片。

第 21 行代码提取标号为 1 的幻灯片的所有文本框，并用 allPlaceholders 表示。

第 27~35 行代码是一个 if-else 条件判断结构，用来写入幻灯片。第 27 行代码用 if 判断 number 为 0 的段落，如果是 0，则写入幻灯片的第 1 个文本框。写入幻灯片用的是 allPlaceholders[0].text。第 31 行代码表示 number 不是 0 的时候，将其他段落的内容写入第 2 个文本框，写入的方法是首先在文本框添加一个段落，用的也是 add_paragraph 方法，然后用段落的 text 属性写入 paragraph_text 的内容。

第 37 行代码用来保存 PPT 文件，用的也是 save 方法。

运行上述代码，结果如下：

```
该文档共有 4 个段落
提取内容为 PPT 成功
```

同时，在文件夹 generated_ppt 下生成"12.3.3-保存为 PPT.pptx"文件，打开该文件，效果如图 12-3 所示。

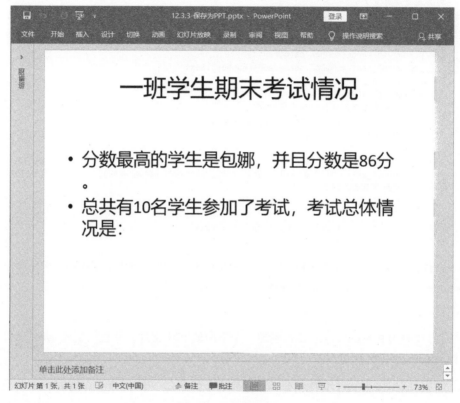

图 12-3　转换为 PPT

我们也可以利用 for 循环把段落内容批量转换为多个 PPT 文件。请读者自己实验，如有问题可联系作者。

12.4　批量转换指定文字

在 12.3 节中，我们将段落转换为各种格式的文件。本节我们处理更加细粒度的文档内容，比如将文字块保存为 Word 文件等。

12.4.1 提取文字块内容

文字块是段落的组成部分，每一个段落有一个或者多个文字块，在 Python 中被称为 run。提取文字块内容就是提取段落中的 run。接下来，我们将"11.5-案例.docx"中的文字块提取到控制台，具体代码如下，我们逐行分析。

代码文件：12.4.1-提取文字块.py

```
01    from docx import Document
02    # 文档位置
03    docName = 'data/11.5-案例.docx'
04    # 打开 docName 代表的文档
05    myDoc = Document(docName)
06
07    # 查看文档作者
08    author = myDoc.core_properties.author
09    print(f'文档的作者是 {author}')
10
11    # 查看文档段落个数
12    number_paragraphs = len(myDoc.paragraphs)
13    print(f'\n 该文档共有{number_paragraphs}个段落')
14
15    # 查看第 1 个段落的文字块
16    print('\n 查看第 1 个段落的文字块')
17    firstP_run = myDoc.paragraphs[0].runs
18    print(f'查看第 1 个段落有{len(firstP_run)}个文字块。')
19
20    # 读取所有段落的文字块
21    print('\n 文档中所有段落的文字块是：')
22    for number in range(number_paragraphs):
23        p_run = myDoc.paragraphs[number].runs
24        print(f'查看第{number}个段落有{len(p_run)}个文字块。')
25        for run in p_run:
26            print(run.text)
27
28    print('提取内容成功')
```

第 17 行代码查看第 1 个段落的文字块，并且用 firstP_run 变量表示。

第 18 行代码用函数 len 查看变量 firstP_run 的个数。因为该变量表示文字块的个数，因此这一行代码是查看第 1 个段落中文字块的个数。

第 23 行代码查看每一个 number 表示的段落的文字块，并且用变量 p_run 表示。

第 24 行代码给出提示信息。也是用 len(p_run)计算每一个段落中文字块的个数。

第 25~26 行代码是一个 for 循环。因为每一个段落中文字块的个数不统一，所以我们用 for 循环访问每一个 run。第 26 行用 run 的 text 属性查看每一个文字块的具体文字。

12.4.2 将文字块转换为独立 Word 文档

我们为文档中每一个独立格式的文字块创建一个独立的 Word 文件，具体代码如下。

代码文件：12.4.2-将文字块转换为独立 Word 文档.py

```
01    from docx import Document
02    # 文档位置
03    docName = 'data/11.5-案例.docx'
04    # 打开 docName 代表的文档
05    myDoc = Document(docName)
06
07    # 查看文档段落个数
08    number_paragraphs = len(myDoc.paragraphs)
09    print(f'\n 该文档共有{number_paragraphs}个段落')
10
11    # 查看第 1 个段落的文字块
12    print('\n 查看第 1 个段落的文字块')
13    firstP_run = myDoc.paragraphs[0].runs
14    print(f'查看第 1 个段落有{len(firstP_run)}个文字块。')
15
16    # 读取所有段落内容
17    print('\n 文档中所有段落的文字块：')
18    i= 0
19    for number in range(number_paragraphs):
20        p_run = myDoc.paragraphs[number].runs
21        print(f'查看第{number}个段落有{len(p_run)}个文字块。')
22        for run in p_run:
23            text_run = run.text
24            # 为每一个文字块创建一个文档
25            newDoc = Document()
26            newDoc.add_paragraph(text_run)
27            i = i+1
28            newDoc.save(f'generated_doc/12.4.2/转换为第{i}个文档.docx')
29
30    print('提取内容成功')
```

第 18 行代码定义变量 i 并且将其赋值为 0，用来记录转换的文档个数。

第 25 行代码创建空白文档，并用变量 newDoc 表示。

第 26 行代码用文档的 add_paragraph 方法把每一个文字块 text_run 写入文档中。

第 27 行代码表示每写入一个变量 i，计数增 1。

第 28 行代码将每一个文字块保存为独立文件。

运行上述代码，在文件夹 generated_doc/12.4.2 下生成 8 个 Word 文档，效果如图 12-4 所示。

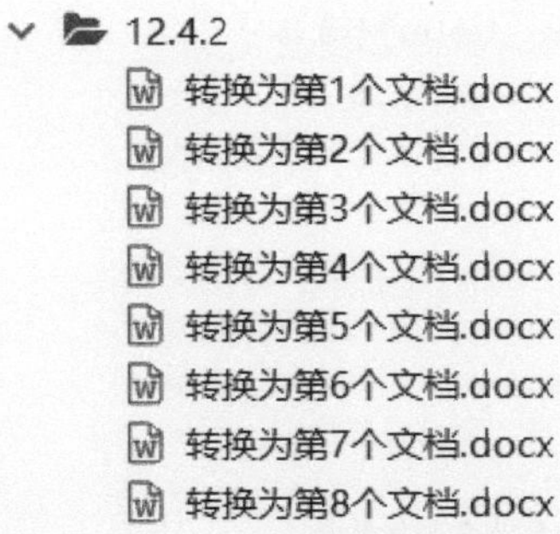

> 12.4.2
>> W 转换为第1个文档.docx
>> W 转换为第2个文档.docx
>> W 转换为第3个文档.docx
>> W 转换为第4个文档.docx
>> W 转换为第5个文档.docx
>> W 转换为第6个文档.docx
>> W 转换为第7个文档.docx
>> W 转换为第8个文档.docx

图 12-4 将每一个文字块转换为独立文件

举一反三：我们可以将指定文字保存为独立文件，并且可以复制很多份。比如可以将文件"11.5-案例.docx"中的"包娜"保存为独立文件，并且复制 50 份。请读者尝试编写代码，如有问题请联系作者。

12.5 批量转换 Word 表格

在工作中，我们经常需要将 Word 文档中的表格数据提取为 Excel 文档或者 PPT 文件。接下来我们首先将 Word 表格的数据读取到计算机内存，然后用 print 函数打印出来；最后介绍如何将数据写入 PPT 文件中。

12.5.1 提取表格数据

提取表格数据就是把 Word 文件中的表格数据逐行读取到计算机内存，然后用 print 函数打印出来。在 Python 中，我们用文档的 tables 属性表示所有表格，用表格 table 的 rows 和 columns 表示行数和列数。

接下来，我们读取文件夹 data 下"11.5-案例.docx"文档中的表格数据，具体代码如下，我们逐行分析。

代码文件：12.5.1-提取表格数据.py

```
01    from docx import Document
02    # 文档位置
03    docName = 'data/11.5-案例.docx'
04    # 打开 docName 代表的文档
05    myDoc = Document(docName)
06
07    myTable = myDoc.tables
08    # 查看文档有多少个表格
09    number_tables = len(myTable)
```

```
10    print(f'\n 该文档共有{number_tables}个表格')
11
12    # 定义一个列表保存表格数据
13    tableData = []
14    for table in myDoc.tables:
15        # 查看表格有多少行和列
16        rows = len(table.rows)
17        cols = len(table.columns)
18        print(f'表格共有{rows}行，{cols}列')
19        for row in range(rows):
20            # 定义空的列表，用来保存每行数据
21            rowData = []
22            for col in range(cols):
23                cell_text = table.cell(row,col).text
24                # 把一行中每一列的数据写入 rowData 中
25                rowData.append(cell_text)
26            # 把每一行的数据 rowData 保存在列表中
27            tableData.append(rowData)
28
29    print('表格的数据有：')
30    print(tableData)
31    print('提取内容成功')
```

第 7 行代码利用文档 myDoc 的 tables 属性获取文档中所有的表格，并且用 myTable 表示。

第 9 行代码用 len 函数计算文档中一共有多少表格。

第 13 行代码定义一个列表 tableData，目的是保存后面读取的表格数据。

第 14~27 行代码用一个 for 循环读取文档中所有的表格数据。第 14 行代码定义一个 for 循环，并且用 myDoc.tables 控制循环次数，变量 table 表示循环中的每一个表格。第 16~17 行代码利用表格 table 的 rows 和 columns 属性与 len 函数计算表格的行数和列数。

第 19~27 行代码又是一个嵌套 for 循环。因为表格是一个二维结构，所以需要一个嵌套 for 循环。第 19 行定义外层 for 循环，目的是访问表格中的每一行。循环中的 row 表示每一行的标号，循环次数由行数决定。同理，第 22 行代码定义内层 for 循环，目的是访问表格中的每一列，并用变量 col 表示每一列的标号。第 21 行代码定义一个列表 rowData，目的是保存每一行的数据。第 23 行代码利用表格 table 的 cell(row,col) 定位 row 和 col 表示的单元格，而 text 是读取定位的表格数据，然后用变量 cell_text 表示。第 25 行代码把定位的表格数据写入列表 rowData 中，用的是 append 方法。第 27 行代码把每一行数据 rowData 写入列表 tableData 中。这样 tableData 就形成了一个嵌套列表结构，也就是每一个列表的元素是一个列表，表示每一行的数据。

第 30 行代码用 print 函数打印所有的表格数据。

运行上述代码，结果如下，可以看到表格 tableData 是一个嵌套列表结构：

```
该文档共有 1 个表格
表格共有 11 行, 2 列
表格的数据有:
[['学生成绩', '学生分数'], ['包娜', '86'], ['李俊', '79'], ['张成', '77'], ['曾洁', '74'], ['杨涛',
'59'], ['孙桂兰', '56'], ['李玉兰', '46'], ['任红', '42'], ['程丽华', '40'], ['崔晨', '9']]
提取内容成功
```

举一反三：我们可以把内存中的表格数据 tableData 写入到一个 Excel 文件中。写入 Excel 用的是 Excel 篇中介绍的 xlwings 库，具体内容请参考 Excel 篇。读者也可以在学完 Excel 篇之后尝试完成该需求，如果有问题请联系作者。

12.5.2　将表格转换为一个 PPT 文件

在工作中，我们经常需要将 Word 中的表格提取为 PPT 文件。如果一个个复制数据，特别浪费时间。接下来我们用 Python 将表格转换为一个 PPT 文件。写入 PPT 文件所用的库是 python-pptx。这与写入文档的 python-docx 类似，具体将在 PPT 篇介绍。读者可以跳过本节，学完 PPT 篇再回来看本节内容。

我们将提取的 tableData 数据转换为一个 PPT 文件，具体代码如下，我们逐行分析。

代码文件：12.5.2-将表格转换为 PPT.py

```
01    from docx import Document
02
03    # 导入写 PPT 的库
04    from pptx import Presentation
05    # 导入 Inches 函数
06    from pptx.util import Inches
07
08    # 文档位置
09    docName = 'data/11.5-案例.docx'
10    # 打开 docName 代表的文档
11    myDoc = Document(docName)
12
13    myTable = myDoc.tables
14    # 查看文档有多少个表格
15    number_tables = len(myTable)
16    print(f'\n 该文档共有{number_tables}个表格')
17
18    # 定义一个列表保存表格数据
19    tableData = []
20    for table in myDoc.tables:
21        # 查看表格有多少行和列
22        rows = len(table.rows)
23        cols = len(table.columns)
24        print(f'表格共有{rows}行, {cols}列')
25        for row in range(rows):
26            # 定义空的列表，用来保存每行数据
27            rowData = []
```

```
28              for col in range(cols):
29                  cell_text = table.cell(row,col).text
30                  # 把一行中每一列的数据写入 rowData 中
31                  rowData.append(cell_text)
32              # 把每一行的数据 rowData 保存在列表中
33              tableData.append(rowData)
34
35      print('表格的数据有：')
36      print(tableData)
37      print('提取内容成功')
38
39      '''
40      写入 PPT 文件
41      '''
42      my_ppt = Presentation()
43
44      layout = my_ppt.slide_layouts[6]
45      slide = my_ppt.slides.add_slide(layout)
46
47      # 设置表格位置
48      top = Inches(2)
49      left = Inches(1)
50      width = Inches(8)
51      height = Inches(0.8)
52
53      # PPT 中表格的行列数为 Word 文件中表格的行列数
54      rows = len(table.rows)
55      cols = len(table.columns)
56
57      # 添加表格
58      my_table = slide.shapes.add_table(rows, cols, left, top, width, height)
59
60      # 向表格写入数据
61      for row in range(rows):
62          for col in range(cols):
63              my_table.table.cell(row,col).text = str(tableData[row][col])
64
65      my_ppt.save('generated_ppt/12.5.2-转换为 PPT.pptx')
66      print('添加成功！')
```

第 4 行代码导入写入 PPT 文件的库 python-pptx。第 6 行代码导入该库中用来设置位置的
Inches 函数。

第 42 行代码用 Presentation 函数创建一个空白 PPT 文件，并用 my_ppt 表示。这个函数类
似于 Document 函数。

第 44 行代码为 PPT 文件 my_ppt 创建一个 6 号布局，用的是 my_ppt 的 slid_layouts 属性。

第 45 行代码用 my_ppt 的 slides.add_slide 添加一个新的幻灯片，并且设定布局是 6 号。

第 47~51 行代码设置表格将放在 PPT 的什么位置。如字面值所示，top 表示顶部、left 表示

左边, 等等。其中 Inches(2)表示 2 英尺。

第 54~55 行代码用 rows 和 cols 保存 Word 文档中表格的行数和列数, 以使得 PPT 文件中的表格具有同样的行列。

第 58 行代码在 PPT 文件 my_ppt 的幻灯片中添加一个表格, 并用 my_table 表示。添加所用的方法是 add_table。

第 61~63 行代码用一个嵌套的 for 循环将 PPT 表格数据写入为 Word 文档的表格数据 tableData。第 61 行代码根据行数 rows 遍历每一行, 同理, 第 62 行代码根据列数 cols 遍历每一列。第 63 代码用表格的 cell(row,col)定位表格的每一个单元格, 然后把 tableData[row][col]的数据写入。注意, 需要用 str 将数据转换为字符串。

第 65 行代码用 save 方法将 PPT 文件保存为 "12.5.2-转换为 PPT.pptx", 并放在 generated_ppt 文件夹下。

运行上述代码, 在文件夹下 generated_ppt 生成文件 "12.5.2-转换为 PPT.pptx"。打开该文件, 效果如图 12-5 所示。

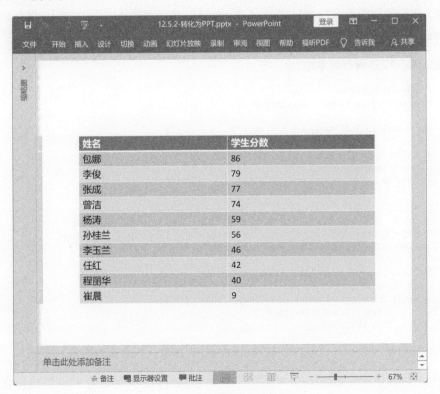

图 12-5　转换为 PPT

举一反三：我们也可以批量转换表格为多个 PPT 文件，稍微修改本节代码即可实现。请读者尝试编写代码，如果有问题请联系作者。

12.6   批量保存 Word 中的所有图片

保存文档中的所有图片就是提取 Word 文档中的所有图片信息，用到的第三方库是 docx2python，用它提取图片比 python-docx 更方便。安装该库的方法同安装 python-docx 一样。在命令提示符窗口中输入 pip install docx2python 命令并执行，安装成功的界面如图 12-6 所示。

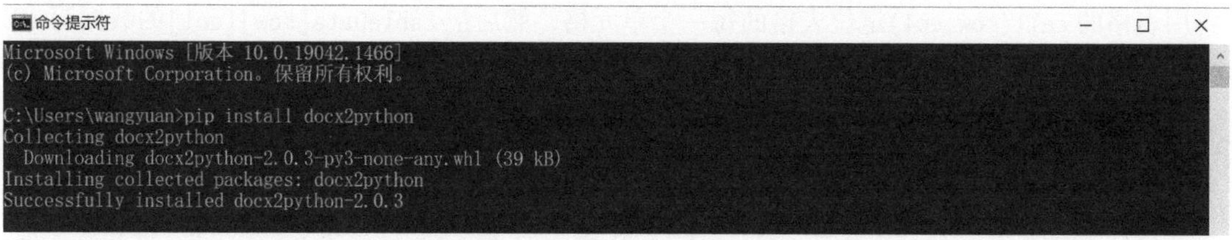

```
命令提示符                                                      —   □   ×

Microsoft Windows [版本 10.0.19042.1466]
(c) Microsoft Corporation。保留所有权利。

C:\Users\wangyuan>pip install docx2python
Collecting docx2python
  Downloading docx2python-2.0.3-py3-none-any.whl (39 kB)
Installing collected packages: docx2python
Successfully installed docx2python-2.0.3
```

图 12-6   安装读取图片的第三方库

接着，我们使用库 docx2python 将文件夹 data 下"多张图片.docx"中的图片保存到本地文件夹 generated_picture。具体代码如下，我们逐行分析。

代码文件：12.6-保存到本地.py

```
01    # 导入读取图片的库
02    from docx2python import docx2python
03
04    doc = docx2python('data/多张图片.docx')
05
06    # 用 doc 的 images 属性查看文档中有多少张图片
07    number = len(doc.images)
08    print(f'该文件中一共有{number}张图片')
09
10    '''
11    在该库中，图片是以字典形式保存的，具体格式是{'image1.png':图片的二进制字节信息}
12    字典的键是自动按照图片顺序命名的，比如 image1.png、image2.png、image3.png
13    字典的值是图片的二进制字节信息
14    '''
15    for key, value in doc.images.items():
16        # 以 wb 模式打开一个文件
17        with open('generated_picture/'+key, "wb") as file:
18            print(f'正在读取{key}图片')
19            file.write(value)
```

第 2 行代码导入 docx2python 库中的 docx2python 函数，为后面做准备。

第 4 行代码用该库的 docx2python 函数打开 Word 文件，它的参数是 Word 文件所在位置，这里是"data/多张图片.docx"。最后用变量 doc 表示用该库打开的 Word 文档。

第 7 行代码用 len 函数计算文档 doc 的 images 属性中有多少张图片，并用变量 number 保存结果。

第 8 行代码输出计算结果 number。

第 10~14 行代码是注释。计算机中的数据（这里是图片）是以二进制形式保存的。在 docx2python 库中，图片是以字典形式存在的。该字典保存了 Word 文档所有的图片。它的键是自动按照文档中图片的顺序命名的，比如 image1.png、image2.png、image3.png 等，它的值是对应图片的二进制字节信息。

第 15~19 行代码用一个 for 循环遍历保存所有图片的字典（即 doc.images.items 方法返回的结果）。第 15 行中的 key 和 value 分别表示字典中的键和值。

第 17~19 行代码用一个 with 语句块打开一个文件。内置函数 open 以 wb 模式打开一个位于 generated_picture 文件夹下的文件 key，并且命名为 file。

第 18 行代码用 print 输出提示信息。

第 19 行代码用文件 file 的 write 方法把 value 写入打开的文件，其中 value 表示每一张图片的二进制字节信息。

运行上述代码，输出结果如下：

```
该文件中一共有 5 张图片
正在读取 image1.png 图片
正在读取 image2.png 图片
正在读取 image3.png 图片
正在读取 image4.png 图片
正在读取 image5.png 图片
```

同时，在文件夹 generated_picture 下生成了 5 张图片，如图 12-7 所示，均是 Word 文档中的图片。

> 资料 (F:) › 零基础学 Python 办公自动化 › python_do_word › 第12章 › generated_picture

image1.png   image2.png   image3.png   image4.png   image5.png

图 12-7　生成的 5 张图片

结合基础篇中字典的内容，我们可以控制字典的输出，实现只保存指定的图片，比如第一张图片、偶数次序的图片等。请读者自行实验，有问题随时联系作者。

12.7　案例：将 Word 文档转换为 PPT 文件

在前面几节中，我们学会了将 Word 文档中的段落、表格和图片转换为 PPT 文件。接下来，我们把这三项内容整合在一起，实现把整个 Word 文档转换一个 PPT 文件。比如将 "11.5-案例.docx" 文档的所有内容转换为一个 PPT 文件。

在往下阅读之前，请读者先实现，再对比，经过实战编写后才会有进步。

12.7.1　需求分析

首先，查看该文件，它有段落、图片和表格，因此我们写 3 段代码分别实现转换。为了方便编写程序，我们利用基础篇介绍的函数，把这 3 段代码封装成 3 个函数，分别是实现转换文字的函数 doc2paragraph(doc_path, myPPT)、实现转换表格的函数 doc2table(doc_path, myPPT)，以及实现转换图片的函数 doc2pic(doc_path, myPPT)。

每一个函数都需要 2 个参数，分别是文档路径 doc_path，以及创建的空白 PPT 文件 myPPT。因此，我们需要定义变量 doc_path 为需要转换的文档所在位置，以及用 PPT 库的 Presentation 函数创建一个空白 PPT 文件，并用 myPPT 表示。具体代码如下。

代码文件：12.7.1-将 Word 转换为 PPT.py

```
01   # 文档位置
02   doc_path = 'data/11.5-案例.docx'
03   # 第一步：利用 Presentation 函数创建一个 PPT 对象 myPPT
04   myPPT = Presentation()
05
06   # 将文字转换为 PPT 文件
07   doc2paragraph(doc_path, myPPT)
08   # 将表格转换为 PPT 文件
09   doc2table(doc_path, myPPT)
10   # 将图片转换为 PPT 文件
11   doc2pic(doc_path, myPPT)
12
13   # 用 save 方法保存文件
14   myPPT.save('generated_ppt/12.7.1-将 Word 转换为 PPT.pptx')
```

第 2 行代码定义变量 doc_path，设置保存文件的位置。读者可以任意换成自己的文档并尝试运行。

第 4 行代码创建一个空白 PPT 文件。

第 6~11 行代码调用自定义的 3 个函数。

第 14 行代码保存生成的 PPT 文件。

12.7.2 将文字转换为 PPT

第一个函数 doc2paragraph 用于将文档中的文字转换为 PPT，具体代码如下。

代码文件：12.7.2_doc2paragraph.py

```
01  def doc2paragraph(docName, myPPT):
02      '''将段落转换为 PPT'''
03      # 打开 docName 代表的文档
04      myDoc = Document(docName)
05
06      # 查看文档段落个数
07      number_paragraphs = len(myDoc.paragraphs)
08      print(f'\n 该文档共有{number_paragraphs}个段落')
09
10      # 创建一个 PPT，布局为 1 号
11      layout = myPPT.slide_layouts[1]
12      # 添加一张布局为 1 号的幻灯片
13      slide = myPPT.slides.add_slide(layout)
14      # 首先查看有多少个占位符
15      allPlaceholders = slide.shapes.placeholders
16
17      # 读取所有段落内容
18      for number in range(number_paragraphs):
19          paragraph_text = myDoc.paragraphs[number].text
20          # 文档的第 1 个段落作为 PPT 的标题
21          if number == 0:
22              # 为第 1 个占位符添加文字
23              allPlaceholders[0].text = paragraph_text
24          # 其他段落作为 PPT 的内容
25          else:
26              # 为 PPT 添加一个段落
27              addedP_ppt = allPlaceholders[1].text_frame.add_paragraph()
28              # 为段落添加文字
29              addedP_ppt.text = paragraph_text
```

第 1 行代码用 def 定义一个函数 doc2paragraph，它接收 2 个参数，分别是文档名字 docName，以及表示 PPT 文件的 myPPT。

12.7.3 将表格转换为 PPT

第二个函数 doc2table(doc_path, myPPT)用于将表格中的数据转换为 PPT。具体代码如下。

代码文件：12.7.3_doc2table.py

```
01  def doc2table(docName, my_ppt):
02      '''将表格转换为 PPT'''
03      # 打开 docName 代表的文档
04      myDoc = Document(docName)
05      myTable = myDoc.tables
06      # 查看文档有多少个表格
```

```
07      number_tables = len(myTable)
08      print(f'\n 该文档共有{number_tables}个表格')
09
10      # 定义一个列表保存表格数据
11      tableData = []
12      for table in myDoc.tables:
13          # 查看表格有多少行和列
14          rows = len(table.rows)
15          cols = len(table.columns)
16          print(f'表格共有{rows}行，{cols}列')
17          for row in range(rows):
18              # 定义空的列表，用来保存每行数据
19              rowData = []
20              for col in range(cols):
21                  cell_text = table.cell(row,col).text
22                  # 把一行中每一列的数据写入 rowData 中
23                  rowData.append(cell_text)
24              # 把每一行的数据 rowData 保存在列表中
25              tableData.append(rowData)
26
27      print('表格的数据有：')
28      print(tableData)
29      print('提取内容成功')
30
31      '''
32      写入 PPT 文件
33      '''
34      layout = my_ppt.slide_layouts[6]
35      slide = my_ppt.slides.add_slide(layout)
36
37      # 设置表格位置
38      top = Inches(2)
39      left = Inches(1)
40      width = Inches(8)
41      height = Inches(0.8)
42
43      # PPT 中表格的行列数为 Word 文件中表格的行列数
44      rows = len(table.rows)
45      cols = len(table.columns)
46
47      # 添加表格
48      my_table = slide.shapes.add_table(rows, cols, left, top, width, height)
49      # 向表格写入数据
50      for row in range(rows):
51          for col in range(cols):
52              my_table.table.cell(row,col).text = str(tableData[row][col])
```

第 1 行代码用 def 定义一个函数 doc2table，它接收 2 个参数，分别是文档名字 docName，以及表示 PPT 文件的 my_table。

第 3~52 行代码如前所述，不再赘述。但是注意，这里不需要用 Presentation 函数创建 PPT 文件，因为我们再需要分析的时候，已经创建了 PPT 文件。

12.7.4　将图片转换为 PPT

第三个函数 doc2pic(doc_path, myPPT)用于将文档中的图片转换为 PPT。具体代码如下。

代码文件：12.7.4_doc2pic.py

```
01    def doc2pic(docName, myPPT):
02        '''将图片转换为 PPT'''
03        doc = docx2python(docName)
04
05        # 用 doc 的 images 属性查看文档中有多少张图片
06        number = len(doc.images)
07        print(f'该文件中一共有{number}张图片')
08
09        '''
10        在该库中，图片是用字段保存的，具体格式是{'image1.png':图片的二进制字节信息}
11        字典的键是自动按照图片顺序命名的，比如 image1.png、image2.png、image3.png
12        字典的值是图片的二进制字节信息
13        '''
14
15
16        for key, value in doc.images.items():
17            # 根据布局创建幻灯片
18            layout = myPPT.slide_layouts[6]
19            slide = myPPT.slides.add_slide(layout)
20
21            # 定义图片的位置
22            left = Inches(1)
23            top = Inches(1)
24            width = Inches(8)
25            height = Inches(5)
26
27            # 添加图片
28            print(f'正在读取{key}图片')
29            with open('generated_picture/'+key, "wb") as file:
30                file.write(value)
31                # 先写入本地，然后再插入到 PPT 文件中
32                slide.shapes.add_picture('generated_picture/'+key, left, top, width, height)
```

第 1 行代码用 def 定义一个函数 doc2pic，它接收 2 个参数，分别是文档名字 docName，以及表示 PPT 文件的 myPPT。

注意，这里不需要用 Presentation 函数创建 PPT 文件，因为我们再需要分析的时候，已经创建了 PPT 文件。

完整代码见本书配套代码文件"12.7.1-将 Word 转换为 PPT.py"。

第 13 章

Word 排版自动化，既高效又美观

在工作中，Word 排版非常耗费时间，而用 python-docx 库可以实现 Word 自动化排版，既高效又美观。

首先需要理解 Word 排版中的三个概念：格式、样式和模板。格式一般是指文字的字体、字号、颜色、装饰效果以及段落的对齐方式、行距，等等；样式是用有意义的名称保存的预先定义的格式组合，可以一次性应用于文档元素，它也是 Word 的精髓；模板是固定的一组格式和样式的模板文件。python-doc 库支持 Word 软件中的绝大部分格式和样式。

接下来，我们利用 python-docx 库，首先设置段落格式，然后设置文字格式，最后用 Word 模板实现自动化设置样式。

13.1　设置段落格式

常见的段落格式有：段落对齐方式、段落缩进、段落间距、段落行距，以及段落分页等。

在 python-doc 库中，各种段落格式用 `paragraph_format` 的不同属性表示，比如 `paragraph_format.alignment` 表示段落对齐方式。段落格式属性整理如表 13-1 所示。

表 13-1　段落格式说明

段落格式的不同属性	说　　明
alignment	对齐方式
first_line_indent	首行缩进
left_indent	左缩进
right_indent	右缩进
space_after	段后间距
space_before	段前间距
line_spacing_rule	行距模式
page_break_before	段前插入分页符

（续）

段落格式的不同属性	说　明
tab_stops	制表位
widow_control	孤行控制
keep_together	段中不分页
keep_with_next	与下段同页
line_spacing	行距

为了进一步说明表 13-1 中的内容，我们设计了下面的代码。

代码文件：13.1-查看段落格式.py

```
01    from docx import Document
02
03    # 文档位置
04    docName = 'data/11.5-案例.docx'
05    myDoc = Document(docName)
06
07    # 查看有多少个段落
08    numberParagraph = len(myDoc.paragraphs)
09    print(f'该文档共有{numberParagraph}个段落')
10
11    # 读取第 2 个段落
12    second_p = myDoc.paragraphs[1]
13
14    # 查看段落的属性和方法，输出结果中有 paragraph_format
15    print('查看段落的属性和方法')
16    print(dir(second_p))
17
18    # 查看段落格式中所有的属性和方法
19    print('查看段落格式的所有属性和方法')
20    print(dir(second_p.paragraph_format))
```

第 4 行代码用变量 docName 表示文档的位置。根据业务的需要，我们可以将其修改为不同的文档，比如 docName='data/说明.docx'。只要指定目录下存在该文档即可，否则会报错。

第 5 行代码将 docName 指定的 Word 文档载入计算机内存，并用 myDoc 变量表示。之后对 myDoc 的修改就是对 docName 文档的修改。

第 8 行代码用 len 函数查看文档 myDoc 中有多少个段落。

第 9 行代码输出结果。从下面的结果可知，文档 myDoc 共有 4 个段落。在 python-docx 中，复数形式的属性一般表示多个，因此文档的属性 paragraphs 表示文档中所有的段落。

第 12 行代码读取文档 myDoc 中的第 2 个段落，并用变量 second_p 表示。计算机中编号从 0 开始，因此 paragraphs[1] 表示文档中的第 2 个段落。读者可以修改数值，以操作文档中不同的段落。

第 16 行代码用 dir 函数查看第 2 个段落 second_p 的所有属性和方法，结果如下所示。它包含式 paragraph_format 等。段落的常用属性如表 13-2 所示。

表 13-2 段落的常用属性

段落的常用属性	说　　明
alignment	对齐方式
insert_paragraph_before	在段落之前添加新的段落
paragraph_format	段落格式

第 20 行代码用 dir 函数查看第 2 个段落 second_p 中格式的属性和方法。

运行上述代码，输出结果如下：

```
该文档共有 4 个段落
查看段落的属性和方法
['__class__', '__delattr__', '__dict__', '__dir__', '__doc__', '__eq__', '__format__', '__ge__',
'__getattribute__', '__gt__', '__hash__', '__init__', '__init_subclass__', '__le__', '__lt__',
'__module__', '__ne__', '__new__', '__reduce__', '__reduce_ex__', '__repr__', '__setattr__',
'__sizeof__', '__str__', '__subclasshook__', '__weakref__', '_element', '_insert_paragraph_before',
'_p', '_parent', 'add_run', 'alignment', 'clear', 'insert_paragraph_before', 'paragraph_format',
'part', 'runs', 'style', 'text']
查看段落格式的所有属性和方法
['__class__', '__delattr__', '__dir__', '__doc__', '__eq__', '__format__', '__ge__', '__getattribute__',
'__gt__', '__hash__', '__init__', '__init_subclass__', '__le__', '__lt__', '__module__', '__ne__',
'__new__', '__reduce__', '__reduce_ex__', '__repr__', '__setattr__', '__sizeof__', '__slots__',
'__str__', '__subclasshook__', '_element', '_line_spacing', '_line_spacing_rule', '_parent',
'_tab_stops', 'alignment', 'element', 'first_line_indent', 'keep_together', 'keep_with_next',
'left_indent', 'line_spacing', 'line_spacing_rule', 'page_break_before', 'part', 'right_indent',
'space_after', 'space_before', 'tab_stops', 'widow_control']
```

接下来我们利用这些属性和方法为段落设置不同格式。

13.1.1 设置段落对齐方式

在 Word 文档中，段落对齐方式有：左对齐、右对齐、居中对齐以及两端对齐。在 Python 中，我们使用枚举类 WD_ALIGN_PARAGRAPH 为文档自动设置对齐方式，使用之前需要用下面的代码导入：

```
from docx.enum.text import WD_ALIGN_PARAGRAPH
```

它的值就是为段落设置的对齐方式，分别是：左对齐（LEFT）、右对齐（RIGHT）、居中对齐（CENTER）、两端对齐（JUSTIFY）。我们把这些对齐方式的值赋给 paragraph_format 的 alignment 属性，即可实现对应的对齐效果，比如 paragraph_format.alignment = WD_ALIGN_PARAGRAPH.CENTER 表示该段落的对齐方式是居中对齐。

接下来，我们分别为文档中已有段落和新添加的段落设置对齐方式。

1. 修改已有段落对齐方式

我们为"11.5-案例.docx"文档设置不同的段落对齐方式，比如第 1 个段落为居中对齐、第 2 个段落为右对齐、第 3 个段落为左对齐等，具体效果如图 13-1 所示，上面是修改之前，下面是修改之后。

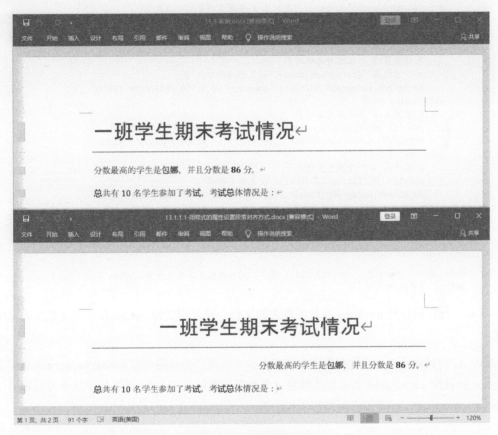

图 13-1　修改前后对比

具体代码如下，我们逐行分析。

代码文件：13.1.1.1-为已有段落设置对齐方式.py

```
01   from docx import Document
02   # 导入设置对齐方式的类
03   from docx.enum.text import WD_ALIGN_PARAGRAPH
04
05   # 文档位置
06   docName = 'data/11.5-案例.docx'
```

```
07    myDoc = Document(docName)
08
09    # 查看有多少个段落
10    numberParagraph = len(myDoc.paragraphs)
11    print(f'该文档共有{numberParagraph}个段落')
12
13    # 为每一个段落设置不同的对齐方式
14    for number in range(numberParagraph):
15        # number 代表 0~3
16        # myDoc.paragraphs[number] 表示从第 1 个段落到最后一个段落
17        paragraph = myDoc.paragraphs[number]
18
19        if number == 0:
20            # 设置第 1 个段落为居中对齐
21            print(f'将 "{paragraph.text}" 设置为居中对齐')
22            paragraph.paragraph_format.alignment = WD_ALIGN_PARAGRAPH.CENTER
23        elif number == 1:
24            # 设置第 2 个段落为右对齐
25            print(f'将 "{paragraph.text}" 设置为右对齐')
26            paragraph.paragraph_format.alignment = WD_ALIGN_PARAGRAPH.RIGHT
27        elif number == 2:
28            # 设置第 3 个段落为左对齐
29            print(f'将 "{paragraph.text}" 设置为左对齐')
30            paragraph.paragraph_format.alignment = WD_ALIGN_PARAGRAPH.LEFT
31        else:
32            # 设置其他所有段落为文本两端对齐
33            print(f'将 "{paragraph.text}" 设置为两端对齐')
34            paragraph.paragraph_format.alignment = WD_ALIGN_PARAGRAPH.JUSTIFY
35
36    myDoc.save('generated_docx/13.1.1.1-用样式的属性设置段落对齐方式.docx')
37    print('设置成功')
```

第 6~7 行代码打开 docName 变量所代表的文档，并且用变量 myDoc 表示该文档在内存中的位置。

第 9~11 行代码用 len 函数查看该文档有多少个段落，并且用变量 numberParagraph 表示。文档 myDoc 的属性 paragraphs 表示段落数量（复数形式表示有多个）。计算机中从 0 开始编号，因此 myDoc.paragraphs[0]表示实际的第 1 个段落。

第 13~34 行代码用一个 for 循环为文档中每一个段落设置不同的对齐方式。

第 14 行代码定义一个 for 循环，并用 range(numberParagraph)控制循环次数，也就是有几个段落就循环几次。变量 number 表示从 0 到 numberParagraph 的次数。

第 17 行代码用 myDoc.paragraphs[number]读取文档中每一个段落，从 0 到 numberParagraph，并用变量 paragraph 表示不同的段落。

第 19~34 行代码用一个 if-elif-elif-else 结构判断不同的段落，判断条件是 number 的数值。如果 number 为 0，则在第 22 行代码设置该段落的对齐方式是居中。居中的效果通过 alignment 属性设置，使段落居中的值是 WD_ALIGN_PARAGRAPH.CENTER。第 21 行代码用于输出提示信息。同理，第 23~26 行代码设置第 2 个段落的对齐方式为右对齐；第 27~30 行代码设置第 3 个段落的对齐方式是居中对齐；第 31~34 行代码是设置其他段落的对齐方式是两端对齐。同理，读者可以将 if-elif-elif-else 的判断条件修改为其他形式，以实现不同的需求，比如只修改偶数段落的对齐方式是居中对齐，等等。

第 36 行代码用于保存文档。

运行上述代码，结果输出如下：

```
该文档共有 4 个段落
将"一班学生期末考试情况"设置为"居中对齐"
将"分数最高的学生是包娜，并且分数是 86 分。"设置为右对齐
将"总共有 10 名学生参加了考试，考试总体情况是："设置为左对齐
将""设置为文本两端对齐
设置成功
```

2. 为新加段落设置对齐方式

在工作中，我们经常需要设置段落的对齐方式。python-docx 库提供了第二种设置方法。如表 13-2 所示，可以通过设置段落 paragraph 的属性 alignment 的值，为新添加的段落设置对齐方式。请读者尝试利用这种方法设置对齐方式。

在"11.5-案例.docx"文档中，我们再添加一个段落"这次考试成绩很理想！"，并设置其对齐方式为右对齐，效果如图 13-2 所示。

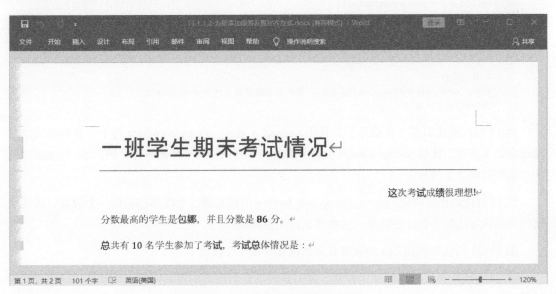

图 13-2　为新加段落设置对齐方式

具体代码如下，我们逐行分析。

代码文件：13.1.1.2-为新加段落设置对齐方式.py

```
01   from docx import Document
02   # 导入设置对齐方式的类
03   from docx.enum.text import WD_ALIGN_PARAGRAPH
04
05   # 文档位置
06   docName = 'data/11.5-案例.docx'
07   myDoc = Document(docName)
08
09   # 查看有多少个段落
10   numberParagraph = len(myDoc.paragraphs)
11   print(f'该文档共有{numberParagraph}个段落')
12
13   # 读取第 2 个段落
14   second_p = myDoc.paragraphs[1]
15   print(f'原来第 2 个段落的内容是："{second_p.text}"')
16   # 用段落的 insert_paragraph_before 方法插入一个新段落
17   second_p.insert_paragraph_before('这次考试成绩很理想！')
18
19   # 添加段落之后查看有多少个段落
20   numberParagraph = len(myDoc.paragraphs)
21   print(f'添加段落之后，该文档共有{numberParagraph}个段落')
22
23   # 读取第 2 个段落，已经变成新添加的段落内容
24   second_p = myDoc.paragraphs[1]
25   print(f'新添加的段落是"{second_p.text}"，并且设置其对齐方式为右对齐')
26   # 设置新添加段落对齐方式为右对齐
27   second_p.alignment = WD_ALIGN_PARAGRAPH.RIGHT
28
29   # 保存文档
30   myDoc.save('generated_docx/13.1.1.2-为新添加段落设置对齐方式.docx')
31   print('设置成功')
```

第 14 行代码读取第 2 个段落，并且用 second_p 表示。在 python-docx 库中，复数形式的对象通常表示多个，比如 paragraphs 表示多个段落。计算机中从 0 开始编号，因此 paragraphs[1] 表示实际的第 2 个段落。

第 17 行代码用段落的 insert_paragraph_before 方法在第 2 个段落前新加一个段落，并且段落内容是该方法的参数，也就是"这次考试成绩很理想！"。

第 19~21 行代码使用 len 函数查看文档现在有多少个段落。

第 24 行代码再次读取第 2 个段落。此时该段落是新添加的段落内容，也就是"这次考试成绩很理想！"。

第 27 行代码用第 2 个段落 second_p 的属性 alignment 设置其对齐方式为右对齐（WD_ALIGN_PARAGRAPH.RIGHT）。

运行上述代码，输出结果如下：

```
该文档共有 4 个段落
原来第 2 个段落的内容是："分数最高的学生是包娜，并且分数是 86 分。"
添加段落之后，该文档共有 5 个段落
新添加的段落是"这次考试成绩很理想!"，并且设置其对齐方式为右对齐
设置成功
```

13.1.2 设置段落缩进

段落缩进是段落与边界之间的空隙，包含左缩进（left_indent）、右缩进（right_indent）、首行缩进（first_line_indent），而首行缩进为负数时表示悬挂缩进。

在 python-docx 中，当设置缩进时，常用的长度单位有：英寸（Inches）、厘米（Cm）、磅（Pt）。三者之间的关系是 1 Inches=2.54 Cm=72 Pt。这些单位在使用之前需要先导入，代码如下：

```
from docx.shared import Inches, Pt, Cm
```

我们为"11.5-案例.docx"文档设置左缩进的值为 10 磅。具体代码如下，我们逐行分析。

代码文件：13.1.2-设置段落缩进.py

```
01    from docx import Document
02    # 导入设置对齐方式的类
03    from docx.enum.text import WD_ALIGN_PARAGRAPH
04
05    # 导入设置段落缩进的单位
06    from docx.shared import Inches,Pt,Cm
07
08    # 文档位置
09    docName = 'data/11.5-案例.docx'
10    myDoc = Document(docName)
11
12    # 查看有多少个段落
13    numberParagraph = len(myDoc.paragraphs)
14    print(f'该文档共有{numberParagraph}个段落')
15
16    # 读取第 2 个段落
17    second_p = myDoc.paragraphs[1]
18    print(f'原来第 2 个段落的内容是："{second_p.text}"')
19
20    # 第 2 个段落的样式
21    second_paragraph_format = second_p.paragraph_format
22
23    # 查看段落左缩进的值
```

```
24    second_left_indent = second_paragraph_format.left_indent
25    print(f'查看段落的左缩进值是：{second_left_indent}')
26    # 设置新的左缩进值
27    second_paragraph_format.left_indent = Pt(10)
28    second_left_indent = second_paragraph_format.left_indent
29    print(f'再次查看段落的左缩进值是：{second_left_indent}')
30
31    myDoc.save('generated_docx/13.1.2-设置段落缩进.docx')
32    print('设置成功！')
```

第 21 行代码用变量 second_paragraph_format 表示第 2 个段落的样式属性。段落的样式属性用 paragraph_format 表示。

第 24 行代码查看文档 myDoc 中第 2 个段落的左缩进值。段落的左缩进用 second_paragraph_formt.left_indent 表示，读取之后赋值给变量 second_left_indent。根据输出结果，此时段落没有缩进值，也就是 None。

第 25 行代码用 print 函数输出变量 second_left_indent 的值，也就是读取第 2 个段落的左缩进值。

第 27 行代码设置段落左缩进值。这里给 second_paragraph_format.left_indent 赋值 Pt(10)，Pt(10)表示 10 磅。

第 28 行代码再次读取左缩进的值，还是用 second_left_indent 表示。

第 29 行代码用 print 函数输出读取的左缩进值。根据结果输出，它已经是设置的 10 磅。

第 31 行代码用于将文档保存为新的文档。

运行上述代码，结果输出如下：

```
该文档共有 4 个段落
原来第 2 个段落的内容是："分数最高的学生是包娜，并且分数是 86 分。"
查看段落的左缩进值是：None
再次查看段落的左缩进值是：127000
设置成功！
```

打开 generated_docx 文件夹下的"13.1.2-设置段落缩进.docx"文件，效果如图 13-3 所示，第 2 个段落具有左缩进的格式。选中段落并查看，左侧的缩进值为 0.35 厘米。

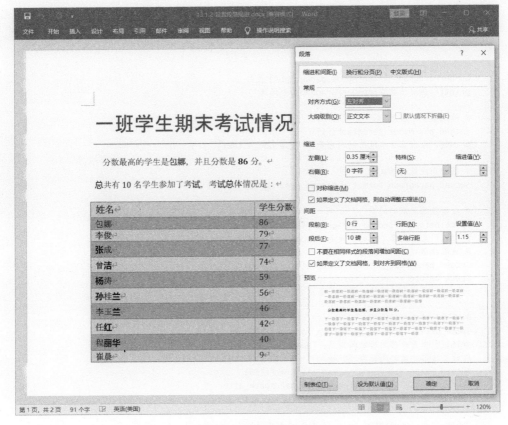

图 13-3　设置段落左缩进

请读者修改上面的代码，为该文档设置其他段落对齐方式。

13.1.3　设置段落间距

段落间距是两个段落之间的距离。表 13-1 中的 space_before 和 space_after 分别表示段落之前和之后的间距。通常使用磅（Pt）来指定段落间距的数值。

我们为"11.5-案例.docx"文档设置第 2 个段落前后间距都是 50 磅。具体代码如下，我们逐行分析。

代码文件：13.1.3-设置段落间距.py

```
01    from docx import Document
02
03    # 导入设置段落缩进的单位
04    from docx.shared import Pt
05
```

```
06    # 文档位置
07    docName = 'data/11.5-案例.docx'
08    myDoc = Document(docName)
09
10    # 查看有多少个段落
11    numberParagraph = len(myDoc.paragraphs)
12    print(f'该文档共有{numberParagraph}个段落')
13
14    # 读取第 2 个段落
15    second_p = myDoc.paragraphs[1]
16    print(f'原来第 2 个段落的内容是："{second_p.text}"'')
17
18    # 第 2 个段落的样式
19    second_paragraph_format = second_p.paragraph_format
20
21    # 查看段落之前的间距
22    space_before = second_paragraph_format.space_before
23    print(f'查看段落之前的间距是: {space_before}')
24    # 设置段落之前的间距为 50 磅
25    second_paragraph_format.space_before= Pt(50)
26    space_before = second_paragraph_format.space_before
27    print(f'再次查看段落之前的间距是: {space_before}')
28
29    # 查看段落之后的间距
30    space_after = second_paragraph_format.space_after
31    print(f'查看段落之后的间距是: {space_after}')
32    # 设置段落之后的间距为 50 磅
33    second_paragraph_format.space_after = Pt(50)
34    space_after = second_paragraph_format.space_after
35    print(f'再次查看段落之后的间距是: {space_after}')
36
37    myDoc.save('generated_docx/13.1.3-设置段落间距.docx')
38    print('设置成功! ')
```

第 22 行代码查看文档 myDoc 中第 2 个段落之前的间距，并用变量 space_before 表示。

第 23 行代码用 print 函数查看 space_before 的值。根据下面的输出结果，space_before 的值为 None。

第 25 行代码设置第 2 个段落之前的间距为 50 磅。方法是直接为其设置具体的磅值。

总之，对于段落格式中不同的属性，如果是读取一个变量，就表示读取其值，比如第 22 行代码；如果给它设置不同的数值，就表示设置属性值，比如第 35 行代码。

第 26~27 行代码再次查看设置之后的段前间距。根据输出结果，值是 635000。

第 29~35 行代码查看和设置第 2 个段落之后的间距。第 29~31 行代码查看原来段落之后的间距，第 33 行代码设置段落之后的间距为 50 磅，第 34~35 行代码查看设置之后的间距。

运行上述代码，结果如下：

```
该文档共有 4 个段落
原来第 2 个段落的内容是："分数最高的学生是包娜，并且分数是 86 分。"
查看段落之前的间距是：None
再次查看段落之前的间距是：635000
查看段落之后的间距是：None
再次查看段落之后的间距是：635000
设置成功！
```

打开 generated_docx 文件夹下的"13.1.3-设置段落间距.docx"文件，效果如图 13-4 所示。

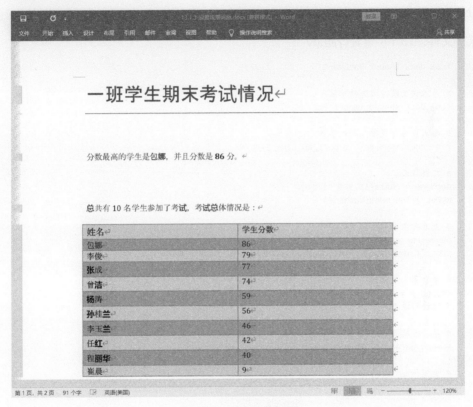

图 13-4 设置段落间距

13.1.4 设置段落行距

行距是段落内部两行之间的距离，表 13-1 中的 line_spacing_rule（行距模式）和 line_spacing（行距值）属性相互作用来控制。

常见的行距模式（line_spacing_rule）包括单倍行距（SINGLE）、1.5 倍行距（ONE_POINT_FIVE）、两倍行距（DOUBLE）、多倍行距（MULTIPLE）、最小值（AT_LEAST）、固定值（EXACTLY）。这些模式保存在 docx 库的 WD_LINE_SPACING 枚举类中，使用之前需要先导入，具体代码如下：

```
# 导入设置行距模式的枚举类
from docx.enum.text import WD_LINE_SPACING
```

当行距模式为最小值（AT_LEAST）和固定值（EXACTLY）时，我们必须通过属性 line_spacing 指定具体的行距值。如果将其设置为数值，则表示以行高的倍数应用间距；如果设置为磅数，则表示间距的高度是固定的。一般我们设置为固定的磅值。

我们为"11.5-案例.docx"文档设置第 2 个段落的行距是固定值 15 磅。具体代码如下，我们逐行分析。

代码文件：13.1.4-设置行距.py

```
01    from docx import Document
02
03    # 导入设置段落缩进的单位
04    from docx.shared import Pt
05
06    # 导入设置行距模式的枚举类
07    from docx.enum.text import WD_LINE_SPACING
08
09    # 文档位置
10    docName = 'data/11.5-案例.docx'
11    myDoc = Document(docName)
12
13    # 查看有多少个段落
14    numberParagraph = len(myDoc.paragraphs)
15    print(f'该文档共有{numberParagraph}个段落')
16
17    # 读取第 2 个段落
18    second_p = myDoc.paragraphs[1]
19    print(f'原来第 2 个段落的内容是："{second_p.text}"')
20
21    # 第 2 个段落的样式
22    second_paragraph_format = second_p.paragraph_format
23
24    # 设置行距
25    second_paragraph_format.line_spacing_rule = WD_LINE_SPACING.EXACTLY
26    second_paragraph_format.line_spacing = Pt(15)
27
28    myDoc.save('generated_docx/13.1.4-设置行距.docx')
29    print('设置成功！')
```

第 7 行代码用于导入设置行距模式的类 WD_LINE_SPACING。

第 25 行代码设置文档中第 2 个段落的行距模式为 EXACTLY。这通过设置段落的样式属性 second_paragraph_format.line_spacing_rule 为类 WD_LINE_SPACING 的一个值实现。

第 26 行代码设置行距为固定值 15 磅，它是通过为 second_paragraph_format.line_spacing 赋值实现的。具体的值是 Pt(15)，表示 15 磅。

运行上述代码，打开 generated_docx 文件夹下的"13.1.4-设置行距.docx"文件，效果如图 13-5 所示。

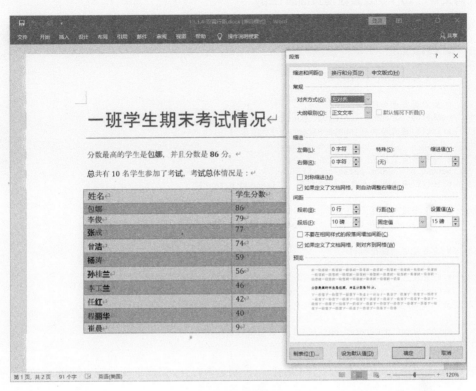

图 13-5 设置行距

请读者修改上述代码，实现根据不同的行距模式，为文档的第 2 个段落设置不同的行距。

13.1.5 设置段落分页

段落在页面边界上的显示方式由段落页面属性控制，如下所示。

- ❏ 孤行控制（widow_control）：防止文档中出现孤行，比如在页面顶端单独打印段落末行或在页面底端单独打印段落首行。
- ❏ 与下段同页（keep_with_next）：表示文档重新分页时，段落与它的下一段位于同一页。
- ❏ 段前分页（page_break_before）：在选中段落前插入分页符。
- ❏ 段中不分页（keep_together）：表示文档重新分页时，段落中所有行都位于同一页。

这 4 个属性都有 True、False 和 None 这 3 个选项。其中，True 表示打开，False 表示关闭，None 表示属性值是从样式层次结构继承的。我们为"11.5-案例.docx"文档的第 2 个段落设置孤行控制。具体代码如下，我们逐行分析。

代码文件：13.1.5-设置段落页面属性.py

```
01    from docx import Document
02
03    # 文档位置
04    docName = 'data/11.5-案例.docx'
05    myDoc = Document(docName)
06
07    # 查看有多少个段落
08    numberParagraph = len(myDoc.paragraphs)
09    print(f'该文档共有{numberParagraph}个段落')
10
11    # 读取第 2 个段落
12    second_p = myDoc.paragraphs[1]
13    print(f'原来第 2 个段落的内容是："{second_p.text}"')
14
15    # 第 2 个段落的样式
16    second_paragraph_format = second_p.paragraph_format
17
18    # 查看段落的孤行控制
19    print('查看段落的孤行控制是：', second_paragraph_format.widow_control)
20    # 打开段落的孤行控制
21    second_paragraph_format.widow_control = True
22    print('再次查看段落的孤行控制是：', second_paragraph_format.widow_control)
23
24    myDoc.save('generated_docx/13.1.5-设置页面属性.docx')
25    print('设置成功！')
```

第 19 行代码用 print 函数查看文档的孤行控制是否打开。根据下面的输出结果，它的值为 None。

第 21 行代码设置文档 myDoc 的孤行控制为 True。

第 22 行代码再次查看段落的孤行控制。根据下面输出结果，它的值为 True。

运行上述代码，输出结果如下：

```
该文档共有 4 个段落
原来第 2 个段落的内容是："分数最高的学生是包娜，并且分数是 86 分。"
查看段落的孤行控制是： None
再次查看段落的孤行控制是： True
设置成功！
```

请读者修改上述代码，为自己的文档设置不同的页面属性。

13.2   设置文字格式

文字是组成段落的基本单元。如 11.4.4 节所述，一般相同格式的连续文字为一个文字块。我们可以为每一个文字块设置不同的格式。在 docx 库中，我们用 font 对象获取和设置文字块的格式。该库支持 Word 软件常见的字体属性，如表 13-3 所示。

表 13-3 字体属性说明

属　　性	说　　明	属　　性	说　　明	属　　性	说　　明
name	字体	rtl	从右到左	no_proof	忽略拼音
size	字号	underline	下划线	all_caps	字母大写
bold	加粗	math	公式格式	small_caps	字母小写
italic	倾斜	strike	带有删除线	snap_to_grid	字符网格对齐
shadow	阴影	superscript	上标	spec_vanish	隐藏段落标记
outline	镂空	subscript	下标	web_hidden	隐藏网络视图
emboss	阳文	imprint	印刷效果	double_strike	双删除线
color	颜色	hidden	隐藏	highlight_color	突出显示颜色

这些属性的设置方式与段落页面属性类似，也包含 3 个值：True、False 和 None。设置为 True 表示打开，False 表示关闭，而 None 表示从样式层次结构继承。下面利用这些属性为文字设置不同的格式。

13.2.1 修改已有文字的格式

首先，我们根据表 13-3 的内容，修改已有文字的格式，比如将"11.4.4-添加文字.docx"文档中第 1 个段落设置字体为红色且字号是 30 磅，并将第 4 个段落的文字设置为加粗斜体并带下划线，具体代码如下。

代码文件：13.2.1-修改已有文字的格式.py

```
01    from docx import Document
02
03    # 导入设置颜色的函数
04    from docx.shared import RGBColor
05    # 导入设置段落缩进的单位
06    from docx.shared import Pt
07
08    # 文档位置
09    docName = 'data/11.4.4-添加文字.docx'
10    myDoc = Document(docName)
11
12    # 查看有多少个段落
13    numberParagraph = len(myDoc.paragraphs)
14    print(f'该文档共有{numberParagraph}个段落')
15
16    # 设置第 1 个段落的文字格式
17    first_p = myDoc.paragraphs[0]
18    for run in first_p.runs:
```

```
19      print(f'设置 "{run.text}" 的格式: ')
20      print('\t 设置字体为红色')
21      run.font.color.rgb = RGBColor(255,0,0)
22      print('\t 设置字号为 30 磅')
23      run.font.size = Pt(30)
24
25  # 设置第 4 个段落的文字格式
26  second_p = myDoc.paragraphs[3]
27  for run in second_p.runs:
28      print(f'设置 "{run.text}" 的格式: ')
29      print('\t 设置下划线')
30      run.font.underline = True
31      print('\t 设置加粗')
32      run.font.bold = True
33      print('\t 设置斜体')
34      run.font.italic = True
35
36  # 保存
37  myDoc.save('generated_docx/13.2.1-修改已有文字的格式.docx')
```

第 4 行代码导入设置字体颜色的函数 RGBColor。

第 16~23 行代码为文档 myDoc 的第 1 个段落设置文字格式。

第 17 行代码读取第 1 个段落，并用变量 first_p 表示。

第 18 行代码用 for 循环读取段落中所有的文字块。段落的 runs 属性包含了所有的 run。

第 19 行代码输出提示信息。其中"\t"表示一个制表符，为了使输出内容更美观。

第 20~21 行代码设置字体颜色，用的是字体的 color 属性中的 rgb，它的值是 RGBColor 的值。RGB 指光的三原色，即红绿蓝，它们的最大值是 255，相当于 100%。调整不同的数字会得到不同的颜色，比如白色 RGBColor(255, 255, 255)、红色 RGBColor(255, 0, 0)以及紫色 RGBColor(255, 0, 255)等。

第 22~23 行代码用字体的 size 属性设置字号为 30 磅。

第 25~34 行代码为文档 myDoc 的第 4 个段落设置文字格式。读者也可以修改这里的数字，为其他段落设置不同的文字格式。

第 27 行代码定义一个 for 循环遍历第 4 个段落中的所有文字块。

第 28 行代码用于输出提示信息。

第 29~34 行代码用 font 属性的不同属性设置不同的值。读者可以根据表 13-3 中的内容，设置不同的文字格式。

第 37 用于保存文档。

运行上述代码，打开 generated_docx 文件夹下的 "13.2.1-修改已有文字的格式.docx" 文件，效果如图 13-6 所示。

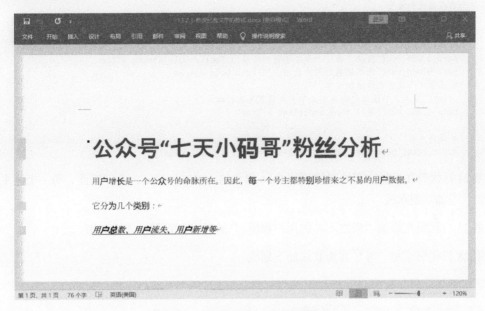

图 13-6　设置文字格式（另见彩插）

13.2.2　为新加文字设置格式

我们也可以为新加文字设置不同的格式。比如修改 "11.4.4-添加文字.py" 中的代码，为每一个添加的 run 设置不同的格式。具体代码如下，我们逐行分析。

代码文件：13.2.2-为新加的文字设置格式.py

```
01  # 导入 python-docx 库
02  from docx import Document
03
04  # 创建空白的 Word 文档
05  myDoc = Document()
06
07  # 添加标题
08  myDoc.add_heading('公众号 "七天小码哥" 粉丝分析')
09  # 默认在末尾添加段落
10  # 添加第 1 个段落
11  para_0 = myDoc.add_paragraph('用户增长是一个公众号的命脉所在。')
12
13  # 添加第 2 个段落
14  para_1 = myDoc.add_paragraph('用户总数、用户流失、用户新增')
15
16  # 在第 2 个段落 para_1 之前插入一个新的段落。至此，文章共有 3 个段落
```

```
17    para_1.insert_paragraph_before('它分为几个类别：')
18
19    '''
20    为段落追加文字
21    '''
22    # 在第1个段落之后追加文字
23    print('在第1个段落之后追加文字并且设置不同的格式')
24    para_0.add_run('因此，每一个号主都特别珍惜').font.double_strike =True
25    para_0.add_run('来之不易的用户数据。').font.bold = True
26    # 在第2个段落之后追加文字
27    print('在第2个段落之后追加文字并且设置不同的格式')
28    para_1.add_run('等').font.underline = True
29
30    # 保存文档
31    myDoc.save('generated_docx/13.2.2-添加文字并设置格式.docx')
```

第 24 行代码在添加文字的时候调用 font 属性的 double_stike，为"因此，每一个号主都特别珍惜"添加双删除线。

第 25 行代码在添加"来之不易的用户数据。"的时候设置其格式为加粗。

第 28 行代码添加"等"并为其添加下划线。

运行上述代码，输出结果如下：

```
在第1个段落之后追加文字并且设置不同的格式
在第2个段落之后追加文字并且设置不同的格式
```

打开 generated_docx 文件夹下的"13.2.2-添加文字并设置格式.docx"文件，效果如图 13-7 所示。

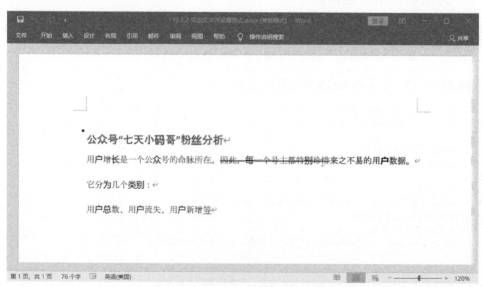

图 13-7　添加文字的时候设置格式

13.3 设置样式

样式是 Word 文档的精髓。如果能提前设计它，向 Word 写内容就会变得简单高效，因为我们不需要再逐字逐句修改格式，仅需设计与修改样式即可。

在 python-docx 库中，我们利用文档的 **styles** 属性设置各种样式，包括 36 种段落样式、27 种字符样式、100 种表格样式以及 1 种编号样式，包含了 Word 软件中的绝大部分样式，可以满足我们的日常需要。

下面的代码是查看文档的 **styles** 属性里面包含的所有样式的名字、ID 以及类型。

代码文件：13.3-查看所有样式.py

```
01    from docx import Document
02
03    doc = Document()
04
05    # 文档的 styles 属性
06    styles = doc.styles
07
08    # 查看所有的样式的名字、ID 以及类型
09    for style in styles:
10        print('样式名字: ', style.name)
11        print('样式 ID: ',style.style_id)
12        print('样式类型: ', style.type)
```

第 6 行代码读取文档 doc 的 **styles** 属性，并用变量 **styles** 表示。在 Python 中，复数形式的对象通常有成员对象，我们可以通过 for 循环遍历所有对象内容。

第 9~12 行代码定义一个 for 循环，遍历 **styles** 属性的所有样式。每一个样式用 style 表示。

第 10~12 行代码用样式 style 的 3 个标识属性 name、style_id 以及 type 输出对应的样式名字、ID 和类型。

运行上述代码，部分结果如下。从下面的结果可以看到样式 **styles** 有 4 类：表示段落样式的 PARAGRAPH (1)、表示字符样式的 CHARACTER (2)、表示表格样式的 TABLE (3)以及表示编号样式的 LIST (4)。当我们为文档设置这些样式的时候，查询这些样式名字或者 ID 即可。

```
样式名字: Default Paragraph Font
样式 ID:  a2
样式类型:  CHARACTER (2)
样式名字: Normal Table
样式 ID:  a3
样式类型:  TABLE (3)
样式名字: No List
样式 ID:  a4
样式类型:  LIST (4)
样式名字: Header
```

```
样式 ID: a5
样式类型: PARAGRAPH (1)
样式名字: 页眉 字符
样式 ID: a6
样式类型: CHARACTER (2)
样式名字: Footer
样式 ID: a7
样式类型: PARAGRAPH (1)
```

13.3.1 默认样式

默认样式是 python-docx 库设计好的样式，主要包含默认段落样式和默认表格样式。

1. 默认段落样式

为了更清楚地展示默认的 36 种段落样式，我们为每一种样式添加一个段落。具体代码如下，我们逐行分析。

代码文件：13.3.1.1-默认段落样式.py

```
01   from docx import Document
02
03   myDoc = Document()
04   styles = myDoc.styles
05
06   # 记录样式的个数
07   count = 0
08   for style in styles:
09       if style.type == 1: # 1 表示段落样式
10           print(f'第{count}种段落样式名字: {style.name}')
11           # 为每一种段落样式添加一个段落
12           myDoc.add_paragraph('第{}种段落样式名字: {}'.format( count, style.name))
13           pg  =  myDoc.add_paragraph('段落的样式展示')
14           pg.style = style.name
15           count += 1
16
17   print(f'段落一共有{count}种样式')
18
19   myDoc.save('generated_docx/13.3.1.1-默认段落样式.docx')
```

第 7 行代码定义变量 count 并将其初始化为 0，目的是记录段落的样式个数。

第 8~15 行代码用一个 for 循环遍历文档 myDoc 中的所有样式，并用 style 表示每一种样式。

第 9 行代码定义一个 if 判断语句，判断条件是根据 style 的类型。如果类型是表示段落样式的 1，则执行下面的代码。读者可以修改这里的数字，展示其他样式内容。

第 10 行代码用 print 函数输出每一个段落的名字。

第 12 行代码用文档 myDoc 的 add_paragraph 方法添加一个段落，目的是为每一种样式添加一个段落。

第 13 行代码为文档 myDoc 添加另外一个段落，目的是展示具体的段落样式。

第 14 行代码设置添加的段落样式为 style.name，也就是把每一个段落样式添加到文档中。

第 15 行代码用于更新变量 count 的值。每循环一次加一，直到循环结束。

第 17 行代码用 print 函数输出变量 count 的值，也就是输出段落样式总数 36。

第 19 行代码用于保存文档。

运行上述代码，输出结果如下：

```
第 0 种段落样式名字: Normal
第 1 种段落样式名字: Heading 1
第 2 种段落样式名字: Heading 2
第 3 种段落样式名字: Heading 3
第 4 种段落样式名字: Heading 4
第 5 种段落样式名字: Heading 5
第 6 种段落样式名字: Heading 6
第 7 种段落样式名字: Heading 7
第 8 种段落样式名字: Heading 8
第 9 种段落样式名字: Heading 9
第 10 种段落样式名字: Header
第 11 种段落样式名字: Footer
第 12 种段落样式名字: No Spacing
第 13 种段落样式名字: Title
第 14 种段落样式名字: Subtitle
第 15 种段落样式名字: List Paragraph
第 16 种段落样式名字: Body Text
第 17 种段落样式名字: Body Text 2
第 18 种段落样式名字: Body Text 3
第 19 种段落样式名字: List
第 20 种段落样式名字: List 2
第 21 种段落样式名字: List 3
第 22 种段落样式名字: List Bullet
第 23 种段落样式名字: List Bullet 2
第 24 种段落样式名字: List Bullet 3
第 25 种段落样式名字: List Number
第 26 种段落样式名字: List Number 2
第 27 种段落样式名字: List Number 3
第 28 种段落样式名字: List Continue
第 29 种段落样式名字: List Continue 2
第 30 种段落样式名字: List Continue 3
第 31 种段落样式名字: macro
第 32 种段落样式名字: Quote
第 33 种段落样式名字: Caption
第 34 种段落样式名字: Intense Quote
第 35 种段落样式名字: TOC Heading
段落一共有 36 种样式
```

打开 generated_docx 文件夹下的"13.3.1.1-默认段落样式.docx"文件，效果如图 13-8 所示。每一种段落样式均展示在该文档之中。以后需要什么段落样式，直接根据该文档选择即可。

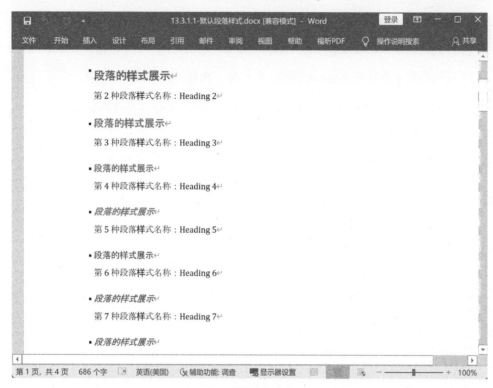

图 13-8　默认段落样式

2. 默认表格样式

我们修改上一节的代码，在一个文档中展示默认表格样式。具体代码如下，我们逐行分析。

代码文件：13.3.1.2-默认表格样式.py

```
01    from docx import Document
02
03    myDoc = Document()
04    styles = myDoc.styles
05
06    # 记录样式的个数
07    count = 0
08    for style in styles:
09        if style.type == 3: # 3 表示表格样式
10            print(f'表格样式名字：{style.name}')
11            # 在文档中添加段落记录表格样式信息
12            myDoc.add_paragraph('第{}种表格样式名称：{}'.format( count, style.name))
13            # 为每一种表格样式添加一个表格
```

```
14          table = myDoc.add_table(5,4,style=style)
15
16          # 添加表头
17          cells = table.rows[0].cells
18          cells[0].text = '姓名'
19          cells[1].text = '年龄'
20          cells[2].text = '性别'
21          cells[3].text = '地址'
22          count += 1
23
24  print(f'表格一共有{count}种样式')
25
26  # 保存文档
27  myDoc.save('generated_docx/13.3.1.2-默认表格样式.docx')
28  print('保存成功！')
```

第9行代码将判断条件修改为3，表示如果是表格样式，则执行下面的代码。读者也可以修改为其他数字。

第10行代码用 print 函数输出表格样式的名字。

第12行代码为文件 myDoc 添加一个段落，段落内容是表格样式的名字。

第14行代码为文档 myDoc 添加一个表格。表格5行4列，并且样式 style 为表格样式。

第16~21行代码为每一个样式表格添加一个表头。表头从左到右分别是：姓名、年龄、性别以及地址。

第22行代码表示每完成一个表格样式，count 变量加一。

第24行代码用 print 输出表格样式的个数。从下面的输出结果可知，一共有100种表格样式。

第27行代码用于保存文档。

运行上述代码，部分输出结果如下：

```
表格样式名字：Colorful List Accent 5
表格样式名字：Colorful List Accent 6
表格样式名字：Colorful Grid
表格样式名字：Colorful Grid Accent 1
表格样式名字：Colorful Grid Accent 2
表格样式名字：Colorful Grid Accent 3
表格样式名字：Colorful Grid Accent 4
表格样式名字：Colorful Grid Accent 5
表格样式名字：Colorful Grid Accent 6
表格一共有 100 种样式
保存成功！
```

打开 generated_docx 文件夹下的"13.3.1.2-默认表格样式.docx"文件，效果如图 13-9 所示。所有100种表格样式全部被添加到这个文档中。

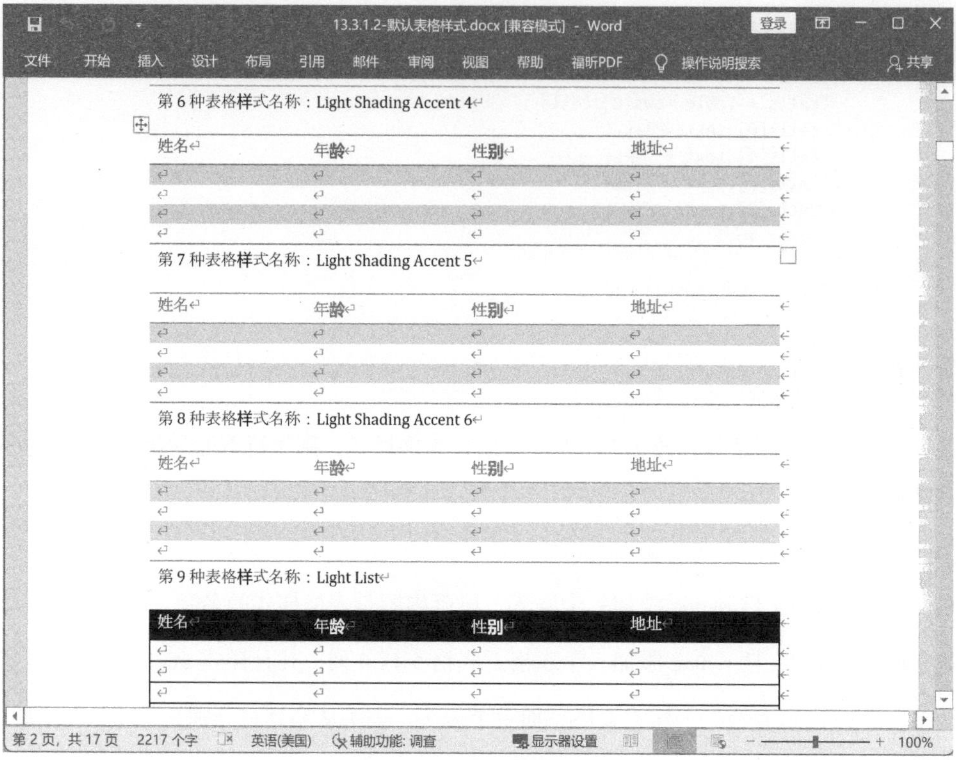

图 13-9   默认表格样式

13.3.2   自定义样式

如果默认样式不能满足工作需要，就需要用样式的 add_style 方法添加自定义样式：

```
add_style(name,style_type,builtin=False)
```

该方法接收 3 个参数：name 表示自定义样式的名字；style_type 表示样式的类型，段落样式是 1，字符样式是 2，表格样式是 3，编号样式是 4；参数 builtin 表示是否设置为内置样式，默认值 False 表示设置为自定义样式。

当我们用该方法添加自定义样式之后，就可以用 13.1 节和 13.2 节所讲内容设置自定义样式了。样式是文档的精髓，设置完它后，我们为文档添加的段落都会自动应用，之后只需要修改样式就可以了，不需要逐字逐句修改。

接下来，我们为一个空白文档添加一个自定义样式，并且命名为"自定义样式"；然后，设置其段落对齐方式并添加两个段落；最后，修改该样式的文字格式，它会自动应用于段落。具体代码如下，我们逐行分析。

代码文件：13.3.2-自定义样式.py

```python
01   from docx import Document
02
03   # 导入设置段落缩进的单位
04   from docx.shared import Inches,Pt
05   # 导入设置行距模式的枚举类
06   from docx.enum.text import WD_LINE_SPACING
07
08   myDoc = Document()
09
10   style = myDoc.styles
11
12   # 添加自定义段落样式
13   style_p = style.add_style('自定义样式', 1)
14   print(f'添加的样式名字是{style_p.name}')
15
16   # 为样式设置段落格式
17   p_format = style_p.paragraph_format
18   p_format.left_indent = Inches(1)
19   p_format.space_before= Pt(50)
20   # 设置行距
21   p_format.line_spacing_rule = WD_LINE_SPACING.EXACTLY
22   p_format.line_spacing = Pt(15)
23
24   # 添加 2 个段落并且设置样式为自定义
25   added_p = myDoc.add_paragraph('在工作中，我们经常需要处理大量 Word 文件，比如将 Word 中的文字
     读取到 PPT，或者将表格数据保存到 Excel 中等。如果采用复制粘贴的方式，会比较浪费时间。')
26   added_p_2 = myDoc.add_paragraph('本章介绍用 Python 将 Word 中的内容自动读取到不同类型的文件中，
     从而实现文件格式转换，并且可以将 Word 编辑为理想的状态。')
27   added_p.style = style_p
28   added_p_2.style = style_p
29
30   # 修改段落样式
31   # 设置字号与加粗
32   style_p.font.size = Pt(10)
33   style_p.font.bold = True
34
35   # 保存
36   myDoc.save('generated_docx/13.3.2-自定义样式.docx')
```

第 13 行代码用样式 style 的方法 add_style 添加一个样式。样式的名字是"自定义样式"，并且用 1 表示这是一个段落样式。最后，用变量 style_p 表示。

第 17~22 行代码利用 13.1 节讲的内容设置自定义样式的段落格式。

第 25 行代码和第 26 行代码用于添加两个段落，分别用 add_p 和 add_p_2 表示。

第 27 行代码和第 28 行代码分别将添加的两个段落的样式设置为自定义样式 style_p。至此，如果我们保存文档，可以看到段落自动应用了自定义样式。请读者先保存，再接着执行下面的代码。

第 32 行代码和第 33 行代码用于修改自定义样式的文字格式，分别设置字号大小和加粗。我们也可以根据 13.1 节和 13.2 节的内容添加更多样式。

第 36 行代码用于保存文档。

运行上述代码，然后打开 generated_docx 文件夹下的 "13.3.2-自定义样式.docx" 文件查看效果。

请读者修改上述代码，实现添加更多自定义样式，并且尝试修改 13.3.1 节中的默认样式。如有问题，请联系作者。

13.4　设置页面

在工作中，经常需要利用分节符来控制特定页面的版式，比如对同一个文档设置不同的页面、不同的页眉页脚等。在 Word 软件中，我们利用 "布局" 菜单中的页面设置不同的页面，如图 13-10 所示。

图 13-10　页面设置

同理，在 python-docx 库中，我们通过文档的 sections 属性设置这些内容。11.4.8 节介绍了如何为文档添加分节符。本节我们将利用添加的分节符来设置不同页面的版式。

首先，我们通过下面的代码了解 sections 属性具有哪些属性和方法。

代码文件：13.4-设置分节符.py

```
01    from docx import Document
02
03    myDoc = Document('data/11.4.8-添加分节符.docx')
04
05    # 计算文档中共有多少个分节符
06    sections = myDoc.sections
07    print(f'文档中共有{len(sections)}个分节符! ')
08
09    # 获取文档的第 2 个分节符
10    second_section = sections[1]
11
12    print('查看 sections 的属性和方法')
13    print(dir(second_section))
```

第 1~3 行代码用于打开 data 文件夹下的"11.4.8-添加分节符.docx"文档,并用变量 myDoc 表示。

第 5~7 行代码用于计算文档 myDoc 中共有多少个分节符。第 6 行代码用变量 sections 表示文档 myDoc 的 sections 属性。如前所述,复数形式的 sections 表示所有分节符的集合。从下面的输出结果可知,该文档共有 2 个分节符。一般情况下,创建一个空白文档默认有一个分节符,加上我们在 11.4.8 节中添加的一个分节符,共 2 个分节符。

第 10 行代码用于获取文档的第 2 个分节符 sections[1],并用变量 second_section 表示。

第 13 行代码用函数 dir 查看 sections 的属性和方法。

运行上述代码,输出结果如下:

```
文档中共有 2 个分节符!
查看 sections 的属性和方法
['__class__', '__delattr__', '__dict__', '__dir__', '__doc__', '__eq__', '__format__', '__ge__',
'__getattribute__', '__gt__', '__hash__', '__init__', '__init_subclass__', '__le__', '__lt__',
'__module__', '__ne__', '__new__', '__reduce__', '__reduce_ex__', '__repr__', '__setattr__',
'__sizeof__', '__str__', '__subclasshook__', '__weakref__', '_document_part', '_sectPr',
'bottom_margin', 'different_first_page_header_footer', 'even_page_footer', 'even_page_header',
'first_page_footer', 'first_page_header', 'footer', 'footer_distance', 'gutter', 'header',
'header_distance', 'left_margin', 'orientation', 'page_height', 'page_width', 'right_margin',
'start_type', 'top_margin']
```

这些属性和方法的说明如表 13-4 所示。

表 13-4 sections 的属性和方法

属性或方法	说　明	属性或方法	说　明
page_width	页面宽度	orientation	页面方向
page_height	页面高度	footer	页脚
left_margin	左页边距	header	页眉
right_margin	右页边距	different_fist_page_header_footer	首页不同
top_margin	上页边距	even_page_footer	偶数页脚
bottom_margin	下页边距	even_page_header	偶数页眉
gutter	装订线	first_page_footer	首页页脚
header_distance	页眉边距	first_page_header	首页页眉
footer_distance	页脚边距	start_type	分节类型

接下来,我们利用表格中的属性和方法来设计不同的页面。对于这些属性,直接读取其值就是页面的原始大小,比如 second_section.top_margin 就是读取页面的上页边距;给属性设置不同的数值,则表示设置不同的页面大小,比如 second_section.top_margin = Inches(1)表示设置上页边距为 1 英寸。

13.4.1   设置页面为横向 A4 纸大小

如果图片或者表格比较宽，我们需要将页面旋转成横向，以更好地展示图片或表格。在 python-docx 库中，利用表 13-4 中的属性，可以轻松实现该操作。具体代码如下，我们逐行分析。

代码名称：13.4.1-设置页面为横向 A4 纸大小.py

```python
01    from docx import Document
02    from docx.shared import Cm,Inches
03
04    # 导入设置页面方向的枚举类
05    from docx.enum.section import WD_ORIENTATION
06
07    myDoc = Document('data/11.4.8-添加分节符.docx')
08
09    # 计算文档中共有多少个分节符
10    sections = myDoc.sections
11    print(f'文档中共有{len(sections)}个分节符！')
12
13    # 获取文档的第 2 个分节符
14    second_section = sections[1]
15
16    # 查看原来页面的大小
17    top_margin = second_section.top_margin
18    bottom_margin = second_section.bottom_margin
19    left_margin = second_section.left_margin
20    right_margin = second_section.right_margin
21    print('查看原来页面的大小是：')
22    print('上页边距',top_margin,'下页边距',bottom_margin,'左页边距',left_margin,'右页边距',
          right_margin)
23
24    # 设置页面为横向 A4 纸大小
25    print('设置页面为横向 A4 纸大小')
26    second_section.left_margin = Inches(1)
27    second_section.right_margin = Inches(1)
28    second_section.top_margin = Inches(1)
29    second_section.bottom_margin = Inches(1)
30    second_section.gutter = 0
31    second_section.header_distance =Inches(1)
32    second_section.footer_distance= Inches(1)
33
34    second_section.page_width = Cm(29.7)
35    second_section.page_height = Cm(21)
36    # 设置纸张方向为横向
37    second_section.orientation = WD_ORIENTATION.LANDSCAPE
38
39    myDoc.save('generated_docx/13.4.1-设置页面为横向 A4 纸大小.docx')
40    print('设置成功！')
```

第 5 行代码导入设置页面方向属性 orientation 的枚举类。它有两个值：`WD_ORIENTATION.LANDSCAPE` 表示横向；`WD_ORIENTATION.PORTRAIT` 表示纵向，也是默认方向。

第 16~22 行代码用于查看原来页面大小。直接读取表 13-4 中的属性值就是页面的大小，比如 `second_section.top_margin` 就是读取上页边距，其他同理。

第 24~37 行代码用于设置页面为横向 A4 纸大小。

第 39 行代码用于保存文档。

运行上述代码，输出如下：

```
文档中共有 2 个分节符!
查看原来页面的大小是:
上页边距 914400 下页边距 914400 左页边距 1143000 右页边距 1143000
设置页面为横向 A4 纸大小
设置成功!
```

打开 generated_docx 文件夹下的 "13.4.1-设置页面为横向 A4 纸大小.docx" 文件，效果如图 13-11 所示。

图 13-11 设置页面为横向 A4 纸大小

13.4.2　设置分栏

在工作中，有时候需要对文档页面进行分栏。在 python-docx 库中，只需要 2 行代码即可实现：

```
# 导入设置分栏的方法
from docx.oxml.ns import qn
# 把节设置为 2 栏（更改数值可设置更多栏）
first_section._sectPr.xpath('./w:cols')[0].set(qn('w:num'), '2')
```

我们把"11.4.8-添加分节符.docx"文档的第 1 个页面分栏，具体代码如下。

代码文件：13.4.2-设置分栏.py

```
01    from docx import Document
02
03    # 导入设置分栏的方法
04    from docx.oxml.ns import qn
05
06    myDoc = Document('data/11.4.8-添加分节符.docx')
07
08    # 计算文档中共有多少个分节符
09    sections = myDoc.sections
10    print(f'文档中共有{len(sections)}个分节符！')
11
12    # 获取文档的第 1 个分节符
13    first_section = sections[0]
14    # 把第 1 节设置为 2 栏（更改数值可设置更多栏）
15    first_section._sectPr.xpath('./w:cols')[0].set(qn('w:num'), '2')
16
17    myDoc.save('generated_docx/13.4.2-设置分栏.docx')
18    print('设置成功！')
```

第 4 行代码用于导入设置分栏的方法 qn。

第 13 行代码用于读取文档的第 1 个分节符。（之前的例子读取的是第 2 个分节符。）

第 15 行代码用于设置第 1 节的页面为 2 栏。更改数值可设置更多栏。

第 17 行代码用于保存文档。

运行上述代码，会打开 generated_docx 文件夹下的"13.4.2-设置分栏.docx"文档，效果如图 13-12 所示。

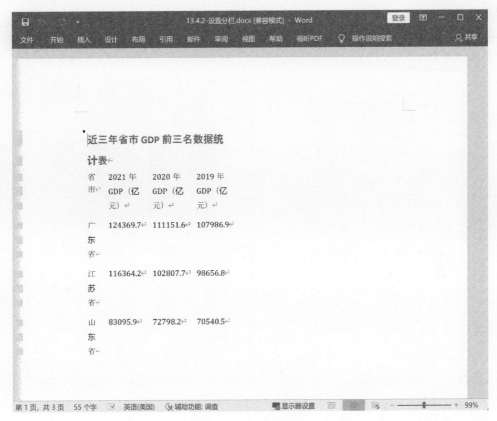

图 13-12 第一页分栏

13.4.3 设置页眉页脚

利用 python-docx 库，我们可以方便地设计不同样式的页眉和页脚，用的还是表 13-4 中的属性 header 和 footer。

下面我们为"11.4.8-添加分节符.docx"文档设置不同的页眉和页脚。首先删除原来的页眉"小码哥的模板文档"；然后为每一个页面添加不同的页眉，第 1 个页眉是"零基础学 Python 办公自动化！"，第 2 个页眉是"小码哥著"；最后在每一个页脚设置不同的内容，第 1 个页脚是"第 1 个页面"，第 2 个页脚是"第 2 个页面"。具体效果如图 13-13 所示。

图 13-13　设置页眉页脚

代码如下所示。

代码文件：13.4.3-设置页眉页脚.py

```
01    from docx import Document
02
03    myDoc = Document('data/11.4.8-添加分节符.docx')
04
05    # 查看文档中共有多少个分节符
06    sections = myDoc.sections
07    print(f'文档中共有{len(sections)}个分节符！')
08
09    # 获取文档的第 1 个分节符
10    first_section = sections[0]
11    # 获取第 1 节的页眉
12    header = first_section.header
13    print(len(header.paragraphs))
14
15    # 查看并清除原来的页眉
16    for paragraph in header.paragraphs:
```

```
17          print('页眉的内容是: ', paragraph.text)
18          # 清除原来的页眉
19          paragraph.clear()
20          print('清除原来页眉的内容')
21
22      # 添加新的页眉, 就是添加一个段落
23      header.add_paragraph('零基础学 Python 办公自动化! ')
24
25      # 获取文档的第 2 个分节符
26      second_section = sections[1]
27
28      # 获取第 2 节的页眉
29      second_header = second_section.header
30      # 设置第 2 节的页眉与之前不同
31      second_header.is_linked_to_previous=False
32      # 为第 2 节添加新的页眉
33      second_header.add_paragraph('小码哥著')
34
35      # 为第 1 节添加一个页脚
36      footer = first_section.footer
37      footer.add_paragraph('第 1 个页面')
38
39      second_footer = second_section.footer
40      # 设置第 2 节的页脚与之前不同
41      second_footer.is_linked_to_previous=False
42      second_footer.add_paragraph('第 2 个页面')
43
44      myDoc.save('generated_docx/13.4.3-设置页眉页脚.docx')
45      print('设置成功! ')
```

第 10 行代码获取文档的第 1 个分节符,并用变量 first_section 表示。

第 12 行代码获取第 1 个分节符的页面属性 header。

第 13 行代码用于查看原来页面有多少个段落。无论是添加还是修改页面,都是对段落的操作。

第 16~20 行代码用于查看原来的页面内容,然后删除页面。所有对页面的操作都是对页面中段落的操作,比如查看页面内容是用段落 paragraph.text 属性,清除页面是用段落 paragraph.clear 方法。

第 23 行代码添加一个新的页面,使用的也是添加段落的方法 add_paragraph,参数就是页眉内容。此处页眉内容是"零基础学 Python 办公自动化!"。

第 26 行代码获取第 2 个分节符,并用 second_section 表示。

第 29 行代码获取第 2 节的页眉,并用变量 second_header 表示。

第 31 行代码用页眉 header 的属性 is_linked_to_previous 设置第 2 个页眉与第 1 个页眉的

关联，值为 False 表示与之前不同。

第 33 行代码添加新的页眉"小码哥著"，用的也是段落的 add_paragraph 方法。

第 36~42 行代码用于设置不同的页脚。

第 36 行代码用于获取第 1 节的页脚，并用 footer 表示。

第 37 行代码用于为页脚添加内容"第 1 个页面"，用的也是段落的 add_paragraph 方法。

第 39 行代码用于获取第 2 节的页脚。

第 41 行代码与第 31 行代码的效果一样。设置属性 is_linked_to_previous 为 False 表示第 2 个页脚与第 1 个不同。

第 42 行代码用于为第 2 个页脚添加内容"第 2 个页面"。

第 44 行代码用于保存文档。

运行上述代码，结果输出如下。打开 generated_docx 文件夹下的"13.4.3-设置页眉页脚.doc"文档，效果如图 13-14 所示。

```
文档中共有 2 个分节符!
1
页眉的内容是： 小码哥的模板文档
清除原来页眉的内容
设置成功!
```

13.5   案例：将 Excel 转换为 Word

在工作中，我们经常需要将 Excel 中的数据提取为一个 Word 文件，比如我们为"租客信息汇总.xlsx"表格中的每一行生成一份独立的租房合同。下面首先了解什么是模板，然后利用 Python 批量生成租房合同。

13.5.1   什么是模板

模板是一组固定样式和版式的文件。利用它可以快速生成美观的 Word 文件，而不再需要重新设置各种样式的参数。在 Word 软件中，我们一般使用"插入"选项卡中的域生成模板文件。

为了用代码方便地替换模板中的指定文字，我们一般先把模板文件写好，然后把需要替换的内容变成特殊文字，以形成一个文字块，比如下面的租房合同文件。租房合同模板一般是固定的，但是承租方信息是变化的。我们把承租方信息变成特殊文字，并且设置同样的格式，比如承租方姓名、承租方电话、承租方地址等。这样就实现一个 Word 模板，如图 13-14 所示。

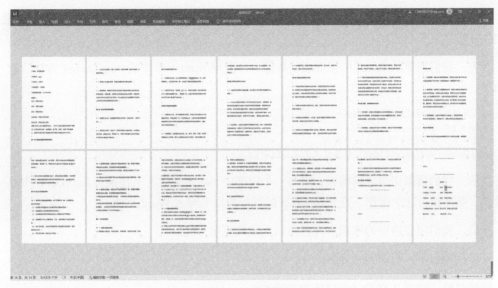

图 13-14　模板文件

13.5.2　将 Excel 转换为 Word

利用上面的租房合同模板文件，我们批量生成不同承租方的租房合同。承租方的信息存储在 Excel 文件中，因此需要先把 Excel 文件中的数据转存到 Word 文档中。具体效果如图 13-15 所示，Excel 文件中的每一行信息都变成 Word 模板中的承租方信息，并且租房合同按照承租方姓名保存。

图 13-15　表格与文档信息映射

用 Python 代码实现这个需求非常方便和高效，否则我们需要反复复制粘贴。编写代码之前，我们先分析需求，具体如下。

首先，我们需要从 Excel 中读取表格数据。一般用 pandas 库中的 read_excel 方法读取，具体如下：

```
# 导入读取 Excel 的库 pandas
import pandas as pd
# 第一步：将 Excel 文件读取到内存
data = pd.read_excel('data/租客信息汇总.xlsx')
```

然后，我们读取租房合同模板，将每一个段落中 run 的关键文字替换为 Excel 表格中每一行的数据。循环执行这个操作，直到将 Excel 的每行数据都写入 Word 文档。

最后，我们用表格中的承租方姓名命名生成的租房合同。

具体代码如下，我们逐行分析。

代码文件：13.5.2-将 Excel 转换为 Word.py

```
01   # 导入读取 Word 文档的库
02   from docx import Document
03
04   # 导入读取 Excel 的库 pandas
05   import pandas as pd
06   # 第一步：将 Excel 文件读取到内存
07   data = pd.read_excel('data/租客信息汇总.xlsx')
08
09   # 获取每一行数据
10   for number in range(len(data)):
11       data_row =  data.iloc[number]
12
13       # 第二步：读取租房合同模板文件
14       dc = Document('data/租房合同模板.docx')
15
16       # 找到租房合同中的每一个段落
17       # 将段落中 run 的关键文字修改为 Excel 表格中的内容
18       for pg in dc.paragraphs:
19           for run in pg.runs:
20               # 用 run 对象的 text 中的 replace 方法实现替换
21               run.text = run.text.replace('承租方姓名', data_row['姓名'])
22               run.text = run.text.replace('承租方性别', data_row['性别'])
23               run.text = run.text.replace('承租方地址', data_row['地址'])
24               run.text = run.text.replace('承租方电话号码', str(data_row['电话']))
25               run.text = run.text.replace('承租方身份证号', str(data_row['身份证号码']))
26               run.text = run.text.replace('位置', data_row['房子地址'])
27               run.text = run.text.replace('起始时间', str(data_row['起始时间']))
28               run.text = run.text.replace('结束时间', str(data_row['结束时间']))
29               run.text = run.text.replace('补充 1', '1. 家具清单：1) 柜子；2) 电视')
30               run.text = run.text.replace('补充 2','2. 不能欠各种费用')
31               run.text = run.text.replace('补充 3','3. 有任何问题找房东')
```

```
32        # 第三步：用承租方姓名命名文档
33        word_name = str(number) + '---' + data_row['姓名'] +'的租房合同.docx'
34        dc.save('generated_docx/13.5.2/'+word_name)
35
36    print('转换成功！')
```

第 5 行代码用于导入读取 Excel 文件的库 pandas，并且取别名为 pd。

第 7 行代码利用 pd 库中的 read_excel 读取 Excel 文件。该方法的参数是文件的具体位置 "data/租房合同模板.docx"，并把读取到计算机内存的 Excel 文件内容赋值为 data。之后对 data 变量的操作就是对该 Excel 文件的操作。

第 10~34 行代码定义一个嵌套 for 循环，实现按行读取 Excel 的数据，并写入文档中。为什么需要嵌套 for 循环呢？因为 Excel 表格是多行数据，需要用 for 循环逐行提取，此外租房合同中的段落有多个，也需要用 for 循环逐个读取。

第 10 行代码定义外层 for 循环，并且循环次数用数据文档 data 的行数控制。用 len 函数计算 data 文件的行数，然后用 range 生成从 0 到行数的一串数据，并且每一个数据用 number 表示。

第 11 行代码读取 data 文件中的行数据。这用 data 中的 iloc 属性实现。它根据 number 的数据提取不同的行，比如 data.iloc[0]表示提取第 1 行数据，并且用 data_row 表示。因此，data_row['姓名']表示读取每一行的姓名信息，data_row['性别']表示读取每一行的性别信息，等等。

第 14 行代码用 Document 方法读取租房合同模板，并且用 dc 表示该文档。

第 18~31 行代码是内层嵌套的 for 循环，用于读取租房合同中的每一个段落。

第 18 行代码定义 for 循环，并用文档 dc 中的段落 paragraphs 控制循环次数，也就是有多少个段落就循环多少次。每一个段落用变量 pg 表示。

第 19 行代码定义一个最内层的 for 循环。每一个段落 pg 中有多个不同的 run，也就是不同格式的文字块。我们在租房合同模板中已经为承租方信息生成了不同的 run。循环的次数用段落的 run 数量控制，每一个 run 用变量 run 表示。

第 21~31 行代码用 Excel 中每一行的数据替换 run 中的文字。

第 21 行代码用 run 的 text 属性中的 replace('被替换的内容','替换的内容')方法实现替换功能。这类似于 Word 软件中的替换功能。它接收两个参数："被替换的内容"和"替换的内容"。因此，run.text.replace('承租方姓名',data_row['姓名'])表示把租房合同中的"承租方姓名"替换为 Excel 中的"姓名"。这样就实现了将 Excel 转换为 Word。

第 22~31 行代码也是用 Excel 文件中的数据替换 Word 文件中指定 run 的文字。

第 33~34 行代码保存转换后的文档。这两行代码一定是在最外层的 for 循环中，而不是其他 for 循环中。这是一个逻辑问题，因为我们为 Excel 每一行的数据生成一个 Word 文档，不是为每一个段落或者 run 生成一个 Word 文件。

第 33 行代码生成保存文档名字的变量 word_name。文档名字由多个字符串拼接而成：第 1 个字符串是 str(number)，表示 Excel 中第几行数据；第 2 个字符串是'---'；第 3 个字符串是 Excel 文件中的姓名信息 data_row['姓名']；最后一个字符串是'的租房合同.docx'。

第 34 行代码保存转换后的文档，并且用 word_name 命名。

运行上述代码。在文件夹 generated_docx/13.5.2 下生成按照姓名命名的合同，如图 13-16 所示。打开其中任意一个文档，效果类似图 13-15。

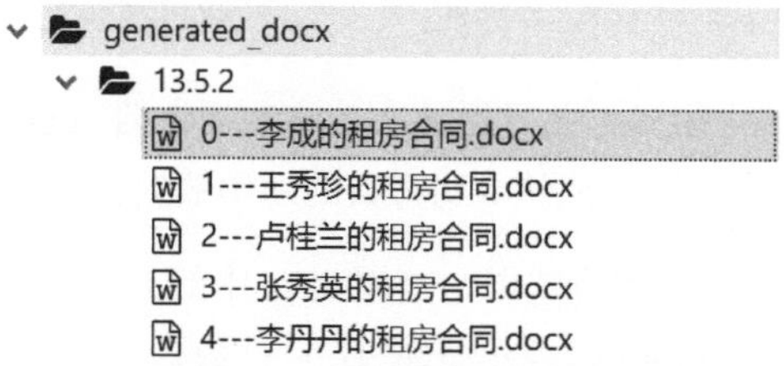

图 13-16　转换后的租房合同

第五篇

PPT 自动化，又快又美观

假如你需要为 100 张 PPT 添加公司 logo 图片，

假如你需要将 100 张幻灯片的文字提取到 Word 文档，

假如你需要将 100 张幻灯片的表格数据提取到 Excel，

假如你需要制作 100 位学员的结课证书，

……

PPT 是展示工作内容最方便的工具之一。但是，如何从大量且重复的 PPT 工作中抽离出来呢？本篇利用 Python 助力 PPT 实现办公自动化，彻底消除重复劳动，大幅提升工作效率，让老板和同事对你刮目相看。

本篇分为 3 章：第 14 章介绍 PPT 文档的写操作，比如插入文本框、插入图片、添加表格等；第 15 章介绍 PPT 文档的读操作，比如读取文字、读取图片等，然后把读取的内容保存到其他格式的文件中，比如 Word、Excel；第 16 章介绍如何修改 PPT 中内容的样式，使其更加美观，以及如何批量绘制 PPT 中不同类型的图表。

第14章

PPT 自动化基础，从小白到高手

首先需要安装对应的 Python 第三方库，利用它实现对 PPT 文档的基础操作，为之后的 PPT 自动化操作奠定基础。

14.1 如何利用 Python 操作 PPT

与处理 Excel、Word 类似，Python 也是利用第三方库实现 PPT 文件的自动化操作。本篇用到的库是 python-pptx，与第四篇中的 python-docx 库类似。该库可以创建和修改 *.pptx 文档，并且可以在没有安装 Microsoft Office 软件的环境下工作。

如果你的计算机安装了 Office 环境，请检查其版本，因为库 python-pptx **不支持** Office 2003 及其以下版本。因此，你需要安装 Office 2007 及其以上版本。也就是说，如果你操作的 PPT 格式是 *.ppt，请用高版本的 Office 软件将其转换为*.pptx 格式，然后再用 Python 处理。

14.2 安装 python-pptx 库

安装 python-pptx 库的方法如下。

首先用 Windows + R 快捷键调出"运行"对话框，然后输入 cmd 打开命令提示符窗口，如图 14-1 所示。

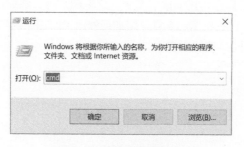

图 14-1　命令提示符窗口

接着输入 pip install python-pptx 命令，再按回车键即可。如果安装过程中出现问题，请通过清华大学镜像站点 TUNA 安装，具体命令如下：

```
# 清华大学镜像站点安装源
pip install -i https://pypi.tuna.tsinghua.edu.cn/simple python-pptx
```

当命令提示符窗口出现 Successfully installed 时，表示该库安装成功，如图 14-2 所示。

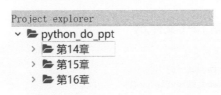

```
C:\Users\wangyuan> pip install -i https://pypi.tuna.tsinghua.edu.cn/simple python-pptx
Looking in indexes: https://pypi.tuna.tsinghua.edu.cn/simple
Collecting python-pptx
  Downloading https://pypi.tuna.tsinghua.edu.cn/packages/eb/c3/bd8f2316a790291ef5aa5225c740fa60e2cf754376e90cb1a44fde056
830/python-pptx-0.6.21.tar.gz (10.1 MB)
     |                         | 10.1 MB 6.8 MB/s
Requirement already satisfied: lxml>=3.1.0 in e:\users\wangyuan\anaconda3\lib\site-packages (from python-pptx) (4.6.3)
Requirement already satisfied: Pillow>=3.3.2 in e:\users\wangyuan\anaconda3\lib\site-packages (from python-pptx) (8.2.0)

Requirement already satisfied: XlsxWriter>=0.5.7 in e:\users\wangyuan\anaconda3\lib\site-packages (from python-pptx) (1.
3.8)
Building wheels for collected packages: python-pptx
  Building wheel for python-pptx (setup.py) ... done
  Created wheel for python-pptx: filename=python_pptx-0.6.21-py3-none-any.whl size=471172 sha256=4445e7f9a28ebf274c4c410
78afefe812921585d564943d0bf7a45f408258c9b
  Stored in directory: c:\users\wangyuan\appdata\local\pip\cache\wheels\fd\d2\b0\77ba62e00d25f26a985564c2237496a28519b3a
80725a0ca29
Successfully built python-pptx
Installing collected packages: python-pptx
Successfully installed python-pptx-0.6.21
```

图 14-2　成功安装 python-pptx 的信息提示

安装成功之后，我们可以在 Spyder 软件中用该库处理 PPT 文件。我们首先利用第一篇的内容，为本篇创建一个新的工程，并将其命名为 python_do_ppt，然后创建 3 个文件夹："第 14 章""第 15 章"以及"第 16 章"，分别存放各章的代码与数据文件。效果如图 14-3 所示。

```
Project explorer
  ∨ 📂 python_do_ppt
      > 📂 第14章
      > 📂 第15章
      > 📂 第16章
```

图 14-3　创建工程 python_do_ppt

我们在"第 14 章"文件夹下创建文件"14.2-导入 python-pptx 库.py"来验证库安装是否成功。注意，库的名字虽然是 python-pptx，但是**使用时的名字是 pptx**。因此，导入该库的代码是 import pptx，如下所示。

代码文件：14.2-导入 python-pptx 库.py

```
# 导入 python-pptx 库
import pptx
```

运行该文件。如果没有报错，则证明安装成功，否则表示安装失败。

14.3 类比 PPT 学 python-pptx 库

当我们设计 PPT 文件的时候，一般分为三个步骤：第一步，打开 PowerPoint 软件；第二步，选择一个幻灯片布局（Office 主题）来创建一张幻灯片；第三步，基于幻灯片设计各种元素及其位置，比如添加文本框、插入图片、设计表格等。

利用 Python 的 python-pptx 库设计 PPT 也是这三个步骤。

第一步：用 Presentation 函数创建 PPT 对象，每一个 PPT 对象相当于一个 PPT 文件，也就是打开 PowerPoint 软件。代码如下。

代码文件：14.3-三步创建 PPT 文件.py

```
01   # 导入 python-pptx 库中的 Presentation 函数
02   from pptx import Presentation
03
04   # 第一步：利用 Presentation 函数创建一个 PPT 对象 myPPT
05   myPPT = Presentation()
```

第 2 行代码从 pptx 库中导入 Presentation 函数。第 5 行代码调用 Presentation 函数创建一个 PPT 对象，并且用 myPPT 变量表示。这就表示打开 PowerPoint 软件。此后所有的 PPT 设计都是对 myPPT 变量的操作。使用该函数可以创建多个不同的 PPT 对象。

第二步：在 myPPT 对象中，用 slide_layouts 表示不同编号的 Office 主题，比如创建一个 6 号的幻灯片布局，然后利用它创建一张幻灯片 slide，代码如下所示。在 myPPT 对象中，slides 表示幻灯片。

代码文件：14.3-三步创建 PPT 文件.py

```
06   # 第二步：根据布局创建幻灯片
07   layout = myPPT.slide_layouts[6]
08   slide = myPPT.slides.add_slide(layout)
```

第 7 行代码利用 myPPT 对象中的 slide_layouts[6]创建一个 6 号幻灯片布局，并且用 layout 表示。

第 8 行代码利用 myPPT 对象中的 slides 对象创建一张幻灯片。创建的方法是 add_slide（幻灯片布局的名字），并且用 slide 表示创建好的幻灯片。此时，该 PPT 文件中具有了一张幻灯片，并且名字是 slide。以后对幻灯片的设计就是对 slide 变量的操作，后面将会具体讲解。

在 Python 中，复数形式的对象表示一个集合对象，比如 slides 表示多张幻灯片、slide_layouts 表示多个幻灯片布局。我们可以通过[顺序号]索引到某个具体的幻灯片布局对象，比如 slide_layouts[6]表示 6 号幻灯片布局。

　　第三步：在 slide 幻灯片中，我们可以添加不同的元素，比如插入图片、添加文本框和形状等。在 Python 中，这些元素统称为 shapes。shapes 中具有各种方法来创建不同的元素，比如 add_textbox 表示添加文本框，具体方法如表 14-1 所示。

表 14-1　插入不同元素的方法

插入元素的方法	结　　果
add_textbox(left,top,width,height)	添加文本框
add_picture(image_file,left,top,width,height)	插入图片
add_table(rows,cols,left,top,width,height)	插入表格
add_chart(chart_type,x,y,cx,cy,chart_data)	插入图表
add_shape(autoshape_type_id,left,top,width,height)	添加形状
add_connector(connector_type,begin_x,begin_y,end_x,end_y)	插入连接线
add_group_shape(shapes=[])	插入形状组
add_movie(movie_file,left,top,width,height,poster_frame_image,mime_type)	插入多媒体

　　设计幻灯片就是对这些方法的调用。每一个方法的参数列表规定了该元素在幻灯片中的位置。后面的章节会逐一介绍这些方法的具体用法。

　　为了更好地理解这三个步骤，我们绘制了图 14-4 来展示 PPT 的层次关系。其中 Presentation 表示一个 PPT 文件；slides 表示幻灯片，一个 PPT 文档一般有多张幻灯片；shapes 表示幻灯片的所有元素，比如文本框、图片和表格等。

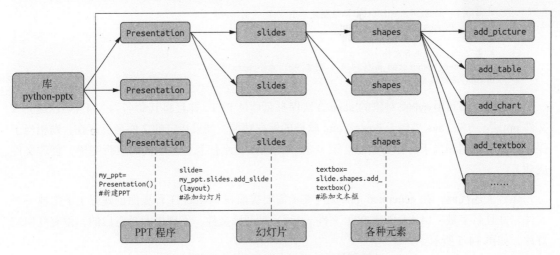

图 14-4　PPT 与 python-pptx 的类比图

接下来按照类比图依次介绍如何用 Python 设计幻灯片，比如添加文字、插入文本框、插入图片、添加表格等内容。

14.4　幻灯片的常见操作

基于上述三个步骤，我们可以利用 Python 对 PPT 执行不同的操作，比如创建幻灯片、添加文本框、插入图片等。这些都是幻灯片设计的基础操作，也是日常工作的基本内容。希望读者在阅读时动手模仿编写代码，而不是简单地看一遍。请记住，动手实践才能真正掌握 Python 编程。

接下来，我们具体介绍如何在一张幻灯片中添加不同的元素。第 16 章会介绍如何批量执行这些操作，比如同时给 50 张幻灯片添加元素，或者给多个 PPT 文件添加不同的元素等。学习需要循序渐进，牢牢掌握基础内容。

14.4.1　创建 PPT

首先，我们创建一个 PPT，为后续设计 PPT 做准备，代码如下。

代码文件：14.4.1-创建 PPT 文件.py

```
01   # 导入 python-pptx 库中的 Presentation 函数
02   from pptx import Presentation
03
04   # 第一步：利用 Presentation 函数创建一个 PPT 对象 myPPT
05   myPPT = Presentation()
06
07   # 用 save 方法保存文件
08   myPPT.save('generated_ppt/14.4.1-创建 PPT 文件.pptx')
09   print('创建成功！')
```

第 8 行代码利用 myPPT 对象的 save 方法保存创建的 PPT，并且将其命名为 "14.4.1-创建 PPT 文件.pptx"。方法 save 类似于 PowerPoint 软件的保存功能。如果指定的文件名已存在，则相当于保存功能；否则相当于另存为功能。第 9 行代码输出提示信息，表示代码执行完毕，创建文件成功。

运行上述代码，在 generated_ppt 文件夹（需要提前在 Spyder 工程里面创建好）下生成一个文件，并且名字是 "14.4.1-创建 PPT 文件.pptx"。打开该文件，发现里面是空白的，没有任何幻灯片，如图 14-5 所示。

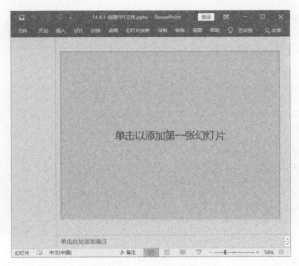

图 14-5 空白的 PPT

14.4.2 添加幻灯片

接着，我们为该文件添加幻灯片，类似于 PPT 软件中的新建幻灯片。如图 14-6 所示，有 11 种幻灯片布局类型，对应编号 0~10。点击不同编号的主题会生成对应的幻灯片。

图 14-6 新建幻灯片

下面的代码是为 PPT 文件添加一个 0 号布局的幻灯片，相当于点击了 0 号幻灯片布局。

代码文件：14.4.2-添加幻灯片.py

```
01   # 导入 python-pptx 库中的 Presentation 函数
02   from pptx import Presentation
03
04   # 第一步：利用 Presentation 函数创建一个 PPT 对象myPPT
05   myPPT = Presentation()
06
07   # 第二步：根据布局创建幻灯片
08   layout = myPPT.slide_layouts[0]
09   slide = myPPT.slides.add_slide(layout)
10
11   # 用 save 方法保存文件
12   myPPT.save('generated_ppt/14.4.2-添加幻灯片.pptx')
13
```

第 8~9 行代码设置幻灯片布局为 0 号，并且用 layout 表示，然后用 add_slide(layout) 方法将其添加到 PPT 文件中。第 12 行代码用于保存该文件。

运行上述代码，然后再次打开该文件，如图 14-7 所示，多了一张幻灯片，并且布局类型是 0 号。

图 14-7　添加幻灯片

接着，我们修改上述代码，实现为同一个 PPT 文件添加所有幻灯片布局。当需要实现重复的操作时，一定要想到使用 Python 中的 for 循环。我们将上述第 8~9 行代码修改成一个 for 循环即可。代码如下。

代码文件：14.4.2-添加所有幻灯片布局.py

```
01    # 导入 python-pptx 库中的 Presentation 函数
02    from pptx import Presentation
03
04    # 第一步：利用 Presentation 函数创建一个 PPT 对象 myPPT
05    myPPT = Presentation()
06
07    for number in range(11):
08        # 第二步：根据布局创建幻灯片
09        layout = myPPT.slide_layouts[number]
10        slide = myPPT.slides.add_slide(layout)
11
12    # 用 save 方法保存文件
13    myPPT.save('generated_ppt/14.4.2-添加所有幻灯片布局.pptx')
14    print('添加成功!')
```

第 7~10 行代码是一个 for 循环。由于只有 11 个幻灯片布局，因此循环次数是 11，用 range(11) 函数实现。第 9~10 行代码是循环体。第 9 行代码把前面代码中的 0 修改为变量 number。第 14 行代码输出提示信息，添加所有布局之后提示添加成功。

运行上述代码，然后打开"14.4.2-添加所有幻灯片布局.pptx"文件，效果如图 14-8 所示。

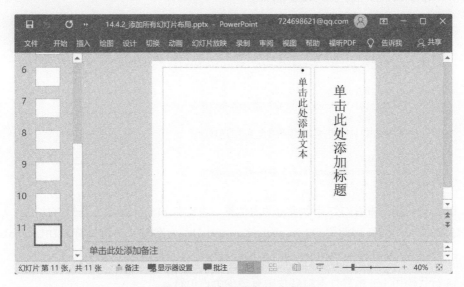

图 14-8　添加所有幻灯片布局

这相当于在 PowerPoint 软件中点击了 11 次鼠标，但是用 Python 只需要几行代码就可以解决，既快速又方便。对于类似的需求，比如为同一个文件添加 100 个相同的 0 号幻灯片布局，是不是用 Python 代码解决比较方便呢？请读者自行实现，有问题可联系作者。

14.4.3　添加文字

添加文字是指在幻灯片的文本框中插入内容。不同的幻灯片布局有不同的文本框格式，比如 14.4.2 节中添加的 0 号幻灯片布局只有 2 个文本框，分别是标题文本框和副标题文本框。在 Python 中，这些不同的文本框被称为占位符。占位符是预先分配一个固定位置，然后再添加内容。一般而言，占位符就是文本框，不同的幻灯片布局有不同的默认占位符。

在 Python 中，占位符用 placeholders 表示。利用 placeholders 的 text 属性可以添加文字，比如在幻灯片中添加标题"省市 GDP 前三名分析报告"以及副标题"仅仅考虑近三年内的情况"，代码如下。

代码文件：14.4.3-添加文字.py

```
01    # 导入 python-pptx 库中的 Presentation 函数
02    from pptx import Presentation
03
04    # 第一步：利用 Presentation 函数创建一个 PPT 对象 myPPT
05    myPPT = Presentation()
06
07    # 第二步：根据布局创建幻灯片
08    layout = myPPT.slide_layouts[0]
09    slide = myPPT.slides.add_slide(layout)
10
11    # 第三步：设计幻灯片元素
12    # 查看有多少个占位符
13    allPlaceholders = slide.shapes.placeholders
14    print('一共有{}个占位符'.format(len(allPlaceholders)))
15
16    # 为第 1 个占位符添加文字
17    allPlaceholders[0].text = '省市 GDP 前三名分析报告'
18    # 为第 2 个占位符添加文字
19    allPlaceholders[1].text = '仅仅考虑近三年内的情况'
20
21    # 用 save 方法保存文件
22    myPPT.save('generated_ppt/14.4.3-添加文字.pptx')
23    print('添加文字成功！')
```

第 13 行代码用于查看幻灯片中所有的占位符。占位符 placeholders 是幻灯片中的文本框，也是幻灯片的一种元素，因此用 slide.shapes.placeholders 创建一个占位符 allPlaceholders 变量。第 1 个占位符是 allPlaceholders[0]，也就是标题的位置。

第 14 行代码用 len 函数查看幻灯片中有多少个占位符。

第 17 行代码用占位符的 text 属性添加文本。代码 allPlaceholders[0].text 用于为标题添加文字"省市 GDP 前三名分析报告"。我们可以在 Spyder 的 Console（控制台）输入 dir(allPlaceholders[0]) 查看第 1 个占位符的属性和方法，如下面的代码所示。

```
dir(allPlaceholders[0])
Out[34]:
[…………………．
 'name',
 'part',
 'placeholder_format',
 'rotation',
 'shadow',
 'shape_id',
 'shape_type',
 'text',
 'text_frame',
 'top',
 'width']
```

同理，第 19 行代码用第 2 个占位符添加副标题"仅仅考虑近三年内的情况"。在 Python 中，添加文本一般使用 text 实现。

运行上述代码，结果如下。同时在 generated_ppt 目录下生成文件"14.4.3-添加文字.pptx"，点击查看，如图 14-9 所示。

```
一共有 2 个占位符
添加文字成功!
```

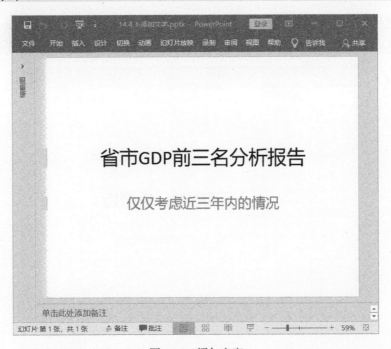

图 14-9　添加文字

在幻灯片中，标题是特殊的文本框。可以用另外一个方法为其添加内容，代码如下。

代码文件：14.4.3-添加标题.py

```
01    # 导入 python-pptx 库中的 Presentation 函数
02    from pptx import Presentation
03
04    # 第一步：利用 Presentation 函数创建一个 PPT 对象myPPT
05    myPPT = Presentation()
06
07    # 第二步：根据布局创建幻灯片
08    layout = myPPT.slide_layouts[0]
09    slide = myPPT.slides.add_slide(layout)
10
11    # 第三步：设计幻灯片元素
12    # shapes 中的 title 属性
13    title = slide.shapes.title
14    title.text = '省市 GDP 分析报告'
15
16    # 用 save 方法保存文件
17    myPPT.save('generated_ppt/14.4.3-添加标题.pptx')
18    print('添加标题成功！')
```

第 13 行代码利用 shapes 中的 title 属性表示标题，并且用 title 变量表示。

第 14 行代码用 title 变量的 text 属性添加文本内容"省市 GDP 分析报告"。

运行上述代码，在文件夹 generated_ppt 下生成文件"14.4.3-添加标题.pptx"，点击查看，如图 14-10 所示。

图 14-10   添加标题

无论是标题还是副标题，文字格式都是默认的，这并不是我们想要的效果。第 16 章将会详细介绍如何设置不同的文字格式，使代码生成的幻灯片更加符合我们的要求。

14.4.4 插入文本框

当幻灯片中的文本框个数不够用时，我们需要添加额外的文本框。在文本框中，我们既可以添加段落，也可以添加不同格式的文字。

1. 添加文本框

根据表 14-1 中的内容，我们可以用 add_textbox 方法添加文本框。该方法通过位置参数 left、top、width、height 设置文本框在幻灯片中的位置。其中 left 和 top 表示文本框左边界和上边界距离幻灯片边界的位置，而 width 和 height 表示文本框的宽和高。在 Python 中，我们用 Inches 函数设置幻灯片的位置参数。

代码文件：14.4.4.1-插入文本框.py

```
01   # 导入 python-pptx 库中的 Presentation 函数
02   from pptx import Presentation
03   # 导入 Inches 函数
04   from pptx.util import Inches
05
06   # 第一步：利用 Presentation 函数创建一个 PPT 对象 myPPT
07   myPPT = Presentation()
08
09   # 第二步：根据布局创建幻灯片
10   layout = myPPT.slide_layouts[6]
11   slide = myPPT.slides.add_slide(layout)
12
13   # 第三步：设计幻灯片元素
14
15   # 首先设置幻灯片的位置
16   left = Inches(2)
17   top = Inches(2)
18   width = Inches(4)
19   height = Inches(1)
20
21   # 然后添加文本框
22   addedText = slide.shapes.add_textbox(left, top, width, height)
23   # 为文本框添加文字
24   addedText.text = '这是我们添加的一个文本框。'
25
26   # 用 save 方法保存文件
27   myPPT.save('generated_ppt/14.4.4-添加文本框.pptx')
28   print('添加文本框成功！')
```

第 4 行代码表示导入 Inches 函数，供后面的代码使用。

第 10 行代码用于选择 6 号幻灯片布局。它没有任何默认的文本框，是一个空白的幻灯片。

这便于我们添加新的文本框。

第 16~19 行代码设置幻灯片的位置，可以根据自己的需要调整。

第 22 行代码利用 shapes 的 add_textbox 函数添加文本框，并且用 addedText 变量表示。如果添加 2 个文本框，调用两次该函数就可以了。如果需要更多文本框，可以用 for 循环实现。

如果想了解 shapes 具有哪些方法和属性，可以在 Spyder 的 Console 中输入 dir(slide.shapes) 函数来查看，如下所示。当我们不知道某一个变量具有什么属性和方法的时候，可以使用 dir 查看。后面的章节会频繁用到 dir 函数。

```
dir(slide.shapes)
Out[36]:
[.................................................
 '_add_chart_graphicFrame',
 '_add_cxnSp',
 '_add_graphicFrame_containing_table',
 '_add_pic_from_image_part',
 '_add_sp',
 '_add_textbox_sp',
 '_add_video_timing',
 '_cached_max_shape_id',
 '_element',
 '_grpSp',
 '_is_member_elm',
 '_iter_member_elms',
 '_next_ph_name',
 '_next_shape_id',
 '_parent',
 '_recalculate_extents',
 '_shape_factory',
 '_spTree',
 'add_chart',
 'add_connector',
 'add_group_shape',
 'add_movie',
 'add_ole_object',
 'add_picture',
 'add_shape',
 'add_table',
 'add_textbox',
 'build_freeform',
 'clone_layout_placeholders',
 'clone_placeholder',
 'element',
 'index',
 'parent',
 'part',
 'ph_basename',
 'placeholders',
 'title',
 'turbo_add_enabled']
```

第 24 行代码用文本框的 **text** 属性为文本框添加文字"这是我们添加的一个文本框"。其中 **addedText.text** 表示编辑的内容，可以写入不同的文字。

运行上述代码，在文件夹 generated_ppt 下生成"14.4.4-添加文本框.pptx"文件，打开效果如图 14-11 所示。

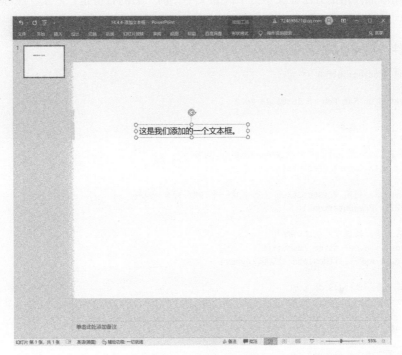

图 14-11　添加文本框

2. 添加段落

在设计 PPT 的时候，文本框中可以写入任意文字。同理，在 Python 中，可以通过占位符的 **text_frame** 属性的 add_paragraph 方法添加段落，类似于在 Word 中添加一个段落。同样，可以用 dir(allPlaceholders[1].text_frame) 函数查看它包含的方法和属性：

```
dir(allPlaceholders[1].text_frame)
Out[35]:
[ ……………………
 'add_paragraph',
 'auto_size',
 'clear',
 'fit_text',
 'margin_bottom',
 'margin_left',
 'margin_right',
 'margin_top',
```

```
  'paragraphs',
  'part',
  'text',
  'vertical_anchor',
  'word_wrap']
```

下面利用添加段落的方法在文本框中添加文字"前三名的省份是：广东、江苏、山东"，代码如下。

代码文件：14.4.4.2-插入段落.py

```
01  # -*- coding: utf-8 -*-
02  """
03  Created on Sat Feb  5 16:03:33 2022
04
05  @author: 小码哥
06  """
07  # 导入 python-pptx 库中的 Presentation 函数
08  from pptx import Presentation
09
10  # 第一步：利用 Presentation 函数创建一个 PPT 对象 myPPT
11  myPPT = Presentation()
12
13  # 第二步：根据布局创建幻灯片
14  layout = myPPT.slide_layouts[0]
15  slide = myPPT.slides.add_slide(layout)
16
17  # 第三步：设计幻灯片元素
18  # 查看有多少个占位符
19  allPlaceholders = slide.shapes.placeholders
20  print('一共有{}个占位符'.format(len(allPlaceholders)))
21
22  # 为第 1 个占位符添加文字
23  allPlaceholders[0].text = '省市 GDP 前三名分析报告'
24
25  # 为第 2 个占位符添加文字
26  allPlaceholders[1].text = '仅仅考虑近三年内的情况'
27  # 添加第 1 个段落
28  newParagraph = allPlaceholders[1].text_frame.add_paragraph()
29  newParagraph.text = '前三名的省份是：'
30  # 添加第 2 个段落
31  newParagraph = allPlaceholders[1].text_frame.add_paragraph()
32  newParagraph.text = '广东、江苏、山东'
33
34  # 用 save 方法保存文件
35  myPPT.save('generated_ppt/14.4.4.2-插入段落.pptx')
36  print('添加成功！')
```

第 28~29 行代码利用 add_paragraph 添加文字"前三名的省份是："。请注意，这里使用标号为 1 的占位符的属性，而不是标号为 0 的，否则效果可能不理想。

同理，第 31~32 行代码用于添加剩余文字。这里把一句话拆成两个段落来处理，也可以当作一个段落来添加，根据设计要求自由处理即可。另外，段落个数也没有限制，根据设计需要随意添加即可。

　　运行上述代码，打开文件"14.4.4.2-插入段落.pptx"，效果如图 14-12 所示。

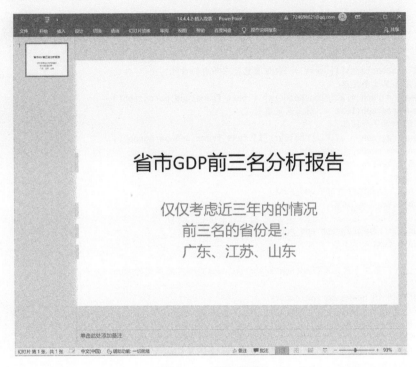

图 14-12　添加段落

3. 添加不同样式的文字

　　在上一节中，每一个段落的样式都是一样的。本节中我们利用段落的 run 属性为其添加不同样式的文字，也就是每一个段落中可以有不同样式的文字块。其中 run 的概念与第四篇中的一样。

　　在上一节代码的基础上，我们修改"广东、江苏、山东"的样式，具体代码如下。

代码文件：14.4.4.3-添加不同样式的文字.py

```
01   # 导入 python-pptx 库中的 Presentation 函数
02   from pptx import Presentation
03
04   # 第一步：利用 Presentation 函数创建一个 PPT 对象 myPPT
05   myPPT = Presentation()
06
07   # 第二步：根据布局创建幻灯片
08   layout = myPPT.slide_layouts[0]
09   slide = myPPT.slides.add_slide(layout)
```

```
10
11    # 第三步：设计幻灯片元素
12    # 查看有多少个占位符
13    allPlaceholders = slide.shapes.placeholders
14    print('一共有{}个占位符'.format(len(allPlaceholders)))
15
16    # 为第 1 个占位符添加文字
17    allPlaceholders[0].text = '省市 GDP 前三名分析报告'
18
19    # 为第 2 个占位符添加文字
20    allPlaceholders[1].text = '仅仅考虑近三年内的情况'
21    # 添加第 1 个段落
22    newParagraph = allPlaceholders[1].text_frame.add_paragraph()
23    newParagraph.text = '前三名的省份是：'
24    # 添加第 2 个段落
25    newParagraph = allPlaceholders[1].text_frame.add_paragraph()
26    run_1 = newParagraph.add_run()
27    run_1.text = '广东、'
28    # 添加一个 run
29    run_2 = newParagraph.add_run()
30    run_2.text = '江苏、'
31
32    run_3 = newParagraph.add_run()
33    run_3.text = '山东'
34
35    print(f'第 2 个段落有{len(newParagraph.runs)}个不同样式的 run，分别是：')
36
37    for run in newParagraph.runs:
38        print('\t ' + run.text)
39    # 用 save 方法保存文件
40    myPPT.save('generated_ppt/14.4.4.3-插入不同样式的文本.pptx')
41    print('添加成功！')
```

第 26~27 行代码为“广东、”设置一个文字块，用段落的 add_run 方法实现，并用 run_1 表示，然后用 run_1 的 text 属性设置具体的值。第 29~33 行代码同理。

第 35 行代码查看该段落有多少个不同样式的 run，用段落的 runs 属性实现，然后用 len 函数计算结果。

第 37~38 行代码是一个 for 循环，目的是验证添加的样式是否是需要的。其中 newParagraph. runs 是一个段落中所有的 run，用于控制循环次数，即有几个 run 就循环几次，本例是循环 3 次。第 38 行代码输出 run 的具体内容，利用了 run.text 属性。

运行上述代码，结果如下：

```
一共有 2 个占位符
第 2 个段落有 3 个不同样式的 run，分别是：
    广东、
    江苏、
    山东
添加成功！
```

14.4.5 插入图片

图片是幻灯片设计中不可缺少的元素。同 14.4.4 节添加文本框一样，Python 代码以同样的思路为一张或多张幻灯片添加图片。首先需要确定图片的位置，然后利用表 14-1 中的 add_picture 方法添加图片。我们为上一节中的 PPT 添加一个带有小码哥 logo 的图片，具体代码如下。

代码文件：14.4.5-添加图片.py

```
01  # -*- coding: utf-8 -*-
02  """
03  Created on Sat Feb  5 16:03:33 2022
04
05  @author: 小码哥
06
07  插入图片
08  """
09  # 导入 python-pptx 库中的 Presentation 函数
10  from pptx import Presentation
11  # 导入 Inches 函数
12  from pptx.util import Inches
13
14  # 第一步：利用 Presentation 函数创建一个 PPT 对象 myPPT
15  myPPT = Presentation()
16
17  # 第二步：根据布局创建幻灯片
18  layout = myPPT.slide_layouts[0]
19  slide = myPPT.slides.add_slide(layout)
20
21  # 第三步：设计幻灯片元素
22  # 查看有多少个占位符
23  allPlaceholders = slide.shapes.placeholders
24  print('一共有{}个占位符'.format(len(allPlaceholders)))
25
26  # 为第 1 个占位符添加文字
27  allPlaceholders[0].text = '省市 GDP 前三名分析报告'
28
29  # 为第 2 个占位符添加文字
30  allPlaceholders[1].text = '仅仅考虑近三年内的情况'
31  # 添加第 1 个段落
32  newParagraph = allPlaceholders[1].text_frame.add_paragraph()
33  newParagraph.text = '前三名的省份是：'
34  # 添加第 2 个段落
35  newParagraph = allPlaceholders[1].text_frame.add_paragraph()
36  newParagraph.text = '广东、江苏、山东'
37
38  ############
39  # 添加图片
40  ############
41  # 定义图片的位置
42  left = Inches(0)
43  top = Inches(0)
```

```
44    width = Inches(0.8)
45    height = Inches(0.8)
46
47    # 图片的路径
48    pic_path = 'picture/封面.jpg'
49    # 添加图片
50    slide.shapes.add_picture(pic_path, left, top, width, height)
51
52    # 用 save 方法保存文件
53    myPPT.save('generated_ppt/14.4.5-添加图片.pptx')
54    print('添加成功！')
```

第 42~45 行代码用于确定图片的位置，各个变量的含义同 14.4.4 节。

第 48 行代码表示需要添加的图片的位置和名字。

第 50 行代码用 add_picture 方法添加图片。

运行上述代码，打开文件"14.4.5-添加图片.pptx"，效果如图 14-13 所示。

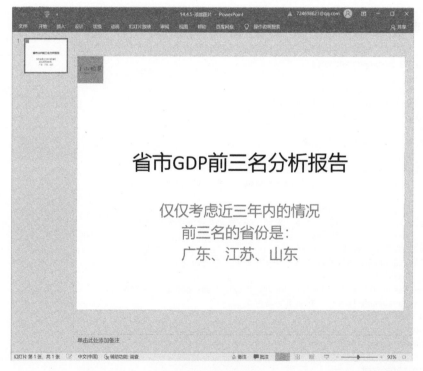

图 14-13　添加图片

同理，我们也可以为多张幻灯片添加同一张图片，比如为 100 张幻灯片添加带有小码哥 logo 的图片，代码如下。

代码文件：14.4.5-为多张幻灯片添加图片.py

```
01   # -*- coding: utf-8 -*-
02   """
03   Created on Sat Feb  5 17:32:14 2022
04
05   @author: 小码哥
06
07   为多张幻灯片添加图片
08   """
09   # 导入 python-pptx 库中的 Presentation 函数
10   from pptx import Presentation
11   # 导入 Inches 函数
12   from pptx.util import Inches
13
14   # 第一步：利用 Presentation 函数创建一个 PPT 对象 myPPT
15   myPPT = Presentation()
16
17   ############
18   # 添加图片
19   ############
20   # 定义图片的位置
21   left = Inches(0)
22   top = Inches(0)
23   width = Inches(0.8)
24   height = Inches(0.8)
25
26   # 图片的路径
27   pic_path = 'picture/封面.jpg'
28
29   for number in range(100):
30       # 第二步：根据布局创建幻灯片
31       layout = myPPT.slide_layouts[0]
32       slide = myPPT.slides.add_slide(layout)
33       # 添加图片
34       slide.shapes.add_picture(pic_path, left, top, width, height)
35
36   # 用 save 方法保存文件
37   myPPT.save('generated_ppt/14.4.5-为多张幻灯片添加图片.pptx')
38   print('添加成功！')
```

第 21~27 行代码是图片相关信息。

第 29~34 行代码是一个 for 循环。第 29 行代码中的 range(100)表示循环 100 次。第 31 行代码用于添加 100 张 0 号布局的幻灯片。每一次循环时，slide 变量表示不同的幻灯片。第 34 行代码用 add_picture 方法为每一张幻灯片添加同一张图片。同理，我们也可以添加不同的图片，只需要把图片的位置信息放在 for 循环体中即可。读者可以自行实现，如有问题请联系作者。

运行上述代码，打开文件"14.4.5-为多张幻灯片添加图片.pptx"，效果如图 14-14 所示。

图 14-14　为多张幻灯片添加同一张图片

14.4.6　添加表格

表格可以让数据更具说服力。同上一节一样，在 Python 中，可以用 add_table 方法为一个或多张幻灯片添加表格，比如把"近三年内省市 GDP"写入 PPT 中。

首先分析需求。"近三年内省市 GDP"的数据既可以存放在 Excel 中，也可以直接用 Python 的嵌套列表表示。本节使用后者，后续章节使用 Excel。接着用 add_table 方法设置表格位置并执行添加。最后把数据写入表格中。具体实现代码如下。

代码文件：14.4.6-添加表格.py

```
01  # -*- coding: utf-8 -*-
02  """
03  Created on Wed Feb  2 15:32:56 2022
04
05  @author: 小码哥
06  添加表格
07  """
08  from pptx import Presentation
09  from pptx.util import Inches
```

```
10
11    # 用嵌套列表存储表格数据
12    data = [['省市','2021 年 GDP（亿元）','2020 年 GDP（亿元）','2019 年 GDP（亿元）'],
13           ['广东省','124369.7','111151.6','107986.9'],
14           ['江苏省','116364.2','102807.7','98656.8'],
15           ['山东省','83095.9','72798.2','70540.5']]
16
17    my_ppt = Presentation()
18
19    layout = my_ppt.slide_layouts[6]
20    slide = my_ppt.slides.add_slide(layout)
21
22    # 设置表格位置
23    top = Inches(2)
24    left = Inches(1)
25
26    width = Inches(8)
27    height = Inches(0.8)
28
29    # 表格的行数和列数
30    rows = 4
31    cols = 4
32
33    # 添加表格
34    my_table = slide.shapes.add_table(rows, cols, left, top, width, height)
35
36    # 向表格写入数据
37    for row in range(rows):
38        for col in range(cols):
39            my_table.table.cell(row,col).text = str(data[row][col])
40
41    my_ppt.save('generated_ppt/14.4.6-添加表格.pptx')
42    print('添加成功！')
43
```

第 12~15 行代码用嵌套列表结构保存三个省市的 GDP 数据。嵌套列表结构表示二维数组，也就是列表中的元素也是列表。

第 23~27 行代码用于设置表格在幻灯片中的位置。

第 30~31 行代码用于设置表格的行数和列数。这里是创建一个 4×4 的表格。

第 34 行代码用 add_table 方法为幻灯片添加表格。

第 37~39 行代码是一个 for 循环，用来把嵌套列表结构的数据写入表格中。因为嵌套列表结构是双层列表，所以需要使用双层 for 循环遍历每一个数据。第 39 行代码用 table 的 cell(row,col) 方法定位单元格，然后用其 text 属性写入具体的数据。

运行上述代码，打开文件"14.4.6-添加表格"，效果如图 14-15 所示。

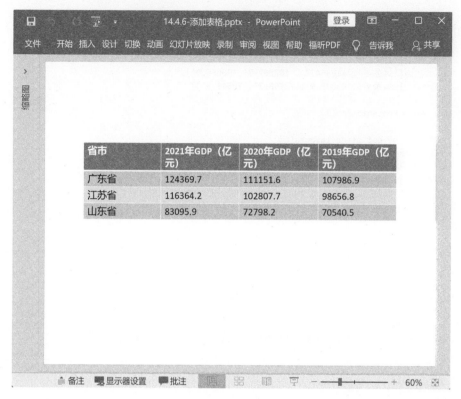

图 14-15   添加表格

14.4.7   插入图表

PPT 中可以包含各种类型的图表，比如折线图、饼图等。这些图表使得 PPT 更具表现力。在 PowerPoint 中，添加图表的一般步骤是：第一步，准备图表的数据；第二步，确定添加的图表类型；第三步，设计图表的位置并添加到幻灯片中。

在 Python 中，我们使用同样的步骤添加图表，比如为"近三年内省市 GDP 前三名"绘制折线图，具体代码如下。

代码文件：14.4.7-插入图表.py

```
01    from pptx import Presentation
02    from pptx.util import Inches
03
04    # 导入创建 chart 数据的函数
05    from pptx.chart.data import CategoryChartData
06    # 导入选择图表类型的类
07    from pptx.enum.chart import XL_CHART_TYPE
08
```

```
09    my_ppt = Presentation()
10
11    layout = my_ppt.slide_layouts[6]
12    slide = my_ppt.slides.add_slide(layout)
13
14    ##########
15    # 创建图表步骤
16    ##########
17    # 第一步：准备图表数据
18    chart_data = CategoryChartData()
19    # 设置横坐标轴显示内容
20    chart_data.categories=['2019 年', '2020 年', '2021 年']
21
22    # 设置图表中的每一条折线
23    # 设置图表中的数据
24    chart_data.add_series('广东', ('107986.9','111151.6','124369.7'))
25    chart_data.add_series('江苏', ('98656.8','102807.7','116364.2'))
26    chart_data.add_series('山东', ('70540.5','72798.2','83095.9'))
27
28    # 第二步：确定图表类型
29    # 折线图
30    chart_type = XL_CHART_TYPE.LINE
31    # 第三步：设置图表的位置
32    left, top, width, height = Inches(2), Inches(1.5), Inches(6), Inches(4.5)
33    # 添加折线图
34    slide.shapes.add_chart(chart_type, left, top, width, height , chart_data)
35
36    my_ppt.save('generated_ppt/14.4.7-插入图表.pptx')
37    print('添加成功！')
```

第 5 行代码导入创建图表需要的数据函数 CategoryChartData，为后续操作做准备。

第 7 行代码导入选择图表类型的类 XL_CHART_TYPE，也是为后续操作做准备。

第 18 行代码准备图表数据，并用 chart_data 表示图表。后续对图表的操作就是对该变量的操作。

第 20 行代码设置图表横坐标轴的显示内容，分别是 "2019 年" "2020 年" "2021 年"。

第 24~26 行代码为图表添加 3 个图形。第一个图形的标签是 "广东"，数据是'107986.9'，'111151.6'，'124369.7'，第二个图形和第三个图形同理。

第 30 行代码用于选择图表的类型是 LINE，也就是折线图，并且用 chart_type 表示。

第 32 行代码设置折线图在幻灯片中的位置。

第 34 行代码用 add_chart 方法把折线图 chart_type 插入到设定的位置。

运行上述代码，打开文件 "14.4.7-插入图表.pptx"，效果如图 14-16 所示。

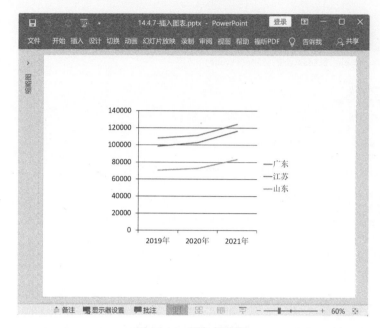

图 14-16　添加折线图

该折线图的显示效果都是默认的，我们可以修改其样式，也可以创建其他类型的图表。这些内容将在第 16 章中介绍。

14.4.8　插入形状

PowerPoint 软件支持各种形状，比如线条、矩形等，在"插入"选项卡中单击"形状"按钮，可查看支持的所有形状，如图 14-17 所示。本节介绍如何利用 Python 为 PPT 文件插入不同的形状。

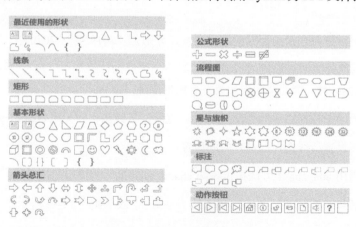

图 14-17　PPT 中的形状汇总

1. 插入形状三步走

在 Python 中，我们可以用 add_shape 方法在幻灯片中插入形状。同上一节一样，这也分为三个步骤：第一步，设置形状位置；第二步，选择形状类型；第三步，插入形状。我们把这三个步骤用箭头展示在 PPT 幻灯片中，效果如图 14-18 所示。

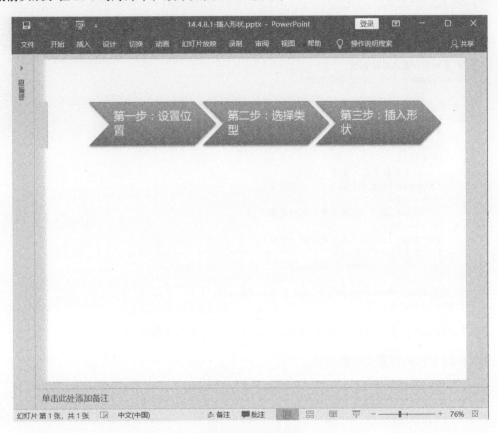

图 14-18　添加形状

观察图 14-18，三个形状都是一样的箭头，因此我们想到用一个 for 循环来实现，然后用形状的 text 属性写入具体的文字内容，具体代码如下。

代码文件：14.4.8.1-插入形状.py

```
01    from pptx import Presentation
02    from pptx.util import Inches
03
04    # 导入选择形状的类
05    from pptx.enum.shapes import MSO_SHAPE
06
07    my_ppt = Presentation()
```

```
08    layout = my_ppt.slide_layouts[6]
09
10    slide = my_ppt.slides.add_slide(layout)
11
12    # 第一步：设置形状的位置
13    top = Inches(1)
14    left = Inches(1)
15
16    width = Inches(3)
17    height = Inches(1)
18
19    # 第二步：选择形状类型
20    shape_type = MSO_SHAPE.CHEVRON
21
22     # 第三步：插入形状
23    for i in range(1,4):
24        # 调整形状位置
25        shape = slide.shapes.add_shape(shape_type , left, top, width, height)
26        if i == 1:
27            # 在形状中插入文字
28            shape.text = '第一步：设置位置'
29        if i == 2:
30            shape.text = '第二步：选择类型'
31        if i == 3:
32            shape.text = '第三步：插入形状'
33        # 调整下一个形状的位置
34        left = left + width - Inches(0.3)
35
36    my_ppt.save('generated_ppt/14.4.8.1-插入形状.pptx')
37    print('添加成功！')
```

第 5 行代码用于导入选择形状的类 MSO_SHAPE，为后续操作做准备。

第 13~17 行代码设置形状的位置。

第 20 行代码选择形状 MSO_SHAPE.CHEVRON，也就是箭头，并且用变量 shape_type 表示。

第 23~34 行代码用一个 for 循环插入 3 个相同的箭头，range(1,4)表示循环 3 次。第 25 行代码是为幻灯片添加形状 shape_type。第 26~32 行代码是 3 个 if 判断语句，根据不同的箭头编号设置不同的文字，添加文字同样是用 text 属性。第 34 行代码调整下一个形状的位置，否则会垒在一起。

运行上述代码，打开文件 "14.4.8.1-插入形状.pptx"，效果如图 14-18 所示。

2. 查看 Python 支持的所有形状

除了箭头之外，Python 还支持很多其他形状。为了查看所有形状，我们为每一个形状设计一张幻灯片。因此，幻灯片的数量就是 Python 支持的形状的数量，具体代码如下。

代码文件：14.4.8.2-查看所有形状.py

```
01    from pptx import Presentation
02    from pptx.util import Inches
03
04    # 导入选择形状的类
05    from pptx.enum.shapes import MSO_SHAPE
06
07    # 设置形状的位置
08    top = Inches(2)
09    left = Inches(1)
10
11    width = Inches(5)
12    height = Inches(5)
13
14    my_ppt = Presentation()
15    layout = my_ppt.slide_layouts[5]
16    # __members__属性
17    shapeMember = MSO_SHAPE.__members__
18
19    for number , member in enumerate(shapeMember, start = 1):
20        try:
21            slide = my_ppt.slides.add_slide(layout)
22            # 插入形状
23            shape = slide.shapes.add_shape(member.value, left, top, width, height)
24            # 插入形状的名字
25            shape.text = member.name
26            #
27            slide.shapes.title.text = f'第{number}个形状的名字是：' + member.name
28
29        except:
30            print(member.name, member.value)
31
32    my_ppt.save('generated_ppt/14.4.8.2-查看所有形状.pptx')
33    print('添加成功')
```

第 8~12 行代码设置形状在幻灯片中的位置。

第 17 行代码使用形状的 __members__ 属性（它包含所有形状的类型和名字），并且用 shapeMember 表示。我们也可以在 Console 中输入 dir(MSO_SHAPE)查看它包含的属性。

第 19~30 行代码用一个 for 循环遍历所有形状。

第 19 行的 enumerate(shapeMember, start = 1)函数表示把所有形状类型组合成一个索引列表，同时列出数据标签和数据，并且用 number 和 member 表示。这个函数一般用在 for 循环中。其中 start =1 表示数据标签从 1 开始编号，否则默认从 0 开始编号。因此从图 14-19 中可以看到，最后一张幻灯片的主题名字是"第 182 个形状的名字是：WAVE"，而不是"第 181 个形状的名字是：WAVE"。

第 20~30 行代码是循环体，用来实现为每一个形状添加一张幻灯片。在循环体里面，我们用

try-except 结构来规避可能出现的异常情况，保证程序可以正常运行。try 之后的代码是主要的程序代码，except 之后的代码是出现异常之后给出的提示信息。第 23 行代码将 member.value 所代表的形状插入到一张幻灯片之中。第 25 行代码为每一个形状添加名字 member.name。第 27 行代码为每一张幻灯片添加标题。

运行上述代码，打开文件"14.4.8.2-查看所有形状.pptx"，效果如图 14-19 所示。

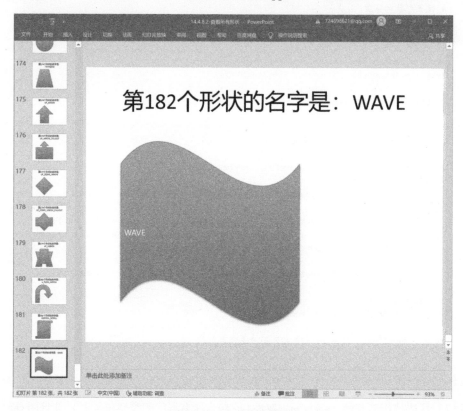

图 14-19　查看所有形状

根据图 14-19，文件中一共包括了 182 张幻灯片，说明 Python 支持 182 种形状，并且每一种形状的名字写在幻灯片之中。在工作中我们直接复制形状的名字即可插入对应的形状。

14.5　案例：自动生成数据分析报告 PPT

为了巩固 14.4 节中的 PPT 基础操作（更复杂的样式设计请参考第 16 章），我们设计了如下案例：设计 5 张幻灯片，每一张幻灯片涉及不同的 PPT 操作。请用 Python 代码实现，效果如图 14-20 所示。

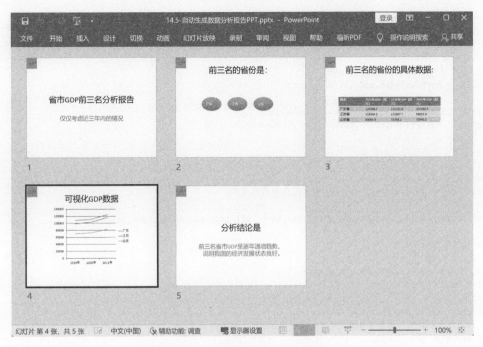

图 14-20　数据分析报告效果图

写代码之前，首先仔细观察效果图。我们发现每一张幻灯片都有logo，并且包含了图表、表格、形状等不同的元素。这些内容的编写见14.4节，这里不再赘述。希望读者首先根据自己的理解写一遍代码，然后再查看本书的代码。

为了帮助读者更好地理解该案例的设计过程，我们把上述代码汇总如下。

代码文件：14.5-自动生成数据分析报告PPT.py

```python
# 导入 python-pptx 库中的 Presentation 函数
from pptx import Presentation
# 导入选择形状的类
from pptx.enum.shapes import MSO_SHAPE
from pptx.util import Inches
# 导入创建 chart 数据的函数
from pptx.chart.data import CategoryChartData
# 导入选择图表类型的类
from pptx.enum.chart import XL_CHART_TYPE

# 第一步：利用 Presentation 函数创建一个 PPT 对象 myPPT
myPPT = Presentation()

# 图片的路径
pic_path = 'picture/封面.jpg'
pic_left = Inches(0)
pic_top = Inches(0)
```

```
pic_width = Inches(0.8)
pic_height = Inches(0.8)

# 设计第 1 张幻灯片
layout = myPPT.slide_layouts[0]
slide = myPPT.slides.add_slide(layout)

allPlaceholders = slide.shapes.placeholders
print('一共有{}个占位符'.format(len(allPlaceholders)))

# 为第 1 个占位符添加文字
allPlaceholders[0].text = '省市 GDP 前三名分析报告'
# 为第 2 个占位符添加文字
allPlaceholders[1].text = '仅仅考虑近三年内的情况'
# 添加图片
slide.shapes.add_picture(pic_path, pic_left, pic_top, pic_width, pic_height)

# 设计第 2 张幻灯片
layout = myPPT.slide_layouts[5]
slide = myPPT.slides.add_slide(layout)
# 添加图片
slide.shapes.add_picture(pic_path, pic_left, pic_top, pic_width, pic_height)
title = slide.shapes.title
title.text ="前三名的省份是："
# 插入形状
top = Inches(3)
left = Inches(2)

width = Inches(1.5)
height = Inches(1)

for i in range(1,4):
    # 调整形状位置
    shape = slide.shapes.add_shape(MSO_SHAPE.OVAL, left, top, width, height)
    if i == 1:
        # 在形状中插入文字
        shape.text = '广东'
    if i == 2:
        shape.text = '江苏'
    if i == 3:
        shape.text = '山东'
    # 调整下一个形状的位置
    left = left + width + Inches(0.5)

# 设计第 3 张幻灯片
slide = myPPT.slides.add_slide(layout)
slide.shapes.title.text = '前三名的省份的具体数据：'
# 添加图片
slide.shapes.add_picture(pic_path, pic_left, pic_top, pic_width, pic_height)

data = [['省市','2021 年 GDP (亿元) ','2020 年 GDP (亿元) ','2019 年 GDP (亿元) '],
        ['广东省','124369.7','111151.6','107986.9'],
        ['江苏省','116364.2','102807.7','98656.8'],
        ['山东省','83095.9','72798.2','70540.5']]
```

```python
# 表格的行数和列数
rows = 4
cols = 4
top = Inches(3)
left = Inches(1)

width = Inches(8)
height = Inches(0.8)
# 添加表格
my_table = slide.shapes.add_table(rows, cols, left, top, width, height)

# 向表格写入文字
for row in range(rows):
    for col in range(cols):
        my_table.table.cell(row,col).text = str(data[row][col])


# 设计第 4 张幻灯片
slide = myPPT.slides.add_slide(layout)
slide.shapes.title.text = '可视化 GDP 数据'
# 添加图片
slide.shapes.add_picture(pic_path, pic_left, pic_top, pic_width, pic_height)
# 第一步：准备图表数据
chart_data = CategoryChartData()
# 设置横坐标轴显示内容
chart_data.categories=['2019 年', '2020 年', '2021 年',]

# 设置图表中的折线，每一个 add_series 表示一条
chart_data.add_series('广东', ('107986.9','111151.6','124369.7'))
chart_data.add_series('江苏', ('98656.8','102807.7','116364.2'))
chart_data.add_series('山东', ('70540.5','72798.2','83095.9'))

# 第二步：确定图表类型
# 折线图
chart_type = XL_CHART_TYPE.LINE
# 第三步：设置图表的位置
left, top, width, height = Inches(2), Inches(1.5), Inches(6), Inches(4.5)
# 添加折线图
slide.shapes.add_chart(chart_type, left, top, width, height , chart_data)

# 设计第 5 张幻灯片
layout = myPPT.slide_layouts[0]
slide = myPPT.slides.add_slide(layout)
# 添加图片
slide.shapes.add_picture(pic_path, pic_left, pic_top, pic_width, pic_height)
allPlaceholders = slide.shapes.placeholders
# 为第 1 个占位符添加文字
allPlaceholders[0].text = '分析结论是'
# 为第 2 个占位符添加文字
allPlaceholders[1].text = '前三名省市 GDP 呈逐年递增趋势，说明我国的经济发展状态良好。'

# 用 save 方法保存文件
myPPT.save('generated_ppt/14.5-自动生成数据分析报告 PPT.pptx')
print('添加文字成功！')
```

第 15 章

批量格式转换，既方便又高效

在工作中，我们经常需要处理 PPT 中的幻灯片，比如将其中的文字读取到 Word 文档中，或者将表格数据保存到 Excel 中，等等。如果采用复制粘贴的方式，比较浪费时间。本章介绍用 Python 将 PPT 中的内容自动读取到不同格式的文件中，比如 Word、Excel 等，从而实现文件的格式转换，并且可以将幻灯片编辑为理想状态。

15.1　如何利用 Python 读取 PPT

用 Python 自动读取 PPT 就是把 PPT 的内容加载到内存，然后在内存中处理 PPT 中的各种元素，比如判断是否是表格，如果是，将数据读取到 Excel。这个处理过程与 14.3 节中的层次关系图类似：第一层是将 PPT 文件加载到内存；第二层是在内存中找到某张幻灯片；第三层是查看该幻灯片有多少个元素；第四层是判断该元素是什么类型，比如表格、图表等。最后，我们根据判断的结果处理该元素，比如对于文本框，可以将内容读取到 Word。整个层次关系如图 15-1 所示。

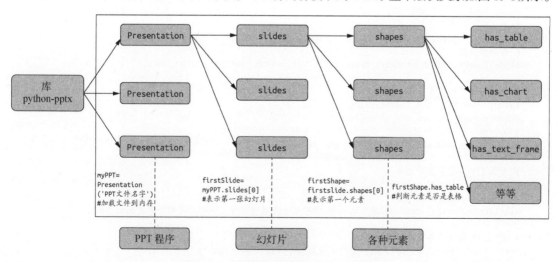

图 15-1　处理 PPT 元素的层次关系图

接下来我们按照该层次关系图依次介绍如何加载 PPT、删除幻灯片、将文字保存到 Word 以及将表格保存到 Excel，等等。

15.2　打开已有 PPT 文件

在前面的章节中，我们通过 Presentation 函数创建新的 PPT 文件。同理，当我们给它传入参数的时候，该函数可以帮助我们把已有的 PPT 文件载入内存，也就是打开 PPT 文件。当 PPT 成功载入内存之后，我们就可以用 Python 代码将 PPT 中的数据读取到任意位置，比如 Excel、Word中等，后面的章节会详细介绍。

举例，读取 14.5 节案例中的 PPT 文件，并且判断它有多少张幻灯片，以及每一张幻灯片都有什么类型的元素，等等，具体代码如下。

代码文件：15.2-打开已有 PPT.py

```
01    from pptx import Presentation
02    # 将 PPT 文件读取到内存
03    myPPT = Presentation('generated_ppt/省市 GDP 前三名分析报告.pptx')
04
05    # 查看 PPT 文件有多少张幻灯片
06    numberSlide = len(myPPT.slides)
07    print(f'该 PPT 有{numberSlide}张幻灯片')
```

第 3 行代码把 PPT 文件的所在路径"generated_ppt/省市 GDP 前三名分析报告.pptx"作为参数传递给 Presentation 函数，也就是把它读取到计算机内存中。我们也可以用一个变量表示该PPT 文件，然后把变量传递给函数 Presentation，代码如下。无论哪种方式，目的都是把文件读入内存。

```
pptFile = 'generated_ppt/省市 GDP 前三名分析报告.pptx'  # 需要打开的文件
Presentation(pptFile) # 打开该 PPT 文件
```

第 6 行代码用 len 函数查看该 PPT 文件有多少张幻灯片，并且用变量 numberSlide 表示。myPPT.slides 表示有多张幻灯片。

第 7 行代码输出结果。其中 f'{}'结构表示格式化输出，也就是把花括号{}里面的变量numberSlide 替换为幻灯片数以形成完整的一句话。这样设计的目的是使输出结果的显示更加人性化。

接着，我们利用内存中代表 PPT 的变量 myPPT 定位第 1 张幻灯片 myPPT.slides[0]，也就是用 Python 找到第 1 张幻灯片的位置，并且用变量 firstSlide 表示。同理，也可以找到其他的幻灯片，将 0 修改为其他数字即可，比如 myPPT.slides[3]表示第 4 张幻灯片，当然，数字不能超过幻灯片的数量。

定位第 1 张幻灯片之后，我们可以查看该幻灯片有多少个元素。这些元素的类型可能是文本框、表格或者图表，等等。具体代码如下。

代码文件：15.2-打开已有 PPT.py

```
08    # 将第 1 张幻灯片的内容读取到内存
09    firstSlide = myPPT.slides[0]
10    numberShapes = len(firstSlide.shapes)
11    # 查看有多少个元素
12    print(f'查看第 1 张幻灯片有{numberShapes}个元素')
```

第 9 行代码定位内存中的第 1 张幻灯片，并且用变量 firstSlide 表示。如果需要找到所有幻灯片，用一个 for 循环实现即可。请读者尝试写代码，有问题可以咨询作者。

第 10 行代码用 len 函数计算该幻灯片有多少个元素。其中 firstSlide.shapes 表示第 1 张幻灯片的所有元素，比如文本框、图表、图片等。

第 12 行代码输出查询结果。

最后，我们可以判断找到的元素 firstSlide.shapes 都是什么类型。判断的方法是用元素 shapes 的属性 has_chart 查看是否是图表、用 has_table 查看是否是表格，以及用 has_text_frame 查看是否是文本框。如果是某一类型的元素，我们可以接着用代码操作其中的内容，比如对于文本框，我们可以打印内容，或者把内容写入 Word 文件。后续内容将详细介绍。

下面的代码查看"省市 GDP 前三名分析报告.pptx"文件第 1 个文本框的所有元素，并且将第 1 个元素的内容打印到控制台。

代码文件：15.2-打开已有 PPT.py

```
13    # 取出第 1 个元素，为之后查看其类型做准备
14    # 查看的方法是 has_chart、has_table、has_text_frame
15    firstShape = firstSlide.shapes[0]
16    # 查看该元素是否是表格，如果是输出 True
17    print('查看该元素是否是表格，如果是输出 True')
18    print(firstShape.has_table)
19    # 查看该元素是否是文本框
20    print('查看该元素是否是文本框：')
21    print(firstShape.has_text_frame)
22
23    # 如果是文本框，查看其内容
24    print('如果是文本框，查看其内容')
25    print(firstShape.text_frame.text)
26    print('执行成功！')
```

第 15 行代码在内存中找到第 1 张幻灯片 firstSlide 的第 1 个元素，并且用 firstShape 表示。当然，也可以找其他元素，将 0 替换为其他数字即可。

第 18 行代码用第 1 个元素 firstShape 的 has_table 属性判断是否是表格，如果是则输出 True。

第 21 行代码用 has_text_frame 属性判断元素是否是文本框。

第 25 行代码查看文本框的内容，用的是文本框的 text_frame 属性的 text 属性。

第 26 行代码提示执行成功。

运行上述代码，输出如下：

```
该 PPT 有 5 张幻灯片
查看第 1 张幻灯片有 3 个元素
查看该元素是否是表格，如果是输出 True
False
查看该元素是否是文本框：
True
如果是文本框，查看其内容
省市 GDP 前三名分析报告
执行成功！
```

15.3　删除指定幻灯片

在工作中，我们经常需要删除指定的幻灯片。但一不小心可能会删错幻灯片，比如多删除、少删除，而使用 Python 代码就不会出现类似的情况。比如删除"省市 GDP 前三名分析报告.pptx"文件中的奇数页幻灯片，代码如下。

代码文件：15.3-删除指定幻灯片.py

```
01   from pptx import Presentation
02
03   myPPT = Presentation('generated_ppt/省市 GDP 前三名分析报告.pptx')
04
05   # 获取页的列表
06   page = list(myPPT.slides._sldIdLst)
07   page_number = len(page)
08   print('删除之前的页数是：', page_number)
09
10   # 删除奇数页幻灯片
11   for number in range(page_number):
12       if number % 2 == 0:
13           myPPT.slides._sldIdLst.remove(page[number])
14           print(f'删除第{number}页幻灯片')
15
16   page = list(myPPT.slides._sldIdLst)
17   print('删除幻灯片之后的页数是：', len(page))
18
19   # 保存删除幻灯片之后的 PPT
20   myPPT.save('generated_ppt/15.3-删除指定幻灯片.pptx')
21   print('删除成功！')
```

第 3 行代码将需要删除幻灯片的 PPT 文件载入内存。

第 6 行代码用 slides 中的_sldIdLst 属性获取幻灯片的张数，并用 page 表示。

第 7 行代码用 len 函数计算有多少张幻灯片。

第 11~14 行代码是一个 for 循环，用来删除偶数页的幻灯片。第 12 行代码判断当前页是否是偶数页，这里的 0 表示实际的第 1 页；第 13 行代码利用 remove 方法删除指定幻灯片。

第 20 行代码将删除幻灯片后的 PPT 保存为一个新的文件。

运行上述代码，打开 generated_ppt 文件夹下的"15.3-删除指定幻灯片.pptx"文件，发现幻灯片只剩 2 张，如图 15-2 所示。

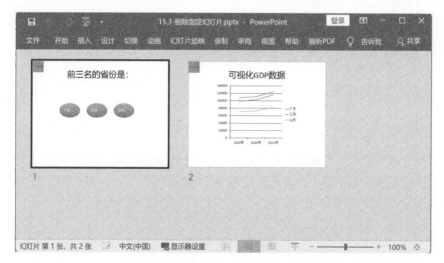

图 15-2　删除幻灯片之后的 PPT 文件

15.4　将文字保存到 Word 文档

用 Python 读取幻灯片的文字内容，就是把文本框中的文字载入计算机内存中，方便之后保存到 Word 等不同格式的文件中。

根据图 14-4，Python 中文本框里的文字遵循如下顺序结构：幻灯片（slides）→各种元素（shapes）→文本框（text_frame）→段落（paragraphs）→文字块（runs）。因此，读取文字内容就是读取段落中的语句，按照这个顺序写代码即可。

15.4.1　将标题保存到 Word 文档

我们首先读取一张幻灯片的标题，然后将其保存在 Word 文档中。读取标题就是读取幻灯片的文本框。根据上面的顺序结构，我们需要先打开 PPT 文件，找到第 1 张幻灯片，再利用 has_text_frame 方法判断它是否有文字。如果有文字，则先读取，最后写入 Word 文档中。写入

Word 文档用的是前面章节介绍的 python-docx 库。具体代码如下。

代码文件：15.4.1-将标题读取到 Word.py

```
01    # 导入 PPT 库
02    from pptx import Presentation
03
04    # 导入 Word 库
05    from docx import Document
06
07    myDoc = Document()
08    # 打开"14.4.3-添加文字.pptx"文件
09    myPPT = Presentation('generated_ppt/14.4.3-添加文字.pptx')
10
11    # 读取第 1 张幻灯片
12    first_slide = myPPT.slides[0]
13    # 读取第 1 个元素：第 1 个文本框
14    first_shape = first_slide.shapes[0]
15
16    # 判断第 1 个文本框是否有文字
17    if first_shape.has_text_frame:
18        # 读取第 1 个段落
19        first_paragraph = first_shape.text_frame.paragraphs[0]
20        print(first_paragraph.text)
21
22        # 为文档增加一个段落来保存读取的 PPT 内容
23        myDoc.add_paragraph(first_paragraph.text)
24        # 保存为 Word 文档
25        myDoc.save('generated_docx/15.4.1-保存第 1 个文本框的内容.docx')
```

第 2~5 行代码导入相应的库。

第 9 行代码将 PPT 文件读取到内存，并且用 myPPT 表示。

第 12 行代码读取 PPT 文件的第 1 张幻灯片 slides[0]，并且用 first_slide 变量表示。

第 14 行代码读取幻灯片中的第 1 个元素 shapes[0]，并且用 first_shape 变量表示。

第 17 行代码利用 shape 的 has_text_frame 方法判断该元素是否有文字，如果有，则将其读取到内存并且保存在 Word 文档中。

第 19 行代码读取第 1 个文本框的第 1 个段落，并且用 first_paragraph 表示。

第 23 行代码用于在 Word 文档中添加一个段落，并且把文本框中的文字 first_paragraph.text 写入该段落中。

第 25 行代码用于保存该 Word 文档。

运行上述代码，在 generated_docx 文件夹（需要提前在 Spyder 工程里面创建好）下生成"15.4.1-保存第 1 个文本框的内容.docx"文件。打开该文件，效果如图 15-3 所示。

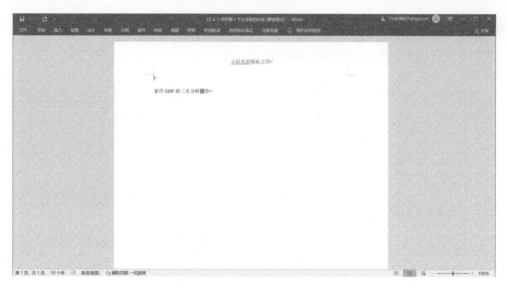

图 15-3　将标题保存到 Word 文档

15.4.2　将首页内容保存到 Word 文档

接着，我们将首页幻灯片的所有内容保存到 Word 文档。同理，根据上面的顺序结构写代码即可，具体代码如下。

代码文件：15.4.2-将首页内容保存到 Word.py

```
01    # 导入库
02    from docx import Document
03    from pptx import Presentation
04
05    # 创建 Word 文档
06    myDoc = Document()
07
08    # 首先打开 "14.4.3-添加文字.pptx" 文件
09    myPPT = Presentation('generated_ppt/14.4.3-添加文字.pptx')
10    # 读取第 1 张幻灯片
11    first_slide = myPPT.slides[0]
12
13    # 读取幻灯片中所有的元素
14    for shape in first_slide.shapes:
15        if shape.has_text_frame: # 判断每一个元素是否有文本
16            # 读取文本中所有的段落
17            for paragraph in shape.text_frame.paragraphs:
18                # 读取到内存之后，打印到控制台
19                print(paragraph.text)
20
```

```
21              # 增加段落保存读取的 PPT 内容
22              myDoc.add_paragraph(paragraph.text)
23              # 保存为 Word 文档
24              myDoc.save('generated_docx/15.4.2-保存第1张幻灯片的内容.docx')
25
26      print('保存成功！')
```

第 6 行代码用于创建一个 Word 文档。

第 14~24 行代码是一个嵌套 for 循环结构。第 14 行代码读取所有的元素 shapes。第 15 行代码判断每一个元素是否有文本。如果有，则读取到内存，以便最后写入 Word 文档中。

第 17~24 行代码是内层 for 循环，用于读取文本中所有的段落。有的文本有一个段落，有的有多个段落。第 19 行代码把内存中的段落打印到控制台。第 22 行代码把内存中的段落文字写入 Word 文档中，用的是 add_paragraph 方法。第 24 行代码将 Word 文档保存为"15.4.2-保存第 1 张幻灯片的内容.docx"，放在 generated_docx 文件夹下。

运行上述代码，输出如下。前两行是 PPT 文件中首页幻灯片的内容，最后一行输出提示信息。

```
省市 GDP 前三名分析报告
仅仅考虑近三年内的情况
保存成功！
```

同时，在 generated_docx 文件夹下生成一个"15.4.2-保存第 1 张幻灯片的内容.docx"文件。打开该文件，效果如图 15-4 所示。

图 15-4　将首页幻灯片的内容保存到 Word 文档

15.5　将表格数据保存到一个 Excel 文件

　　在工作中，我们经常需要将幻灯片中的数据提取到 Excel 文件中。用 Python 代码处理更加方便和快速。同样，我们需要首先把幻灯片中的数据读取到内存，然后再从内存写入 Excel 文件中。写入 Excel 用的是 Excel 篇中的 xlwings 库。具体实现代码如下。

代码文件：15.5-将表格数据保存到 Excel.py

```
01    # 导入 PPT 库
02    from pptx import Presentation
03    # 导入 Excel 库
04    import xlwings as xw
05
06    # 将 PPT 读取到内存
07    myPPT = Presentation('generated_ppt/14.4.6-添加表格.pptx')
08
09    # 读取第 1 张幻灯片
10    slide = myPPT.slides[0]
11    # 读取第 1 个元素
12    shape = slide.shapes[0]
13
14    # 创建一个空列表用来保存读取的数据
15    tableData = []
16    # 判断第 1 个元素是否是表格
17    if shape.has_table:
18        table = shape.table
19        rows = len(table.rows)
20        cols = len(table.columns)
21        print(f'表格有{rows}行{cols}列')
22
23        # 读取表格数据
24        for row in range(rows):
25            rowData = []
26            for col in range(cols):
27                cell = table.cell(row, col)
28                # 将每一行数据写入 row_data
29                rowData.append(cell.text)
30            tableData.append(rowData)
31    print('读取表格中的数据是：')
32    print(tableData)
33
34    '''保存到 Excel 中'''
35    # 创建 Excel 文件
36    # 打开 Excel
37    app = xw.App(visible=False, add_book=False)
38    # 为了提高运行速度，关闭警告信息，比如关闭前提示保存、删除前提示确认等，默认是打开的
39    app.display_alerts = False
40    # 打开工作表
```

```
41    workbook = app.books.add()
42    worksheet = workbook.sheets[0]
43    # 从 A1 开始写第 1 行数据
44    worksheet.range('A1').value = tableData
45    workbook.save('generated_excel/15.5-将表格数据保存到 Excel.xlsx')
46    workbook.close()
47
48    print('保存 Excel 成功！')
```

第 1~4 行代码用于导入需要的第三方库，为后续操作做准备。

第 7~12 行代码将 PPT 文件中第 1 张幻灯片的第 1 个元素读取到内存，为后续操作做准备。

第 15 行代码创建一个空列表 tableData，用来保存读取到内存的 PPT 表格数据。列表是基础篇中的内容。

第 17 行代码用元素 shape 中的 has_table 属性判断该元素是否是表格，如果是则将里面的数据读取到内存。

第 18 行代码用于把幻灯片的表格载入内存，使用元素的 shape.table 属性实现，并且用 table 表示该表格。此后对 table 变量的操作就是对幻灯片表格的操作。

第 19~21 行代码用 len 函数计算表格 table 有多少行和列，并且记录在变量 rows 和 cols 中。其中 table.rows 和 table.columns 表示表格的行和列。

第 24~30 行代码用嵌套 for 循环将表格 table 中的数据读取到列表 tableData 中。因为表格是二维数据，有行和列，所以需要使用嵌套 for 循环来遍历每一个单元格的内容。第 24 行代码遍历行，并将每一行的数据保存在 rowData 列表中。第 26 行代码用于遍历一行中的每一列数据，因此 row 和 col 变量就表示一个单元格。第 27 行代码用 table.cell(row,col)定位某一个单元格，并且用 cell 表示。第 29 行代码读取单元格 cell 的数据 cell.text，然后将其作为参数写入 rowData 列表中，用到的方法是 tableData.append。第 30 行代码把每一行的数据写入列表 tableData 中，也是用 append 方法。

第 32 行代码将内存中的表格数据打印到控制台，结果如下面的输出所示。

第 35~46 行代码把内存中的表格数据 tableData 写入 Excel 文件中。写入的方法见 Excel 篇中的介绍。

第 37~42 行代码用于打开 Excel 文件，并且增加一个工作表。最后将工作表中的 sheet 读取到内存，并用变量 worksheet 表示。

第 44 行代码把表格数据 tableData 写入 Excel 文件从 A1 开始的单元格中。

第 45 行代码将"15.5-保存表格数据到 Excel.xlsx"文件保存到 generated_excel 文件夹下。

运行上述代码，输出如下：

```
表格有 4 行 4 列
读取表格中的数据是:
[['省市', '2021年 GDP (亿元)', '2020年 GDP (亿元)', '2019年 GDP (亿元)'], ['广东省', '124369.7',
'111151.6', '107986.9'], ['江苏省', '116364.2', '102807.7', '98656.8'], ['山东省', '83095.9',
'72798.2', '70540.5']]
保存 Excel 成功！
```

同时，在 generated_excel 文件夹下生成"15.5-将表格数据保存到 Excel.xlsx"文件。打开该文件查看，保存的表格数据如图 15-5 所示。

图 15-5   将表格数据保存到 Excel 文件

15.6   保存图片

在工作中，我们经常需要将 PPT 中的图片保存到文件夹或者 Word 中。如果 PPT 文件中有大量图片，用 Python 代码处理特别方便。接下来，我们用代码解决该需求。

15.6.1   将图片保存到文件夹

首先，我们将"14.4.5-添加图片.pptx"中的图片提取到文件夹。如前所述，首先需要把 PPT 加载到内存，然后判断幻灯片中的元素是否包含图片。判断用的是元素 shape 的属性 shape_type 值，如果是 MSO_SHAPE_TYPE.PICTURE，则表示该元素是图片。最后将图片保存到本地即可。具体代码如下。

代码文件：15.6.1-将图片保存到文件夹.py

```
01    from pptx import Presentation
02    # 导入判断元素类型的类
03    from pptx.enum.shapes import MSO_SHAPE_TYPE
04
05    myPPT = Presentation('generated_ppt/14.4.5-添加图片.pptx')
06
07    # 查看 PPT 有多少张幻灯片
08    numberSlide = len(myPPT.slides)
09    print(f'该 PPT 有{numberSlide}张幻灯片')
10
11    # 将第 1 张幻灯片的内容读取到内存
12    firstSlide = myPPT.slides[0]
13    numberShapes = len(firstSlide.shapes)
14    # 查看有多少个元素
15    print(f'查看第 1 张幻灯片有{numberShapes}个元素')
16
17    for shape in firstSlide.shapes:
18        if shape.shape_type   == MSO_SHAPE_TYPE.PICTURE:
19            print('该幻灯片包含图片')
20            # 读取图片的数据
21            pic_data = shape.image.blob
22            # 获取图片的格式：png/jpg 等
23            pic_type = shape.image.content_type
24            # 获取具体的格式名称
25            split_type = pic_type.split('/')[1]
26            print(f'该图片的格式是：{split_type}')
27
28            # 保存的图片名字
29            pic_name = 'LOGO'+'.'+split_type
30            print(f'保存的图片名字是{pic_name}')
31
32            # 保存图片的路径
33            output_pic_path = 'generated_pic/15.6.1-' + pic_name
34
35            # 使用 with 保存图片
36            with open(output_pic_path, 'wb') as file:
37                file.write(pic_data)
38
39    print('成功保存到文件夹！')
```

第 1~3 行代码用于导入相关函数和类，为后续操作做准备。

第 17~37 行代码是实现需求的主要代码。它是一个 for 循环，目的是依次遍历第 1 张幻灯片中的所有元素。第 18 行代码判断循环中的每一个元素是否是图片。判断用的是 if 语句：shape.shape_type 的值是否与 MSO_SHAPE_TYPE.PICTURE 相等，如果相等则表示是图片，否则不是图片。其中 MSO_SHAPE_TYPE 是 python-pptx 库的一个类，用于判断元素类型。我们只需要记住有这么一个类就可以，具体使用的时候查询该类的源代码即可。查看方法是，在 Spyder 中选择 MSO_SHAPE_TYPE 然后点击右键，如图 15-6 所示。

```
for shape in firstSlide.shapes:
    if shape.shape_type  == MSO_SHAPE_TYPE_PICTURE:
        print('该幻灯片包含图片')
        # 读取图片的数据
        pic_data = shape.image.blob
        # 获取图片的格式: png/jpg等
        pic_type = shape.image.content_
        # 获取具体的格式名字
        split_type = pic_type.split('/'
        print(f'该图片的格式是: {split_t

        # 保存的文件名字
        pic_name = 'LOGO'+'.'+split_typ
        print(f'保存的图片名字是 {pic_na
```

Run cell	Ctrl+Return	
Run cell and advance	Shift+Return	
Re-run last cell	Alt+Return	
Run selection or current line	F9	
Go to definition	Ctrl+G	
Undo	Ctrl+Z	
Redo	Ctrl+Shift+Z	
Cut	Ctrl+X	
Copy	Ctrl+C	
Paste	Ctrl+V	
Select All	Ctrl+A	
Zoom in	Ctrl++	
Zoom out	Ctrl+-	
Zoom reset	Ctrl+0	
Comment/Uncomment	Ctrl+1	

图 15-6　查看源代码

然后，选择 "Go to definition" 进入源代码，如图 15-7 所示。

```
677  @alias("MSO")
678  class MSO_SHAPE_TYPE(Enumeration):
679  ····"""
680  ····Specifies·the·type·of·a·shape
681
682  ····Alias:·``MSO``
683
684  ····Example::
685
686  ········from·pptx.enum.shapes·import·MSO_SHAPE_TYPE
687
688  ········assert·shape.type·==·MSO_SHAPE_TYPE.PICTURE
689  ····"""
690
691  ····__ms_name__·=·"MsoShapeType"
692
693  ····__url__·=·(
694  ········"http://msdn.microsoft.com/en-us/library/office/ff860759(v=office.15"·"
695  ····)
696
697  ····__members__·=·(
698  ········EnumMember("AUTO_SHAPE",·1,·"AutoShape"),
699  ········EnumMember("CALLOUT",·2,·"Callout·shape"),
700  ········EnumMember("CANVAS",·20,·"Drawing·canvas"),
701  ········EnumMember("CHART",·3,·"Chart,·e.g.·pie·chart,·bar·chart"),
702  ········EnumMember("COMMENT",·4,·"Comment"),
703  ········EnumMember("DIAGRAM",·21,·"Diagram"),
704  ········EnumMember("EMBEDDED_OLE_OBJECT",·7,·"Embedded·OLE·object"),
705  ········EnumMember("FORM_CONTROL",·8,·"Form·control"),
706  ········EnumMember("FREEFORM",·5,·"Freeform"),
707  ········EnumMember("GROUP",·6,·"Group·shape"),
```

图 15-7　MSO_SHAPE_TYPE 的源代码

第 21~33 行代码用于提取图片信息，为保存到本地文件夹做准备。第 21 行代码用于读取图片信息。图片在计算机中是以二进制形式保存的，因此这里用元素 shape 的 image 属性的 blob 直接读取图片的二进制数据，并用 pic_data 表示。第 23 行代码用 image 属性的 content_type 属性读取图片格式，并用 pic_type 表示。一般图片的格式在计算机中的值是 image/jpeg。因此我们需要用第 25 行代码去掉前面的 image/。使用的是字符串的 **split** 方法，按照"/"分割为两部分，第二部分就是 jpeg。第 33 行代码拼接图片保存的位置和名字。

第 36~37 行代码利用 **with** 语句以 **wb** 模式打开一个空白文件，然后把图片的二进制数据 **pic_data** 保存在其中。

运行上述代码，结果如下：

```
该 PPT 有 1 张幻灯片
查看第 1 张幻灯片有 3 个元素
该幻灯片包含图片
该图片的格式是：jpeg
保存的图片名字是 LOGO.jpeg
成功保存到文件夹！
```

在 generated_pic 文件夹下生成图片文件"15.6.1-LOGO.jpeg"，如图 15-8 所示。

图 15-8 保存到文件夹的图片

简单修改上述代码，可以实现将所有幻灯片的图片保存到本地，或者将多个 PPT 文件的图片保存到本地等需求。读者可以尝试实现，有问题请联系作者。

15.6.2 将图片批量保存到多个 Word 文档

在工作中，我们有时候需要将 PPT 中的图片提取到一个或者多个 Word 文档中。如果采用复制粘贴的方法，非常麻烦和低效。在上一节代码的基础上，简单修改代码即可实现该需求。代码如下。

代码文件：15.6.2-将图片批量保存到多个 Word.py

```
01    from pptx import Presentation
02    # 导入判断元素类型的类
03    from pptx.enum.shapes import MSO_SHAPE_TYPE
04
05    from docx import Document
06    # 导入 Inches 函数
07    from pptx.util import Inches
08
09    myPPT = Presentation('generated_ppt/14.4.5-添加图片.pptx')
```

```
10
11    # 查看 PPT 有多少张幻灯片
12    numberSlide = len(myPPT.slides)
13    print(f'该 PPT 有 {numberSlide} 张幻灯片')
14
15    # 将第 1 张幻灯片的内容读取到内存
16    firstSlide = myPPT.slides[0]
17    numberShapes = len(firstSlide.shapes)
18    # 查看有多少个元素
19    print(f'查看第 1 张幻灯片有{numberShapes}个元素')
20
21    for shape in firstSlide.shapes:
22        if shape.shape_type  == MSO_SHAPE_TYPE.PICTURE:
23            print('该幻灯片包含图片')
24            # 读取图片的数据
25            pic_data = shape.image.blob
26            # 获取图片的格式：png/jpg 等
27            pic_type = shape.image.content_type
28            # 获取具体的格式名字
29            split_type = pic_type.split('/')[1]
30            print(f'该图片的格式是：{split_type}')
31
32            # 保存的图片名字
33            pic_name = 'LOGO'+'.'+split_type
34            print(pic_name)
35
36            # 保存图片的路径
37            output_pic_path = 'generated_pic/14.6.5.1-' +pic_name
38
39            # 使用 with 保存图片
40            with open(output_pic_path, 'wb') as file:
41                file.write(pic_data)
42
43            # 把图片写入 10 个文件
44            for i in range(10):
45                myDoc = Document()
46                # 把图片添加到 Word 文档中
47                myDoc.add_picture(output_pic_path, width=Inches(1.25))
48
49                # 保存 Word 文档
50                myDoc.save(f'generated_docx/15.6.2/保存图片-{i}.docx')
51
52    print('保存到 Word 成功！')
```

第 5 行代码用于导入写入 Word 文档的库 docx。

第 7 行代码用于导入 Inches 函数，用来调整图片在 Word 文档中的位置。

第 44~50 行代码用 for 循环批量生成 10 个 Word 文档，并把文件夹的图片添加到其中。代码中的 range(10)表示生成 10 个文档。第 45 行代码用于生成一个空白文档，并且用 myDoc 表示。第 47 行代码用 add_picture 方法把图片加入到每一个文档中，其中 width 用于调整图片在文档中的位置。

第 50 行代码把 myDoc 文档保存在 generated_docx/15.6.2 文件夹下，并且命名为"保存图片-{i}.docx"，其中 i 表示数字标号。

运行上述代码，输出如下：

```
该 PPT 有 1 张幻灯片
查看第 1 张幻灯片有 3 个元素
该幻灯片包含图片
该图片的格式是：jpeg
LOGO.jpeg
保存到 Word 成功！
```

在文件夹 generated_docx/15.6.2 下生成 10 个 Word 文档，如图 15-9 所示。

图 15-9 批量生成 10 个 Word 文档

打开其中任意一个 Word 文档，效果如图 15-10 所示。

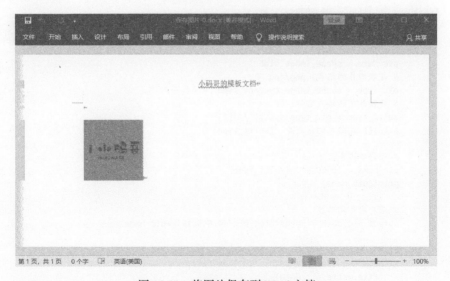

图 15-10 将图片保存到 Word 文档

15.6.3　将图片批量保存到多个 PPT 文件

在工作中，我们经常需要在 PPT 文件之间传递图片，用 Python 解决这样的需求比较方便。这里涉及两个或者多个 PPT 文件，因此我们需要先把有图片的 PPT 文件读取到内存，然后再把图片写入其他 PPT 文件。

举例，我们需要把"14.4.5-添加图片.pptx"文件中的图片批量保存在 10 个 PPT 文件中，并且要求位置一致，具体代码如下。

代码文件：15.6.3-将图片批量保存到多个 PPT.py

```
01    from pptx import Presentation
02    # 导入判断元素类型的类
03    from pptx.enum.shapes import MSO_SHAPE_TYPE
04    # 导入 Inches 函数
05    from pptx.util import Inches
06
07    myPPT = Presentation('generated_ppt/14.4.5-添加图片.pptx')
08
09    # 查看 PPT 有多少张幻灯片
10    numberSlide = len(myPPT.slides)
11    print(f'该 PPT 有{numberSlide}张幻灯片')
12
13    # 将第 1 张幻灯片的内容读取到内存
14    firstSlide = myPPT.slides[0]
15    numberShapes = len(firstSlide.shapes)
16    # 查看有多少个元素
17    print(f'查看第 1 张幻灯片有{numberShapes}个元素')
18
19    for shape in firstSlide.shapes:
20        if shape.shape_type  == MSO_SHAPE_TYPE.PICTURE:
21            print('该幻灯片包含图片')
22            # 读取图片的数据
23            pic_data = shape.image.blob
24            # 获取图片的格式：png/jpg 等
25            pic_type = shape.image.content_type
26            # 获取具体的格式名称
27            split_type = pic_type.split('/')[1]
28            print(f'该图片的格式是：{split_type}')
29
30            # 保存的图片名字
31            pic_name = 'LOGO'+'.'+split_type
32            print(pic_name)
33
34            # 保存图片的路径
35            output_pic_path = 'generated_pic/14.6.5.1-' +pic_name
36
37            # 使用 with 保存图片
38            with open(output_pic_path, 'wb') as file:
39                file.write(pic_data)
40
```

```
41          # 将图片保存到 10 个 PPT 文件中
42          for i in range(10):
43              # 创建一个空白的 PPT 文件
44              secondPPT = Presentation()
45              layout = secondPPT.slide_layouts[6]
46              slide = secondPPT.slides.add_slide(layout)
47              # 把图片添加到 PPT 文档中
48              # 定义图片的位置
49              left = Inches(0)
50              top = Inches(0)
51              width = Inches(0.8)
52              height = Inches(0.8)
53              slide.shapes.add_picture(output_pic_path, left, top, width, height)
54
55              # 保存为另外的 PPT 文档
56              secondPPT.save(f'generated_ppt/15.6.3/带 logo 的 PPT-{i}.pptx')
57
58  print('保存到 PPT 成功! ')
```

第 42~56 行代码用于生成 10 个 PPT 文件, 并且把图片保存到其中。整个实现包含一个 for 循环, 其中 range(10) 表示循环 10 次。第 44 行代码表示每一次循环都创建一个空白 PPT 文件, 并且用 secondPPT 表示。第 45~46 行代码为每一个 PPT 添加一张幻灯片, 并且幻灯片的布局是 6 号, 用 slide 表示。第 49~52 行代码规定图片在每一个 PPT 中的位置和之前一样。第 53 行代码为每一个 PPT 添加该图片。第 56 行代码在文件夹 generated_ppt/15.6.3 下将内存中的每一个 PPT 文件 secondPPT 保存为 "带 logo 的 PPT-{i}.pptx", 其中 i 是 1~10 的不同数字标号。

运行上述代码, 效果如下:

```
该 PPT 有 1 张幻灯片
查看第 1 张幻灯片有 3 个元素
该幻灯片包含图片
该图片的格式是: jpeg
LOGO.jpeg
保存到 PPT 成功!
```

在文件夹 generated_ppt/15.6.3 下生成 10 个 PPT 文件, 如图 15-11 所示。

图 15-11　生成的 10 个 PPT 文件

打开其中任意一个 PPT 文件，发现文件"14.4.5-添加图片.pptx"中的图片被保存在了同样的位置，如图 15-12 所示。

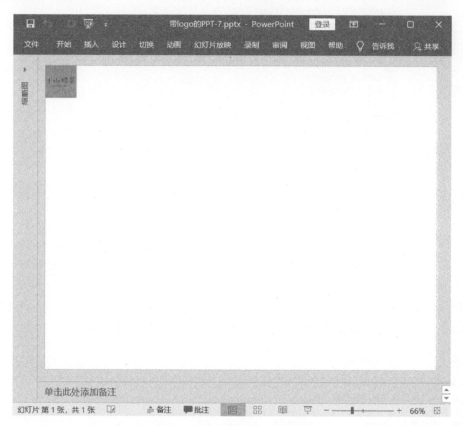

图 15-12　批量保存图片的效果

修改上述代码，我们也可以把多个 PPT 文件的图片保存在同一个 PPT 文件之中，等等。

15.7　将图表数据保存到多个 Excel 文件

幻灯片中的图表可以很好地展示数据，但一般较难提取里面的数据，而用 Python 代码可以轻松实现该需求，并且提取之后还可以轻松写入多个 Excel 文件中。

举例，将"14.4.7-插入图表.pptx"文件中的图表数据提取到 10 个 Excel 文件中。首先需要把该 PPT 文件读取到内存，然后判断幻灯片中是否包含图表。如果包含图表，我们将其中的数据提取到 10 个 Excel 文件中。具体代码如下。

代码文件：15.7-将图表数据保存到多个 Excel 文件.py

```python
01  # 导入 PPT 库
02  from pptx import Presentation
03  # 导入 Excel 库
04  import xlwings as xw
05
06  # 将 PPT 读取到内存
07  myPPT = Presentation('generated_ppt/14.4.7-插入图表.pptx')
08
09  # 读取第 1 张幻灯片
10  slide = myPPT.slides[0]
11  # 读取第 1 个元素
12  shape = slide.shapes[0]
13
14  # 创建一个空列表
15  chartData = []
16  # 判断第 1 个元素是否是表格
17  if shape.has_chart:
18      chart = shape.chart
19      print(f'图表的类型是{chart.chart_type}')
20
21      for plot in chart.plots:
22          rowData = []
23
24          # 读取标签数据
25          for categorie in plot.categories:
26              rowData.append(categorie.label)
27          chartData.append(rowData)
28
29          # 读取图表中的数据
30          for series in plot.series:
31              chartData.append(list(series.values))
32  print('图表中的数据是：')
33  print(chartData)
34
35
36  '''保存到多个 Excel 中'''
37
38  for i in range(10):
39      # 创建 Excel 文件
40      # 打开 Excel
41      app = xw.App(visible=False, add_book=False)
42      # 为了提高运行速度，关闭警告信息，比如关闭前提示保存、删除前提示确认等，默认是打开的
43      app.display_alerts = False
44      # 打开工作表
45      workbook = app.books.add()
46      worksheet = workbook.sheets[0]
47      # 从 A1 开始写第 1 行数据
48      worksheet.range('A1').value = chartData
49      workbook.save(f'generated_excel/15.7/将图表数据保存到 Excel-{i}.xlsx')
50      workbook.close()
51
52  print('保存到 Excel 成功！')
```

第 1~4 行代码分别导入 PPT 库和 Excel 库，为后续操作做准备。

第 7~12 行代码将 PPT 的第 1 张幻灯片的第 1 个元素读取到内存，并且用 shape 表示。读者可以修改这些数字，实现对不同幻灯片的处理。

第 15 行代码定义一个列表 chartData，用来保存提取的图表数据。

第 17~31 行代码用 if 语句判断幻灯片中的元素是否是图表。判断用的是元素 shape 的 shape.has_chart 属性。如果是图表，则提取元素。第 18 行代码将元素中的图表提取到内存，并且用 chart 表示。

第 21~31 行代码分别提取标签数据和图表中的数据。其中 chart.plots 表示一个图表。第 25~26 行代码读取每一条折线的标签数据，也就是横坐标的数据['2019 年','2020 年','2021 年']，并保存在列表 rowData 中。然后第 27 行代码将其加入到 chartData 中形成嵌套列表，也就是 chartData 中的数据元素是列表。其中 plot.categories 表示每一条折线的坐标轴信息，依次用 for 遍历提取所有数据。同理，第 30~31 行代码将图表中的数据读取到 chartData 中。图表中的数据存储在每一条折线 plot 的 series 属性中，也是用 for 循环遍历所有的数据内容。

第 38~50 行代码用一个 for 循环把图表数据 chartData 保存到 10 个 Excel 文件中。

运行上述代码，效果如下：

```
图表的类型是 LINE (4)
图表中的数据是：
[['2019 年', '2020 年', '2021 年'], [70540.5.0, 98656.8, 107986.9], [72798.2.0, 102807.7.0, 111151.6],
[83095.9, 116364.2, 124369.7]]
保存到 Excel 成功！
```

在文件夹 generated_excel/15.7 下生成 10 个 Excel 文件，如图 15-13 所示。

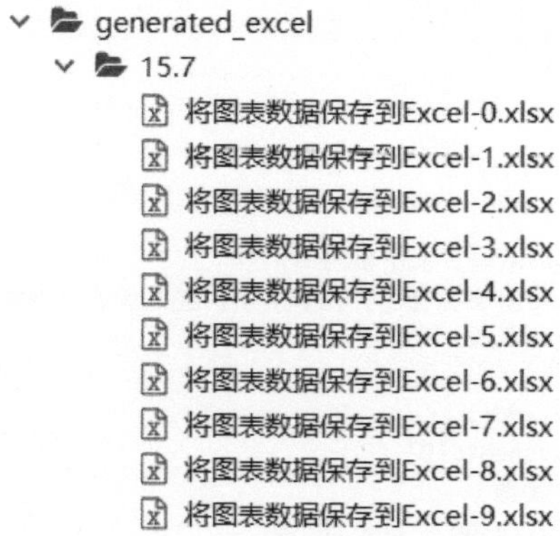

图 15-13   生成 10 个 Excel 文件

打开其中任意一个 Excel 文件查看，图表数据被正确保存，如图 15-14 所示。

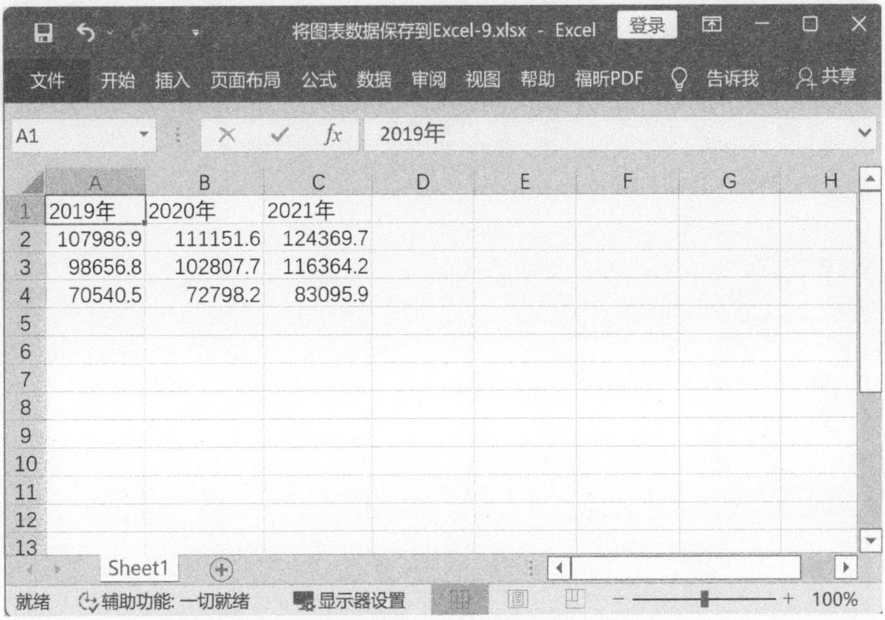

图 15-14　成功将图表数据保存到 Excel 文件

简单修改上述代码可以实现更多需求，比如把所有幻灯片的图片写入多个 Excel 文件等。另外，我们也可以用 Excel 篇中学习的技能对生成的 Excel 文件进行格式修改或者编辑内容等。

15.8　案例：转换文件格式

在工作中，我们经常需要转换文件格式，比如把 PPT 文件转换为 Word 文件。本节介绍如何利用 Python 将 PPT 批量转换为多个 Word 文件或者 Excel 表格。

15.8.1　将 PPT 批量转换为多个 Word 文件

我们用 Python 可以将 PPT 中的任意元素轻松转换为 Word 文档，比如将每一张幻灯片的文字提取为一个单独的 Word 文档，既方便又高效。

在"古诗.pptx"文件中，每一张幻灯片都有一首诗和一个 logo 图片，如图 15-15 所示。

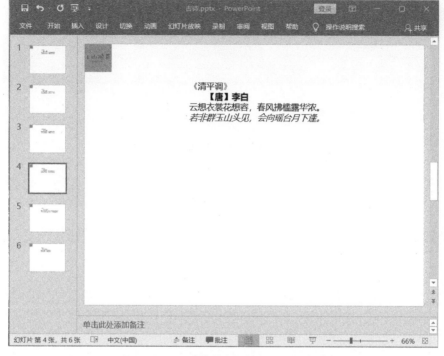

图 15-15 古诗

我们需要提取每一张幻灯片的古诗内容，并且按照古诗名字单独保存为一个 Word 文件。该文件有 6 张幻灯片，复制粘贴需要一定的时间，但是用 Python 代码解决非常方便，具体如下。

代码文件：15.8.1-将 PPT 转换为 Word.py

```
01   # 导入库
02   from docx import Document
03   from pptx import Presentation
04
05   # 打开"14.4.3-添加文字.pptx"文件
06   myPPT = Presentation('data/古诗.pptx')
07
08   # 读取每一张幻灯片
09   for slide in myPPT.slides:
10       # 为每一张幻灯片创建一个 Word 文档
11       myDoc = Document()
12       for shape in slide.shapes:
13           if shape.has_text_frame: # 判断每一个元素是否有文本
14               # 读取文本中所有的段落
15               for index_p, paragraph in enumerate(shape.text_frame.paragraphs):
16                   # 读取到内存之后，打印到控制台
17                   if index_p == 0:
18                       print(f'成功为{paragraph.text}创建一个 Word 文档')
19                       output_word_name = paragraph.text
```

```
20                        # 增加段落保存读取的 PPT 内容
21                        myDoc.add_paragraph(paragraph.text)
22              else: # 如果不是文本框则跳过
23                  print()
24                  print('该元素不是文本框！跳过……')
25          # 保存为 Word 文档
26          myDoc.save(f'generated_docx/15.8.1/{output_word_name}.docx')
27
28      print('保存成功！')
```

第 1~3 行代码用于导入相关的函数，为后续操作做准备。

第 6 行代码把古诗 PPT 文件载入计算机内存中，并且用 myPPT 表示。后续对 myPPT 变量的操作就是对该 PPT 文件的操作。

第 9~26 行代码是主要的功能代码，用于将内容提取到 Word 文档。它使用一个嵌套 for 循环实现。外层 for 循环用于逐个读取内存中 myPPT 文件的幻灯片，然后判断其中是否有文本框元素。第 11 行代码为每一张幻灯片创建一个 Word 文档，并且用 myDoc 表示。第 12~24 行代码是内层 for 循环，目的是逐个判断幻灯片中的元素是否是文本框，如果不是则提示跳过，否则需要提取内容，判断用的是 Python 中的 if-else 结构。

第 13 行代码用元素 shape 的 has_text_frame 判断是否是文本框。第 15~21 行代码逐个遍历文本框中的段落，然后提取文字保存在文档中。其中 enumerate 函数把段落序列化，并且用 index_p 表示序号，用 paragraph 表示具体的段落内容。第 17 行代码是判断语句，序号如果为 0 则是标题段落，需要提取文字并作为 Word 文档的名字 output_word_name，为后续保存做准备。第 21 行代码用 add_paragraph 方法将幻灯片中的段落文字添加到文档中。

第 26 行代码将内存中的文档 myDoc 保存在文件夹 generated_docx/15.8.1 下，文档的名字是用第 19 行代码生成的代表古诗名字的变量名 output_word_name。注意：这行代码是在外层 for 循环中，目的是将每一张幻灯片保存为一个文档，否则会出错。

运行上述代码，输出如下：

```
成功为《村居》创建一个 Word 文档

该元素不是文本框！跳过……
成功为《山行》创建一个 Word 文档

该元素不是文本框！跳过……
成功为《题西林壁》创建一个 Word 文档

该元素不是文本框！跳过……
成功为《清平调》创建一个 Word 文档

该元素不是文本框！跳过……
成功为《元日》创建一个 Word 文档
```

```
该元素不是文本框！跳过……
成功为《春晓》创建一个 Word 文档

该元素不是文本框！跳过……
保存成功！
```

在文件夹 generated_docx/15.8.1 下生成多个按照古诗名字命名的 Word 文档，如图 15-16 所示。

图 15-16　以古诗名字命名的多个 Word 文档

打开其中任意一个文档查看，内容是幻灯片中的古诗，如图 15-17 所示。

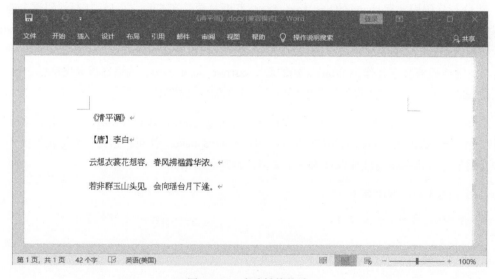

图 15-17　成功转换格式

15.8.2　将 PPT 批量转换为多个 Excel 表格

在日常工作中，我们经常需要将 PPT 的表格数据提取到 Excel 文件中。这项工作用 Python 代码处理更为高效，无论有多少 PPT 文件，都可以轻松搞定。

接下来，我们利用 data 文件夹下的"部分省市 GDP 分析报告.pptx"文件，为幻灯片中的每一个表格创建单独的 Excel 文件。如图 15-18 所示，它包含 8 张幻灯片，其中有 4 个表格。因此，我们需要生成 4 个不同的 Excel 文件保存这 4 个表格的数据，并且保证数据是正确的。

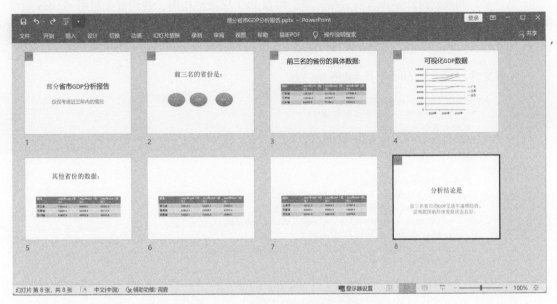

图 15-18　部分省市 GDP 分析报告

分析该需求，需要分 3 步完成：

❏ 第一步，判断 PPT 文件一共有多少张幻灯片，然后依次判断每一张幻灯片有多少种元素，并且找出哪些元素是表格；

❏ 第二步，基于上一步找到的表格元素，将里面的数据提取到内存，为后续保存到 Excel 做准备；

❏ 第三步，把内存中的表格数据保存在 Excel 中。

继续阅读之前，请读者先思考如何根据这 3 步编写代码，然后再往下阅读。如果有问题，请联系作者。

为了更方便地理解这 3 步如何用代码实现，我们利用基础篇中的函数设计代码。这样做的目的是将每一步封装为一个函数，让代码结构清晰易懂，各个功能互不干扰。如果有一步出错，简单修改对应的代码即可，无须担心其他步骤的代码。另外，这样设计也利于分工协作。一般一个团队完成一个大的项目，每个人负责几个函数的编写。

第一步设计的函数是 check_if_table，目的是检查每一张幻灯片是否含有表格元素；第二步设计的函数是 deal_table，目的是把表格内容载入内存；第三步设计的函数是 save2excel，目的是把第二步中提取的数据保存在 Excel 文件中。接下来我们逐一实现。

1. 判断幻灯片是否含有表格

第一步：判断幻灯片是否含有表格元素。根据 PPT 层次结构图，我们首先利用 slides 属性计算 PPT 文件有多少张幻灯片，然后利用一个 for 循环判断每一张幻灯片是否含有表格。具体代码如下。

代码文件：15.8.2_check_if_table.py

```
01    def check_if_table(myPPT):
02        '''首先判断哪一张幻灯片有表格'''
03        # 幻灯片的张数
04        numberSlide = len(myPPT.slides)
05        print(f'该 PPT 文件有{numberSlide}张幻灯片。')
06
07        # 逐个判断是否包含表格
08        for index_slide in range(numberSlide):
09            # 第 index_slide 张幻灯片的元素个数
10            allShapes = myPPT.slides[index_slide].shapes
11            numberShapes = len(allShapes)
12            print(f'第{index_slide}张幻灯片有{numberShapes}个元素。')
13            # 判断每一个元素是否表格
14            for index_shape in range(numberShapes):
15                # 用 shape 的 has_table 属性判断是否有表格
16                if allShapes[index_shape].has_table:
17                    print(f'第{index_slide}张幻灯片的第{index_shape}个元素是表格。')
18                    # 记录有表格的幻灯片元素位置
19                    table_position = [index_slide, index_shape]
20                    yield table_position
```

第 1~20 行代码是整个函数的具体实现。关于如何定义函数，请参考 2.6 节。

第 1 行代码定义函数 check_if_table，参数 myPPT 表示该函数接收一个 PPT 类型的变量。因此我们需要打开一个 PPT 文件作为变量传递给它，具体代码见最后的完整代码。

第 4~5 行代码利用 myPPT 的 slides 属性和 len 函数判断幻灯片的张数，并且用 numberSlide 表示。

第 8~20 行代码是一个 for 循环，目的是逐个检查幻灯片是否含有表格。第 8 行代码用 range 函数控制循环次数，即循环次数是幻灯片张数。第 10~11 行代码计算每一张幻灯片的元素个数，并且用 numberShapes 表示。第 12 行代码用于输出元素个数。

第 14~20 行代码判断幻灯片中每一个元素是否是表格。第 14 行代码控制 for 循环的次数。循环次数是每一张幻灯片的元素个数。第 16~20 行代码是一个 if 判断结构，使用元素 shape 的 has_table 属性判断是否是表格。如果是表格，则执行相应的代码。第 17 行代码给出提示，哪一张幻灯片的哪一个元素是表格。第 19 行代码用列表记录元素的位置信息。第 20 行代码用 yield 语句将元素的位置信息返回给调用方。

yield 的用法是 Python 编程中的高级内容。它的功能是中断函数执行，把结果返回给调用方，然后接着执行函数。这样操作使得代码比较简洁。比如以上代码判断第 3 张幻灯片的第 1 个元素是表格，此时 yield 语句需要把 [2,0] 返回给调用方，然后第二步中的函数根据 [2,0] 提取幻灯片的数据。提取结果完毕之后，接着执行函数 check_if_table，判断下一张幻灯片是否有表格，以此类推，直到最后一张幻灯片。

2. 提取幻灯片表格数据

第二步：提取每一张幻灯片的表格数据，为后续保存到 Excel 文件做准备。具体实现过程如下。

首先，根据上一步提供的表格位置信息，比如 [2,0] 表示第 3 张幻灯片的第 1 个元素是表格，把表格加载到计算机内存，并且计算出表格的行数和列数。

然后，根据行数和列数，用嵌套 for 循环依次访问每一个单元格的数据，并且保存到列表中，为后续操作做准备。

最后，用 return 语句把列表返回给调用方。

整个过程的代码实现如下。

代码文件：15.8.2_deal_table.py

```
01    def deal_table(myPPT, hasTableSlideNumber, hasTableShapeNumber):
02        '''将幻灯片表格数据提取到内存'''
03        # 将表格读取到内存
04        table = myPPT.slides[hasTableSlideNumber].shapes[hasTableShapeNumber].table
05
06        # 表格的行数和列数
07        tableRows = len(table.rows)
08        tableCols = len(table.columns)
09        print(f' 该表格有 {tableRows}行{tableCols}列。')
10
11        # 将表格数据读取到列表
12        tableData = []
13        for r in range(tableRows):
14            rowData = []
15            for col in range(tableCols):
16                cell = table.cell(r,col)
17                # 将每一行数据写入 row_data
18                rowData.append(cell.text)
19            tableData.append(rowData)
20        print('幻灯片中表格的数据是：')
21        print(tableData)
22        return tableData
```

第 1 行代码定义函数 deal_table，它接收 3 个参数：第 1 个是代表 PPT 文件的 myPPT 变量；

第 2 个和第 3 个是代表表格位置的信息，其中第 2 个表示第几张幻灯片，第 3 个表示第几个元素。

第 4 行代码根据位置信息把表格载入内存，并且用 table 表示。后续对变量 table 的操作就是对幻灯片中表格的操作。

第 7 行和第 8 行代码用 len 函数计算表格的行数和列数，并且用 tableRows 和 tableCols 表示。

第 12 行代码定义一个空的列表 tableData，目的是存储之后提取的所有表格数据，为第三步写入 Excel 做准备。

第 13~19 行代码是一个嵌套 for 循环。它分别遍历表格的行和列，提取其中的数据。第 13 行代码根据表格的行数控制循环次数，也就是访问每一个行的数据。第 14 行代码定义一个空的列表，目的是保存单元格数据。第 15 行代码根据表格的列数控制循环次数，也就是访问每一行的所有列数据。第 16 行代码定位单元格，并且用 cell 表示，定位使用了表格 table 的 cell 方法。第 18 行代码把单元格数据写入列表 rowData 中。单元格数据用 cell.text 表示，写入列表用的方法是 append。第 19 行代码把一行中所有的数据写入列表 tableData 中。一行中所有的数据也就是列表 rowData 保存的所有单元格的数据。写入列表同样用的是 append 方法。

第 22 行代码用 return 语句将表格数据 tableData 返回给第三步中的函数。

3. 将表格保存到 Excel 文件

第三步：把第二步中得到的表格数据写入 Excel 文件中。写入使用的是 Excel 的第三方库 xlwings。具体实现过程如下。

首先用该库创建一个空白 Excel 文件，然后在该文件中创建一个工作表，最后从工作表的开始位置写入所有数据。具体代码如下。

代码文件：15.8.2_save2excel.py

```
01    def save2excel(tableData, count):
02        '''保存到 Excel 中'''
03        # 创建 Excel 文件
04        # 打开 Excel
05        app = xw.App(visible=False, add_book=False)
06        # 为了提高运行速度，关闭警告信息，比如关闭前提示保存、删除前提示确认等，默认是打开的
07        app.display_alerts = False
08        # 打开工作表
09        workbook = app.books.add()
10        worksheet = workbook.sheets[0]
11        # 从 A1 开始写第 1 行数据
12        worksheet.range('A1').value = tableData
13        # 保存 Excel 文件
14        workbook.save(f'generated_excel/15.8.2/转换第{count}个表格的数据.xlsx')
15        workbook.close()
```

第 1 行代码定义一个函数 save2excel，它接收两个参数：第 1 个是表格数据变量 tableData；第 2 个是计数变量 count，表示转换第几个表格的数据，为保存到 Excel 文件做准备。

第 5 行代码用于打开 Excel 程序，并且用 app 表示。第 7 行代码关闭警告信息。第 9 行代码增加一个工作表，并且用 worksheet 表示。第 10 行代码访问创建好的工作表。第 12 行代码从工作表的 A1 单元格开始写表格数据 tableData。方法 range 会自动写入所有数据。

第 14 行代码将文件保存在 generated_excel/15.8.2 文件夹下，并且根据表格个数 count 命名，比如"转换第 1 个表格的数据.xlsx"。

第 15 行代码用于关闭 Excel 程序。

当封装完这三步的函数之后，主要的程序代码就完成了。但是，它们还不能真正开始工作。接下来，我们需要将这 3 个函数组装为一个真正可以工作的系统，做法是调用这 3 个函数开始工作，具体代码如下。

代码文件：15.8.2-调用函数.py

```
01    # 将 PPT 读取到内存
02    myPPT = Presentation('data/部分省市 GDP 分析报告.pptx')
03
04    # 判断哪张幻灯片有表格，并且读取到内存
05    for count,number in enumerate(check_if_table(myPPT)):
06        tableData = deal_table(myPPT, number[0], number[1])
07        # 保存到 Excel
08        save2excel(tableData,count)
```

第 2 行代码把"部分省市 GDP 分析报告.pptx"文件载入内存，并用 myPPT 表示。

第 5~8 行代码用一个 for 循环将表格数据转换为 Excel。第 5 行是关键代码：调用第一步中的函数 check_if_table(myPPT)，得到表格的位置信息，用于控制 for 循环的次数。无论幻灯片有多少表格数据，都交给该函数处理。这里的 for 循环只控制函数返回的结果。这样的设计使得代码结构清晰。其中 enumerate 把表格位置信息序号化，方便后续代码使用，也就是用 count 表示第几个表格信息。number 表示具体的表格数据（函数用 yield 语句返回的列表信息 table_position，[index_slide, index_shape]），number[0]是第 1 个位置信息，也就是第几张幻灯片的信息 index_slide；number[1]是第 2 个位置信息，也就是第几个元素的信息 index_shape。

第 6 行代码调用第二步中的函数 deal_table，根据位置信息提取表格数据，并且用 tableData 表示。

第 8 行代码调用第三步中的函数 save2excel，并且把 tableData 作为参数传递过去，以实现保存为 Excel 的目的。

至此，所有代码编写完成。为了方便理解，贴出完整代码如下。

代码文件：15.8.2-将 PPT 批量转换为多个 Excel.py

```python
01  # 导入 PPT 库
02  from pptx import Presentation
03  # 导入 Excel 库
04  import xlwings as xw
05
06  def save2excel(tableData, count):
07      '''保存到 Excel 中'''
08      # 创建 Excel 文件
09      # 打开 Excel
10      app = xw.App(visible=False, add_book=False)
11      # 为了提高运行速度，关闭警告信息，比如关闭前提示保存、删除前提示确认等，默认是打开的
12      app.display_alerts = False
13      # 打开工作表
14      workbook = app.books.add()
15      # 注释代码
16      # 注释代码
17      worksheet = workbook.sheets[0]
18      # 从 A1 开始写第 1 行数据
19      worksheet.range('A1').value = tableData
20      # 保存 Excel 文件
21      workbook.save(f'generated_excel/15.8.2/转换第{count}个表格的数据.xlsx')
22      workbook.close()
23
24
25  def deal_table(myPPT, hasTableSlideNumber, hasTableShapeNumber):
26      '''将幻灯片表格数据提取到内存'''
27      # 将表格读取到内存
28      table = myPPT.slides[hasTableSlideNumber].shapes[hasTableShapeNumber].table
29
30      # 表格的行数和列数
31      tableRows = len(table.rows)
32      tableCols = len(table.columns)
33      print(f'该表格有{tableRows}行{tableCols}列。')
34
35      # 将表格数据读取到列表
36      tableData = []
37      for r in range(tableRows):
38          rowData = []
39          for col in range(tableCols):
40              cell = table.cell(r,col)
41              # 将每一行数据写入 row_data
42              rowData.append(cell.text)
43          tableData.append(rowData)
44      print('幻灯片中表格的数据是：')
45      print(tableData)
46      return tableData
47
48
49  def check_if_table(myPPT):
```

```
50          '''判断哪一张幻灯片有表格'''
51          # 幻灯片的张数
52          numberSlide = len(myPPT.slides)
53          print(f'该 PPT 文件有{numberSlide}张幻灯片。')
54
55          # 逐个判断是否包含表格
56          for index_slide in range(numberSlide):
57              # 第 index_slide 张幻灯片的元素个数
58              allShapes = myPPT.slides[index_slide].shapes
59              numberShapes = len(allShapes)
60              print(f'第{index_slide}张幻灯片有{numberShapes}个元素。')
61              # 判断每一个元素是否是表格
62              for index_shape in range(numberShapes):
63                  # 用 shape 的 has_table 属性判断是否有表格
64                  if allShapes[index_shape].has_table:
65                      print(f'第{index_slide}张幻灯片的第{index_shape}个元素是表格。')
66                      # 记录有表格的幻灯片元素位置
67                      table_position = [index_slide, index_shape]
68                      yield table_position
69
70
71      # 将PPT 读取到内存
72      myPPT = Presentation('data/部分省市 GDP 分析报告.pptx')
73
74      # 判断哪张幻灯片有表格，并且读取到内存
75      for count,number in enumerate(check_if_table(myPPT)):
76          tableData = deal_table(myPPT,number[0], number[1])
77          # 保存到 Excel
78          save2excel(tableData,count)
79
80      print('保存成功！')
```

运行上述代码，在文件夹 generated_excel/15.8.2 下生成 4 个 Excel 文件，如图 15-19 所示。

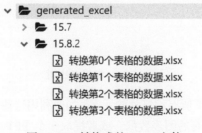

图 15-19　转换成的 Excel 文件

打开其中任意一个 Excel 文件查看，数据与 PPT 中的表格数据一致，比如文件"转换第 1 个表格的数据.xlsx"，如图 15-20 所示。

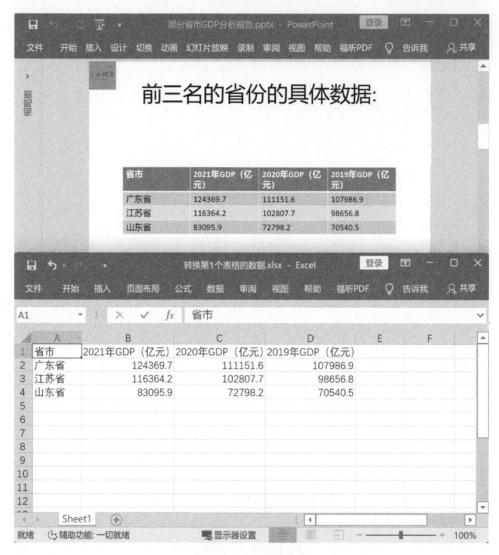

图 15-20　结果对比图

　　举一反三：我们已经找到了所有幻灯片的元素，如何利用这些元素做更多的事情呢？比如将所有图片保存到本地，保存所有的图表数据，或者提取多个 PPT 文件中的数据。稍微修改本例的代码即可实现不同的需求，如有问题请联系作者。

第 16 章

批量设置常见 PPT 元素，从平凡到非凡

在工作中，设计 PPT 非常耗时耗力，而使用 python-pptx 库可以实现 PPT 自动化设计。我们首先利用该库批量设置文字样式，然后批量设置各种类型的图表，最后用 PPT 母版实现将 Excel 文件中的表格数据转换为 PPT 文件。

16.1 批量设置文字样式

文字是 PPT 传递信息的重要媒介，优美的文字设计可以带来不一样的效果。接下来，我们利用 Python 批量设计文字的样式，比如设置文本框的样式、段落的样式以及文字本身的样式。

16.1.1 设置文本框样式

文本框是段落文字的载体，可以为其设置边框以及颜色等，比如一次设置 50 张幻灯片的文本框，使其具有相同的样式。这项工作用 Python 代码处理比较方便，具体如下。

代码文件：16.1.1-设置文本框样式.py

```
01   # 导入 python-pptx 库中的 Presentation 函数
02   from pptx import Presentation
03   # 导入 Inches 函数和 RGBColor 函数
04   from pptx.util import Inches
05   from pptx.dml.color import RGBColor
06
07   # 添加文本框主题类
08   from pptx.enum.dml import MSO_THEME_COLOR_INDEX
09
10   # 第一步：利用 Presentation 函数创建一个 PPT 对象 myPPT
11   myPPT = Presentation()
12
13   for i in range(1, 51):
14       # 第二步：根据布局创建幻灯片
15       layout = myPPT.slide_layouts[6]
```

```
16        slide = myPPT.slides.add_slide(layout)
17
18        # 第三步：设计幻灯片元素
19
20        # 首先设置幻灯片的位置
21        left = Inches(2)
22        top = Inches(2)
23        width = Inches(4)
24        height = Inches(1)
25
26        # 然后添加文本框
27        addedText = slide.shapes.add_textbox(left, top, width, height)
28        # 为文本框添加文字
29        addedText.text = f'这是我们的第{i}个文本框。'
30
31        fullColor = addedText.fill
32        fullColor.solid()
33        # fullColor.fore_color.rgb = RGBColor(0,255,43)
34        # 设置主题
35
36        # 调整文本框边框
37        text_line = addedText.line
38        # 设置颜色
39        text_line.color.rgb = RGBColor(0,255,0)
40        # 设置宽度
41        text_line.width = Inches(0.1)
42
43    # 用 save 方法保存文件
44    myPPT.save('generated_ppt/16.1.1-添加文本框.pptx')
45    print('添加文本框成功！')
```

第 1~8 行代码导入相应的库，为后续操作做准备。

第 13~41 行代码用一个 for 循环批量处理 50 张幻灯片。第 13~29 行代码同 14.4.4 节，不再赘述。读者可以为第 14 章的例子添加 for 循环来实现批量操作，比如向 100 张幻灯片插入图片等。

第 13~33 行代码设置每一个文本框的主题颜色。目前 Python 支持的主题可以参考微软官网。填充颜色是用文本框的 fill 属性，并且用 fullColor 表示。读者可以在控制台输入 dir(fullColor)查看支持的填充文本框颜色的方式，以后根据需要修改代码即可。其中第 32 行代码是 solid 方法，与第 33 行代码配合一起设置填充文本框的颜色。

第 31~41 行代码设置文本框边框，用的是文本框的 line 属性，并且用 text_line 表示。第 39 行和第 41 行代码分别设置颜色和宽度。读者可以利用 dir(text_line)查看其他设置样式，比如文本对齐方式等。简单修改代码即可实现。

运行上述代码，打开文件"16.1.1-添加文本框.pptx"，效果如图 16-1 所示。

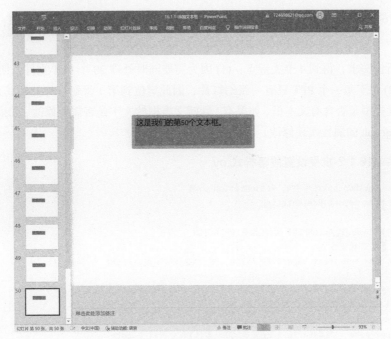

图 16-1   批量设置文本框样式

16.1.2   设置段落样式

一般 PPT 有很多段落,并且不同段落具有不同的样式,比如段落层级不同、对齐方式不同等。同时,段落内容也可以被清空或者替换等。

下面我们利用 Python 同时修改 20 个 PPT 文件的段落样式,图 16-2 是修改前后的对比图。

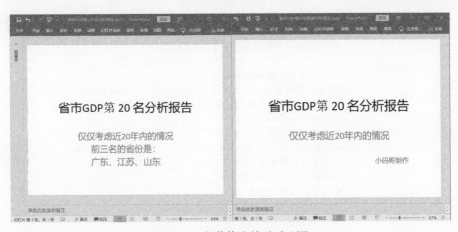

图 16-2   段落修改前后对比图

观察图 16-2，我们发现共有两处修改：删除 "前三名的省份是："；将 "广东、江苏、山东"替换为 "小码哥制作"，并且修改其对齐方式为右对齐，段落级别为 2。

通过分析该需求，得到 4 个关键点：(1) 因为需要同时处理 20 个 PPT 文件，所以需要用 for循环实现；(2) 由于每一个 PPT 只有一张幻灯片，因此定位到第 1 张幻灯片处理其元素即可；(3)依次判断元素类型是否含有文本框，如果有，判断文本框的文字是否需要修改，如果需要则修改；(4) 利用 paragraph 的属性实现修改。具体代码如下。

代码文件：16.1.2-批量设置段落样式.py

```
01   # 导入 python-pptx 库中的 Presentation 函数
02   from pptx import Presentation
03
04   # PP_PARAGRAPH_ALIGNMENT 的别名是 PP_ALIGN
05   # 设置段落对齐方式
06   from pptx.enum.text import PP_ALIGN, PP_PARAGRAPH_ALIGNMENT
07
08   # 处理 20 个文件
09   for i in range(1,21):
10       print(f'---> 开始处理第{i}个 PPT 文件……')
11       ppt_name = f'data/16.1.2/省市 GDP 第{i}名分析报告.pptx'
12       myPPT = Presentation(ppt_name)
13
14       # 第 1 张幻灯片
15       slide = myPPT.slides[0]
16       # 访问幻灯片中的每一个元素
17       for shape in slide.shapes:
18           if shape.has_text_frame:
19               for paragraph in shape.text_frame.paragraphs:
20
21                   if '前三名的省份' in paragraph.text:
22                       print('将要删除——', paragraph.text)
23                       # 清除段落内容
24                       paragraph.clear()
25
26                   if '广东' in paragraph.text:
27                       print('将要替换 "广东、江苏、山东" 为 "小码哥制作"，\
28                           并设置段落格式为右对齐和段落级别为 2')
29                       paragraph.clear()
30                       # 替换段落内容
31                       paragraph.text = '小码哥制作'
32                       # 设置段落级别为 2
33                       paragraph.level = 2
34                       # 设置段落对齐方式
35                       paragraph.alignment = PP_ALIGN.RIGHT
36
37           # 用 save 方法保存文件
```

```
38          myPPT.save(f'generated_ppt/16.1.2/省市 GDP 第{i}名数据分析报告.pptx')
39
40      print(f'---> 结束处理第{i}个 PPT 文件！')
41
42  print('添加成功！')
```

第 1~6 行代码用于导入需要的类和函数，为后续操作做准备。第 6 行代码中的 PP_PARAGRAPH_ ALIGNMENT 定义段落的对齐方式，比如居中对齐（CENTER）、分散对齐（DISTRIBUTE）、两端对齐（JUSTIFY）、左对齐（LEFT）、右对齐（RIGHT）等。它的别名是 PP_ALIGN。如前所述，我们可以查看它的源代码，了解支持的对齐方式。

第 9~35 行代码是一个 for 循环，用来处理 data 文件夹下的 20 个 PPT 文件。第 9 行代码用 range(1,21) 表示从 1 开始到 20 结束，共 20 次循环。第 10 行代码输出提示信息。第 11 行代码拼接 data 文件夹下的 PPT 名字，比如 "data/16.1.2/省市 GDP 第 20 名分析报告.pptx"，并用 ppt_name 表示。第 12 行代码用于打开 ppt_name 代表的 PPT 文件，并且用变量 myPPT 表示，之后对 myPPT 的操作就是对 PPT 文件的操作。

第 15 行代码定位每一个 PPT 文件的第 1 张幻灯片，并用 slide 表示。同理，如果需要处理其他幻灯片，修改数字即可。

第 17~35 行代码也是一个 for 循环，它在第一个 for 循环之内，表示对每一个 PPT 文件的幻灯片进行操作。第 17 行代码利用幻灯片的 shapes 属性遍历幻灯片中的每一个元素。第 18~35 行代码用一个 if 语句判断幻灯片中的元素是否是文本框，利用的是 has_text_frame 属性。

第 19~35 行代码又是一个 for 循环，它遍历每一个文本框中的段落。因为文本框的段落数量不同，所以需要通过循环来遍历。控制循环次数利用了 shape 的 text_frame 的 paragraphs 属性。

第 21~24 行代码用 if 判断结构实现第一处修改——清除"前三名的省份："，判断条件是 in 表达式：当前面的内容在 in 之后的内容表示判断为真，否则为假。第 21 行代码表示，如果"前三名的省份："在 paragraph.text 中则往下执行，否则不执行。其中 paragraph.text 表示文本框的内容。第 22 行代码输出提示信息。第 23 行代码是注释。第 24 行代码利用段落的 clear 方法清除文本框中段落的内容，也就是该 paragraph 代表的内容"前三名的省份："。

第 26~35 行代码用 if 判断结构实现第二处修改，并且判断条件一样。因此，只要简单修改判断条件就可以实现不同的需求。第 29 行代码同样是清除段落内容"广东、江苏、山东"。第 31 行代码利用段落的 text 属性写入新的内容"小码哥制作"。所以，替换段落内容就是先删除，再添加新内容。第 33 行代码利用段落的 level 属性设置段落级别，不同的数字表示不同的级别，这与 PPT 设计是一样的。第 35 行代码根据段落的 alignment 属性设置段落对齐方式为右对齐。

　　至此，修改完成，实现方法都是利用段落的各种属性。该如何知道 Python 支持哪些属性呢？如前所述，可以利用 dir(paragraph) 查看段落所有的属性和方法。读者可以根据查询的内容修改上述代码，使其具有更丰富的样式。

　　第 38 行代码将修改后的 PPT 文件保存为"省市 GDP 第 {i} 名数据分析报告.pptx"，并放在 generated_ppt/16.1.2 文件夹下。

　　运行上述代码，结果如下：

```
---> 开始处理第 1 个 PPT 文件……
将要删除——前三名的省份是：
将要替换"广东、江苏、山东"为"小码哥制作"，
并设置段落格式为右对齐和段落级别为 2
---> 结束处理第 1 个 PPT 文件！
----------------------------
省略其他类似输出
----------------------------
---> 开始处理第 20 个 PPT 文件……
将要删除——前三名的省份是：
将要替换"广东、江苏、山东"为"小码哥制作"，
并设置段落格式为右对齐和段落级别为 2
---> 结束处理第 20 个 PPT 文件！
添加成功！
```

　　同时，在文件夹 generated_ppt/16.1.2 下生成 20 个文件，如图 16-3 所示。打开其中任意一个文件，效果如图 16-2 右图所示。

图 16-3　生成的 PPT 文件

16.1.3　设置文字样式

　　除了修改段落样式外，我们也可以修改段落中文字的样式。无论是标题、副标题还是具体内容等，文字样式都可以修改，比如设置字号、斜体、颜色、主题等。

　　下面我们利用 Python 同时修改上一节中的 20 个 PPT 文件。图 16-4 是修改前后的对比图。

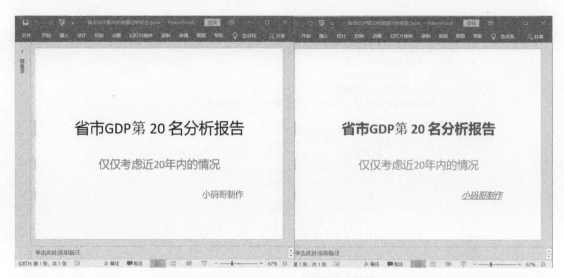

图 16-4　修改前后对比图（另见彩插）

观察对比图，我们发现共有 3 处修改：第一处是标题颜色变成粉红色并且字号变小、字体加粗；第二处是副标题颜色变成草绿色；第三处是设置"小码哥制作"的字体倾斜，并且添加了下划线。

同样，通过分析需求，得到下面 4 个关键点：(1) 因为需要同时处理 20 个 PPT 文件，所以用 for 循环实现；(2) 由于每一个 PPT 只有一张幻灯片，因此定位到第 1 张幻灯片处理其元素即可；(3) 依次判断元素类型是否含有文本框，如果有，判断文字框中的文字是否需要修改，如果需要则修改；(4) 利用 text 的属性进行修改。

可以看出，设置文字样式的逻辑顺序与设置段落样式类似。代码实现逻辑也类似，不同的是所用的属性，具体代码如下。

代码文件：16.1.3-批量设置文字样式.py

```
01  # 导入 python-pptx 库中的 Presentation 函数
02  from pptx import Presentation
03  # 导入设置字号大小的函数
04  from pptx.util import Pt
05  # 导入设置颜色的函数
06  from pptx.dml.color import RGBColor
07  # 导入设置字体主题颜色的类
08  from pptx.enum.dml import MSO_THEME_COLOR
09
10  # 处理 20 个文件
11  for i in range(1,21):
12      print(f'---> 开始处理第{i}个 PPT 文件……')
13      ppt_name = f'generated_ppt/16.1.2/省市 GDP 第{i}名数据分析报告.pptx'
14      myPPT = Presentation(ppt_name)
```

```
15
16        # 第 1 张幻灯片
17        slide = myPPT.slides[0]
18        # 访问幻灯片中的每一个元素
19        for shape in slide.shapes:
20            if shape.has_text_frame:
21                for paragraph in shape.text_frame.paragraphs:
22
23                    if 'GDP' in paragraph.text:
24                        print('1. 将要修改标题: ')
25                        # 查看有几个不同的样式
26                        print(f'有{len(paragraph.runs)}个样式')
27                        for run in paragraph.runs:
28                            # 字体加粗
29                            run.font.bold = True
30                            print('字体加粗')
31                            # 设置字号大小
32                            run.font.size = Pt(40)
33                            print('设置字号大小')
34                            # 设置字体颜色
35                            print('设置字体颜色')
36                            run.font.color.rgb = RGBColor(255,0,255)
37
38                    if '考虑' in paragraph.text:
39                        print('2. 将要修改“仅仅考虑近 20 年内的情况”的样式')
40                        print(f'有{len(paragraph.runs)}个样式')
41                        # 第二种设置字体颜色的方法: theme_color
42                        print('设置字体颜色')
43                        paragraph.font.color.theme_color = MSO_THEME_COLOR.ACCENT_3
44
45                    if '小码哥' in paragraph.text:
46                        print('3. 将要修改“小码哥制作”的样式')
47                        # 查看有几个不同的样式
48                        print(f'有{len(paragraph.runs)}个样式')
49                        # 设置斜体
50                        print('设置斜体')
51                        paragraph.font.italic = True
52                        # 添加下划线
53                        print('添加下划线')
54                        paragraph.font.underline = True
55
56        # 用 save 方法保存文件
57        myPPT.save(f'generated_ppt/16.1.3/省市 GDP 第{i}名数据分析报告.pptx')
58    print(f'---> 结束处理第{i}个 PPT 文件! ')
59
60 print('添加成功! ')
```

第 1~8 行代码用于导入需要的类和函数，为后续操作做准备。第 4 行代码导入设置字号大小的函数 Pt，用于设置字号的磅值。第 6 行代码导入设置字体颜色的函数，颜色值采用 RGB 模式。第 8 行代码导入 Python 内置的设置字体主题颜色的类，类似于 PPT 软件中的字体主题颜色。

第 19~54 行代码是一个大的 for 循环，重复内容不再赘述，仅仅分析与之前代码不同的地方。

第 23~36 行代码实现第一处修改。首先将"GDP"作为关键文字判断是否是标题，如果是则进行修改。修改样式之前，第 26 行代码判断标题文字有几个不同的样式，也就是不同的 run，然后利用段落中的 run 属性逐个修改 run 的样式。第 29 行代码用 run 的 font 属性的 bold 属性设置字体加粗，第 32 行代码用 run 的 font 属性的 size 属性设置字号大小为 40 磅，第 36 行代码用 run 的 font 属性的 color 属性的 rgb 设置字体颜色为红色。

第 38~43 行代码实现第二处修改。首先将"考虑"作为关键文字判断是否需要修改，然后设置字体颜色为主题颜色 MSO_THEME_COLOR.ACCENT_3。主题颜色可以对照 PPT 的字体主题颜色进行查找。修改字体颜色同样使用 font 属性的 color 属性的 theme_color 属性。因此，我们可以用两种方法修改字体颜色。

第 45~54 行代码实现第三处修改。首先将"小码哥"作为关键文字判断是否需要修改，然后利用段落的 font 属性进行修改。该段落只有一个 run，也就是统一的样式。如果是不同的样式，需要用 run 属性修改，否则样式可能会丢失。第 51 行代码用 font 的 italic 属性设置斜体，第 54 行代码用 font 的 underline 属性添加下划线。

运行上述代码，部分输出如下：

```
---> 开始处理第 16 个 PPT 文件……
1. 将要修改标题：
有 1 个样式
字体加粗
设置字号大小
设置字体颜色
2. 将要修改"仅仅考虑近 20 年内的情况"的样式
有 1 个样式
设置字体颜色
3. 将要修改"小码哥制作"的样式
有 1 个样式
设置斜体
添加下划线
---> 结束处理第 16 个 PPT 文件!
```

同时，在文件夹 generated_ppt/16.1.3 下生成 20 个文件。打开其中任意一个文件，效果如图 16-4 右图所示。

16.2　批量设置图表

众所周知，字不如表，表不如图表。图表是信息可视化的利器，可分为不同的类型，比如折线图、柱形图、饼图等。python-pptx 库也支持这些类型，并且可以轻松实现为 PPT 文件批量添加图表。接下来我们重点介绍如何用 Python 批量绘制不同的图表。

16.2.1   设置折线图

折线图是用直线将各数据点连接起来形成的图形，能够显示数据的变化趋势，因此也称趋势图。

在 14.4.7 节中，我们在一个 PPT 文件中添加了简单的折线图，如图 16-5 左图所示。接下来，我们为 16.1.3 节中生成的 20 个 PPT 文件添加折线图，并且设置图形的样式，具体效果如图 16-5 右图所示。

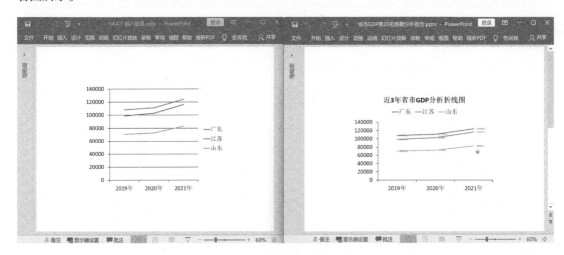

图 16-5   修改前后对比图

观察对比图，我们发现有 5 处修改：(1) 设置了图表的整体颜色风格；(2) 添加了图表标题；(3) 去除了网格线（纵轴线）；(4) 修改了图例显示效果；(5) 添加了数据点，也就是数据标签。读者可以根据自己的需要单独设置一处或者多处。

根据以上结论，我们分析如何用 Python 实现修改。

首先，要修改 20 张幻灯片，我们想到用 for 循环实现。然后，利用 14.4.7 节中介绍的"三步走"为每一张幻灯片添加默认样式的折线图。最后，将折线图修改为需要的样式。每一处修改对应不同的代码，具体如下，我们逐行分析。

代码文件：16.2.1-批量设置折线图.py

```
01    from pptx import Presentation
02    from pptx.util import Inches
03
04    # 导入创建 chart 数据的函数
05    from pptx.chart.data import CategoryChartData
06    # 导入选择图表类型的类
07    from pptx.enum.chart import XL_CHART_TYPE
```

```
08    # 导入设置图例位置的类
09    from pptx.enum.chart import XL_LEGEND_POSITION
10    # 导入设置数据标签位置的类
11    from pptx.enum.chart import XL_DATA_LABEL_POSITION
12    # 导入尺寸库
13    from pptx.util import Inches, Pt
14    # 导入设置颜色的函数
15    from pptx.dml.color import RGBColor
16
17    # 处理 20 个文件
18    for i in range(1,21):
19        print(f'---> 开始处理第{i}个 PPT 文件……')
20        ppt_name = f'generated_ppt/16.1.3/省市 GDP 第{i}名数据分析报告.pptx'
21        myPPT = Presentation(ppt_name)
22
23        # 为 PPT 添加一个 6 号布局的幻灯片
24        layout = myPPT.slide_layouts[6]
25        slide = myPPT.slides.add_slide(layout)
26
27        ###########
28        # 创建图表步骤
29        ###########
30        # 第一步：准备图表数据
31        chart_data = CategoryChartData()
32        # 设置横坐标轴显示内容
33        chart_data.categories=['2019 年', '2020 年', '2021 年',]
34
35        # 设置图表中的数据点，每一个 series 表示一条折线
36        chart_data.add_series('广东', ('107986.9','111151.6','124369.7'))
37        chart_data.add_series('江苏', ('98656.8','102807.7','116364.2'))
38        chart_data.add_series('山东', ('70540.5','72798.2','83095.9'))
39
40        # 第二步：确定图表类型
41        # 折线图
42        chart_type = XL_CHART_TYPE.LINE
43        # 第三步：设置图表位置
44        left, top, width, height = Inches(2), Inches(1.5), Inches(6), Inches(4.5)
45        # 添加折线图并用 line_chart 表示
46        line_chart = slide.shapes.add_chart(chart_type, left, top,
47                                            width, height , chart_data)
48
49        # 第四步：设置图表样式
50        # 从创建的图表中提取图表信息，并用 chart 表示
51        # 以后对 chart 的操作就是对折线图的操作
52        # 可以利用 dir(chart)查看折线图的属性和方法
53        chart = line_chart.chart
54
55        print('1.设置图表的整体颜色风格，不同的数字表示不同的风格')
56        # 数字可取 1~48
57        chart.chart_style = 7
58
59        print('2. 设置图表标题')
```

```
60    # 设置图表是否包含标题，默认是 False，表示不包含，这里设置为 True，包含标题
61    chart.has_title = True
62    # 清除默认的标题
63    chart.chart_title.text_frame.clear()
64    # 添加新标题，也就是添加一个段落
65    title_chart = chart.chart_title.text_frame.add_paragraph()
66    title_chart.text = '近 3 年省市 GDP 分析折线图'
67
68    print('3. 设置是否显示网格线（纵轴线），默认显示')
69    value_axis = chart.value_axis
70    value_axis.has_major_gridlines = False # 不显示
71
72    print('4. 设置是否显示图例')
73    # chart.has_legend = False
74    # 设置图例的位置
75    # "BOTTOM", "Below the chart."
76    # "CORNER", "In the upper-right corner of the chart borde"
77    # "LEFT", "Left of the chart."
78    # "RIGHT", "Right of the chart.
79    # "TOP", "Above the chart."
80    chart.legend.position = XL_LEGEND_POSITION.TOP
81
82    print('5. 添加数据标签')
83    # 取图表中的第 1 个 plot
84    plot = chart.plots[0]
85    # 查看 plot 的属性和方法
86    # dir(plot)
87    # 设置是否显示数据标签，默认不显示
88    plot.has_data_labels = True
89    # 设置数据标签的样式，首先获取数据标签的控制类 data_labels
90    data_labels = plot.data_labels
91    # 查看 data_labels 的属性和方法
92    # print(dir(data_labels))
93    # 设置数据标签位置
94    # RIGHT、OUTSIDE_END、LEFT、INSIDE_END、INSIDE_BASE、CENTER、BEST_FIT、BELOW、ABOVE
95    data_labels.position = XL_DATA_LABEL_POSITION.RIGHT
96    data_labels.font.size = Pt(7)
97    data_labels.font.bold = True
98    data_labels.font.color.rgb = RGBColor(255,100,155)
99
100   myPPT.save(f'generated_ppt/16.2.1/省市 GDP 第{i}名数据分析报告.pptx')
101   print(f'---> 结束处理第{i}个 PPT 文件！')
102
103 print('添加成功！')
```

第 1~15 行代码导入需要的函数和类，为后续操作做准备。第 5 行代码导入创建折线图数据的函数。第 7 行代码用于导入选择图表类型的类，这个类的不同值对应不同的图表，比如 XL_CHART_TYPE.LINE 表示折线图。我们可以查看它的源代码了解所支持的图表。具体方法是：选中 XL_CHART_TYPE，然后右键选择 "Go to definition"，如图 16-6 所示。

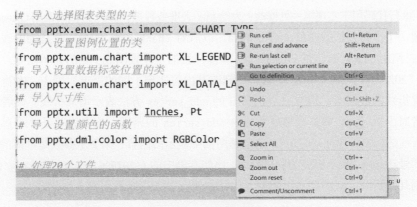

图 16-6　查看源代码

XL_CHART_TYPE 的源代码如图 16-7 所示。其中 EnumMember 里面的内容表示支持的图表类型，比如 THREE_D_AREA 为 3D 面积图。

图 16-7　图表类型的源代码

第 9 行代码导入设置图例位置的类。它支持的所有位置是第 75~79 行代码所写的内容，比如 XL_LEGEND_POSITION.TOP 表示在顶部。第 11 行代码导入设置数据标签位置的类。它支持的位置是第 95 行代码所写的内容，比如 XL_DATA_LABEL_POSITION.RIGHT 表示右侧。

第 18~101 行代码是一个大的 for 循环，重复内容不再赘述。

第 31~38 行代码用于实现第一处修改：为绘制图表准备数据。第 31 行代码调用 CategoryChartData 函数，创建一个准备数据的变量 chart_data。以后对 chart_data 的操作就是为图表准备数据。第 33 行代码调用 chart_data 的 categories 属性，目的是设置图表 x 轴的显示内容。此处是显示 "2019 年" "2020 年" "2021 年"。读者可以修改其内容实现不同的需求。第 36~38 行代码根据用户数据设置折线的数据点，其中 chart_data 的 add_series 方法表示增加折线。读者可以根据需要添加或者减少折线，也就是增加或者减少 add_series 的调用。该方法需要 2 个参数：第 1 个参数表示折线的标签，比如 "广东"，这也是图例中显示的内容；第 2 个参数是具体的数据点，必须用一个括号括起来，表示组装为一个元组，比如本例中的 ('107986.9','111151.6','124369.7')。一般要绘制几条折线，就需要几组数据，比如本例有 3 条折线就需要 3 组数据。

第 49~57 行代码修改图表样式。

第 53 行代码用 chart 表示图表，以后对 chart 的修改就是对图表的修改。

第 57 行代码用图表 chart 的 chart_style 属性设置图表的整体风格。不同的风格显示效果不同。Python 支持 48 种风格，读者可以逐一实验。

第 59~66 行代码用于添加图表标题。第 61 行代码用图表 chart 的 has_title 属性设置图表需要标题，但是它具有默认值，因此第 63 行代码用 chart.chart_title.text_frame.clear 清除默认值。第 65~66 行代码用于添加新的标题，这和添加段落的方法一样。

第 68~70 行代码用于设置图表是否显示网格线，默认显示。我们需要将 chart.value_axis 的 has_major_gridlines 属性设置为 False，表示不显示网格线。

第 72~80 行代码用图表 chart 的 legend.position 属性设置图例位置。

第 82~98 行代码用于添加数据标签，也就是把数据点全部显示出来。首先第 84 行代码取出第 1 个 plot，然后第 88 行代码将其 has_data_labels 属性设置为 True，表示需要显示数据标签。第 90 行代码用变量 data_labels 代表 plot 的 data_labels 属性，也就是数据标签的内容。第 95~98 行代码修改数据标签 data_labels 的位置和文字样式。

第 100~101 行代码用于保存 PPT 文件。

通过上述分析可以看到，对这些样式的修改就是对图表 chart 不同属性或者方法的值的修改。因此，只需要利用 dir(chart) 查找图表具有什么属性和方法即可，无须死记硬背这些属性的具体名字。读者只需要记住 Python 可以修改折线图的什么地方，然后查找对应的属性即可。

运行上述代码，输出如下：

```
------ 省略前面 48 个 PPT 文件的输出------
---> 开始处理第 49 个 PPT 文件……
1. 设置图表的整体颜色风格，不同的数字表示不同的风格
```

```
2．设置图表标题
3．设置是否显示网格线（纵轴线），默认显示
4．设置是否显示图例
5．添加数据标签
---> 结束处理第 49 个 PPT 文件！
---> 开始处理第 50 个 PPT 文件……
1．设置图表的整体颜色风格，不同的数字表示不同的风格
2．设置图表标题
3．设置是否显示网格线（纵轴线），默认显示
4．设置是否显示图例
5．添加数据标签
---> 结束处理第 50 个 PPT 文件！
添加成功！
```

同时，在文件夹下 generated_ppt/16.2.1 下生成 50 个 PPT 文件。打开其中任意一个文件，效果如图 16-5 右图所示。

16.2.2　设置柱形图

柱形图又称柱状图，是根据数据大小绘制的统计图形。它一般用长方形的高度表示数据量，可以展现数据趋势。

我们把上一节的折线图变成柱形图，如图 16-8 所示，从中可以看到各个省市的 GDP 是逐年递增的。

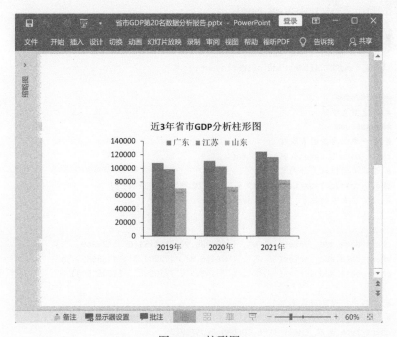

图 16-8　柱形图

根据上一节的分析，我们只需要选择 python-pptx 库的柱形图类型即可实现，其他元素的设置与前面类似。具体代码如下，我们逐行分析。

代码文件：16.2.2-批量设置柱形图.py

```
01    from pptx import Presentation
02    from pptx.util import Inches
03
04    # 导入创建 chart 数据的函数
05    from pptx.chart.data import CategoryChartData
06    # 导入选择图表类型的类
07    from pptx.enum.chart import XL_CHART_TYPE
08    # 导入设置图例位置的类
09    from pptx.enum.chart import XL_LEGEND_POSITION
10    # 导入设置数据标签位置的类
11    from pptx.enum.chart import XL_DATA_LABEL_POSITION
12    # 导入尺寸库
13    from pptx.util import Inches, Pt
14    # 导入设置颜色的函数
15    from pptx.dml.color import RGBColor
16
17    # 处理 20 个文件
18    for i in range(1,21):
19        print(f'---> 开始处理第{i}个 PPT 文件……')
20        ppt_name = f'generated_ppt/16.1.3/省市 GDP 第{i}名数据分析报告.pptx'
21        myPPT = Presentation(ppt_name)
22
23        # 为 PPT 添加一个 6 号布局的幻灯片
24        layout = myPPT.slide_layouts[6]
25        slide = myPPT.slides.add_slide(layout)
26
27        ###########
28        # 创建图表步骤
29        ###########
30        # 第一步：准备图表数据
31        chart_data = CategoryChartData()
32        # 设置横坐标轴显示内容
33        chart_data.categories=['2019 年', '2020 年', '2021 年',]
34        # 设置图表中的柱子，每一个 series 表示一个柱子
35
36
37        chart_data.add_series('广东', ('107986.9','111151.6','124369.7'))
38        chart_data.add_series('江苏', ('98656.8','102807.7','116364.2'))
39        chart_data.add_series('山东', ('70540.5','72798.2','83095.9'))
40
41        # 第二步：确定图表类型
42        # COLUMN_CLUSTERED 表示柱形图
43        chart_type = XL_CHART_TYPE.COLUMN_CLUSTERED
```

```
44    # 第三步：设置图表位置
45    left, top, width, height = Inches(2), Inches(1.5), Inches(6), Inches(4.5)
46    # 添加柱形图，并用 line_chart 表示
47    line_chart = slide.shapes.add_chart(chart_type, left, top,
48                                      width, height , chart_data)
49
50    # 第四步：设置图表样式
51    # 从创建的图表中提取图表信息，并用 chart 表示
52    # 以后对 chart 的操作就是对柱形图的操作
53    # 可以利用 dir(chart) 查看柱形图的属性和方法
54    chart = line_chart.chart
55
56    print('1. 设置图表的整体颜色风格，不同的数字表示不同的风格')
57    # 数字可取 1~48
58    chart.chart_style = 7
59
60    print('2. 设置图表标题')
61    # 设置图表是否包含标题，默认是 False，表示不包含，这里设置为 True，包含标题
62    chart.has_title = True
63    # 清除默认的标题
64    chart.chart_title.text_frame.clear()
65    # 添加新标题，也就是添加一个段落
66    title_chart = chart.chart_title.text_frame.add_paragraph()
67    title_chart.text = '近 3 年省市 GDP 分析条形图'
68
69    print('3. 设置是否显示网格线（纵轴线），默认显示')
70    value_axis = chart.value_axis
71    value_axis.has_major_gridlines = False # 不显示
72
73    print('4. 设置是否显示图例')
74    # 柱形图的图例默认不显示，因此需要打开
75    chart.has_legend = True
76    # 设置图例的位置
77    # "BOTTOM", "Below the chart."
78    # "CORNER", "In the upper-right corner of the chart borde"
79    # "LEFT", "Left of the chart."
80    # "RIGHT", "Right of the chart.
81    # "TOP", "Above the chart."
82    chart.legend.position = XL_LEGEND_POSITION.TOP
83
84    print('5. 添加数据标签')
85    # 取图表中的第 1 个 plot
86    plot = chart.plots[0]
87    # 查看 plot 的属性和方法
88    # dir(plot)
89    # 是否显示数据标签，默认不显示
90    plot.has_data_labels = True
91    # 设置数据标签的样式，首先获取数据标签的控制类 data_labels
92    data_labels = plot.data_labels
```

```
93      # 查看 data_labels 的属性和方法
94      # print(dir(data_labels))
95      # 设置数据标签位置
96      # RIGHT、OUTSIDE_END、LEFT、INSIDE_END、INSIDE_BASE、CENTER、BEST_FIT、BELOW、ABOVE
97      data_labels.position = XL_DATA_LABEL_POSITION.INSIDE_END
98      data_labels.font.size = Pt(7)
99      data_labels.font.bold = True
100     data_labels.font.color.rgb = RGBColor(255,100,155)
101
102     myPPT.save(f'generated_ppt/16.2.2/省市 GDP 前{i}名数据分析报告.pptx')
103     print(f'---> 结束处理第{i}个 PPT 文件！')
104
105 print('添加成功！')
```

这里只分析与上一节不同的代码。

第 43 行代码选择图表类型为柱形图，并用 chart_type 变量表示。在 python-pptx 库中，柱形图的名字是 XL_CHART_TYPE.COLUMN_CLUSTERED。

第 75 行代码打开柱形图的图例。柱形图默认不显示图例，我们需要将图表 chart 的 has_legend 属性打开，然后才可以添加图例。

通过分析可知，我们只需要修改两行代码就可以实现不同的图形效果。

运行上述代码，部分输出如下：

```
---> 开始处理第 20 个 PPT 文件……
1. 设置图表的整体颜色风格，不同的数字表示不同的风格
2. 设置图表标题
3. 设置是否显示网格线（纵轴线），默认显示
4. 设置是否显示图例
5. 添加数据标签
---> 结束处理第 20 个 PPT 文件！
添加成功！
```

举一反三：请读者根据上述内容绘制其他类型的图表，比如条形图、面积图、散点图以及气泡图等。唯一的区别是调用图形类型的名字，比如条形图的名字是 BAR_STACKED，面积图用 XL_CHART_TYPE.AREA 表示，散点图用 XL_CHART_TYPE.XY_SCATTER 表示（为其创建数据用到的类是 XyChartData），气泡图用 XL_CHART_TYPE.BUBBLE 表示（为其创建数据用到的类是 BubbleChartData）。如有问题请联系作者。

16.3   批量设置漂亮的表格

利用 Python，我们可以批量设置 PPT 文件中的表格，比如设置行高和列宽、合并与拆分单元格以及设置表格中数据的样式。

16.3.1 设置行高和列宽

14.4.6 节介绍了如何为一张幻灯片添加表格。本节中我们修改 14.4.6 节中的代码，实现同时为 50 张幻灯片添加一样的表格，并且设置其行高和列宽，具体代码如下。

代码文件：16.3.1-批量设置行高和列宽.py

```
01    from pptx import Presentation
02    from pptx.util import Inches
03
04    my_ppt = Presentation()
05
06    # 添加 50 张幻灯片
07    for i in range(50):
08        layout = my_ppt.slide_layouts[6]
09        slide = my_ppt.slides.add_slide(layout)
10
11        # 设置表格位置
12        top = Inches(2)
13        left = Inches(1)
14        width = Inches(8)
15        height = Inches(0.8)
16
17        # 表格的行数和列数
18        rows = 4
19        cols = 4
20
21        # 添加表格
22        my_table = slide.shapes.add_table(rows, cols, left, top, width, height)
23        # 向表格写入文字
24        for row in range(rows):
25            for col in range(cols):
26                # 设置行高
27                my_table.table.rows[row].height= Inches(0.2)
28                # 设置列宽
29                my_table.table.columns[col].width = Inches(2)
30
31    my_ppt.save('generated_ppt/16.3.1-批量设置行高和列宽.pptx')
32    print('添加成功！')
```

第 7~29 行代码是一个大的 for 循环，目的是实现对 50 张幻灯片的批量操作。第 7 行代码的 range(50)表示循环 50 次。

第 27 行和第 29 行代码设置表格的行高和列宽。第 27 行代码使用表格 table 的 rows[].height 设置行高，其中 row[]表示定位哪一行。第 29 行代码同理。

运行上述代码，打开文件"16.3.1-批量设置行高和列宽.pptx"，效果如图 16-9 所示。

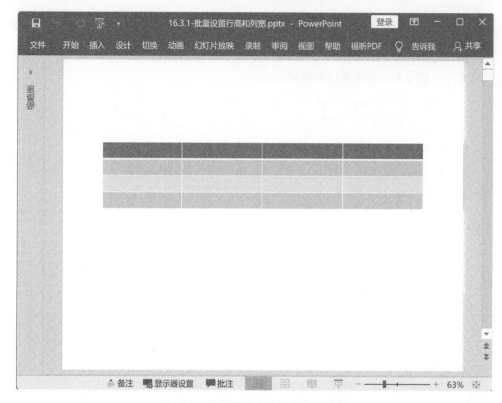

图 16-9 批量设置表格的行高和列宽

16.3.2 合并与拆分单元格

为了更好地展示业务数据，我们经常需要合并或拆分表格中的单元格，比如将首行合并为一个单元格，或者合并任意单元格等。

1. 合并单元格

我们用 Python 批量合并 PPT 文件中的单元格，比如将首行合并为一个单元格、合并第 1 列中的第 2 行和第 3 行以及合并第 1 列中的第 4 行和第 5 行，效果如图 16-10 所示。

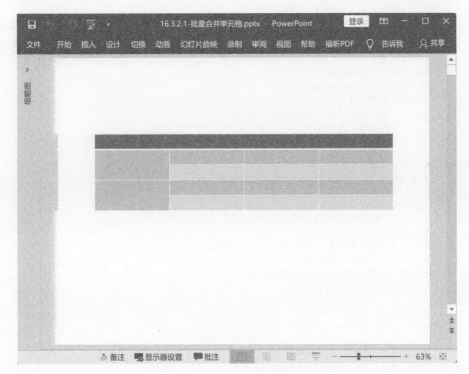

图 16-10 合并单元格

合并单元格用的是表格 table 的 merge 方法，具体代码如下。

代码文件：16.3.2.1-批量合并单元格.py

```
01    from pptx import Presentation
02    from pptx.util import Inches
03
04    my_ppt = Presentation()
05
06    # 添加 50 张幻灯片
07    for i in range(1, 51):
08        layout = my_ppt.slide_layouts[6]
09        slide = my_ppt.slides.add_slide(layout)
10
11        # 设置表格位置
12        top = Inches(2)
13        left = Inches(1)
14        width = Inches(8)
15        height = Inches(0.8)
16
17        # 表格的行数和列数
18        rows = 5
19        cols = 4
20
```

```
21        # 添加表格
22        my_table = slide.shapes.add_table(rows, cols, left, top, width, height)
23        table = my_table.table
24        # 向表格写入文字
25        for row in range(rows):
26            for col in range(cols):
27                # 设置行高
28                my_table.table.rows[row].height= Inches(0.2)
29                # 设置列宽
30                my_table.table.columns[col].width = Inches(2)
31
32        # 合并单元格
33        # 用 table 的 cell(row,col)属性定位一个单元格
34        # col_4 是第 1 行最后一个单元格
35        col_4 = table.cell(0, cols-1)
36        # print('查看单元格的属性和方法')
37        # print(dir(col_4))
38        # 合并首行需要用到第 1 行的第 1 个单元格与最后一个单元格
39        # 使用的是 cell 的方法 merge
40        print(f'合并第{i}张幻灯片的首行单元格。')
41        table.cell(0,0).merge(col_4)
42
43        # 合并第 1 列的第 2 行和第 3 行
44        table.cell(1,0).merge(table.cell(2,0))
45        print(f'合并第{i}张幻灯片第 1 列的第 2 行和第 3 行。')
46        # 合并第 1 列的第 4 行和第 5 行
47        table.cell(3,0).merge(table.cell(4,0))
48        print(f'合并第{i}张幻灯片第 1 列的第 4 行和第 5 行。')
49
50    my_ppt.save('generated_ppt/16.3.2.1-批量合并单元格.pptx')
51    print('合并成功！')
```

前 30 行代码基本同上一节，不再赘述。其中第 23 行代码是直接把 table 的属性 my_table.table 用变量 table 表示，这样代码更加简洁。

第 32~41 行代码用于合并首行单元格。

第 35 行代码定位表格第 1 行的最后一个单元格，并用变量 col_4 表示。其中参数(0,cols-1) 表示单元格的位置，0 表示第 1 行，cols-1 表示最后一列。第 41 行代码中，table.cell(0,0)表示第 1 行的第 1 个单元格。至此，首行的两端已经确定，我们用 merge 方法合并即可，也就是第 41 行代码。

同理，第 44 行和第 47 行代码实现另外两处合并。

运行上述代码，输出如下。打开文件 "16.3.2.1-批量合并单元格.pptx"，效果如图 16-10 所示。

```
----- 篇幅原因，省略之前的内容 -----
合并第 50 张幻灯片的首行单元格。
合并第 50 张幻灯片第 1 列的第 2 行和第 3 行。
合并第 50 张幻灯片第 1 列的第 4 行和第 5 行。
合并成功！
```

2. 拆分单元格

当单元格合并之后，我们还可以将其拆分，用的是表格 table 的 split 方法。比如我们拆分上一节最后两个合并的单元格，具体代码如下。

代码文件：16.3.2.2-批量拆分单元格.py

```
49
50      # 拆分单元格
51      # 使用的是单元格 cell 的方法 split
52      table.cell(1,0).split()
53      table.cell(3,0).split()
54
55
56   my_ppt.save('generated_ppt/16.3.2.2-批量拆分单元格.pptx')
57   print('拆分成功！')
```

前 48 行代码同上一节。

第 52~53 行代码用于拆分单元格：首先定位需要拆分的单元格，然后调用 split 方法实现拆分。

运行上述代码，打开文件"16.3.2.2-批量拆分单元格.pptx"，效果如图 16-11 所示。

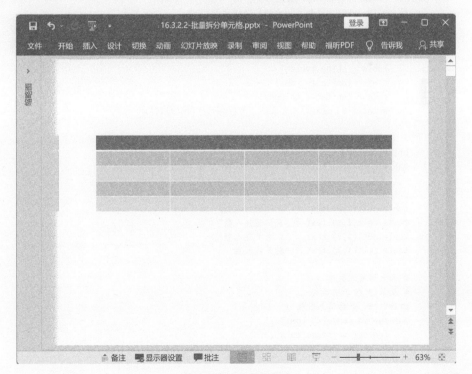

图 16-11 拆分单元格

16.3.3　表格中写入数据

接着，我们为上一节的 PPT 写入数据，保证每一张幻灯片都有数据。写表格之前，首先用 table.cell(row,col)定位表格，其中 row 与 col 表示表格的行和列，然后用其 text 属性写入数据，具体代码如下。

代码文件：16.3.3-批量写入数据.py

```
01    from pptx import Presentation
02    from pptx.util import Inches
03
04    # 导入生成随机数的模块
05    import random
06
07    pptName = 'data/批量写入数据.pptx'
08    myPPT = Presentation(pptName)
09
10    slideNumber = len(myPPT.slides)
11    # 添加 50 张幻灯片
12    for number in range(slideNumber):
13        print(f'开始处理第{number}张幻灯片。')
14        for shape in myPPT.slides[number].shapes:
15
16            # 用 has_table 判断幻灯片是否有元素
17            if shape.has_table:
18                table = shape.table
19                rows = len(table.rows)
20                cols = len(table.columns)
21                print(f'0. 该幻灯片有表格，为{rows}行{cols}列')
22
23                # 首先写入表题
24                print('1. 首先写入表题')
25                table.cell(0,0).text = f'第{number}个公众号的用户增长统计'
26
27                print('2. 然后写入表头')
28                table.cell(1,0).text = '净增关注人数'
29                table.cell(1,1).text = '累积关注人数'
30                table.cell(1,2).text = '取消关注人数'
31                table.cell(1,3).text = '新关注人数'
32
33                # 向表格写入数据
34                # 从第 3 行开始写入
35                print('3. 最后写入数据')
36                for row in range(2, rows):
37                    for col in range(cols):
38                        table.cell(row,col).text= str(random.randint(0,1000))
39
40    myPPT.save('generated_ppt/16.3.3-批量写入数据.pptx')
41    print('写入成功！')
```

第 5 行代码导入生成随机数的模块 random，为后续操作做准备。

第 23~25 行代码用于写入表题。首先利用 table.cell(0,0)定位第 1 个单元格。因为这是一个合并单元格，所以向其写入内容就是向首行写入内容。然后用其 text 属性写入内容"第几个公众号的用户增长统计"。

第 27~31 行代码用于写入表头。同样，首先用 table.cell 定位单元格，然后用 text 属性写入相关文字。

第 35~38 行代码向剩余单元格写入数据。因为前 2 行已经写完数据，所以从第 3 行 range(2, rows)开始写入，直到最后一行 rows-1 结束。同样，首先用 table.cell(row,col)定位单元格，然后用 text 属性写入数据。数据是用 random.randint 随机生成的整数，范围是 0 到 1000，没有任何实际意义。因为表格中的数据都是字符串，所以需要用 str 将其转换为字符串类型。

运行上述代码，打开文件"16.3.3-批量写入数据.pptx"，效果如图 16-12 所示。

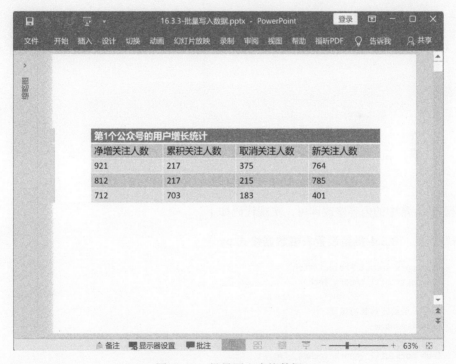

图 16-12　批量写入表格数据

16.3.4　修改表格中数据的样式

上一节中的表格样式是默认的。本节我们修改其样式，主要修改如下：设置字号大小、字体颜色、对齐方式、单元格填充颜色，效果如图 16-13 所示。注意，表格中的数字是用 random.randint (0,1000)函数随机生成的，没有任何实际意义。

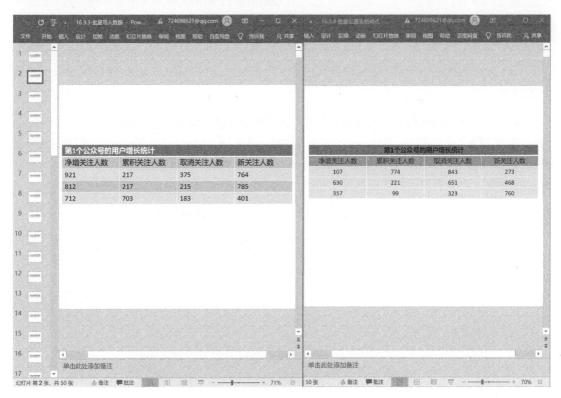

图 16-13　修改前后对比图

根据第 15 章中的内容修改即可，实现代码如下。

代码文件：16.3.4-批量设置表格数据格式.py

```
01    from pptx import Presentation
02    from pptx.util import Inches
03
04    # 导入生成随机数的模块
05    import random
06
07    from pptx.util import Inches, Cm, Pt
08    # 导入设置颜色的函数
09    from pptx.dml.color import RGBColor
10    # 导入设置对齐方式的类
11    from pptx.enum.text import PP_ALIGN, MSO_ANCHOR
12
13    pptName = 'data/批量写入数据.pptx'
```

```
14    myPPT = Presentation(pptName)
15
16    slideNumber = len(myPPT.slides)
17    # 添加 50 张幻灯片
18    for number in range(slideNumber):
19        print(f'开始处理第{number}张幻灯片。')
20        for shape in myPPT.slides[number].shapes:
21
22            # 用 has_table 判断幻灯片是否有元素
23            if shape.has_table:
24                table = shape.table
25                rows = len(table.rows)
26                cols = len(table.columns)
27                print(f'0. 该幻灯片有表格，为{rows}行{cols}列。')
28
29            # 首先写入表题
30            print('1. 首先写入表题')
31            table.cell(0,0).text = f'第{number}个公众号的用户增长统计'
32
33            print('2. 然后写入表头')
34            table.cell(1,0).text = '净增关注人数'
35            table.cell(1,1).text = '累积关注人数'
36            table.cell(1,2).text = '取消关注人数'
37            table.cell(1,3).text = '新关注人数'
38
39            # 向表格写入数据
40            # 从第 3 行开始写入
41            print('3. 最后写入数据')
42            for row in range(2, rows):
43                for col in range(cols):
44                    table.cell(row,col).text= str(random.randint(0,1000))
45
46            print('4、设置表格格式')
47            # 对写入的数据调整格式
48            for i in range(rows):
49                for j in range(cols):
50                    table.cell(i,j).text_frame.paragraphs[0].font.size = Pt(16)
51                    # 设置字体颜色
52                    table.cell(i,j).text_frame.paragraphs[0].font.color.rgb = RGBColor(28, 28, 28)
53                    # 设置文字左右对齐方式
54                    table.cell(i,j).text_frame.paragraphs[0].alignment = PP_ALIGN.CENTER
55                    # 设置文字上下对齐方式
56                    table.cell(i,j).vertical_anchor = MSO_ANCHOR.MIDDLE
57
58                    # 为不同的行填充背景颜色
59                    table.cell(i,j).fill.solid()
60                    if i == 0: # 第 1 行填充为深灰色
61                        table.cell(i,j).fill.fore_color.rgb = RGBColor(108,123,139)
62                    elif i == 1: # 第 2 行填充为浅灰色
```

```
63                     table.cell(i,j).fill.fore_color.rgb = RGBColor(159,182,205)
64                 else:
65                     table.cell(i,j).fill.fore_color.rgb = RGBColor(255,255,0)
66 
67 myPPT.save('generated_ppt/16.3.4-批量设置表格样式.pptx')
68 print('修改成功！')
```

第 46~65 行代码用于设置表格的格式。第 48~49 行代码是双层循环，分别遍历表格的行和列。第 50 行代码用于设置字号大小，用的是段落的 font.size 属性。其他设置和第 15 章类似。第 58~65 行代码用于为不同的行填充颜色，使用 if-elif-else 结构实现：i 为 0 表示第 1 行，填充的颜色是 RGBColor(108,123,139)；i 为 1 表示第 2 行，填充的颜色是 RGBColor(159,182,205)，其他行填充的颜色是 RGBColor(255,255,0)。

运行上述代码，打开 generated_ppt 文件夹下的“16.3.4-批量设置表格样式.pptx”文件，效果如图 16-13 所示。

16.4　案例

在工作中，我们经常需要将 Excel 表格中的数据转换为 PPT 文件。本节介绍两个实现方法，第 1 个方法是利用 python-pptx 库实现，第 2 个方法是利用 PPT 母版自动生成 PPT 文件。

16.4.1　将 Excel 转换为 PPT

假如我们需要把包含 6 首古诗的表格转换为一个 PPT 文件，如图 16-14 所示。

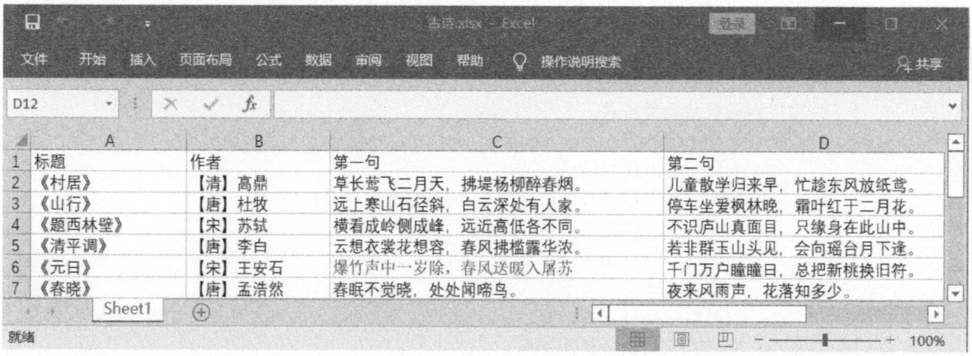

	A	B	C	D
1	标题	作者	第一句	第二句
2	《村居》	【清】高鼎	草长莺飞二月天，拂堤杨柳醉春烟。	儿童散学归来早，忙趁东风放纸鸢。
3	《山行》	【唐】杜牧	远上寒山石径斜，白云深处有人家。	停车坐爱枫林晚，霜叶红于二月花。
4	《题西林壁》	【宋】苏轼	横看成岭侧成峰，远近高低各不同。	不识庐山真面目，只缘身在此山中。
5	《清平调》	【唐】李白	云想衣裳花想容，春风拂槛露华浓。	若非群玉山头见，会向瑶台月下逢。
6	《元日》	【宋】王安石	爆竹声中一岁除，春风送暖入屠苏	千门万户曈曈日，总把新桃换旧符。
7	《春晓》	【唐】孟浩然	春眠不觉晓，处处闻啼鸟。	夜来风雨声，花落知多少。

图 16-14　古诗表格

转换后的效果如图 16-15 所示。

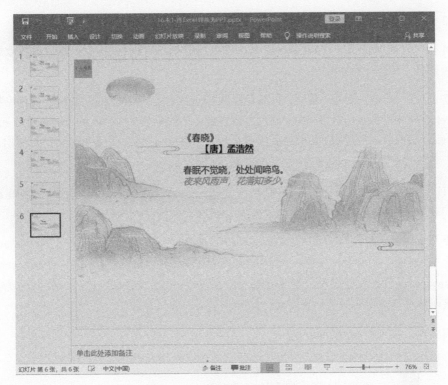

图 16-15　转换为 PPT 的古诗

下面分析该需求。第一步，将 Excel 中的数据读取到计算机内存；第二步，把内存中的数据写入 PPT 文件中。使用 pandas 库和 python-pptx 库即可实现该需求。

第一步的实现代码如下，我们逐行分析。

代码文件：16.4.1-将 Excel 中的数据读取到计算机内存.py

```
01    # 导入读取 Excel 的库
02    import pandas as pd
03    # 第一步：利用 pandas 库将 Excel 中的古诗读取到计算机内存
04    data = pd.read_excel('data/古诗.xlsx')
05
06    # 每获取一行数据，为其创建一张幻灯片
07    for number in range(len(data)):
08        data_row = data.iloc[number]
09
10        # 获取各项内容
11        title = data_row['标题']
12        author = data_row['作者']
13        first_sentence = data_row['第一句']
14        second_sentence = data_row['第二句']
15        # 第二步：为每一首古诗添加一张幻灯片
16        add_slide(title, author, first_sentence , second_sentence)
```

第 2 行代码用于导入 pandas 库，并且起别名为 pd。

第 4 行代码利用 pd 库的 read_excel 方法读取指定 Excel 文件的数据。默认的读取规则是：第 1 行为列名，其他行为数据。

第 7~16 行代码是一个 for 循环，目的是读取 Excel 数据。其中 range(len(data)) 控制循环次数，Excel 表格中的数据行数 len(data) 为古诗首数（不包括表头）。第 8 行代码通过 data 中的 iloc[number] 获取每一行数据。其中 iloc 表示根据行号获取行数据。定位到的古诗数据用 data_row 表示。

第 11~14 行代码获取具体的古诗内容。它根据 Excel 文件的表头进行定位，比如 data_row ['标题'] 表示读取标题对应的数据。这样就可以把所有古诗写入内存中。

接下来实现第二步，将内存中的数据写入 PPT 文件。为此，我们创建了一个命名为 add_slide 的函数。它接收 4 个参数——第一步读取到内存的数据：title、author、first_sentence、second_sentence。第 16 行代码调用该函数，表示每将一行数据读取到内存，就为其创建一张幻灯片。该函数的具体定义如下，我们逐行分析。

代码文件：16.4.1_add_slide.py

```
01    def add_slide(title, author, first_sentence, second_sentence):
02        '''为 Excel 中的每一行添加幻灯片'''
03        layout = my_ppt.slide_layouts[6]
04        slide = my_ppt.slides.add_slide(layout)
05
06        # 插入图片
07        add_pic(slide)
08
09        # 文本框的位置
10        top = Inches(2)
11        left =  Inches(3)
12        width = height = Inches(5)
13        # 添加文本框
14        tb = slide.shapes.add_textbox(left, top, width, height)
15        tf = tb.text_frame
16        tf.text = title # 设置 Excel 中的标题
17
18        # 用添加段落的方法追加作者信息并设置格式
19        tf_p = tf.add_paragraph()
20        tf_p.text = author
21        # 设置段落层级
22        tf_p.level = 1
23        # 加粗
24        tf_p.font.bold = True
25        # 添加下划线
26        tf_p.font.underline = True
27
28        # 添加一个空白段落，用来分隔作者和诗句
29        tf_p = tf.add_paragraph()
30
```

```
31        # 用添加段落的方法追加古诗第一句
32        tf_p= tf.add_paragraph()
33        tf_p.text = first_sentence
34        # 设置段落层级
35        tf_p.level = 0
36        # 加粗
37        tf_p.font.bold = False
38
39        # 用添加段落的方法追加古诗第二句
40        tf_p = tf.add_paragraph()
41        tf_p.text = second_sentence
42        # 设置段落层级
43        tf_p.level = 0
44        # 设置斜体
45        tf_p.font.italic = True
46        tf_p.font.color.rgb = RGBColor(224,102,255)
```

第 1 行用 def 定义函数 add_slide，它接收 4 个参数。第 3~4 行代码创建一个 6 号布局的幻灯片，并且用变量 slide 表示。第 7 行代码调用封装的另外一个函数 add_pic(slide)，为添加的幻灯片 slide 插入图片。接下来会具体讲解。第 9~16 行代码用于添加一个文本框，并且通过参数 title 把标题写入其中。第 18~26 行代码在幻灯片中添加一个新的段落，并通过参数 author 写入作者。然后设置其格式：段落层级为 1、文字加粗并且添加下划线。第 29 行代码添加一个空白的段落，分隔作者和诗句。第 31~46 行代码把诗句写入两个段落中，并且设置其格式。

接下来我们设计插入图片的函数 add_pic，它的具体定义如下。

代码文件：16.4.1_add_pic.py

```
01    def add_pic(slide):
02        '''插入 2 张图片'''
03        # 定义背景图片的位置
04        left = Inches(0)
05        top = Inches(0)
06        width = Inches(10)
07        height = Inches(7.5)
08
09        # 图片的路径
10        pic_path = 'picture/古诗.jpg'
11        # 添加图片
12        slide.shapes.add_picture(pic_path, left, top, width, height)
13
14        # 添加 logo
15        pic_path = 'picture/封面.jpg'
16        left = Inches(0)
17        top = Inches(0)
18        width = Inches(0.5)
19        height = Inches(0.5)
20        # 添加图片
21        slide.shapes.add_picture(pic_path, left, top, width, height)
```

第 1 行代码用 def 定义函数 add_pic，它接收一个参数 slide，表示幻灯片。第 3~12 行代码向幻灯片中插入一张图片：首先定义图片在幻灯片中的位置，然后利用 add_picture 插入。第 14~21

行代码同理。

　　为了方便读者理解，下面贴出所有代码。

　　代码文件：16.4.1-将 Excel 转换为 PPT.py

```
01   from pptx import Presentation
02   from pptx.util import Inches
03
04   # 导入设置颜色的函数
05   from pptx.dml.color import RGBColor
06   # 导入读取 Excel 的库
07   import pandas as pd
08
09   my_ppt = Presentation()
10
11   def add_pic(slide):
12       ''' 插入 2 张图片'''
13       # 定义背景图片的位置
14       left = Inches(0)
15       top = Inches(0)
16       width = Inches(10)
17       height = Inches(7.5)
18
19       # 图片的路径
20       pic_path = 'picture/古诗.jpg'
21       # 添加图片
22       slide.shapes.add_picture(pic_path, left, top, width, height)
23
24       # 添加 logo
25       pic_path = 'picture/封面.jpg'
26       left = Inches(0)
27       top = Inches(0)
28       width = Inches(0.5)
29       height = Inches(0.5)
30       # 添加图片
31       slide.shapes.add_picture(pic_path, left, top, width, height)
32
33   def add_slide(title, author, first_sentence , second_sentence):
34       '''为 Excel 中的每一行添加幻灯片'''
35       layout = my_ppt.slide_layouts[6]
36       slide = my_ppt.slides.add_slide(layout)
37
38       # 插入图片
39       add_pic(slide)
40
41       # 文本框的位置
42       top = Inches(2)
43       left =  Inches(3)
44       width = height = Inches(5)
45       # 添加文本框
46       tb = slide.shapes.add_textbox(left, top, width, height)
47       tf = tb.text_frame
48       tf.text = title # 设置 Excel 中的标题
```

```
49
50        # 用添加段落的方法追加作者信息并设置格式
51        tf_p = tf.add_paragraph()
52        tf_p.text = author
53        # 设置段落层级
54        tf_p.level = 1
55        # 加粗
56        tf_p.font.bold = True
57        # 添加下划线
58        tf_p.font.underline = True
59
60        # 添加一个空白段落，用来分隔作者和诗句
61        tf_p= tf.add_paragraph()
62
63        # 用添加段落的方法追加古诗第一句
64        tf_p = tf.add_paragraph()
65        tf_p.text = first_sentence
66        # 设置段落层级
67        tf_p.level = 0
68        # 加粗
69        tf_p.font.bold = False
70
71        # 用添加段落的方法追加古诗第二句
72        tf_p = tf.add_paragraph()
73        tf_p.text = second_sentence
74        # 设置段落层级
75        tf_p.level = 0
76        # 设置斜体
77        tf_p.font.italic = True
78        tf_p.font.color.rgb = RGBColor(224,102,255)
79
80
81  # 第一步：利用 pandas 库将 Excel 中的古诗读取到计算机内存
82  data = pd.read_excel('data/古诗.xlsx')
83
84  # 每获取一行数据，为其创建一张幻灯片
85  for number in range(len(data)):
86        data_row = data.iloc[number]
87        print(data_row)
88        print(number)
89        # 获取各项内容
90        title = data_row['标题']
91        author = data_row['作者']
92        first_sentence = data_row['第一句']
93        second_sentence = data_row['第二句']
94
95        # 第二步：为每一首古诗添加一张幻灯片
96        add_slide(title, author, first_sentence , second_sentence)
97
98  # 保存幻灯片
99  my_ppt.save('generated_ppt/16.4.1-将 Excel 转换为 PPT.pptx')
100 print('转换成功！')
```

运行上述代码，打开文件"16.4.1-将 Excel 转换为 PPT.pptx"，效果如图 16-15 所示。

16.4.2   利用母版生成结课证书

我们将"Python 实战圈"培训课程的学员信息保存在 Excel 表格中，如图 16-16 所示。

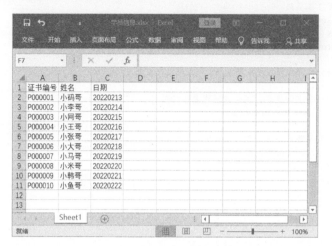

图 16-16   学员信息

当学员学完"零基础学 Python 办公自动化"课程后，我们需要根据 Excel 文件生成如图 16-17 所示的证书。

图 16-17   结课证书

查看学员信息和结课证书，我们发现证书的 4 个地方需要修改：证书编号、姓名、日期和 logo。因此，我们利用 PPT 的母版功能为该证书创建一个母版，然后利用该母版生成 PPT 文件，最后把 Excel 数据批量写入 PPT。

1. 生成 PPT 母版

我们利用 PPT 的幻灯片母版视图生成母版，具体流程如下。

(1) 新创建一个 PPT 文件，并删除幻灯片，如图 16-18 所示。

图 16-18　新建空白 PPT 文件

(2) 打开幻灯片母版。点击"视图"，选中"幻灯片母版"，如图 16-19 和图 16-20 所示。

图 16-19　"视图"菜单栏

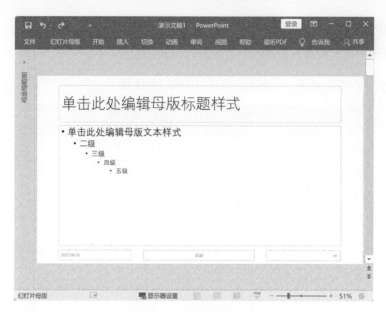

图 16-20 打开幻灯片母版

(3) 选中第一个母版并且删除默认样式，将其变为空白幻灯片，如图 16-21 所示。

图 16-21 空白母版

(4) 向结课证书中插入元素，如图 16-22 所示。在这一步中，可以根据需求添加不同的内容，以生成不一样的结课证书，比如插入图片、插入文本框等。

图 16-22　插入元素

(5) 插入占位符。点击"插入占位符"，可以看到有多种类型的占位符，如图 16-23 所示。这些占位符是该母版中可替换的内容。而第 (4) 步中生成的内容是无法修改的。

图 16-23　插入占位符

(6) 选中"内容"类型的占位符，插入到图 16-24 所示的位置。选择"图片"类型的占位符并插入到最下面中间的位置。占位符具有默认样式，我们需要将其清空，设计自己的内容和样式。至此，4 个占位符被插入。注意，插入的顺序是编程时写入的顺序，也就是先写第 1 个占位符。

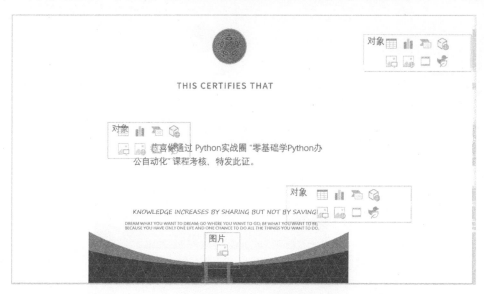

图 16-24　插入 4 个占位符

(7) 将生成的母版保存为"模板.pptx"，放在工程 python_do_ppt 的"第 16 章"的 data 文件夹下，如图 16-25 所示。

图 16-25　生成"模板.pptx"文件

2. 将 Excel 数据插入母版

接着，我们利用 Excel 的数据基于母版生成结课证书。Excel 文件中有多少行数据，就生成多少张幻灯片。这与 16.4.1 节的内容类似。因此，我们简单修改代码即可实现该需求，具体代码如下。

代码文件: 16.4.2-利用母版创建 PPT.py

```
01    from pptx import Presentation
02    # 导入 pandas 库
03    import pandas as pd
04
05    def add_slide(number_certificate, name, date_t):
06        '''添加幻灯片'''
07        layout = myPPT.slide_layouts
08        slide = myPPT.slides.add_slide(layout[0])
09
10        placeholders = slide.shapes.placeholders
11        numberPlaceholder = len(placeholders)
12        print(f'模板中共有{numberPlaceholder}个占位符')
13
14        for number, placeholder in enumerate(placeholders):
15            # 获取第 i 个占位符
16
17            if number == 0:
18                print('为第 1 个占位符添加内容')
19
20                placeholder.text = f'证书编号: {number_certificate}'
21            elif number == 1:
22                print('为第 2 个占位符添加内容')
23                placeholder.text = f'姓名: {name}'
24            elif number == 2:
25                print('为第 3 个占位符添加内容')
26                placeholder.text = f'日期: {date_t}'
27            else:
28                print('为最后一个占位符添加内容')
29                placeholder.insert_picture('picture/实战圈.png')
30
31    def read_excel_data(data_excel_name):
32        '''读取 Excel 数据'''
33        # 第一步: 利用 pandas 库将 Excel 中的学员信息读取到计算机内存
34        data = pd.read_excel(data_excel_name)
35
36        # 每获取一行数据, 为其创建一张幻灯片
37        for number in range(len(data)):
38            data_row = data.iloc[number]
39            # 获取各项内容
40            number_certificate = data_row['证书编号']
41            name = data_row['姓名']
42            date_t = data_row['日期']
43
44            # 第二步: 为每一个学员添加一张幻灯片
45            add_slide(number_certificate, name, date_t)
46
47    pptName = 'data/模板.pptx'
48    myPPT = Presentation(pptName)
49
50    # 调用读取 Excel 的函数, 并且制作幻灯片
51    data_excel_name = 'data/学员信息.xlsx'
52    read_excel_data(data_excel_name)
```

```
53   # 保存模板
54   myPPT.save('generated_ppt/16.4.2-利用母版创建 PPT.pptx')
55   print('保存成功！')
```

第 5~29 行代码为每一行 Excel 数据创建一张幻灯片。第 7~8 行代码读取模板文件的第 0 号布局，并创建幻灯片，这也就是我们刚才创建的母版，如图 16-26 所示。打开 Office 主题进行验证，方法是点击"视图"→"普通"→"开始"→"新建幻灯片"。

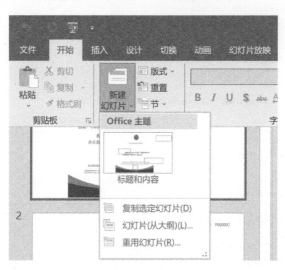

图 16-26 Office 主题只有母版内容

第 10~12 行代码计算母版生成的幻灯片有多少个占位符。其中 slide.shapes.placeholders 表示占位符，并用变量 placeholders 表示。然后用 len 函数计算。按照预期应该输出 4 个，具体输出如最后的运行结果所示。

第 14~29 行代码用一个 for 循环为母版中的所有占位符添加不同的内容。第 14 行代码用占位符个数控制循环次数。其中 enumerate 是把占位符序列化，并用 number 表示序号，用 placeholder 表示占位符。第 17~29 行代码是一个 if-elif-elif-else 判断结构。判断的条件是 number 代表的序号，当 number 是 0 时，为占位符 plcaceholoder 插入证书编号，也就是第 29 行代码，其中 placeholder.text 表示写入占位符，f'证书编号：{number_certificate}'表示证书编号。变量 number_certificate 为 read_excel_data 函数中传过来的证书编号，也就是 Excel 中的内容。因为该函数已把 Excel 数据写入内存，所以可以用变量的形式来回传递。同理，当 number 为 1 时写入'姓名：{name}'；当 number 为 2 时写入'日期：{date_t}'；最后插入 logo 图片。

第 31~45 行代码定义函数 read_excel_data。第 34 行代码利用 pd 库的 read_excel 方法读取 data_excel_name 代表的 Excel 文件。第 37~45 行代码同 16.4.1 节，根据表头读取 Excel 表格的数据，其中 number 表示证书编号，name 表示姓名，date_t 表示日期。第 45 行代码调用 add_slide 函

数把 Excel 每一行的数据写入幻灯片。

第 47~55 行代码是主要逻辑函数。第 47~48 行代码将 PPT 模板文件载入计算机内存，并用 myPPT 表示。第 51 行代码打开保存 Excel 文件的位置，并用 data_excel_name 表示。以后即使 Excel 文件名字修改也不影响程序运行，因为只需要修改这个变量的内容即可。这样设计使得程序简单高效。第 52 行代码调用读取 Excel 数据的函数 read_excel_data，它以 Excel 文件名为参数。

第 54 行代码将 myPPT 文件保存为"16.4.2-利用母版创建 PPT.pptx"，并放在 generated_ppt 文件夹下。

运行上述代码，结果如下：

```
模板中共有 4 个占位符
为第 1 个占位符添加内容
为第 2 个占位符添加内容
为第 3 个占位符添加内容
为最后一个占位符添加内容
保存成功！
```

第六篇

PDF 自动化，又快又方便

假如你需要为多个 PDF 页面添加水印，

假如你需要合并多个 PDF 文件，

假如你需要提取 PDF 指定页面的文字，

……

借助 Python，这些问题都可以高效解决。本篇包含一章，首先介绍如何用 PyPDF2 库对 PDF 页面执行自动化操作，包括提取、加密、添加水印、插入、合并以及旋转等；然后介绍如何用 pdfplumber 库读取 PDF 中的文字并保存到其他格式的文件中。

第 17 章

PDF 自动化，既高效又简单

本章首先介绍如何用 Python 操作 PDF，然后介绍如何自动化操作 PDF 文件，接着介绍如何合并 PDF 文件，最后介绍如何提取 PDF 页面中的文字以及将 PDF 转换为其他格式的文件。

17.1 如何利用 Python 操作 PDF

与处理 Excel、Word 文件类似，Python 也是利用第三方库实现 PDF 文件的自动化操作。本篇要介绍的库是 PyPDF2，它是开源的，可以对 PDF 文档进行分割、合并、加密以及解密。

使用该库之前需要先安装。首先用 Windows + R 快捷键调出"运行"对话框，如图 17-1 所示，然后输入 cmd 命令打开命令提示符窗口。

图 17-1 "运行"对话框

接着在命令提示符窗口中输入 pip install PyPDF2 命令，再按回车键即可。如果安装过程中出现问题，也可通过清华大学镜像站点 TUNA 安装，具体命令如下：

```
# 清华大学镜像站点安装源
pip install -i https://pypi.tuna.tsinghua.edu.cn/simple PyPDF2
```

当命令提示符窗口出现 Successfully installed 时，表示该库安装成功，如图 17-2 所示。

图 17-2　安装成功

该库提供了 4 个主要的类来实现对 PDF 文件的操作。每一个类的含义和用法如表 17-1 所示。

表 17-1　PyPDF2 库提供的 4 个主要的类

类　名	含　义
PdfFileWriter	写 PDF
PdfFileReader	读 PDF
PdfFileMerger	合并 PDF
PageObject	修改 PDF

接下来，我们利用这些类实现对 PDF 页面的不同操作，比如提取、加密、合并等。

17.2　读取 PDF 文件的元信息

PDF 文件的元信息是对 PDF 文件的描述，比如作者、创建时间等信息。利用 PdfFileReader 类，不但可以方便地读取任意 PDF 文件的元信息，还可以判断该文件是否加密。具体代码如下，我们逐行分析。

代码文件：17.2-读取 PDF 元信息.py

```
01  # 导入 PyPDF2 模块
02  import PyPDF2
03
04  # PDF 文档路径
05  file_path = 'data/零基础学 Python 办公自动化—节选.pdf'
06
07  # 以二进制读模式打开 PDF 并传给 PdfFileReader 方法，返回一个读对象
08  reader = PyPDF2.PdfFileReader(open(file_path,'rb'))
09
10  # 查看 PDF 有多少页
11  pageNumber = reader.getNumPages()
12  print(f'该 PDF 文档共有{pageNumber}页')
13
14  # 查看 PDF 是否加密
15  isEncrypted = reader.getIsEncrypted()
16  print(f'查看该 PDF 文档是否加密：{isEncrypted}')
17
18  # 查看 PDF 的文档信息
19  docInfo = reader.getDocumentInfo()
20  print(f'查看 PDF 文档的元信息')
```

```
21    print(docInfo)
22
23    # 查看 PDF 的第 1 页内容
24    page = reader.getPage(0)
25    print(f'查看第 1 页的内容')
26    print(page)
```

第 2 行代码用于导入 PyPDF2 模块。

第 5 行代码用变量 file_path 保存需要处理的 PDF 文件路径，这里既可以是绝对路径，也可以是相对路径。

第 8 行代码以二进制读模式 rb（具体内容请参考第二篇）打开文件 file_path，并把打开的 PDF 文件传递给读 PDF 的 PdfFileReader 方法进行初始化。初始化之后，该方法会返回一个 PdfFileReader 类的对象 reader。后续用 reader 变量就可以直接读取 PDF 文件的信息了。

第 11 行代码用读对象 reader 的方法 getNumPages 读取 PDF 的页数，并将其赋值给变量 pageNumber。下面的输出结果显示，该 PDF 文件一共有 10 页。

第 15 行代码用方法 getIsEncrypted 判断文件 file_path 是否加密，并把结果赋值给变量 isEncrypted。如果为加密则输出 False。

第 19 行代码用方法 getDocumentInfo 查看该 PDF 文件的所有元信息。

第 24 行代码用方法 getPage(0) 查看第 1 页的内容。需要查看哪一页，替换数字即可。但是它的输出效果并不是很理想。这个方法的主要作用是读取 PDF 的页面内容，然后复制给另外一个页面，后面会经常用到。

运行上述代码，输出结果如下：

```
该 PDF 文档共有 10 页
查看该 PDF 文档是否加密: False
查看 PDF 文档的元信息
{'/Author': 'DELL', '/Creator': 'Microsoft® Word 2016', '/CreationDate': "D:20220504094637+08'00'",
'/ModDate': "D:20220504094637+08'00'", '/Producer': 'Microsoft® Word 2016'}
查看第 1 页的内容
{'/Type': '/Page', '/Parent': IndirectObject(2, 0), '/Resources': {'/ExtGState': {'/GS5': IndirectObject
(5, 0), '/GS11': IndirectObject(11, 0)}, '/Font': {'/F1': IndirectObject(6, 0), '/F2': IndirectObject(12,
0), '/F3': IndirectObject(14, 0)}, '/ProcSet': ['/PDF', '/Text', '/ImageB', '/ImageC', '/ImageI']},
'/MediaBox': [0, 0, 595.32, 841.92], '/Contents': IndirectObject(4, 0), '/Group': {'/Type': '/Group', '/S':
'/Transparency', '/CS': '/DeviceRGB'}, '/Tabs': '/S', '/StructParents': 0}
```

17.3　自动化操作 PDF 文件

操作 PDF 文件主要是对 PDF 文件页面的操作，比如将指定 PDF 页面提取为新的 PDF 文件、加密 PDF 文件、批量添加水印，以及插入新的 PDF 页面。

17.3.1 将指定页面提取为新的 PDF 文件

在工作中，我们经常需要将 PDF 的某几个页面提取为新的 PDF 文件，利用 PyPDF2 库可以实现该需求。首先用 PdfFileReader 类读取需要提取的 PDF 页面，然后用 PdfFileWriter 类把读取的页面写入新的 PDF 文件。

下面来看案例。我们需要提取"零基础学 Python 办公自动化—节选.pdf"文件的第 1 页、第 6 页和最后一页。部分关键代码如下，我们逐行分析。

代码文件：17.3.1-将指定页面提取为新的 PDF.py

```
14   # 创建一个写对象
15   newPDF = PyPDF2.PdfFileWriter()
16
17   # 提取第 1 页
18   numberInfo = reader.getPage(0)
19   # 把读取的 PDF 页面写入新的 PDF
20   newPDF.addPage(numberInfo)
21
22   # 提取第 6 页
23   numberInfo = reader.getPage(5)
24   # 把读取的 PDF 页面写入新的 PDF
25   newPDF.addPage(numberInfo)
26
27   # 提取最后一页
28   numberInfo = reader.getPage(pageNumber-1)
29   # 把读取的 PDF 页面写入新的 PDF
30   newPDF.addPage(numberInfo)
31
32   # 查看新的 PDF 有多少页
33   pageNewNumber = newPDF.getNumPages()
34   print(f'新的 PDF 文档共有{pageNewNumber}页')
35
36   # 保存提取的页面
37   # 以二进制模式打开一个空白 PDF 文件
38   newPDfName = 'generated_pdf/提取指定的页面.pdf'
39   newStream = open(newPDfName,"wb")
40   # 把 newPDF 写入打开的空白 PDF 文件
41   newPDF.write(newStream)
42   # 关闭打开的文件对象
43   newStream.close()
```

第 15 行代码利用 PdfFileWriter 方法初始化一个对象 newPDF。利用该对象可以新创建一个 PDF 文件。

第 18 行代码用 reader 对象的 getPage 方法读取第 1 页的内容 getPage(0)，并把内容赋值给变量 numberInfo。

第 20 行代码用 newPDF 对象的 addPage 方法把读取的第 1 页内容 numberInfo 写入新的 PDF 文件。

同理，第 23~25 行代码把读取的第 6 页内容添加到新的 PDF 文件，第 28~30 行代码把读取的最后一页内容添加到新的 PDF 文件。注意，代码中 PDF 页面从 0 开始计数，因此最后一页是 pageNumber-1。

第 33 行代码查看新创建的 PDF 页面一共有多少页。

第 38 行代码将新创建的 PDF 文件命名为"提取指定的页面.pdf"并放在文件夹 generated_pdf 之下。

第 39 行代码用 open 方法以 wb 模式打开 newPDfName 文件，并把文件对象赋值给 newStream。open 方法的用法请参考 3.1 节。

第 41 行代码用 newPDF 对象的 write 方法把赋值后的 3 个 PDF 页面一次写入文件对象 newStream 中。

第 43 行代码用于关闭打开的文件对象 newStream。

运行上述代码，输出如下：

```
该 PDF 文档共有 10 页
新的 PDF 文档共有 3 页
```

打开 generated_pdf 文件夹下的"提取指定的页面.pdf"文件，该文件共包含 3 页，如图 17-3 所示。

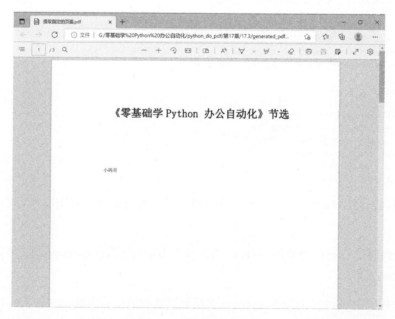

图 17-3　提取指定的页面

　　读者可以修改这里的代码以实现不同的需求，比如提取 PDF 的偶数页面、将第 1 个页面复制为多个页面或者删除某些页面等。

17.3.2　加密 PDF 文件

　　我们可以将 PDF 文件加密。加密用的是 PdfFileWriter 类的方法 encrypt('密码')，该方法接收一个参数作为密码。我们将上一节中提取的 PDF 页面加密，效果如图 17-4 所示。

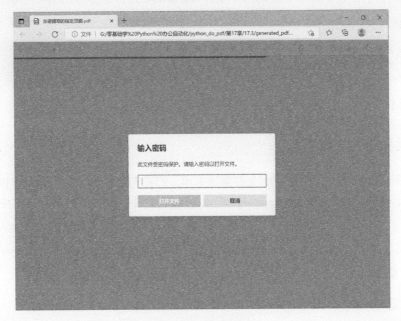

图 17-4　加密 PDF

部分关键代码如下，我们逐行分析。

代码文件：17.3.2-加密 PDF 文件.py

```
36    # 加密提取的页面
37    newPDF.encrypt('12345678')
38
39    # 保存提取的页面
40    # 以二进制模式打开一个空白 PDF 文件
41    newPDfName = 'generated_pdf/加密提取的指定页面.pdf'
42    newStream = open(newPDfName,"wb")
43    # 把 newPdf 写入打开的空白 PDF 文件
44    newPDF.write(newStream)
45    # 关闭打开的文件对象
46    newStream.close()
47
48    # 判断文件是否加密
```

```
49    # 以二进制读模式打开 PDF 并传给 PdfFileReader 方法，返回一个读对象
50    reader = PyPDF2.PdfFileReader(open(newPDfName,'rb'))
51    # 查看 PDF 是否加密
52    isEncrypted = reader.getIsEncrypted()
53    print(f'查看该 PDF 文档是否加密：{isEncrypted}')
```

上述代码与上一节代码的主要区别是第 37 行，这里用 newPDF 对象的 encrypt('12345678') 方法为提取的 PDF 设置密码"12345678"。

第 48~53 行代码用于判断新创建的 PDF 文件 newPDfName 是否加密，如果是加密的，则输出 True。

运行上述代码，输出结果如下：

```
该 PDF 文档共有 10 页
新的 PDF 文档共有 3 页
查看该 PDF 文档是否加密：True
```

请读者利用 for 循环批量对多个 PDF 文件加密。

17.3.3　批量添加水印

在工作中，我们经常需要为 PDF 文件添加水印。们首先，准备一个带水印的 PDF 文件，然后用 PyPDF2 模块中的合并方法 mergePage 把水印 PDF 文件和需要添加水印的 PDF 文件合并在一起即可。

我们为一个 PDF 文件添加水印，效果如图 17-5 所示，左边是水印 PDF 文件，右边是添加了水印的 PDF 文件。

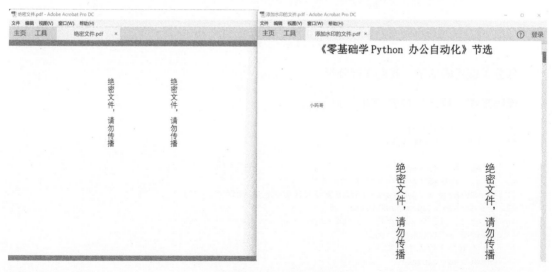

图 17-5　为 PDF 添加水印

首先分析需求。第一步，分别打开需要添加水印的 PDF 文件和水印 PDF 文件；第二步，用 for 循环把每一页 PDF 与水印 PDF 合并，合并用的是 mergePage 方法；第三步，保存合并后带水印的 PDF 文件。具体代码如下，我们逐行分析。

代码文件：17.3.3-为一个文件添加水印.py

```
01  # 导入 PyPDF2 模块
02  import PyPDF2
03
04  # 需要添加水印的 PDF 文档路径
05  file_path = 'data/零基础学 Python 办公自动化—节选.pdf'
06  mark_path = 'data/绝密文件.pdf'
07
08  # 以二进制读模式打开 PDF 并将其传给 PdfFileReader 方法，返回一个读对象
09  srcPDF = PyPDF2.PdfFileReader(open(file_path,'rb'))
10
11  # 查看 PDF 有多少页
12  pageNumber = srcPDF.getNumPages()
13  print(f'该 PDF 文档共有{pageNumber}页')
14
15  # 读取水印 PDF 文件
16  markPDF = PyPDF2.PdfFileReader(open(mark_path,'rb'))
17
18  # 创建一个新的 PDF 文件，用来保存要添加水印的 PDF 页面
19  markedPDF = PyPDF2.PdfFileWriter()
20
21  # 依次为所有页面添加水印
22  for number in range(pageNumber):
23      # 读取每一页
24      print(f'正在为第{number}个页面添加水印')
25      page = srcPDF.getPage(number)
26      # 读取水印页面
27      markPage = markPDF.getPage(0)
28      # 合并带水印的页面
29      page.mergePage(markPage)
30      # 将添加了水印的页面写入新的 PDF
31      markedPDF.addPage(page)
32      print('添加水印完成！')
33
34  # 以 wb 模式打开一个文件，并将其命名为"添加水印的文件.pdf"
35  markedFile = open('generated_pdf/添加水印的文件.pdf','wb')
36
37  print('保存添加了水印的 PDF')
38  # 保存添加了水印的 PDF，命名为"添加水印的文件.pdf"
39  markedPDF.write(markedFile)
40
41  # 关闭文件对象
42  markedFile.close()
```

第 2 行代码用于导入需要的库。

第 5~6 行代码用两个变量保存需要添加水印的 PDF 文件："零基础学 Python 办公自动化—节选.pdf"以及水印文件"绝密文件.pdf"。

第 9 行代码打开 PDF 文件 file_path。第 12 行代码查看 PDF 文件一共有多少页。

第 16 行代码用于打开水印文件 mark_path。

第 19 行代码创建一个新的 PDF 页面，并用 markedPDF 表示。

第 22~32 行代码是一个 for 循环，为文件 file_path 中的每一页添加水印。

第 22 行代码定义一个 for 循环，并用页数 pageNumber 控制循环次数。每一页用变量 number 表示。

第 25 行代码将第 number 页的内容读取给变量 page。

第 27 行代码读取水印文件的水印内容，并将其赋值给 markPage 变量。

第 29 行代码用 mergePage 方法把水印 markPage 合并到页面 page 中。

第 35 行代码用 open 方法打开一个空白 PDF 文件。

第 39 行代码用 write 方法把添加了水印的 PDF 页面写入打开的空白文件中。

第 42 行代码用于关闭文件对象。

运行上述代码，打开 generated_pdf 文件夹下的"添加水印的文件.pdf"，每一页都有水印，如图 17-5 所示。

举一反三：我们可以为多个 PDF 文件同时添加水印。比如为"data/需要添加水印"文件夹下的所有 PDF 文件添加水印，请读者尝试实现该需求，如果有问题请联系作者。

17.3.4　插入新的页面

在工作中，我们经常需要在一个 PDF 的指定页面之后插入新的 PDF 页面。插入的方法是同时读取两个 PDF 文件，然后用 PdfFileWriter 类的 addPage 方法把它们按照指定顺序添加在一起。

下面来看案例。我们把 data 文件夹下的"绝密文件.pdf"文件添加到"零基础学 Python 办公自动化—节选.pdf"的第 6 个页面之后，效果如图 17-6 所示。

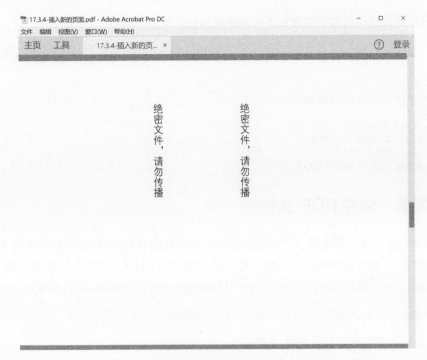

图 17-6 插入一个页面

首先分析需求。第一步，用 PdfFileReader 类读取两个 PDF 文件；第二步，用 PdfFileWriter 创建一个新的 PDF 文件；第三步，用 addPage 方法把读取的两个 PDF 文件按照指定顺序添加在一起。部分关键代码如下，我们逐行分析。

代码文件：17.3.4-插入新的 PDF 页面.py

```
22    # 插入新的 PDF 文件
23    for number in range(pageNumber):
24
25        markedPDF.addPage(srcPDF.getPage(number))
26        # 在第 6 页之后插入新的页面
27        if number == 5:
28            print('在第 6 页之后插入新的 PDF 页面')
29            markedPDF.addPage(markPDF.getPage(0))
```

第 23~29 行代码用 for 循环把两个 PDF 文件添加在同一个 PDF 文件中。

第 23 行代码用于定义 for 循环。循环次数用页面数 pageNumber 控制，每一个页面的编号用变量 number 控制。

第 25 行代码把每一个 PDF 页面添加到新的 PDF 文件 markedPDF 中。

第 27 行代码用一个 if 语句判断插入新页面的位置，判断条件是 number 是否与指定数字相等。读者可以修改这里的数字实现在不同的位置添加页面。

第 29 行代码用 addPage 方法把需要插入的 PDF 文件 markPDF 添加到新的 PDF 文件 markedPDF 中。

运行上述代码，输出结果如下：

```
该 PDF 文档共有 10 页
在第 6 页之后插入新的 PDF 页面
保存插入新页面后的 PDF
插入页面之后，PDF 文档共有 11 页
```

17.4   案例：合并 PDF 文件

虽然 addPage 方法可以将每一个页面合并到 PDF 文件中，但是这种方法非常烦琐。PyPDF2 库提供了一个名为 PdfFileMerger 的类，它可以合并多个 PDF 文件。它提供了两个方法：PdfFileMerger.append(fileobj,pages) 和 PdfFileMerger.merge(position,fileobj,pages)。

PdfFileMerger.append(fileobj,pages) 方法的参数解释如下。

❑ fileobj：确定要添加的 PDF 文件。
❑ pages：指定将哪些页面添加到新的 PDF 文件中。如果未指定，则添加全部页面。

PdfFileMerger.merge(position,fileobj,pages) 方法的参数解释如下。

❑ position：指定页面插入的位置。
❑ fileobj：确定要添加的 PDF 文件。
❑ pages：指定将哪些页面添加到新的 PDF 文件中。如果未指定，则添加全部页面。

这两个方法都可以合并 PDF 页面。它们的区别是 merge 方法增加了 position 参数，用以指定插入的位置。这两个方法都有 pages 参数，该参数是一个三元组(start,stop,step)，分别表示起点、终点和步长（默认是 1），比如 pages(0,5)表示起点是第 1 页，默认步长为 1，终点是第 5 页。

接下来，我们利用这两个方法实现各种各样的需求。

17.4.1   合并两个 PDF 文件的指定页面

在工作中，我们经常需要将两个 PDF 文件的某几个页面合并为一个新的 PDF 文件，比如将第 1 个 PDF 文件的第 2~5 页和第 2 个 PDF 文件的首页合并，合并之后的 PDF 有 5 个页面，效果如图 17-7 所示。

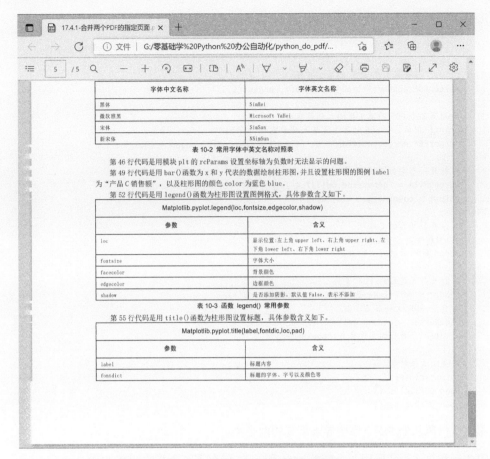

图 17-7　合并两个 PDF 的指定页面

首先分析需求。第一步，创建 PdfFileMerge 对象，并用 open 函数打开需要合并的两个 PDF 文件；第二步，用本节开头提到的方法合并 PDF 文件，首先用 append 方法把第 1 个 PDF 的第 2~5 页插入新的 PDF，然后用 merge 方法把第 2 个 PDF 文件的首页插入到最前面。具体代码如下，我们逐行分析。

代码文件：17.4.1-合并两个 PDF 的指定页面.py

```
01    from PyPDF2 import PdfFileMerger, PdfFileReader
02
03    pdf1 = 'data/零基础学 Python 办公自动化—节选.pdf'
04    pdf2 = 'data/提取偶数的页面.pdf'
05
06    # 创建一个合并对象 PdfFileMerge
07    mergerPDF = PdfFileMerger()
08
09    # 以二进制的读模式打开两个 PDF 文件
```

```
10   open_pdf1 = open(pdf1, "rb")
11   open_pdf2 = open(pdf2, "rb")
12
13   # 合并第 1 个 PDF 的第 2~5 页
14   print('合并第 1 个 PDF 的第 2~5 页')
15   mergerPDF.append(fileobj=open_pdf1, pages=(1,5))
16
17   # 把第 2 个 PDF 的第 1 页插入到最前面
18   print('把第 2 个 PDF 的第 1 页插入到最前面')
19   mergerPDF.merge(position = 0, fileobj = open_pdf2, pages = (0,1))
20
21   # 打开一个空白 PDF 文件
22   mergedFile = 'generated_pdf/17.4.1-合并两个 PDF 的指定页面.pdf'
23   output = open(mergedFile,'wb')
24
25   # 保存合并后的文件
26   print('保存合并后的文件')
27   mergerPDF.write(output)
28
29   # 打开合并之后的 PDF 文件
30   reader = PdfFileReader(open(mergedFile,'rb'))
31   # 查看 PDF 文件有多少页
32   pageNumber = reader.getNumPages()
33   print(f'合并后的文件共有{pageNumber}页')
34
35   # 关闭文件对象
36   output.close()
37   open_pdf1.close()
38   open_pdf2.close()
```

第 1 行代码从 PyPDF2 库中导入需要的两个类。

第 3 行和第 4 行代码用两个变量 pdf1 和 pdf2 保存需要合并的 PDF 页面。

第 7 行代码用于初始化一个 PdfFileMerge 对象，并用变量 mergerPDF 表示。

第 10 行和第 11 行代码用 open 函数以二进制的读模式（rb）打开变量 pdf1 和 pdf2 代表的两个 PDF 文件。

第 15 行代码用 append 方法合并第 1 个文件 pdf1 的第 2~5 页。参数 fileobj 是第 1 个文件的变量 open_pdf1；pages 取值(1,5)表示从第 2 页开始，到第 5 页结束。

第 19 行代码用 merge 方法添加第 2 个文件 pdf2 的首页。参数 position 取值 0 表示 PDF 最开始的位置，可以根据需要修改数字。fileobj 是第 2 个文件的变量 open_pdf2；pages 取值(0,1)表示第 1 个页面。

第 23 行代码以 wb 模式打开第 22 行定义的文件 mergedFile。

第 27 行代码用 write 保存合并之后的 PDF 文件。

第 30 行代码用 `PdfFileReader` 方法打开合并之后的 PDF 文件。

第 32 行代码查看 PDF 的页数。

第 36~38 行代码用于关闭打开的文件对象。

运行上述代码，输出结果如下：

```
合并第 1 个 PDF 的第 2~5 页
把第 2 个 PDF 的第 1 页插入到最前面
保存合并后的文件
合并后的文件共有 5 页
```

打开 generated_pdf 文件夹下的 "17.4.1-合并两个 PDF 的指定页面.pdf"，效果如图 17-7 所示。

17.4.2 合并两个 PDF 文件

稍微修改上一节的代码——去掉合并方法的 `pages` 参数，即可实现合并两个完整的 PDF 文件。部分关键代码如下，我们逐行分析。

代码文件：17.4.2-合并两个 PDF.py

```
15    mergerPDF.append(fileobj=open_pdf1)
16
17    # 合并第 2 个 PDF
18    print('合并第 2 个 PDF，并且放在第 1 个 PDF 前面')
19    mergerPDF.merge(position=0, fileobj=open_pdf2)
20
21    # 打开一个空白 PDF 文件
22    mergedFile = 'generated_pdf/17.4.2-合并两个 PDF.pdf'
23    output = open(mergedFile,'wb')
```

第 15 行代码用 append 方法合并第 1 个文件 pdf1 的所有页面。参数 fileobj 是第 1 个文件的变量 open_pdf1。因为是合并整个页面，所以去掉 pages 参数。

第 19 行代码用 merge 方法合并第 2 个文件 pdf2 的所有页面并将其放在第 1 个文件的最前面。我们可以根据需要修改参数 position 的取值；fileobj 是第 2 个文件的变量 open_pdf2，也去掉了 pages 参数。

运行上述代码，输出结果如下：

```
合并第 1 个 PDF
合并第 2 个 PDF，并且放在第 1 个 PDF 前面
保存合并后的文件
合并后的文件共有 15 页
```

打开 generated_pdf 文件夹下的 "17.4.2-合并两个 PDF.pdf"，共 15 页。

17.4.3　在指定位置插入页面

我们也可以用合并的两个方法实现 17.3.4 节的需求——用 append 方法合并第 1 个 PDF 文件的所有页面，然后用 merge 方法把第 2 个 PDF 文件插入到第 1 个 PDF 文件的第 6 页之后。具体代码如下，我们逐行分析。

代码文件：17.4.3-在指定位置插入页面.pdf

```
13    # 合并第 1 个 PDF 文件的所有页面
14    print('合并第 1 个 PDF')
15    mergerPDF.append(fileobj=open_pdf1)
16
17    # 合并第 2 个 PDF
18    print('添加第 2 个 PDF 的首页，并且放在第 1 个 PDF 的第 6 页后面')
19    mergerPDF.merge(position=5, fileobj=open_pdf2, pages=(0,1))
```

第 15 行代码用 append 方法合并第 1 个文件 pdf1 的所有页面。参数 fileobj 是第 1 个文件的变量 open_pdf1。因为是合并整个页面，所以去掉 pages 参数。

第 19 行代码用 merge 方法添加第 2 个文件 pdf2 的首页。参数 position 取值 5 表示插入到第 1 个 PDF 文件的第 6 个页面之后，可以根据需要修改数字；fileobj 是第 2 个文件的变量 open_pdf2。

运行上述代码，输出如下：

```
合并第 1 个 PDF
添加第 2 个 PDF 的首页，并且放在第 1 个 PDF 的第 6 页后面
保存合并后的文件
合并后的文件共有 11 页
```

打开 generated_pdf 文件夹下的"17.4.3-在指定位置插入页面.pdf"，共 11 页，效果如图 17-6 所示。

举一反三：我们可以用这两个合并方法合并多个 PDF 文件。比如合并 data 文件夹下所有的 PDF 文件，跳过非 PDF 文件。请读者尝试编写代码，如果有问题请联系作者。

17.4.4　将首页旋转 180°

在工作中，我们有时需要将特定页面旋转一定的角度，比如将首页旋转 180°。旋转 PDF 文件用的方法是 PdfFileReader 类的 rotateClockwise，它只接收一个参数，且其取值必须是 90 的倍数。

下面来看案例。我们把文件"零基础学 Python 办公自动化—节选.pdf"的首页旋转 180°，其他页面不变，具体效果如图 17-8 所示。

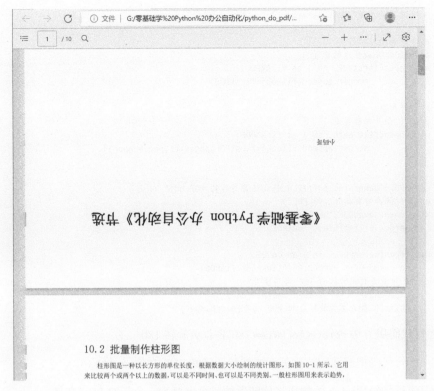

图 17-8　旋转首页

　　首先分析需求。第一步，用 `PdfFileReader` 打开需要旋转的 PDF 文件，并查看它有多少页，然后用方法 `rotateClockwise(180)` 旋转首页；第二步，用 `PdfFileWriter` 把旋转后的首页保存为一个新的 PDF 文件；第三步，用 `PdfFileMerger` 的合并方法 `append` 把旋转后的首页 PDF 和原来的 PDF 文件合并，注意，原来的 PDF 文件需要去除首页。部分关键代码如下，我们逐行分析。

　　代码文件：17.4.4-旋转页面.py

```
16    # 将首页旋转 180°
17    print('将首页旋转 180°')
18    page.rotateClockwise(180)
19
20    # 创建一个写对象来保存旋转后的页面
21    newPDF = PyPDF2.PdfFileWriter()
22    newPDF.addPage(page)
23
24    firstPDF='generated_pdf/17.4.4-首页.pdf'
25    print('保存旋转后的首页')
26    with open(firstPDF,'wb') as outPDF:
27        newPDF.write(outPDF)
28
29    # 创建一个新的合并对象
```

```
30    merger = PyPDF2.PdfFileMerger()
31
32    # 合并旋转后的首页
33    print('合并旋转后的首页')
34    with open(firstPDF,'rb') as firstPDF:
35              merger.append(fileobj=firstPDF)
36
37    # 合并剩余页面
38    print('合并剩余页面')
39    with open(file_path,'rb') as firstPDF:
40              merger.append(fileobj=firstPDF,pages=(1,pageNumber))
41
42
43    savedPDF='generated_pdf/17.4.4-旋转首页后的 PDF.pdf'
44    print('保存首页旋转后的 PDF')
45    with open(savedPDF,'wb') as outPDF:
46        merger.write(fileobj=outPDF)
47
48    with open(savedPDF, 'rb') as inPDF:
49        mergeredPDF = PyPDF2.PdfFileReader(inPDF)
50        # 查看首页旋转后的 PDF 有多少页
51        pageNumber = mergeredPDF.getNumPages()
52        print(f'查看首页旋转后的 PDF 共有{pageNumber}页')
```

第 18 行代码用方法 rotateClockwise(180)将首页旋转 180°。

第 21~22 行代码把旋转后的首页添加到新创建的 PDF 文件 newPDF。

第 24~27 行代码用 with 语句块将旋转后的首页保存为一个新的 PDF 文件。

第 30 行代码初始化一个合并对象 merger。

第 34~35 行代码合并旋转后的首页 PDF 文件。

第 39~40 行代码用 append 方法合并原来的 PDF 页面，注意要去除首页，也就是 pages 的取值从 1 开始。

第 43~46 行代码用 write 方法保存合并后的 PDF 文件。

第 48~52 行代码读取合并后的 PDF 文件，并查看有多少页。如果与之前的页数一样，则说明合并成功。

运行上述代码，输出结果如下：

```
该 PDF 共有 10 页
将首页旋转 180°
保存旋转后的首页
合并旋转后的首页
合并剩余页面
保存首页旋转后的 PDF
查看首页旋转后的 PDF 共有 10 页
```

打开 generated_pdf 文件夹下的"17.4.4-旋转首页后的 PDF.pdf"文件，共 10 页，效果如图 17-8 所示。

17.5 pdfplumber 库的安装

虽然 PyPDF2 库可以方便地处理 PDF 的页面，但是它不能提取 PDF 的文字内容。而用 pdfplumber 库可以从 PDF 文档中提取表格、文本、矩形和线条信息。它的安装方法和 PyPDF2 一样，直接使用 pip 安装，如图 17-9 所示。

```
pip install pdfplumber
```

图 17-9 安装 pdfplumber 库

17.6 提取文字

在工作中，我们经常需要提取 PDF 文件中某个页面的文字，这用 pdfplumber 模块的 extract_text 方法可以解决。该方法不需要任何参数，可直接输出指定页面的内容。

我们提取"零基础学 Python 办公自动化—节选.pdf"文件第 10 页的内容，如图 17-10 所示。

图 17-10　PDF 文件第 10 页的内容

　　首先分析需求。第一步，用 pdfplumber 模块的 open 方法打开 PDF 文件；第二步，用 pages 定位需要打开的页面；第三步，用 extract_text 方法提取需要的内容。具体代码如下，我们逐行分析。

　　代码文件：17.6-提取指定页面的内容.py

```
01    import pdfplumber
02
03    # PDF 文档路径
04    file_path = 'data/零基础学 Python 办公自动化—节选.pdf'
05
06    # 打开 PDF 文件
07    openedPDF = pdfplumber.open(file_path)
08
09    # 利用 pages 查看第 10 页
10    page_10 = openedPDF.pages[9]
11
12    # 提取第 10 页的内容
13    content10 = page_10.extract_text()
14    print('读取第 10 页的内容：')
15    print(content10)
16
```

```
17    # 关闭文件
18    openedPDF.close()
```

第 1 行代码导入 pdfplumber 库。

第 4 行代码用变量 file_path 保存需要打开的 PDF 文件。

第 7 行代码用 pdfplumber 库的 open 方法打开 PDF 文件 file_path。

第 10 行代码用 pages 定位需要打开的页面——第 10 页 pages[9]。修改这里的数字，可以读取不同的页面。

第 13 行代码用 extract_text 方法提取第 10 页 page_10 的内容。

第 15 行代码用 print 函数输出提取的页面内容。

第 18 行代码关闭打开的文件。

运行上述代码，结果与图 17-12 的内容一致。

举一反三：我们可以利用方法 extract_text 读取 PDF 的全部内容。请读者尝试编写代码，如果有问题请联系作者。

17.7　案例：将 PDF 文件转换为 Word 文件

17.6 节介绍了如何提取 PDF 的页面。本节中我们把提取的内容保存在 Word 文件中，效果如图 17-11 所示，左边是原来的 PDF 文件，右边是转换成的 Word 文件。

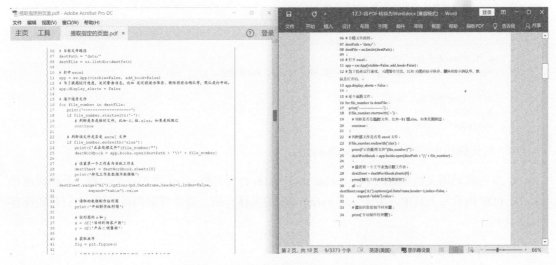

图 17-11　将 PDF 文件转换为 Word 文件

首先分析需求。第一步，利用 extract_text 方法读取 PDF 文件的全部内容；第二步，把读取的内容写入 Word 文件。具体代码如下，我们逐行分析。

代码文件：17.7-将 PDF 转换为 Word.py

```
01    import pdfplumber
02
03    # 导入读取 Word 文档的库
04    from docx import Document
05
06    # 创建空白的 Word 文档
07    myDoc = Document()
08
09    # PDF 文档路径
10    file_path = 'data/提取指定的页面.pdf'
11
12    # 打开 PDF 文件
13    openedPDF = pdfplumber.open(file_path)
14
15    # 获取所有页面
16    pages = openedPDF.pages
17
18    print(f'该 PDF 一共有{len(pages)}个页面')
19
20    # 读取全部内容
21    for number in range(len(pages)):
22        print('--------------------------')
23        print(f'开始读取第{number}页内容并添加到 Word 文件中')
24        content = pages[number].extract_text()
25        print(content)
26
27        # 将读取的内容添加到 Word 文档中
28        myDoc.add_paragraph(content)
29
30
31    # 保存 Word 文档
32    myDoc.save('generated_pdf/17.7-将 PDF 转换为 Word.docx')
33
34    print('转换完成！')
35    # 关闭文件
36    openedPDF.close()
```

第 7 行代码用于创建一个空白文档 myDoc。

第 28 行代码用文档对象的 add_paragraph(content) 为文档 myDoc 添加一个段落，并把读取的每一页 PDF 内容写入其中。关于 add_paragraph 的具体介绍，请查看第四篇。第 32 行代码保存 Word 文档。

第 36 行代码用于关闭文件。

运行上述代码，打开生成的 Word 文件，效果如图 17-11 所示。

Excel+Python：飞速搞定数据分析与处理

◆ 流行Python库xlwings创始人亲授，教你让Excel快得飞起来！
◆ 告别烦琐的公式和VBA代码，提升办公效率
◆ 办公人士零压力学Python

作者： 费利克斯·朱姆斯坦
译者： 冯黎

Python 数据分析：活用 Pandas 库

◆ 轻松掌握流行的Python数据分析工具
◆ 深入浅出，示例丰富，容易理解和上手

作者： 丹尼尔·陈
译者： 武传海

父与子的编程之旅：与小卡特一起学 Python（第 3 版）

◆ Python编程启蒙畅销书全新升级
◆ 为希望尝试亲子编程的父母省去备课时间
◆ 问答式讲解，从孩子的视角展现逻辑思维过程
◆ 全彩印刷，插图生动活泼

作者： 沃伦·桑德，卡特·桑德
译者： 杨文其，苏金国，易郑超

技术改变世界 · 阅读塑造人生

Python 编程：从入门到实践（第 2 版）

◆ 中文版重印30余次，热销100万册
◆ 针对Python 3新特性升级，重写项目代码
◆ 真正零基础，自学也轻松
◆ 配套学习视频，边看边学更便捷

作者： 埃里克·马瑟斯
译者： 袁国忠

Python 基础教程（第 3 版）

◆ 久负盛名的Python入门经典
◆ 中文版累计销量200 000+册
◆ 针对Python 3全新升级

作者： 芒努斯·利·海特兰德
译者： 袁国忠

Python 语言及其应用（第 2 版）

◆ 活学活用丰富的Python包
◆ Python百科全书，既适合构建知识体系，也适合查漏补缺
◆ 提供配套练习和参考答案

作者： 比尔·卢巴诺维奇
译者： 门佳